SYMBOLAE SINICAE

BOTANISCHE ERGEBNISSE DER EXPEDITION DER AKADEMIE DER WISSENSCHAFTEN IN WIEN NACH SÜDWEST-CHINA 1914/1918

UNTER MITARBEIT VON

VIKTOR F. BROTHERUS · HEINRICH HANDEL-MAZZETTI
THEODOR HERZOG · KARL KEISSLER · HEINRICH LOHWAG
WILLIAM E. NICHOLSON · SIEGFRIED STOCKMAYER
FRANS VERDOORN · ALEXANDER ZAHLBRUCKNER
UND ANDEREN FACHMÄNNERN

HERAUSGEGEBEN VON

HEINRICH HANDEL-MAZZETTI

IN SIEBEN TEILEN

MIT 30 TAFELN

III. TEIL

LICHENES

(ÜBERSICHT ÜBER SÄMTLICHE BISHER AUS CHINA BEKANNTEN FLECHTEN)

VON

ALEXANDER ZAHLBRUCKNER

MIT 1 TAFEL UND 1 ABBILDUNG IM TEXT

SPRINGER-VERLAG WIEN GMBH 1930

ISBN 978-3-7091-2022-4 ISBN 978-3-7091-4178-6 (eBook)
DOI 10.1007/978-3-7091-4178-6

URSPRÜNGLICH ERSCHIENEN BEI JULIUS SPRINGER IN VIENNA 1930

Einleitung.

Die Erforschung der Flechtenflora des an ökologischen Bedingungen so abwechslungsreichen chinesischen Reiches setzte verhältnismäßig spät ein, zu einer Zeit, als wir über jene der übrigen außereuropäischen Gebiete schon einige Kenntnisse hatten. Die Sammler beschränkten lange Zeit hindurch ihre Tätigkeit ausschließlich auf die Gefäßpflanzen. SEEMANN sammelte auf der Reise des „Herald" nur drei Flechten in Hongkong, die von BABINGTON bestimmt wurden. Weitere Angaben besitzen wir von RABENHORST (siehe, wie zum Folgenden, Literaturverzeichnis), dessen Sohn in der Umgebung von Hongkong und Schanghai 29 Flechten mitnahm,[1] die später von KREMPELHUBER ausführlicher behandelt wurden. Derselbe bestimmte auch die zwei von WAWRA in China gesammelten Flechten. Auch die Ausbeute MAINGAYS von Schanghai, Tschifu und aus der Provinz Schöndjing, die von NYLANDER und CROMBIE bearbeitet wurde, ist nicht bedeutender als jene RABENHORSTS. Erst von 1891 bis ungefähr 1900 sammelte P. GIRALDI reichlich in der Provinz Schenhsi auf dem Tsinling-schan und seinen Vorbergen. Der kleinere Teil seiner Ausbeute wurde von BARONI bearbeitet, dessen Bestimmungen nicht nachgeprüft werden konnten, der größere von JATTA, dessen Angaben aber überprüfungsbedürftig sind, da einige Stücke, die ich zu sehen bekam, sich als irrig bestimmt erwiesen. Einen wirklichen Einblick hatten wir erst in die Flechtenflora der Provinz Yunnan durch die Ausbeute Abbé DELAVAYS, die eine Bearbeitung erfuhr durch Abbé HUE (Literaturverzeichnis I, II) mit späteren wesentlichen Ergänzungen (in III bis VI). Die Bearbeitungen der kleinen Flechtensammlung HENRYS durch MÜLLER Argovius und einer ungefähr ebenso großen BODINIERS aus Guidschou (Kweitschou) durch PATOUILLARD und OLIVIER stellen das einzige dar, was bisher über Mittel-China vorliegt. Ganz vereinzelte Angaben finden sich noch von MÜLLER Arg. in verschiedenen Jahrgängen der „Flora", von TUCKERMAN im Appendix seiner Synopsis of the N. American Lichens, II, und von HUE in den Annales mycologici, XIII, 40.

Erst durch die hier bearbeitete Ausbeute HANDEL-MAZZETTIS konnten wir einen wirklichen Einblick in die Flechtenflora der südlichen Hälfte Chinas gewinnen. Die Ergebnisse der Bearbeitung ermöglichen nun wenigstens einen Vergleich mit der Flechtenflora Japans und jener des arktischen und subarktischen asiatischen Kontinents, leider noch nicht mit der sicher verwandten, aber noch beinahe ganz unbekannten Indiens. Die Flechten der Ausbeute HANDEL-MAZZETTIS umfassen 850 Nummern, zu denen 47 von A. K. GEBAUER im selben Gebiete

[1] Die übrigen 7 seiner Aufzählung stammen von Saigon, das in Indochina liegt.

gesammelte kommen, und die 430 Arten enthalten, von denen 219, darunter 4 Vertreter neuer Gattungen, für die Wissenschaft neu sind. Neue Varietäten und Formen finden sich darin 37, für China neue Arten 81 und Varietäten 20.

Eine sehr gute Ergänzung, die einen Einblick in die Flechtenflora des südöstlichen Küstengebietes gestattet, bildet die von Prof. THAXTER mir überlassene, soweit ich sie bisher bestimmen konnte, hier mit eingearbeitete Sammlung Prof. CHUNGS aus der Provinz Fukien. Sie enthält nach Trennung der meist gemischten Arten 129 Nummern, von denen 25 neue Arten, 4 neue Varietäten und Formen darstellen und 21 Arten und 6 Varietäten für China neu sind.

Während ich mit der Bearbeitung beschäftigt war, erhielt ich noch einige Flechten von J. ROCK aus Yünnan und erschien eine Veröffentlichung PAULSENS über eine kleine Flechtensammlung, die Prof. GREGORY ebenfalls in dem auch von HANDEL-MAZZETTI bereisten westlichen Yünnan angelegt hatte. Eine größere Sammlung wurde von H. SMITH aus Nord- und Nordwest-China mitgebracht. Bisher hat nur DU RIETZ in seinen monographischen Skizzen auf einige Nummern daraus Bezug genommen.

Dadurch sind nun im ganzen aus China 117 Gattungen mit 717 Arten bekannt, die im folgenden, mit Bestimmungsschlüsseln für die Arten versehen, aufgezählt werden. Zitate und Synonyme sind, soweit mein Catalogus Lichenum universalis erschienen ist (bis Band VI), nur aus der auf China bezüglichen Literatur gebracht, für die übrigen ist auf den Catalogus verwiesen. Was in diesem noch nicht erschienen ist oder wo eine von ihm abweichende Darstellung nötig wurde, wird mit allen nötigen vollständigen Literaturzitaten belegt.

Wenn die Autoren die Pflanze unter dem hier als gültig verwendeten Namen anführen, ist das Zitat unter Hinweis auf das Literaturverzeichnis (S. 4) beim Fundort gebracht; wo sie sie unter einem Synonym anführen, in der Synonymie, wobei selbstverständlich die Funde DELAVAYS und DAVIDS in HUES Veröffentlichungen, jene GIRALDIS in JATTAS und BARONIS, jene MAINGAYS in CROMBIES, jene HENRYS in MÜLLERS, jene BODINIERS in PATOUILLARDS und OLIVIERS, jene GREGORYS in PAULSENS und jene RABENHORSTS in KREMPELHUBERS Veröffentlichungen zu suchen sind.

Die Fundorte aus der englischen, französischen und italienischen Literatur wurden nach Möglichkeit in der in den Symbolae sinicae durchgeführten deutschen Umschreibung gebracht.

Obwohl die Flechtenflora Chinas noch sehr ungleichmäßig erforscht ist und aus weiten Teilen nur ganz vereinzelte Funde vorliegen, läßt sich mit Bezug auf die von HANDEL-MAZZETTI unterschiedenen Florengebiete (s. KARSTEN und SCHENCK, Vegetationsbilder, 17. R., H. 7/8, Kärtchen) schon folgendes sagen:

Der Tsinling-schan entspricht auch in seiner Flechtenflora der von DIELS ihm gegebenen Charakteristik, nach der seine Flora größtenteils nördlich ist mit einigen Einschlägen aus Mittel-China. Der weitaus größte Teil seiner Flechten, besonders der so auffallenden *Parmeliaceen*, *Physciaceen*, *Ramalinen*, *Pertusarien* u. a., ist von ausgesprochen mitteleuropäischem Charakter. Wahrscheinlich sind diese durch das sibirische Waldgebiet verbreitet, aus dem man aber noch so viel wie keine Flechten kennt, und erreichen den Tsinling-schan durch das lichenologisch noch ebenso wenig bekannte nordöstliche China. Auffallend ist, daß er ungefähr 50 Arten mit den höheren Stufen des Gebietes von Yünnan und West-Setschwan gemeinsam hat, die in anderen Teilen Chinas fehlen, wohl wegen der verhältnismäßigen Trockenheit beider Gebiete.

Mittel-China zeigt einen merklichen Einschlag von tropischen Elementen, unter denen besonders die reiche Ausbildung der *Graphidaceen* ins Auge fällt, sowie das Auftreten von *Dictyonema* in seinem südlichen Teile. In der oberen, warmtemperierten Stufe sind die tropischen Typen reichlicher vertreten als in der unteren, subtropischen, sicher der größeren Feuchtigkeit halber. Davon sind *Chiodecton* und *Phyllopsora* besonders bemerkenswert. In der Disjunktion Mittel-China—birmanisches Monsungebiet verhalten sich die auffallenden *Sticta Henryana* und *Parmelia austrosinensis,* die in Yünnan kaum übersehen worden sein dürften, wie eine Reihe von Blütenpflanzen. Mit der japanischen Flechtenflora ist wenig Ähnlichkeit festzustellen. Das vorliegende Material ist allerdings wenig vergleichbar, denn aus Mittel-China besteht es hauptsächlich aus Krustenflechten, aus Japan aus Laubflechten.

Ausgesprochen tropisch ist die Flechtenflora von Fudschou an der südlichen Grenze des Gebietes. Die einzige *Ephebe lanata* ist sonst eine mitteleuropäische Gebirgspflanze. Rein tropisch sind selbstverständlich auch Hongkong und das tropische Yünnan.

Weitaus am besten bekannt ist das wegen seiner enormen Höhenerstreckung auch sicher an Flechten reichste Gebiet von Yünnan und West-Setschwan. Seine subtropische Stufe enthält tropische und ausgesprochen mitteleuropäische Gattungen gemischt. In der warmtemperierten sind montane Formen schon stark vertreten, aber auch noch rein tropische, wie *Graphidaceen, Usnea Steineri, Oropogon loxensis, Pannoparmelia angustata, Pyxine* (4 Arten). In der temperierten nehmen die *Graphidaceen* ab. Im allgemeinen ähnelt ihre Flechtenflora jener entsprechender, d. i. 2000 m tieferer Lagen (1000 bis 1600 m) Mitteleuropas. *Solorina simensis* scheint eine in gleicher geographischer Breite weiter verbreitete Gebirgspflanze zu sein. *Cetraria, Alectoria, Parmelia* u. a. sind reichlich vertreten, aber nur spärlich mit mitteleuropäischen Arten. In der kalttemperierten Stufe ist auffallend und für das Gebiet bezeichnend, daß immer noch 2 *Graphidaceen* vorkommen. *Chaenotheca, Calicium* und recht viele andere sind auch bei uns montan bis subalpin. *Letharia Zahlbruckneri, cladonioides* und *flexuosa* bilden eine sehr charakteristische für West-China und den Himalaya bezeichnende Gruppe. Die Hochgebirgsstufe erinnert durch das reichere Auftreten der steinbewohnenden *Lecideen* aus der Sektion *Eulecidea,* Reichtum an *Eulecanoren, Haematomma ventosum, Cetraria cucullata* u. a. sehr an die mitteleuropäischen Hochgebirge. Der große Polster bildende *Acroscyphus* ist ein himalaisch—west-chinesischer hochalpiner Typus.

Im ober-birmanisch—west-yünnanesischen Monsungebiet wurden nur einige 40 Flechten gesammelt, von denen 12 mit dem übrigen Yünnan und teilweise auch mit Mittel-China gemeinsam sind. Soviel man erkennen kann, herrschen in den tieferen Lagen wieder tropische Typen vor. *Mycoblastus sanguinarius,* in der temperierten Stufe, ist bei uns montan bis subalpin. Die Gattungen der Hochgebirgsstufe sind auch bei uns vertreten, ihre Arten aber alle neu.

Die Zahl der über ziemlich ganz China verbreiteten Flechten beträgt gegen 40, doch ist keine davon auf dieses Land beschränkt. Der große Prozentsatz an neuen

Arten wird wahrscheinlich nicht einen ebenso reichen Endemismus bedeuten, da Indien lichenologisch noch kaum und Japan in Hinsicht der Krustenflechten auch erst sehr mangelhaft bekannt ist. Auffallend ist, daß aus ganz China Vertreter der folgenden Familien, bzw. Gattungen, die auffallende Formen enthalten, noch nicht vorliegen, die nach ihrer allgemeinen Verbreitung dort zu erwarten wären: *Sphaerophorus*, *Paratheliaceae*, *Astrotheliaceae*, *Dirinaceae*, *Roccellaceae* und *Coenogoniaceae*. Auffallend spärlich vertreten sind auch: *Parmentaria*, die *Chiodectonaceen* und *Thelotremaceen*. Über die blattbewohnenden Flechten möge das bei *Strigula* gesagte verglichen werden.

Literaturverzeichnis.

BARONI, E. (I): Sopra alcuni licheni della China raccolti nella provincia dello Schen-Si settentrionale, in Bull. Soc. Bot. Italiano, 1894, 47—49.

CROMBIE, I. M. (I): On a Collection of Exotic Lichens made in Eastern Asia by the late Dr. A. C. MAINGAY, in Journ. Linn. Soc. London, Bot. XX, 62—66 (1883).

HUE, A. (I): Lichenes Yunnanenses a clar. DELAVAY a. 1885 collectos et quorum novae species a cl. W. NYLANDER descriptae fuerunt, exponit, in Bull. Soc. Bot. France, XXXIV, 16 (1887).

— (II): Lichenes Yunnanenses a cl. DELAVAY praesertim annis 1886—87 collectos exponit, in Bull. Soc. Bot. France, XXXVI, 158 (1889).

— Lichenes extra-europaei a pluribus collectoribus ad Museum Parisiense missi, in Nouv. Archiv. du Muséum (III): ser. 3, X., 213 (1898); (IV): ser. 4, I., 27 (1899); (V): ser. 4, II., 49 (1900); (VI): ser. 4, III., 21, cum tab. (1901).

JATTA, A. (I): Licheni cinesi raccolti allo Shen-si negli anni 1894—1898 dal. rev. Padre Missionario G. GIRALDI, in Nuov. Giorn. Bot. Italiano, ser. 2, IX, 460—481 (1902).

KREMPELHUBER, A. von (I): Chinesische Flechten, in Flora, LVI, 465—471 (1873).

MÜLLER, J. (Arg.) (I): Lichenes Chinenses HENRYani a. cl. Dr. Aug. HENRY anno 1889 in China media lecti, quos in herbario Kewensi determinavit, in Bull. Herb. Boissier, I, 235—236 (1893).

PATOUILLARD, N. et OLIVIER, H. (I): Champignons et Lichens chinois, in Le Monde des Plantes, ser. 2, IX, 23 (1907).

PAULSEN, R. (I): Lichens of Yunnan, in Journ. of Botany, 313—319 (1928).

RABENHORST, L. (I): Chinesische Flechten, in Flora, LVI, 286—287 (1873).

Vergleichsmaterial erhielt ich von den botanischen Universitätsinstituten in Helsingfors, Upsala und Genf, deren Leitern hier bestens gedankt sei. Einige wenige der hier angeführten Flechten werden in den „Kryptogamae exsiccatae" des naturhistorischen Museums in Wien und einige in meinen „Lichenes rariores exsiccati" ausgegeben.

Pyrenocarpeae.

Verrucariaceae.

Verrucaria Wigg. p. p., em. Th. Fr.

A. Species corticola; sporae ad apices late rotundatae vel obtusatae *14. arboricola.*

B. Species saxicolae; sporae ad apices plus minus angustato rotundatae.

a) Species hydrophilae, ad saxa inundata vigentes.

I. Thallus glauco-cinerascens; sporae 24—26 × 9—12 μ *10. Handelii.*

II. Thallus fuscus, cupreocervinus, cervinus vel olivaceus.

1. Thallus continuus, laevigatus; sporae persistenter decolores.

α) Sporae 27—30 μ longae *5. cupreocervina.*

β) Sporae 13—16 μ longae *4. aethiobolizans.*

2. Thallus plus minus areolatus.

α) Sporae persistenter decolores, 19—21 × 10—12 μ *11. yünnana.*

β) Sporae demum fuscae, 28—42 × 15—18 μ *13. bella.*

b) Species ad saxa non inundata, arida vigentes.

I. Thallus cervinus, fuscus, rufofuscescens vel nigrescens.

1. Sporae minutae, 5—8 × 4—4,5 μ *7. subtropica.*

2. Sporae distincte majores.

α) Thallus in parte inferiore intus non fuligineus.

○ Sporae 15—16 × 7—10 μ *4. nigrescens* var. *devians.*

○○ Sporae 28—40 × 12—17 μ *3. cataleptoides* var. *sinensis.*

β) Thallus in parte inferiore intus pro maxima parte fuligineus *6. funebris.*

II. Thallus pallidus.

1. Thallus endolithicus; apothecia immersa; excipulum involucrello patente circumdatum *1. parmigera.*

2. Thallus epilithicus; apothecia sessilia; excipulum non involucrellatum.

α) Thallus isabellino-glaucescens, continuus, laevigatus; sporae 16—21 × 6—9 μ *12. compaginata.*

β) Thallus albidus, cinerascens vel glaucescens.

○ Thallus caesio-cinereus, continuus; apothecia cum thallo concoloria; sporae 32—42 × 12—16 μ *8. caesiocinerata.*

○○ Thallus glaucus, areolatus vel areolato-diffractus; apothecia nigra; sporae 10—20 × 5—8 μ *9. glaucina.*

1. * ***V. parmigera*** STNR. **f. *circumarata*** STNR. (Cat. Lich., I, 78). **Y.**: An Kalksteinen in der wtp. St. bei Hsinyingpan zwischen Yungbei und Yungning, 2750 m (3246).

— — ** var. ***sinensis*** A. ZAHLBR.

A planta europaea typica differt apotheciorum vertice circa duplo latiore, 0,3—0,4 mm lato. — Excipulum fuligineum, integrum, mediocriter crassum, ex ovali mox ficiforme, latius quam altius et inferne emarginatum, circa ostiolum involucrello fuligineo, patente, passim ad apicem involuto, vulgo rotundato-truncato obductum. Cellulae macrosphaeroideae hypothalli sat crebrae, globosae, 12—18 μ latae, depauperato-moniliformes vel subbotryosae.

NW-Y.: Kalkfelsen der ktp. St. auf dem Gipfel des Yao-schan bei Ganhaidse nächst Lidjiang (Likiang), 3825 m (6764).

2. ** ***V. aethiobolizans*** A. ZAHLBR.

Thallus crustaceus, uniformis, late expansus, tenuissimus, vix 0,1 mm crassus, substratum arcte obducens, cervinus vel sordide fuscus, passim obscure olivaceus, fere opacus, KHO—, $CaCl_2O_2$—, continuus, submembranaceus, laevigatus, sorediis et isidiis destitutus, in margine linea obscuriore non cinctus, intus inferne non fuligineus; stratum corticale angustum, in ambitu umbrino-fuscescens, ex hyphis intricatis formatum; medulla et stratum gonidiiferum decoloria, ex hyphis intricatis formata; gonidia cystococcoidea, plus minus glomerata, globosa, 5—7 μ lata, laete viridia.

Apothecia crebra, dispersa vel approximata, parva, 1—1,7 mm lata, nigra, nitida, sessilia, convexa, ad basin non constricta, a thallo libera; excipulum globosum, pallidum; involucrellum fuligineum, dimidiatum, mediocre, excipulo arcte adhaerens, ad basin extrorsum non productum, ad verticem poro rotundo, ad 45 μ lato pertusum; nucleus decolor, J cupreus; paraphyses mox gelatinose confluentes et indistinctae; asci ellipsoideo-clavati, superne rotundati et membrana incrassata cincti, 8 spori; sporae biseriales, decolores, simplices, ellipsoideae vel ovali-ellipsoideae, utrinque rotundatae, rectae, membrana tenui cinctae, contentu aequaliter oleoso, 13—16 μ longae et 8 μ latae.

Y.: An lange Zeit hindurch überfluteten Quarzitfelsen am Bächlein in der Waldschlucht unter Hsinlung jenseits des Pudu-ho n von Yünnanfu, 25° 34′, wtp. St., 2000 m, 10. III. 1914 (540).

Der europäischen *Verrucaria aethiobola* WAHLBG. steht die neue Art nahe; nach den eingehenderen Beschreibungen, welche von dieser VAINIO[1] und ZSCHACKE[2] geben und nach dem von diesen zitierten MALMEschen Exsiccat weicht die Yünnanflechte durch den zusammenhängenden Thallus, durch die entschieden größeren Apothezien, sowie auch durch kleinere Sporen ab, Merkmale, welche bei den derzeitigen Begrenzungen der hydrophilen Verrucarien zur Abtrennung als eigene Art ausreichen.

[1] VAINIO, Lichengraphia Fennica I, in Acta Soc. Fauna et Fl. Fenn., XLIX, nr. 2, 27 (1921).

[2] ZSCHACKE in Hedwigia, LXVI, 59 (1927).

3. * ***V. cataleptoides*** Nyl. (Cat. Lich., II, 24) ** **var. *sinensis*** A. Zahlbr.

Thallus epilithicus, crustaceus, uniformis, sat late expansus, substratum arcte obducens, tenuis, ad 0,1 mm crassus, subtartareus, cervino-fuscus vel cervino-rufus, opacus, KHO—, $CaCl_2O_2$—, minute areolatus, areolis 0,1—0,2 mm latis, angulosis, continuis, rimis tenuissimis separatis, planis, crustam laevigatam formantibus, sorediis et isidiis nullis, in ambitu anguste expallescens et linea nigra non cinctus, superne strato corticali ad ambitum fuscescente, intus decolore ad 30 μ crasso, ex hyphis intricatis et leviter inspersis formato obductus; gonidia cystococcoidea, laete viridia, cellulis globosis, glomeratis, 6—7 μ latis.

Apothecia in verrucis thallinis 0,4—0,6 mm latis, ad basin non constrictis immersa et tantum vertice nigro, nitido, planiusculo emergentia, poro tenuissimo pertusa; excipulum plus minus globosum, pallidum; involucrellum fuligineum, dimidiatum, crassiusculum, ad basin extrorsum non productum, excipulo adhaerens; nucleus decolor, purus, J cupreus; paraphyses mox confluentes et indistinctae; periphyses filiformes, usque 90 μ longae; asci ovali- vel ellipsoideo-clavati, 8 spori; sporae biseriales, decolores, simplices, ellipsoideae, utrinque rotundatae, rectae, membrana tenui cinctae, 28—32 μ longae et 12—16 μ latae.

S.: Kalksteine im str. Trockenwalde ober Helugö bei Kwapi n von Yenyüen 2325 m (2458).

A planta europaea differt thallo magis in rufofuscum vergente et sporis distincte majoribus.

Die chinesische Flechte sieht der europäischen außerordentlich ähnlich, wenn wir von einem Stich der Lagerfarbe ins Rotbraune absehen; auch die Größe der Apothezien und ihre thallodische Überkleidung ist dieselbe. Zum Vergleiche wurden herangezogen Hepp, Flecht. Europ. 433 und Lojka, Lich. Regn. Hungar. 197. In der Farbe des Lagers stimmt Arnold, Lich. exsicc. 1133 besser als die vorher genannten, doch besitzt dieses Exsiccat kleinere Apothezien. So liegt ein durchgreifender Unterschied nur in der Größe der Sporen, welche in den europäischen Stücken die Länge von 20 μ nicht überschreitet.

4. *V. nigrescens* Pers. var. *devians* Nyl. (Cat. Lich. I., 75). Kiangsu: Schanghai, an Felsen (Maingay nach Crombie, I., 65).

? *V. maura* Wahlbg. Schenhsi: Silikatfelsen bei Daschi-tsun am Laoyischan und bei Indjiapu (Giraldi nach Jatta, I., 480).

Die echte *V. maura* Wahlbg. ist eine Meerstrandflechte, welche auf in der Flutzone liegenden Urgesteinsfelsen wächst. Jattas *V. maura* hingegen ist eine Gebirgspflanze, welche auf trockenem Urgestein vorkommt; sie ist höchstwahrscheinlich eine andere *Verrucaria*, deren Bestimmung erst durch Einsicht in das von Giraldi gesammelte Stück erfolgen kann.

5. ** ***V. cupreocervina*** A. Zahlbr.

Thallus epilithicus, crustaceus, uniformis, late expansus, substratum arcte obducens, madefactus vix gelatinosus, tenuis, ad 0,1 mm crassus, cupreocervinus, nitidulus, KHO—, $CaCl_2O_2$—, continuus, laevigatus, soredia et isidia non gerens, in ambitu anguste pallidior, linea nigra nulla, ex hyphis tenuibus, verticalibus et gelatinose conglutinatis formatus, gonidiis in seriebus verticalibus dispositis, cystococcoideis, laete viridibus, globosis, 5—7 μ latis.

Apothecia crebra, plus minus approximata, sessilia, parva, 0,3—0,4 mm lata, convexa, extus in parte inferiore a thallo obducta, vertice nigro opacoque, tenuissime pertuso, demum elabentia et annulos nigros relinquentia; involucrellum fusco-nigrum, mediocre, dimidiatum, ad basin extrorsum non productum nec angulosum, poro 60—65 μ lato; nucleus decolor, purus, J cupreus (exceptis ascis); paraphyses mox gelatinose confluentes; asci oblongo-ellipsoidei, superne rotundati et membrana parum incrassata cincti, inferne angustati, 8 spori; sporae 2—3 seriales, decolores, simplices, fusiformi-ellipsoideae, rarius subdacrydioideae, rectae, utrinque vel tantum in uno apice angustatae, membrana tenui circumdatae, contentu grumoso-oleoso, 27—30 μ longae et 11—12 μ latae.

NW-Y.: Auf lange von Schneewässern überfluteten Quarzitsteinen in der Hg. St. des birm. Mons. am Si-la zwischen Mekong und Salwin, 28°, 4200 bis 4400 m, 27. VIII. 1916 (9998).

6. ** ***V. funebris*** A. ZAHLBR.

Thallus epilithicus, crustaceus, uniformis, maculas irregulares, minores, demum plus minus confluentes formans, tenuis, 0,1—0,2 mm crassus, rigescens, in toto nigrescens, ex areolis minutis, 0,2—0,3 mm latis, angulosis, planis, obscure cinereis, opacis compositus et crustam laevigatam vel parum inaequalem formantibus, KHO—, $CaCl_2O_2$—, sorediis et isidiis nullis, bene limitatus et linea nigra tenuique circumdatus; stratum corticale augustum, rufescenti-fuscum, plectenchymaticum, stratum medullare 45—60 μ crassum, gonidiis laete viridibus, globosis, 8—10 μ latis et stratum fere continuum formantibus; pars maxima thalli inferne fuliginea et fragilis.

Apothecia minuta, 0,1—0,15 mm lata, immersa, vertice convexo, nigro, nitido emergentia, tenuissime pertusa; excipulum fuligineum, integrum, plus minus globosum, involucrello non obductum; nucleus decolor, purus, J lutescenti-rufescens; paraphyses mox gelatinose confluentes et indistinctae; asci ellipsoideo- vel ovali-clavati, superne late rotundati et membrana modice incrassata cincti, 8 spori; sporae in ascis bi- —triseriales, decolores, simplices, ovales, rectae, parvulae, 12—15 μ longae et 6—8 μ latae, membrana tenui cinctae.

S.: Kalksteine der wtp. St. unter Hungga bei Yenyüen, 2850 m, 12. VI. 1914 (2898).

7. ** ***V. subtropica*** A. ZAHLBR.

Thallus epilithicus, crustaceus, uniformis, late expansus et substratum arcte obducens, tenuis, 0,1—0,2 mm crassus, subtartareus, cinerascenti-theobrominus, opacus, KHO—, $CaCl_2O_2$—, rarius continuus, vulgo tenuissime et anguste areolato-fissus, areolis planiusculis, angulosis, minutis, in superficie parum inaequalis, sorediis et isidiis destitutus, ad ambitum paulum albicans et linea obscura non cinctus; stratum corticale angustum; thalli pars inferior non obscurata; gonidia cystococcoidea.

Apothecia crebra, plus minus approximata, parva, 0,25—0.35 mm lata, convexa vel fere semiglobosa, nigra, opaca, versus basin thallino-vestita; excipulum dimidiatum, fuligineum, inferne nec angulosum nec productum, poro terminali 5—6 μ lato; nucleus decolor, purus, J cupreus; paraphyses gelatinose confluentes, indistinctae; asci crebri, ovali-clavati, superne rotundati, 8 spori; sporae in ascis plus minus triseriales, decolores, simplices, ovales vel ellipsoideae, utrinque rotundatae, rectae, membrana tenui cinctae, guttula oleosa utplurimum unica et majuscula impletae, 5—8 μ longae et 4—4,5 μ latae.

NW-Y.: Tonschiefer im str. Laubwalde des birm. Mons. zwischen Tjiontson und Pipiti am Lu-djiang (Salwin) unter Tschamutong, 1700 m, 17. VIII. 1916 (9829).

8. ** ***V. caesiocinerata*** A. Zahlbr.

Thallus epilithicus, crustaceus, uniformis, late expansus, tenuissimus, substratum arcte obducens et quasi suffusus, caesiocinereus, opacus, KHO—, $CaCl_2O_2$—, continuus, laevigatus, sorediis et isidiis nullis, in margine haud bene limitatus et linea obscura non cinctus; gonidia cystococcoidea, globosa vel subglobosa, 6—7 μ lata, glomerata.

Apothecia crebra, dispersa vel approximata, verrucas convexas, cum thallo concolores, usque 0,6 mm latas formantia, a thallo suffusa, tenuissime pertusa; excipulum globosum, pallidum et tenue; involucrellum hemisphaericum, fuligineum, sat tenue, excipulo bene adhaerens, ad basin non angulosum nec productum, poro ad 45 μ lato pertusum; periphyses cylindricae, simplices, gelatinosae, ad 30 μ longae; nucleus decolor, purus, J cupreus; paraphyses mox gelatinose confluentes et indistinctae; asci ovali-clavati, superne rotundati et membrana gelatinosa incrassata, mox confluente cincti, 6—8 spori; sporae 2—3-seriales, decolores, simplices, oblongo-ellipsoideae vel oblongo-subovales, rectae vel curvulae et dein subfabaceae, utrinque rotundatae, membrana tenui, sed distincta, ad 2 μ crassa cinctae, contentu aequaliter oleoso, J cupreae, 32—38 μ longae et 12—19 μ latae.

H.: Sandsteinfelsen am Yolu-schan bei Tschangscha, str. St., 150 m, 8. III. 1918 (11508).

9. V. glaucina Ach. (Cat. Lich., I., 45). Kiangsu: Schanghai, an Zementmauern (Maingay nach Cromb., I., 66). Schenhsi: Talkschieferfelsen des Tsinling-schan bei Indjiapu (Giraldi nach Jatta, I., 480).

10. ** ***V. Handelii*** A. Zahlbr.

Thallus epilithicus, crustaceus, uniformis, tenuissimus, quasi suffusus, sat late expansus, glaucescenti-cinereus, rarius et maculatim lutescenti- vel obscurato-cinerascens, opacus, KHO—, $CaCl_2O_2$—, continuus, laevigatus, sorediis et isidiis destitutus, in margine linea obscuriore non cinctus; gonidia cystococcoidea, cellulis globosis, pallide viridibus, glomeratis, 3—5 μ latis.

Apothecia crebra, plus minus approximata, nigra, nitidula, usque 0,7 mm lata, vulgo tamen parum minora, ad basin non constricta, leviter convexa, demum elabentia et annulos nigros relinquentia; excipulum globosum, tenue, pallidum; involucrellum fuligineum, hemisphaericum, excipulo bene adhaerens, ad basin nec angulosum nec productum, poro ad 30 μ lato, rotundo pertusum; nucleus decolor, purus, J purpureo-cupreus; paraphyses demum gelatinose confluentes, primum filiformes et ramoso-intricatae; asci ovali-clavati, superne rotundati et membrana modice incrassata cincti, 8 spori; sporae 2—3 seriales, decolores, simplices, ovalo-oblongae, utrinque rotundatae, rectae, membrana tenui cinctae, 24—26 μ longae et 9—12 μ latae.

NW-Y.: In Bächlein untergetauchte Schiefersteine in der tp. St. des birm. Mons. im Regenwalde des Doyon-lumba am Salwin, 28° 2′, 3100 bis 3200 m, 23. IX. 1915 (8308).

11. ** ***V. yünnana*** A. Zahlbr.

Thallus epilithicus, crustaceus, uniformis, sat late expansus et substratum arcte obducens, subtartareus, tenuis, 0,1—0,2 mm crassus, cervinus vel cervino-umbrinus, opacus, KHO—, $CaCl_2O_2$—, minute areolato-diffractus vel areolatus, areolis vulgo contiguis et crustam uniformem formantibus, angulosis, 0,2—0,3 mm latis, planis vel concaviusculis, fissuris tenuibus et profundis, demum passim hiantibus separatis, superne laevigatis, sorediis et isidiis nullis, linea nigra tenuique passim percursus et in ambitu linea nigra et tenui cinctus; superne strato corticali, tenui, obscure fusco cinctus, intus albus, ex hyphis intricatis et conglutinatis formatus; gonidia cystococcoidea, globosa, parva, 3—5 μ, in seriebus verticalibus disposita.

Apothecia sat crebra, in areolis thalli solitaria, primum immersa, dein emergentia, convexa, nigra, opaca vel nitidula, vertice passim plus minus planiusculo, ad basin a thallo cincta, minuta, 0,15—0,2 mm lata, poro terminali, rotundo, 60—70 μ lato pertusa; excipulum subglobosum, pallidum; involucrellum fuligineum, fragile, hemisphaericum, excipulo adhaerens, ad basin non productum nec angulosum; nucleus decolor, purus, J luteo-cupreus e praecedente coerulescentia levi; periphyses filiformes, sat breves; paraphyses diutius persistentes, ramosae et subtorulosae, sed parum distinctae et demum gelatinose confluentes; asci ovali-clavati, superne rotundati et membrana plus minus incrassata cincti, 8 spori; sporae in ascis 2—3 seriales, decolores, simplices, ovali-ellipsoideae vel ovales, rectae, in uno apice hinc inde magis angustato-rotundatae, membrana tenui, sed distincta cinctae, contentu aequaliter oleoso, 19—21 μ longae et 10—12 μ latae.

Y.: Tonschieferfelsen am Flusse in der tr. St. bei Manhao nahe der Grenze von Tonkin, 200 m, 2. III. 1915 (5856). Im NW an Tonschieferfelsen im Bache der ktp. St. auf dem Nguka-la zwischen Dschungdien (Chungtien) und Djitsung am Djinscha-djiang, 4125 m, 24. VIII. 1915 (7771).

Im Habitus ähnelt diese Art sehr der *V. cupreocervina*, aber durch das feinareolierte Lager ist sie von dieser schon äußerlich leicht zu unterscheiden.

12. ** **V. compaginata** A. ZAHLBR.

Thallus epilithicus, crustaceus, uniformis, tenuis, ad 0,1 mm crassus, subtartareus, e plagis minoribus confluentibus, linea nigra tenuique limitatis compositus, isabellino-glaucescens vel subalutaceus, opacus, KHO parum lutescenti-sordidescens, $CaCl_2O_2$—, continuus vel parum inaequalis, sorediis et isidiis non instructus; gonidia cystococcoidea.

Apothecia crebra, semiemersa, vertice nigro, opaco, nudo, modice convexo, 0,2—0,3 mm lata; excipulum pallidum, plus minus globosum, tenue; involucrellum semiglobosum, fuligineum, mediocre, ad basin rotundato-retusatum, poro rotundo, ad 45 μ lato pertusum; nucleus decolor, purus, gelatinosus, J cupreo-rufescens; paraphyses mox gelatinose confluentes et indistinctae: asci oblongo-clavati vel anguste ellipsoideo-clavati, superne rotundati et membrana modice incrassata cincti, 8 spori; sporae biseriales, decolores, simplices, oblongae vel ovali-oblongae, utrinque rotundatae, rectae vel curvulae, membrana tenui cinctae, contentu aequaliter oleoso, 16—21 μ longae et 6—9 μ latae.

NW-Y.: Auf Kalk und Quarzit in der str. St. des birm. Mons bei der Seilbrücke ober Wuli am Salwin bei Tschamutong, 1275 m, 14. VIII, 1916 (9784).

13. ** **V. bella** A. ZAHLBR.

Thallus epilithicus, crustaceus, uniformis, late expansus, tenuis, ad 0,1 mm crassus, subtartareus, substratum bene obducens, limosorufescens, opacus, KHO—, $CaCl_2O_2$—, areolatus, areolis continuis, fissuris tenuibus, non hiantibus, plus minus undulatis separatis, angulosis, 0,2—1,2 mm latis, planis, in margine linea fusco-nigrescente, latiuscula cinctus et etiam in centro thalli lineis nigricantibus percursus; soredia et isidia desunt; gonidia cystococcoidea, cellulis globosis, pallide virentibus; pars thalli inferior non fuliginea.

Apothecia innata, parva, 0,3—0,7 mm lata, vertice convexo, nigro, nitidulo emergentia, demum passim subverruculosa, in areolis solitaria vel rarius bina, primum thallino-vestita, demum a thallo libera et nuda; excipulum globosum, pallidum, tenue; involucrellum fusco-nigrum, in KHO visum cellulosum, hemisphaericum, excipulo bene adhaerens, ad basin rotundato-retusatum, poro rotundo, ad 90 μ lato pertusum; nucleus decolor, purus, gelatinosus, J cupreus; paraphyses mox gelatinose confluentes et indistinctae; asci ovali-clavati, turgiduli, superne rotundati, 8 spori; sporae 2—3 seriales, primum decolores, demum olivaceo-fuscidulae, ellipsoideae vel ovales, simplices, maiores membrana conspicua, ad 3 μ crassa cinctae, 28—42 μ longae et 15—18 μ latae.

NW-Y.: Diabasfelsen der ktp. St. im Bache auf dem Nguka-la zwischen Dschungdien und Djitsung, 4125 m, 24. VIII. 1915 (7769).

14. ** ***V. arboricola*** A. Zahlbr.

Thallus epiphloeodes, crustaceus, uniformis, valde tenuis (60—80 μ crassus), sat late expansus, substratum arcte obducens, griseus vel virenti-cinereus, opacus, KHO—, $CaCl_2O_2$—, continuus, parum inaequalis, sorediis et isidiis destitutus, in margine linea obscuriore non cinctus; gonidia cystococcoidea, globosa, pallide virescentia, 6—8 μ lata, glomerata.

Apothecia sat crebra, plus minus dispersa, primum a thallo obducta, evoluta a thallo libera, nigra, opaca, minuta, 0,1—0,2 mm lata, convexe vel semiglobosa, poro terminali valde angusto pertusa; excipulum globosum, pallidum, tenue; 16—18 μ crassum; involucrellum obscure rufum vel nigricanti-fuscum, hemisphaericum, excipulo bene adhaerens, mediocre, inferne retusato-rotundatum, poro terminali rotundo, ad 60 μ lato; nucleus decolor, purus, gelatinosus, J lutescens; periphyses graciles, filiformes, 60—65 μ longae, conglutinatae; paraphyses mox gelatinose confluentes; asci oblongo-clavati, mox confluentes, 8 spori; sporae decolores, simplices, late ellipsoideae, fere subcylindricae vel rarius subpanduriformes, utrinque retusato-rotundatae, rectae, membrana tenui cinctae, contentu granuloso-oleoso, J lutescenti-cupreae, 27—31 μ longae et 15—16 μ latae.

H.: An lebenden Stämmen von *Castanopsis Fargesii* im Walde in der str. St. des Yolu-schan bei Tschangscha, 200 m, 10. XII. 1917 (11430).

***V.* sp.** (ohne Sporen). **NW-Y.**: Diabas im Bache auf dem Nguka-la zwischen Dschungdien und Djitsung, ktp. St., 4100 m (7828).

Polyblastia Lönnr.

A. Thallus pro maxima parte endolithicus, maculis cinereis indicatus; sporae mox obscure fuscae *1. P. sinoalpina.*

B. Thallus epilithicus, pinguescens, subvinose caesius; sporae decolores et demum lutescentes *2. P. subvinosa.*

1. ** ***P. sinoalpina*** A. Zahlbr.

Thallus pro maxima parte endolithicus, maculis cinereis, opacis et confluentibus formatus, demum late expansus, in centro lineis nigricantibus percursus et passim exaratus, superne farinosulus, laevigatus, KHO—, $CaCl_2O_2$—, gonidia cystococcoidea, cellulis glomeratis, glomerulis plus minus separatis, laete viridibus, 11—14 μ latis; hypothallus profunde in substratum penetrans, cellulas macrosphaeroideas non formans.

Apothecia immersa, vertice thallum aequante, parvulo, usque 0,3 mm lato, nigro, nitidulo vel fere opaco, deplanato et tenuissime pertuso; excipulum globosum, pallidum, tenue; involucrellum fuligineum, hemisphaericum, excipulo adnatum, ad basin retusato-rotundatum; nucleus decolor, purus, gonidia hymenialia non includeus, J lutescens; periphyses dilute fuscescentes, cylindrico-filiformes, ad 75 μ longae, gelatinose conglutinatae; paraphyses mox gelatinose confluentes et indistinctae; asci oblingo-clavati, superne rotundati, vulgo 6-, rarius 4—8 spori; sporae in ascis uniseriales, obscure rufescenti-fuscae, ovales vel late ellipsoideae, utrinque bene rotundatae, rectae, murales, cellulis numerosis, subcubicis, halone distincto non praeditae, 40—51 μ longae et 18—20 μ latae. Pycnoconidia non visa.

Kalksteine der Hg. St., 4300—4650 m. NW-Y.: Westseite des Gebirges Piepun se von Dschungdien („Chungtien"), im Gehängeschutt, 11. VIII. 1914 (4677). S.: Gipfel des Holoscha, 27° 48′, zwischen Yenyüen und Kwapi, 18. V. 1914 (2362).

2. ** ***P. subvinosa*** A. ZAHLBR.

Thallus epilithicus, crustaceus, uniformis, maculas pinguiculas, ad 0,2 mm crassas, minores, confluentes, tenuiter nigro-limitatas formans, cervino- vel subrosaceo-caesius, opacus, KHO—, $CaCl_2O_2$—, pruinosulus, continuus, laevigatus, sorediis et isidiis nullis; gonidia cystococcoidea, glomerata, globosa vel subglobosa, laete viridia, 6—8 μ lata.

Apothecia immersa, vertice nigro, opaco, plano vel convexiusculo, 0,2—0,4 mm lato, poro tenuissimo pertuso, demum elabentia et foveolas nigricantes relinquentia; excipulum globosum, pallidum, fuscescens, tenue; involucrellum fuligineum, semiglobosum, excipulo adhaerens, inferne nec angulosum nec productum; nucleus decolor, purus, globosus et superne in collum breve abiens et ibidem periphysibus instructus, gonidia hymenialia non includens, J e praecedente coerulescentia cupreorufescens; periphyses cylindrico-vermiculares, gelatinose conglutinatae, guttulis oleosis impletae, ad 60 μ longae; paraphyses mox gelatinose confluentes, indistinctae; asci ovali-clavati, superne rotundati et membrana modice incrassata et gelatinosa cincti, 6 spori; sporae biseriales, pallide fuscescenti-lutescentes (etiam adultae), late ovales vel late ellipsoideae, utrinque rotundatae, rectae, murales, cellulis numerosis, subcubicis et parum bene limitatis, halone non circumdatae, 36—45 μ longae et 20—24 μ latae.

S.: Kalksteine der wtp. St. unter Hungga in der Hochebene von Yenyüen, 2850 m, 12. VI. 1924 (2897).

In ihrer Tracht gleicht diese Flechte sehr der europäischen, ebenfalls kalkbewohnenden *Arthopyrenia saxicola* MASS.

Staurothele Th. FR.

A. Thallus ad saxa non calcarea vigens.

a) Excipulum pallidum *4. sinensis.*

b) Excipulum fuligineum *1. kwapiensis.*

B. Species calcicolae.

a) Sporae decolores, demum lutescentes.

I. Thallus continuus; sporae maiores, 32—42 × 14—18 μ
3. chlorospora.

II. Thallus minute areolatus; sporae minores, 18—26 × 8—10 μ
5. microlepis.

b) Sporae mox obscure fuscae.

I. Thallus murinus vel murino-obscuratus, laevigatus
6. muliensis.

II. Thallus cervinus vel argillaceus, foveolato-rugulosus vel exaratus
2. ochroplaca.

1. ** ***St. kwapiensis*** A. Zahlbr.

Thallus epilithicus, crustaceus, uniformis, substratum arcte obducens, subtartareus, primum cinereus, opacus, tenuis, 0,2—0,3 mm crassus, bene areolatus, areolis parvis, 0,2—0,3 mm latis, fissuris tenuibus separatis, superne laevigatis et planatis, demum cervinus vel sordide cervinus et minus distincte areolatus, KHO—, $CaCl_2O_2$—, sorediis et isidiis non instructus, in margine linea nigra non circumdatus; stratum corticale angustum, obscure fuscum, pulverulentum, ex hyphis perpendicularibus et dense septatis formatum; stratum gonidiale crassiusculum, ex hyphis perpendicularibus, leptodermaticis et crebre septatis et gonidiis cystococcoideis, in series perpendiculares dispositis, laete viridibus, membrana tenui, sed distincta, ad 9 μ latis, formatus; thallus in parte inferiore sat tenuiter nigrescens, subcarbonaceus.

Apothecia immersa, in areolis solitaria et areolae demum passim subverruculosae, thallino-cincta, margine annuliformi, vertice primum cinerascenti-pruinoso, demum plus minus denudato, nigro, opaco, planiuscolo vel leviter convexulo, 0,2—0,3 mm lata vel demum dilatata et ad 0,4 mm in diam.; excipulum integrum, fuligineum, globosum, mediocre, poro rotundo, ad 75 μ lato; nucleus decolor, gelatinosus, purus, J cupreus; periphyses cylindricae, membrana gelatinosa cinctae, 60—70 μ longae; paraphyses confluentes; gonidia hymenialia crebra, globosa, parva, ad 3 μ lata, pallide viridia; asci oblongo-clavati, superne rotundati et membrana incrassata cincti, 2—4 spori; sporae pallide lutescentes, ovales vel ovali-ellipsoideae, utrinque bene rotundatae, murales, cellulis numerosis, parvis, subcubicis, mox corrugatulae, 30—36 μ longae et 12—16 μ latae.

S.: Phyllit- und Sandsteinfelsen der trockenen str. St. bei Datjiaoku unterhalb Kwapi am Yalung n von Yenyüen, 2125 m, 29. V. 1914 (2702).

2. ** ***St. ochroplaca*** A. Zahlbr.

Thallus pro maxima parte epi- et pro minore parte endolithicus, e plagis confluentibus formatus et demum sat late expansus, tenuis, substratum obducens, pallide cervinus, cervino-cinerascens vel argillaceus, opacus, KHO—, $CaCl_2O_2$—, continuus, inaequalis, foveolato-rugulosus vel foveolato-erosus, passim exaratus, sorediis et isidiis destitutus, in margine bene limitatus et hinc inde linea tenui, nigricante cinctus; gonidia cystococcoidea, glomerata, glomerulis separatis, cellulis laete viridibus, globosis, 9—12 μ latis; hyphae ultimae hypothalli cellulis macrosphaeroideis non instructae.

Apothecia in verrucis plus minus distinctis immersa, vertice nigro, fere opaco, 0,1—0,2 mm lato, planato, tenuissime pertuso emergentia, demum elabentia et foveolas rotundas, usque 0,5 mm latas relinquentia; excipulum globosum, fusco-nigricans, tenue, involucrello fuligineo, hemisphaerico, excipulo adhaerente, inferne retusato et poro rotundo, ad 75 μ lato; nucleus decolor, purus, J cupreus; paraphyses confluentes et indistinctae; periphyses cylindrico-filiformes, leptodermaticae, 4—5 μ crassae et 40—45 μ longae, guttulis oleosis et seriatis impletae; gonidia hymenialia globosa, pallide virentia, membrana tenui cincta, 3—4 μ lata; asci ovali-clavati, superne rotundati et membrana gelatinosa, bene incrassata cincti, 6 spori; sporae biseriales, fuscae, heteromorphae, oblongo-ellipsoideae, ovali-clavatae, ovales vel ovali-subcitriformes, murales, cellulis subcubicis, numerosis, demum corrugatulae, 42—48 μ longae et 18—24 μ latae.

NW-Y.: Kalkfelsen der Hg. St. am Osthange des Gipfels Ünlüpe im Yülungschan bei Lidjiang („Likiang"), 4100—4300 m, 11. VII. 1914, 11. VI. 1915 (3558).

3. ** ***St. chlorospora*** A. ZAHLBR.

Thallus pro maxima parte endolithicus, sat late expansus, tenuis, substratum obducens, cinereus, subrubenti-umbrinus, passim maculatim ochraceo-expallens, opacus, KHO—, $CaCl_2O_2$—, continuus, in margine bene limitatus et passim linea valde tenui obscuraque cinctus, demum hinc inde areolato-exaratus, sorediis et isidiis nullis; stratum corticale ex hyphis moniliformiter torulosis et septatis formatum; gonidia cystococcoidea, pallide viridia, cellulis globosis, membrana tenui cinctis, 12—14 μ latis; hyphae medullares toruloso-inaequales, ramosae et intricatae; hypothallus cellulis macrosphaeroideis destitutus.

Apothecia primum in verrucis convexis, superne deplanatis, demum in thallo omnino immersa et eum non superantia, nigra, 0,4—0,8 mm lata, demum elabentia et alveolas relinquentia; excipulum globosum, fusconigrum, inferne parum angustius, circa ostiolum ampliatum, ab involucrello non obductum; nucleus decolor, purus, J coerulescens, gelatinosus; periphyses filiformes; paraphyses parum distinctae, in juventute nuclei ramosae et subintricatae; gonidia hymenialia virentia, globosa vel subglobosa, ad 3 μ lata; asci oblongo- vel subellipsoideo-clavati, superne rotundati, 4—8 spori, 96—110 μ longi et 26—30 μ lati; sporae bi- vel subtriseriales, primum subdecolores, demum dilute fuscescenti-flavescentes, ellipsoideae vel ovali-ellipsoideae, utrinque rotundatae, rectae, murales, cellulis sat numerosis, subcubicis, in seriebus superpositis 8—10, in seriebus horizontalibus 2—3, parum bene limitatis, halone non cinctae, 36—42 μ longae et 14—18 μ latae.

Kalk- und Marmorfelsen der ktp. und Hg. St., 3825—4750 m. NW-Y.: Gipfel des Yao-schan, 13. VI. 1915 (6762) und Osthang des Gipfels Ünlüpe, 16. VII. 1914, 11. VI. 1915 (3559) bei Lidjiang. Windgeschützte Stellen des höchsten Kammes zwischen Haba und Dugwantsun se von Dschungdien („Chungtien"), 23. VI. 1915 (6944? Sporen nicht ausgebildet; 6943). S.: Untergetaucht im Bächlein beim Lagerplatze Guyi am Passe Tschescha zwischen Yungning und Muli, 24. VII. 1915 (7207). Gipfel des Gonschiga sw von hier, 6. VIII. 1915 (7460).

Diese Art steht der europäischen *St. rupifraga* (MASS.) Th. FR. recht nahe, aber ihr Lager ist weit ergossen, die Apothezien sind in den jüngeren Stadien wallartig vom Thallus umkleidet und sitzen in flachen Warzen, die Sporen sind zeitlebens hell und liegen zu 4 bis 8 in den Schläuchen. Auch *A. sinensis* A. ZAHLBR., auf Urgestein lebend, gehört in den Verwandtschaftskreis dieser Arten; sie ist ausgezeichnet durch ein epilithisches Lager und durch deutlich septierte, bedeutend größere Sporen.

4. ** **St. sinensis** A. ZAHLBR.

Thallus epilithicus, crustaceus, uniformis, crassiusculus, 0,2—0,4 mm crassus, subtartareus, substrato adhaerens, rosaceo-albidus vel rosaceo-glaucescens, madefactus theobromino-umbrinus, KHO—, $CaCl_2O_2$—, primum minus, dein densius irregulariter vel areolato-diffractus, areolis laevibus et planis, sorediis et isidiis non praeditus, in ambitu linea tenui, umbrino-fusca cinctus; gonidia cystococcoidea, 9—12 μ lata, glomerata; medulla aurantiaco-ochracea, crassiuscula, ex hyphis inspersis formata.

Apothecia dispersa, majuscula, usque 1 mm lata, sessilia, nigra, opaca, vertice umbonato et poro tenui; excipulum integrum, nigrescens, sat tenue, globosum: involucrellum crassum, fuligineum, semiglobosum, inferne retusatum, excipulo arcte adhaerens; nucleus decolor, purus, J e coeruleo sordidescens; gonidia hymenialia copiosa, globosa, pallide virentia, ad 3 μ lata, membrana pertenui cincta: paraphyses mox gelatinose confluentes et indistinctae; asci ovali-clavati, ad apicem rotundati vel angustato-rotundati et membrana sat bene incrassata cincti, 6—8 spori; sporae biseriales, e decolore pallide fuscescentes, ellipsoideae vel ovali-ellipsoideae, rectae, utrinque rotundatae, murales, loculis numerosis, subglobosis, in seriebus superpositis 12—14, in seriebus horizontalibus 4—5, 52—58 μ longae et 20—26 μ latae, halone non cinctae.

Duae formae occurunt:

— — ** f. ***pallescens*** A. ZAHLBR.

Thallus rosaceo-albidus vel rosaceo-glaucescens, madefactus umbrino-fuscescens, crassior, areolis ad 1 mm latis.

— — ** f. ***obscurata*** A. ZAHLBR.

Thallus rosaceo-umbrinus et madefactus non mutatus, tenuior, areolis distincte minoribus, 0,2—0,25 mm latis.

NW-Y.: Auf lange von Schneewässern überronnenem Quarzit in der Hg. St. des birm. Mons. auf dem Si-la zwischen Landsang-djiang (Mekong) und Lu-djiang (Salwin), 28°, 4200—4400 m, 27. VIII. 1916, gemeinsam mit den beiden f. (10871).

5. ** **St. microlepis** A. ZAHLBR.

Thallus epilithicus, maculas irregulares, majores et minores, plus minus confluentes formans, tenuis, ad 0,2 mm crassus, crustaceus, uniformis, subtartareus, substratum arcte obducens, sordide vel passim obscurato-cervinus, opacus, KHO—, $CaCl_2O_2$—, minute areolatus, areolis 0,2—0,3 mm latis, angulosis, fissuris tenuissimis separatis, planiusculis, in superficie laevigatis, sorediis et isidiis nullis, bene limitatus, sed linea obscuriore non cinctus; stratum corticale tenue, fuscescens, ex hyphis tenuibus, verticalibus, leptodermaticis et septatis formatum: gonidia cystococcoidea, globosa.

Apothecia sat crebra, nigra, convexa, 0,2—0,4 μ lata, ad basin non constricta, in areolis utplurimum solitaria, tenuissime pertusa; excipulum globosum, fuscum, mediocre: involucrellum hemisphaericum, fuligineum, inferne retusatum, excipulo arcte adhaerens; nucleus decolor, purus, J cupreus; gonidia hymenialia copiosa, virentia, globosa, ad 2 μ lata; paraphyses confluentes et indistinctae; asci ovali-clavati, superne rotundati et membrana bene incrassata cincti, 8 spori; sporae biseriales, decolores, ovales vel ellipsoideo-ovales, utrinque rotundatae, rectae, murales, cellulis in seriebus superpositis 8—10, in seriebus horizontalibus 2—4, parvis, subcubicis, guttulam oleosam unicam continentibus, halone non circumdatae, 18—26 μ longae et 8—10 μ latae.

Y.: Kalksteine in der wtp. St. bei Hsinyingpan zwischen Yungbei und Yungning, 2750 m, 27. VI. 1914 (3247).

6. ** ***St. muliensis*** A. ZAHLBR.

Thallus endolithicus, extus maculis primum ochro-glaucescentibus, demum umbrinis vel rufenti-umbrinis, opacis et confluentibus formatus et late expansus, laevigatus, KHO—, $CaCl_2O_2$—, areolatus vel leviter exaratus vel lineis valde tenuibus et obscuratis percursus; in hypothallo cellulae macrosphaeroideae desunt; gonidia cystococcoidea.

Apothecia immersa, globosa, ad 0,1 mm lata, vertice nigro primum non prominulo, tenuissime pertuso, dein parum latiora, usque 0,2 mm lata, vertice deplanato, nigro, demum elabentia et foveolas 0,2—0,3 mm latas, sat profundas relinquentia; excipulum globosum, decolor et tenue; involucrellum subfuligineum (in NO_5 visum rufo-nigricans), hemisphaericum, sat angustum, excipulo adhaerens; nucleus decolor, purus, J rufescens; periphyses cylindricae, subtorulosae, 30—40 μ longae; gonidia hymenialia globosa, dilute virentia, ad 3 μ lata, copiosa, non seriata; paraphyses diutius persistentes, ramosae, parum distinctae, demum gelatinose confluentes; asci ellipsoideo-clavati vel subventricosi, superne bene rotundati et membrana incrassata cincti; sporae biseriales, mox obscure fuscae, ellipsoideae, subovales, utrinque rotundatae, rectae, murales, seriebus cellularum superpositis 12—14, horizontalibus 2—4, septis parum distinctis, halone non circumdatae, 30—54 μ longae et 12—18 μ latae.

S.: Untergetauchte Kalksteine im Bächlein der ktp. St. beim Lagerplatze Guyi am Passe Tschescha zwischen Yungning und Muli, 3950 m, 24. VII. 1915 (7204).

Diese Art wächst mit *A. chlorospora* auf den Steinen desselben Baches, ist von ihr durch die Kleinheit der Apothezien schon äußerlich und dann durch die alsbald dunklen Sporen leicht zu unterscheiden.

***St.* sp.** ? (mit Hymenialgonidien, aber ohne entwickelte Sporen). **S.**: Sandsteinfelsen der trockenen str. St. bei Datjiaoku unter Kwapi n von Yenyüen, 2125 m (2701).

Microglaena KÖRB.

** ***M. rosacea*** A. ZAHLBR.

Thallus epilithicus, crustaceus, uniformis, tenuis, ad 0,1 mm. crassus, expansus, substratum arcte obducens, subtartareus, rosaceo-alutaceus, opacus, KHO—, $CaCl_2O_2$—, continuus vel irregulariter et increbre fissus, laevigatus, sorediis et isidiis destitutus, in margine linea valde tenui obscuriore cinctus; gonidia cystococcoidea, globosa, dilute viridia, 9—14 μ lata, glomerata.

Verrucae apotheciigerae dispersae, convexae, ad basin sensim in thallum abeuntes, ad 0,5 mm latae, apothecia vertice nigro punctiformi, conspicue non pertuso emergentia; excipulum globosum, superne fuscum, inferne decolor, ex hyphis tangentialibus tenuibus et contextis formatum; nucleus decolor, purus, J cupreo-lutescens, gonidiis hymenialibus nullis; paraphyses crebrae, persistentes, filiformes, ramosae et connexae; asci ellipsoideo-clavati, ad basin subpedicellati, superne rotundati, in toto membrana modice incrassata cincti, 8 spori, 75—78 μ longi et 17—19 μ lati; sporae in ascis biseriales, dein decolores et pellucidae, demum dilute fuscescentes, oblongo- vel ellipsoideo-ovales, utrinque rotundatae, rectae vel rarius subrectae, murales, septis horizontalibus 7, septis verticalibus 1—2, 17—30 μ longae et 11—12 μ latae.

S.: Granitfelsen der str. St. bei Datiaoku am Yalung zwischen Huili und Yenyüen, 27° 10′, 1180 m, 26. IX. 1914 (unter *Blastenia setschwana* 5313).

***Verrucariacea* gen.** (ohne Sporen). NW-**Y.**: Kalkfelsen am Osthange des Gipfels Unlüpe im Yülung-schan bei Lidjiang, Hg. St., 4300 m (6712).

Dermatocarpaceae.

Dermatocarpon Th. Fr.

A. Thallus major, monophyllus vel submonophyllus, gompho centrali substrato adnatus; sporae oblongae vel ellipsoideae.
  a) Thallus cinerascens, inferne pallide rufescens — *2. miniatum.*
  b) Thallus fusco-cinerascens, subtus obscure fuscus vel nigricans — *3. Mühlenbergii.*
B. Thallus e squamis parvis formatus; sporae globosae — *1. leptophyllum.*

1. D. leptophyllum Läng. (Cat. Lich., I, 219). (*Endocarpon miniatum* var. *leptophyllum* Jatta I, 480). Schenhsi: Felsen des Taipei-schan und Indjiapu (Giraldi).

Vainio hat gezeigt, daß unter dem Namen *Dermatocarpon leptophyllum* der früheren Autoren zwei verschiedene Arten enthalten sind, von welchen die eine, *D. meiophyllum* Vain., oblonge oder ellipsoidische Sporen, die andere, *D. leptophyllum* (Ach.) Vain., kugelige Sporen besitzt. Aus der obigen Angabe Jattas läßt sich nicht entnehmen, welche der beiden Arten gemeint ist; hat er ein Massalongosches Exemplar zum Vergleiche herangezogen, so dürfte die chinesische Flechte zur ersten der beiden Arten gehören.

2. ***D. miniatum*** (L.) Mann. (Cat. Lich. I, 221). (*Endocarpon miniatum* Gärtn., Mey. et Scherb. Baroni I, 49). NW-**Y.**: Granitfelsen der trockenen str. St. unterhalb Londjre in einem Seitentale des Mekong, 28° 11′, 2100 — 2200 m (8010). Schenhsi: Felsen des Taipei-schan und Lungschanho (Giraldi).

3. *D. Muehlenbergii* (Ach.) Müll. Arg. (Cat. Lich., I, 231). (*Endocarpon M.* Ach. Jatta I, 480). Schenhsi: Felsen der Berge Lungschanho, Laoyi-schan, Taipei-schan und bei Schidjin-tsun (Giraldi).

Endocarpon Hedw.

A. Thallus adscendens vel suberectus — *2. pallidum.*
B. Thallus adnatus — *1. pusillum.*

1. * ***E. pusillum*** Hedw. (Cat. Lich., I, 246). **S.**: Auf dürrem Erdboden (Schiefer und Kalk) der str. St. am Yalung, 1300—1950 m, 27° 37—43′, zwischen Delipu und Datung (2050) und im Seitentale gegen Yenyüen s ober Lumapu (2076).

2. E. pallidum Ach. (Cat. Lich., I, 244). (*Dermatocarpon p.* Mudd. Jatta I, 480). Schenhsi: Erde bei Dungyüenfan (Giraldi).

Pyrenulaceae.

Microthelia Körb.

A. Sporae in ascis uniseriales, fumosae, non vel vix arthonioideae *2. M. fumosula.*

B. Sporae in ascis biseriales, fuscae, distincte arthonioideae *1. M. minutula.*

1. ** ***M. minutula*** A. Zahlbr.

Thallus plus minus endophloeodes, extus maculis rotundato-irregularibus, pallide isabellinis, subnitidis, KHO—, $CaCl_2O_2$—, plus minus confluentibus et lineis nigris limitatis, continuis et laevigatis indicatus; soredia et isidia non adsunt; gonidia increbra, ad *Trentepohliam* pertinentia.

Apothecia minuta, 0,18—0,2 mm lata, sessilia, nigra, nitida, convexa, plus minus dispersa, a thallo libera, ad basin non constricta; excipulum tenue, pallidum, globosum; involucrellum semiglobosum, fusco-nigrum, excipulo arcte adhaerens, ad basin non anguloso-productum, poro rotundo, ad 60 μ lato apice pertusum; nucleus decolor, purus, J vix mutatus; paraphyses increbrae, capillares, parce ramosae, connexae, eseptatae; asci sat copiosi, oblongo-clavati, superne rotundati et membrana incrassata cincti, 8 spori; sporae in ascis biseriales, fuscae, arthonioideae, uniseptatae, ad septum constrictae, cellula inferiore paulum majore et latiore, rectae, utrinque bene rotundatae, septo tenui, 14—16 μ longae et 6—8 μ latae.

An lebenden Stämmen in der wtp. St., 1250—1600 m. **Kw.**: An *Schizophragma integrifolium* auf dem Nanyo-schan bei Guiyang „Kweiyang", 4. VII. 1917 (10543). E-**Y.**: An *Schoepfia jasminodora* bei Djindjischan nächst Loping, 12. VI. 1917 (11428).

2. ** ***M. fumosula*** A. Zahlbr.

Thallus endophloeodes, late expansus, macula cinerascenti- vel griseo-albida, opaca, KHO—, $CaCl_2O_2$—, laevigata indicatus, servdiis et isidiis destitutus, in margine linea tenui nigricanteque cinctus; gonidia increbra, ad *Trentepohliam* pertinentia, intra cellulas substrati vigentia.

Apothecia minuta, 0,15—0,17 mm lata, nigra, nitida, a thallo libera, sessilia, convexa, sat crebra et plus minus dispersa, demum elabentia et annulos nigricantes tenues relinquentia; excipulum globosum, decolor, tenue; involucrellum hemisphaericum, fuligineum, excipulo arcte adhaerens, ad basin retusum, extrorsum non productum, poro terminali rotundo, ad 45 μ lato pertusum; nucleus decolor, purus, J lutescens; paraphyses increbrae, filiformes, ramosae, eseptatae; asci anguste clavati, superne rotundati et membrana incrassata cincti, 8 spori, 85—90 μ longi et 15—16 μ lati; sporae uniseriales, fumosae, ellipsoideae, utrinque rotundatae, rectae, uniseptatae, ad septum non constrictae, rectae, membrana et septo tenuibus, cellulis aequalibus vel parum inaequalibus, 11—14 μ longae et 5—6 μ latae.

Kw.: An lebenden Ästen von *Pittosporum floribundum* in der str. St. auf dem Hügel bei Dodjie zwischen Duyün und Badschai („Patschai"), 700 m, 13. VII. 1917 (10728).

Arthopyrenia Müll. Arg.

A. Paraphyses ramosae, non strictae; sporae in ascis bi-—triseriales.

a) Thallus albido-cinerascens; involucrellum ad basin non incurvum nec patens *1. extensa.*

b) Thallus cinereo-fuscus; involucrellum ad basin incurvum vel patens *2. subantecellens.*

B. Paraphyses strictae; sporae in ascis uniseriales, utrinque bene rotundatae *3. amaura.*

1. ** ***A.*** (sect. *Mesopyrenia*) **extensa** A. Zahlbr.

Thallus epiphloeodes, uniformis, late expansus et substrato arcte adhaerens, tenuissimus, albido-cinerascens vel albidus, passim alutaceo-albidus, opacus, KHO—, $CaCl_2O_2$—, continuus, laevigatus, parum inaequalis, sorediis et isidiis non praeditus, in margine linea obscuriore non cinctus, fere homoeomericus, gonidiis ad *Trentepohliam* pertinentibus, concatenatis.

Apothecia crebra, plus minus dispersa, adpressa, ad basin non constricta, nigra, nitidula, minuta, 0,2—0,25 mm lata, rotunda, a thallo libera, nuda, convexa, poro tenuissimo apicali, rotundo pertusa; excipulum globosum, decolor et tenue; involucrellum fuligineum, hemisphaericum, ad basin extus non productum; nucleus decolor, non inspersus, J lutescens (imprimis asci); paraphyses capillares, ramosae, eseptatae, persistentes; asci oblongo-cylindrici, superne rotundati et membrana modice incrassata cincti, 8 spori; sporae in ascis biseriales, decolores, subfusiformi-ellipsoideae vel subnaviculares, rectae, utrinque plus minus acutatae, uniseptatae, septo tenui, ad septum non constrictae, cellulis aequalibus vel rarius cellula superiore parum latiore, 18—24 μ longae et 6—9 μ latae.

NW-Y.: In den tp. Regenwäldern des birm. Mons., 3120—3450 m, an Rinde von *Sorbus* im Doyon-lumba am Salwin, 28° 2′, 23. IX. 1915 (8331) und von *Betula* im Tjiontson-lumba unter Tschamutong, 3. VII. 1916 (9260), sowie im Tale vom Si-la gegen Tseku, 28°, 30. IX. 1915 (8455).

2. A. (sect. *Euarthopyrenia*) *subantecelleus* (Nyl.) Müll. (Cat. Lich., I., 271). Schenhsi: An glatten Rinden auf dem Hwangtou-schan (Giraldi nach Jatta I., 480).

3. ** ***A.*** (sect. *Acrocordia*) **amaura** A. Zahlbr.

Thallus epi- et endophloeodes, tenuissimus, substrato quasi suffusus, maculas mediocres et sat irregulares formans, cinerascenti vel sordide fuscus, KHO—, $CaCl_2O_2$—, opacus, continuus, laevigatus, paulum inaequalis, sorediis et isidiis destitutus, in ambitu linea obscuriore non cinctus; gonidia ad *Trentepohliam* pertinentia.

Apothecia sat crebra, plus minus dispersa, sessilia, ad basin non constricta, a thallo libera, nigra, fere opaca, parva, 0,3—0,4 mm lata, convexa, ad verticem passim deplanatula, poro tenuissimo terminali pertusa; excipulum subglobosum, fere decolor, tenue; involucrellum subfuligineum vel fusco-nigrum, semiglobosum, excipulo bene adhaerens, ad basin non productum, retusatum, mediocre; nucleus globosus, decolor, pellucidus, purus, J lutescens (imprimis asci): paraphyses densae, capillari-filiformes, strictae, contextae, sed non conglutinatae, eseptatae, increbre ramosae, ad apicem non latiores; asci anguste elevati: superne rotundati et membrana modice incrassata cincti, 8spori, 44—48 μ longi et 9—10 μ lati; sporae in ascis uniseriales, decolores, late ellipsoideae vel subovales, utrinque bene rotundatae, rectae, uniseptatae, septo et membrana tenuibus, ad septum non constrictae, cellulis aequalibus, 12—14 μ longae et ad 7 μ latae.

H.: An lebenden Stämmen von *Randia Henryi* in der str. St. auf dem Yoluschan bei Tschangscha, 200 m, 10. XII. 1917 (11426).

Pseudopyrenula MÜLL. Arg.

A. Apothecia plus minus confluentia: sporae 4 loculares, 16—22 × 5—7 μ *2. tropica.*

B. Apothecia dispersa, etsi approximata non confluentia: sporae vulgo 5-, rarius 6 loculares, 22—28 × 7—9 μ *1. quintaria.*

1. ** ***P. quintaria*** A. ZAHLBR.

Thallus epiphloeodes, crustaceus, uniformis, tenuis, ad 0,1 mm crassus, substratum arcte obducens, ut videtur late expansus, pallide olivaceus vel lutescenti-olivaceus, fere opacus, KHO—, $CaCl_2O_2$—, continuus, laevigatus, sorediis et isidiis nullis, in margine linea obscuriore non cinctus, fere homoeomericus: gonidia ad *Trentepohliam* pertinentia; hyphae non amyloideae.

Apothecia sat crebra, dispersa vel plus minus approximata, sessilia, fusconigra, opaca, rotunda, 0,2—0,3 mm lata, modice convexa, a thallo libera, poro tenuissimo, apicali, haud conspicuo pertusa: excipulum tenue, globosum, nigrofuscum; involucrellum semifusco-nigrum, sat tenue, excipulo in parte superiore plus minus adhaerens, ad basin non productum, rotundato-retusatum: nucleus plano-convexus, decolor, pellucidus, purus, J lutescens: paraphyses capillarifiliformes, ramosae et connexae, eseptatae, sat densae: asci oblongo-clavati, superne rotundati et membrana vix incrassata cincti, 8spori; sporae in ascis biseriales, decolores (tantum vetustae corrugatae et fumoso-fuscescentes) fusiformi-oblongae, utrinque rotundatae, rectae, rectiusculae vel rarius leviter curvulae, vulgo 5-, hinc inde etiam 6 loculares, loculis lentiformibus, loculus medius caeteris major, 22—28 μ longae et 7—9 μ latae.

SW-**Kw.**: Lebende Stämme von *Antidesma microphyllum* bei Hwanggoso nächst Dschenning, str. St., 1060 m, 23. VI. 1917 (10427).

2. P. tropica (ACH.) MÜLL. Arg. (*Verrucaria tr.* ACH. KRPHBR. I., 467. — *Trypethelium tropicum* MÜLL. Arg. A. ZAHLBR., Cat. Lich., I., 501). Kwangtung: Wampu, an Rinden (RABENHORST).

Porina MÜLL. Arg.

A. Species saxicolae.

a) Thallus glaucus: sporae 6 loculares *2. sinochlorotica.*

b) Thallus cervinus vel cupreo-cervinus: sporae 4 loculares *1. vicinata.*

B. Species corticola: sporae 6—10 loculares: thallus olivaceo-nigrescens: *3. pariata.*

1. ** ***P.*** (sect. *Sagedia*) ***vicinata*** A. ZAHLBR.

Thallus epilithicus, crustaceus, uniformis, substratum arcte obducens, tenuissimus, latiuscule expansus, subtartareus, ochraceo-albidus vel ochraceo-glaucescens, fere opacus, KHO—, $CaCl_2O_2$—, continuus, sublaevigatus, parum inaequalis, sorediis et isidiis destitutus, in margine non vel passim linea tenui nigraque cinctus: gonidia ad *Trentepohliam* pertinentia.

Apothecia crebra, plus minus dispersa, sessilia, minuta, 0,15—0,25 mm lata, lutescenti-rufa vel rufo-fusca, madefacta paulum laetioria, convexa, ad basin non constricta, a thallo libera; excipulum ab involucrello non obductum, dimidiatum, ad basin extrorsum non productum, mediocre, subradiose hyphosum, poro rotundo, ad 45 μ lato; nucleus decolor, purus, dilucidus, J lutescens (imprimis asci); paraphyses capillares, crebrae, laxiusculae, simplices, eseptatae, non clavatae: asci subfusiformes, recti, vel rectiusculi, ad apicem angustato-rotundati, membrana ibidem haud crassiore, 8 spori: sporae in ascis subuniseriales, decolores, oblongo-fusiformes, rectae vel rarius curvulae, utrinque angustato-rotundatae, 4 loculares, septis tenuibus, ad septa non constrictae, cellulis subaequalibus, membrana tenui cinctae, halone non praeditae, 20—23 μ longae et 4—5 μ latae.

S.: Sandsteinfelsen der str. St. bei Dötschang („Tetschang") im Djientschang („Kientschang"), 1450 m, 4. IV. 1914 (1172).

2. ** ***P.*** (sect. *Sagedia*) **sinochlorotica** A. ZAHLBR.

Thallus epilithicus, crustaceus, uniformis, late expansus, substrato adhaerens, tenuissimus, cervinus vel subcupreo-cervinus, opacus, madefactus odorus, KHO—, $CaCl_2O_2$—, continuus, laevigatus, sorediis et isidiis nullis, in margine linea obscuriore non cinctus; gonidia ad *Trentepohliam* pertinentia.

Apothecia crebra, dispersa vel approximata, minuta, 0,1—0,18 mm lata, convexa, a thallo non obducta, ad basin non constricta, obscure fusca vel nigricantia, nitidula, poro tenuissimo, haud conspicuo pertusa; excipulum nigricanti-fuscum, dimidiatum, sat tenue, ad basin non productum, sub lente minute cellulosum, poro rotundo, 12—14 μ lato; nucleus modice gelatinosus, non inspersus, decolor, J cupreo-lutescens; paraphyses capillares, haud conglutinatae, simplices, eseptatae, ad apicem non latiores; asci oblongo- vel obrapiformi-clavati, superne latiuscule rotundati et membrana modice incrassata cincti, 8 spori; sporae in ascis biseriales, decolores, oblongo- vel subdigitiformi-subfusiformes, utrinque angustato-rotundatae, rectae vel curvulae, evolutae 6 loculares, septis tenuibus, ad septa non constrictae, membrana tenui cinctae, halone non circumdatae, 21—30 μ longae et 6—7 μ latae.

S.: Mit voriger (1169).

3. P. pariata (NYL.) A. ZAHLBR. (Cat. Lich., I., 399). (*Verrucaria p.* NYL. CROMB., I., 66). Kiangsu: Schanghai, an Pfirsichbäumen (MAINGAY).

Pyrenula MASS.

A. Excipulum dimidiatum.
- a) Excipulum ad basin retusatum vel obtusatum.
  - I. Sporae minores, 9—12 × 6—7,5 μ — *12. hunana.*
  - II. Sporae majores, 15—21 × 9—10 μ — *13. quercuum.*
- b) Excipulum ad basin sensim angustum et infra nucleum inflexum — *11. cuprescens.*

B. Excipulum integrum.
  a) Excipulum ad basin angulosum vel productum.
    I. Excipulum ad basin angulosum, sed extrorsum non productum; sporae 16—18 × 6—7 μ *1. schutschensis.*
    II. Excipulum ad basin extrorsum versus longiuscule et acute angulose productum.
      1. Apothecia cinereo-suffusa, opaca *3. nebulosa.*
      2. Apothecia nigra, nitida.
        ○ Sporae 16—20 × 5—8 μ *5. mamillana.*
        ○○ Sporae 24—32 × 11—14 μ *2. marginata.*
        ○○○ Sporae 40—45 × 16—18 μ *4. manhaviensis.*
  b) Excipulum plus minus aequicrassum, ad basin non anguloso-productum, globosum vel subglobosum.
    1. Excipulum inferne angustius, nucleus ibidem quasi linea obscura limitatus; sporae 21—24 × 6—8 μ *7. pertusarina.*
    2. Excipulum undique aeque crassum.
      α) Nucleus in sectione transversaliter ellipsoideus; sporae 18—24 × 5—7 μ *8. tunicata.*
      β) Nucleus in sectione globosus.
        * Apothecia non depresso-planata.
          ○ Sporae 20—27 × 7—10 μ *10. nitida.*
          ○○ Sporae 32—39 × 12—15 μ *9. Chungii.*
        ** Apothecia depresso-planata, thallum vix superantia *6. chondrina.*

1. ** ***P. schutschensis*** A. ZAHLBR.

Thallus epi- et endophloeodes, crustaceus, uniformis, tenuis, substratum arcte obducens, expansus, lutescenti-olivaceus, nitidulus, KHO—, $CaCl_2O_2$—, continuus, laevis, passim paulum inaequalis, soredia et isidia non gerens, in margine linea tenui obscurata cinctus, corticatus, cortice chondroideo, intus decolore, ad ambitum anguste sordidescente, non insperso, ex hyphis intricatis et pachydermaticis formato, maculis parvis rotundatis praedito, J violaceo-obscurato; gonidia ad *Trentepohliam* pertinentia, infra corticem et inter elementa substrati disposita; hyphae medullares non amyloideae.

Apothecia numerosa, plus minus dispersa, nigra, nitida, subsemiglobosa, 0,3—0,4 mm lata, ad latera strato corticali thalli obducta, poro tenui terminali, 90—100 μ lato pertusa; excipulum fuligineum, fragile, integrum, ad basin obtusatum vel subangulosum, sed non productum, inferne valde angustatum, ad latera crassum, integrum vel undulatum; nucleus decolor, purus, in sectione rotundus, J lutescens; paraphyses capillari-filiformes, strictae, simplices, eseptatae, ad apicem non latiores, contextae; asci subcylindrici, ad apicem rotundati et parum incrassati, 8 spori; sporae in ascis uniseriales, fuscidulae, oblongo-ellipsoideae, rectae vel subrectae, 4 loculares, loculis subgloboso-lentiformibus, aequalibus, 16—18 μ longae et 6—7 μ latae.

NW-Y.: Stämme von *Prunus cornuta* im wtp. Regenwalde des birm. Mons. ober Schutsche am Taron (Djiou-djiang, e Irrawadi-Oberlauf), 27° 55′, 2600 m, 9. VII. 1916 (9488).

2. * ***P. marginata*** HOOK. (Cat. Lich., I., 438). E-Y.: An lebender Rinde von *Rhus*? auf dem Hügel bei Djindji-schan nächst Loping im mittelchin. Fl., wtp. St., 1600 m, 12. VI. 1917 (10183).

3. ** *P. nebulosa* A. ZAHLBR.

Thallus epiphloeodes, crustaceus, uniformis, substratum arcte obducens, tenuis, ad 0,1 mm crassus, olivaceus, nitens, KHO parum lutescens, $CaCl_2O_2$—, continuus, laevis, sorediis et isidiis nullis, in margine linea tenui, nigra circumdatus; stratum corticale 30—40 μ crassum, decolor, ex hyphis intricatis et gelatinose conglutinatis formatum, subchondroideum; gonidia ad *Trentepohliam* pertinentia, stratum crassiusculum formantia.

Apothecia crebra, sessilia, convexa vel subconica, ad basin non constricta, plus minus sensim in thallum abeuntia, rotunda, usque 0,8 mm lata, rare dispersa, vulgo approximata vel irregulariter aut seriatim confluentia, sicca cinereo-suffusa, madefacta nigra, poro rotundo, minuto, passim parum elevato; excipulum fuligineum, integrum, ad basin retusum et extrorsum versus longe et acute anguloso-productum, infra hymenium angustum, strato corticali superne strato tenui, decolore et hyphoso supertecto obductum, a thallo non vestitum; hymenium in sectione transversali rotundum, decolor, pellucidum, purum, J lutescens; paraphyses filiformes, strictae, simplices, eseptatae, non capitatae, gelatinose conglutinatae; asci ellipsoideo-clavati, 8 spori; sporae triseriales, olivaceae, subellipsoideae, rectae, ad apices plus minus abrupte angustato-rotundatae, 4 loculares, loculis apicalibus caeteris distincte minoribus, mediis oblique subquadrangularibus, halone non cinctae, 24—32 μ longae et 10—12 μ latae.

F.: Gu-schan bei Fudschou, an härteren Baumrinden (CHUNG 445c).

4. ** ***P. manhaviensis*** A. ZAHLBR.

Thallus epi- et endophloeodes, crustaceus, uniformis, late expansus, substratum arcte obducens, tenuis, ochraceo-lutescens, KHO primum leviter flavens, demum subsanguineus, $CaCl_2O_2$—, continuus, laevigatus, soredia et isidia non producens, in margine linea tenui nigricante cinctus; stratum corticale angustum, ex hyphis leptodermaticis, dense conglutinatis formatum, subchondroideum; gonidia increbra, ad *Trentepohliam* pertinentia.

Apothecia crebra, plus minus approximata et rarius 2—3 confluentia, semiemersa, 0,5—1 mm lata, convexa, usque ad dimidium a thallo vestita, superne nuda, nigra, nitida, poro tenuissimo terminali pertusa; excipulum integrum, fuligineum, infra nucleum angustum, fere lineare, ad latera mediocre et ad basin extrorsum longiuscule productum et sensim angustatum, poro rotundo, ad 90 μ lato pertusum; nucleus transversim ellipsoideus, decolor, purus, J lutescens; paraphyses filiformes, vix conglutinatae, simplices, eseptatae, ad apicem non latiores; asci anguste oblongi, superne rotundati et membrana mediocri obducti, 8 spori; sporae in ascis uniseriales, primum dilute fuscescentes, demum olivaceo-fuscae, oblongo-ellipsoideae, utrinque rotundatae, rectae, 4 loculares, loculis subaequalibus, mediis oblique quadrangularibus, apicalibus triangularibus, omnibus isthmo brevi junctis, mox corrugatae et nigricantes, 40—45 μ longae et 16—18 μ latae.

S-**Y.**: An lebenden Stämmen (einer Leguminose?) im tr. Regenwalde flußaufwärts gegenüber Manhao, 200 m, 5. III. 1915 (5911).

5. ***P. mamillana*** TREVIS. (Cat. Lich., I, 436). (*Verrucaria santensis* NYL. CROMB. I., 65). **S.**: Rinde von *Quercus Gilliana* in der tp. St. im Walde des Soso-liangdse im Lolo-Lande e von Ningyüen, 2600—2800 m (1688). Kiangsu: Schanghai (MAINGAY).

6. ** *P. chondrina* A. ZAHLBR.

Thallus epiphloeodes, crustaceus, uniformis, expansus, substratum arcte obducens, subchondroideus, tenuis, 0,1—0,15 mm crassus, glaucescenti-olivascens, nitens, KHO paulum flavens, $CaCl_2O_2$—, continuus, modice inaequalis, sorediis et isidiis nullis, in margine linea obscuriore non cinctus, cortice crasso, 50—60 μ alto, decolore, subchondroideo, ex hyphis intricatis et gelatinose intricatis formato, gonidiis infra corticem stratum continuum formantibus, ad *Trentepohliam* pertinentibus; medulla obsoleta.

Apothecia crebra, sicca parum conspicua, cum thallo concolora, madefacta vertice nigro bene visibili, approximata, thallo fere omnino immersa et verrucas depresso-planatas, 0,25—0,3 mm latas, a thallo verticem usque obductas formantia, vertice deplanato, nigro, ad 0,1 mm lato; excipulum fuligineum, subglobosum, aequicrassum, 25—30 μ crassum, a thallo usque ad verticem obductum, circa ostiolum obconice excavatum, poro terminali, minuto; nucleus globosus, decolor, purus, dilucidus, J cuprescens; paraphyses capillari-filiformes, strictae, gelatinose conglutinatae, simplices, eseptatae, ad apicem non latiores; asci crebri, convergentes, subcylindrico-clavati, superne rotundati, 8 spori; sporae uniseriales, olivaceae vel olivaceo-fuscae (mox obscuratae et corrugatae), subfusiformi-ellipsoideae, rectae, ad apices subabrupte angustato-rotundatae vel angustatae, 4 loculares, loculis mediis parum majoribus, omnibus subangulosis, halone non cinctae, 18—24 μ longae et 6—7 μ latae.

F.: Gu-schan bei Fudschou, an Rinden (CHUNG 591c).

7. ** *P. pertusarina* A. ZAHLBR.

Thallus epiphloeodes, crustaceus, uniformis, substrato adhaerens, tenuis, 0,1—0,2 mm crassus, expansus, stramineo-olivaceus, nitidulus, KHO—, $CaCl_2O_2$—, continuus, passim laevigatus, vulgo verruculis minutis, thallo parum dilutioribus vel subalbidis obsitus, sorediis et isidiis destitutus, in ambitu hinc inde linea tenui nigricante cinctus; gonidia ad *Trentepohliam* pertinentia.

Apothecia in verrucis thallinis inclusa, sat crebra et approximata, ad basin non constricta, connexa, 0,3—0,5 mm lata, ad verticem planata, vertice nigro, nitidulo, planiusculo vel convexulo; margo thallinus circa verticem integer; excipulum fuligineum, dimidiatum, mediocre, versus basin sensim angustatum et inflexum et in lineam obscure fuscam, hymenium inferne limitantem abiens, extus a thallo chondroideo-corticato usque ad verticem obductum; nucleus transversim ellipticus vel subconico-ellipsoideus, decolor, purus, J cuprescens: paraphyses capillari-filiformes, simplices, eseptatae, ad apicem non clavatae, gelatinam increbram percurrentes, strictae; asci oblongo-clavati, superne rotundati et membrana mediocri cincti, 8 spori; sporae in ascis plus minus biseriales, dilute olivaceae, demum magis obcuratae, oblongo-ellipsoideae vel ellipsoideae, utrinque rotundatae vel angustato-rotundatae, rectae, 4 loculares, loculis rotundatis vel subanguloso-rotundatis, subaequalibus (apicalibus non distincte minoribus), septo tenuissimo, parum conspicuo, 21—24 μ longae et 6—8 μ latae.

F.: Buongkang bei Yenping, in Wäldern bei der Stadt, c. 700 m (CHUNG 347 a, b). Gu-schan bei Fudschou, an Zweigen (CHUNG 397, 468 b, 602 c, 603 a).

8. ** ***P. tunicata*** A. Zahlbr.

Thallus epiphloeodes, crustaceus, uniformis, late expansus, tenuis, ad 0,1 mm crassus, substratum arcte obducens, alutaceus, KHO subaurantiaco-flavens, $CaCl_2O_2$ et KHO + $CaCl_2O_2$ flavens, continuus, verruculoso-inaequalis, rarius passim tenuissime rimulosus, sorediis et isidiis nullis, in ambitu linea obscuriore non cinctus, superne strato corticali dilute sordidescente, 15—18 μ crasso, ex hyphis formato tenuibus et dense intricatis, pulverulento-inspersis obductus; gonidia increbra, ad *Trentepohliam* pertinentia; medulla angusta, alba, J —.

Apothecia sessilia, dispersa vel approximata, habitu ascidioidea, 0,6—0,9 mm lata, verrucas formantia rotundas, ad basin constrictas, thallino-vestitas et tantum verticem excipuli punctiformem, nigrum, parum depressum, demum paulum latiorem, planatum vel convexiusculum offerentia; excipulum fuligineum, integrum, globosum, undique aeque latum, mediocre, superne in collum non abiens; hymenium decolor, purum, J lutescens; paraphyses capillares, strictae, simplices, eseptatae, non clavatae, leviter conglutinatae; asci subcylindrici, superne rotundati et membrana parum incrassata cincti, 8 spori; sporae in ascis uniseriales, fuscae, fusiformes vel ellipsoideo-fusiformes, utrinque angustato-rotundatae, 4 loculares, loculis subanguloso-lentiformibus, subaequalibus, 18—24 μ longae et 5—7 μ latae.

NW-Y.: Lebende Tannenstämme in der ktp. St. auf dem Gipfel des Yaoschan bei Ganhaidse nächst Lidjiang, 3825 m, 13. VI. 1915 (6750).

Im Habitus gleicht diese Art völlig der *P. porinella* Vain. (!), aber die Sporen sind nicht abgestumpft und bedeutend schmäler. Von *P. porinoides* Ach., auf deren Unterschiede von *P. porinella* Vainio hinweist, unterscheidet sich unsere Art durch die von ihm angeführten Merkmale.

9. ** *P. Chungii* A. Zahlbr.

Thallus epiphloeodes, crustaceus, uniformis, expansus, substratum arcte obducens, crassiusculus, usque 1 mm altus, subchondroideus, glaucescens, nitidulus, KHO—, $CaCl_2O_2$—, continuus, laevigatus, modice inaequalis, sorediis et isidiis destitutus; gonidia ad *Trentepohliam* pertinentia, increbra; medulla isabellina, KHO rubens.

Apothecia verrucas crasse thallino-obductas formantia, sessilia, ad latera haud angustata, sat crebra, approximata et passim confluentia, 1—2 mm lata, ad verticem truncata, margine thallino cum thallo concolore, circa verticem excipuli integro vel subintegro, excipuli vertice nigro, nitido, verticem verrucarum aequante, convexulo vel demum convexo, usque 0,8 mm lato, rarius parum explanato, poro angusto, depresso et albido pertuso; excipulum fuligineum, integrum, subglobosum, undique aeque crassum, mediocre, a thallo crasse obductum; nucleus decolor, purus, J lutescens; paraphyses capillari-filiformes, densae, strictae, simplices, eseptatae, ad apicem haud latiores; asci ellipsoideo-clavati, superne rotundati, 8 spori; sporae in ascis plus minus biseriales, pallide fuscescentes, oblongo-ellipsoideae, oblongo-ovales vel subpanduriformes, ad apices rotundatae, rectae vel curvulae, 4 loculares, loculis subgloboso-lentiformibus, aequalibus, septis utplurimum bene visibilibus, etsi valde angustis, 32—39 μ longac et 13—15μ latae.

F.: Gu-schan bei Fudschou, 500—600 m, auf Rinde (Chung 396 a, 580 b).

10. P. nitida (WEIG.) ACH. (Cat. Lich., I, 443). (*Verrucaria n.* SCHRAD. CROMB. I, 66). Kiangsu: Schanghai, auf Rinde (MAINGAY).

11. ** ***P. cuprescens*** A. ZAHLBR.

Thallus epiphloeodes, crustaceus, uniformis, sat late expansus, substratum arcte obducens, tenuis, olivaceo argillaceove cervinus vel cuprescens, opacus, KHO demum sanguinescens, $CaCl_2O_2$—, continuus, laevigatus, sorediis et isidiis destitutus, in margine linea obscuriore non cinctus; gonidia ad *Trentepohliam* pertinentia; stratum corticale subchondroideum, decolor, ex hyphis intricatis et dense conglutinatis formatum; hyphae medullae non amyloideae.

Apothecia crebra, dispersa vel approximata, semiemersa, parva, 0,2—0,35 mm lata, convexa vel fere globosa, primum omnino, dein tantum lateraliter thallino-vestita, vertice nigro, nitidulo; excipulum fuligineum, ad 45 μ crassum, in sectione transversim ovato-ellipticum; involucrellum fuligineum, dimidiatum, sat crassum, ad basin parum crassius et subanguloso-retusatum, dein angustatum et paulum infra hymenium inflexum, excipulo arcte adhaerens vel passim ab eo leviter secedens; nucleus decolor, purus, dilucidus, J cupreo-lutescens; paraphyses capillares, strictulae, simplices, eseptatae, ad apicem non latiores, gelatinam mediocrem percurrentes; asci clavati, recti vel subrecti, superne rotundati et membrana modice incrassata cincti, paraphysibus breviores, 6—8 spori: sporae in ascis uniseriales, olivaceae, demum obscuratae et corrugatulae, late ellipsoideae vel ovales, rarius oblongo-digitiformes, rectae, 4 loculares, loculis subanguloso-globosis, fere aequalibus, 35—48 μ longae et 15—19 μ latae.

H.: Lebende Stämme von *Eurya nitida* in der str. St. des Yolu-schan bei Tschangscha, 200 m, 10. XII. 1917 (11423).

12. ** ***P. hunana*** A. ZAHLBR.

Thallus endophloeodes, extus macula ochraceo-rufescente, nitidula, laevi et continua, plus minus expansa indicatus, soredia et isidia non formans, in margine linea tenui nigricanteque cinctus; gonidia ad *Trentepohliam* pertinentia, increbra.

Apothecia dispersa, adpresse sessilia, nigra, nitida, ad 0,5 mm lata, leviter convexa, a thallo libera, poro terminali tenuissimo, haud conspicuo pertusa: excipulum dimidiatum, fuligineum, ad basin retusatum, non productum, mediocre; nucleus decolor, purus, J lutescens; paraphyses filiformes, simplices, eseptatae, ad apicem non latiores, strictae, laxiuscule conglutinatae; asci cylindrico-clavati, superne rotundati et membrana leviter incrassata cincti, 8 spori: sporae in ascis uniseriales, fumoso-fuscae, late ovales, utrinque rotundatae vel in uno apice angustato-rotundatae, rectae, 4 loculares, loculis lentiformibus, 2 apicalibus parum minoribus, parvae, 9—12 μ longae et 6—7,5 μ latae.

H.: An lebenden Zweigen von *Pseudolarix Fortunei* bei Ngandjiapu nächst Hsikwangschan, wtp. St., 575 m, Anfang I. 1919 leg. BRAUER (12769).

Im Habitus der europäischen *Pyrenula Coryli* MASS. recht ähnlich, aber die Apothezien sind breiter und flacher.

13. ** ***P. quercuum*** A. ZAHLBR.

Thallus endophloeodes, maculas minores formans, tenuiter nigro-limitatas, dispersas vel confluentes, extus macula ochraceo-lutescente, nitida, continua et laevigata, sorediis et isidiis destituta indicatus; gonidia ad *Trentepohliam* pertinentia, cellulis concatenatis, late ellipsoideis vel subglobosis, 12—17 μ longis.

Apothecia sessilia, basi immersa, nigra, nitida, convexa, ad basin non constricta, a thallo libera, parva, 0,3—0,5 mm lata, poro tenuissimo terminali pertusa; excipulum distinctum, decolor, subconicum, tantum in parte infima anguste nigricans, ad latera angustius, inferne parum incrassatum et ad 60 μ crassum: involucrellum fuligineum, crassiusculum, semiglobosum, dimidiatum, ad basin retusum, non productum, excipulo bene adhaerens; nucleus decolor, purus, J lutescens; paraphyses capillari-filiformes, strictae, densae, simplices, eseptatae, ad apices non latiores, non conglutinatae, facile liberae; asci anguste clavati, superne rotundati, membrana vix incrassata, paraphysibus breviores, 8 spori: sporae in ascis uniseriales, fuscidulae, ellipsoideae vel subovales, utrinque bene rotundatae, rectae, ad latera non constrictae, 4 loculares, loculorum 2 mediis majusculis, 2 apicalibus exiguis, parvae, 15—21 μ longae et 9—10 μ latae.

S.: An lebenden Zweigen immergrüner Eichen in der trockenen str. St. ober Helugö bei Kwapi im Yalung-Gebiete n von Yenyüen, 2325 m, 21. V. 1914 (2448).

***P.* sp.**? (nur Pykniden). **H.**: Lebende *Lasianthus*-Stämme in der str. St. auf dem Yolu-schan bei Tschangscha, 200 m (11427).

Anthracothecium Hampe.

A. Medulla thalli flava, KHO purpurea; apothecia thallino-vestita, usque 1,5 mm lata *3. chrysophorum.*

B. Medulla thalli alba, KHO non reagens.

a) Apothecia magna, usque 7 mm lata, crasse thallino-vestita *4. speciosum.*

b) Apothecia distincte minora.

I. Apothecia crasse thallino-vestita, vertice excipuli punctiformi *2. fraternale.*

II. Apothecia nuda, excipulum semiglobosum, demum liberum *1. libricolum.*

1. **A. libricolum* (Fée) Müll. Arg. (Cat. Lich., I, 463). **F.**: Gu-schan bei Fudschou, an Baumrinden (Chung 596 a).

2. ***A. fraternale* A. Zahlbr.

Thallus epiphloeodes, crustaceus, uniformis, expansus, substrato adhaerens, tenuis, 0,1—0,2 mm crassus, albido-glaucescens, subnitens, KHO flavidus, demum fulvescens, $CaCl_2O_2$—, continuus, laevigatus, sorediis et isidiis non praeditus, in margine passim linea tenui nigricante circumdatus, strato corticali subchondroideo, decolore obductus; gonidia ad *Trentepohliam* pertinentia.

Apothecia verrucas semiglobosas, usque ad ostiolum strato thallino corticato obductas, cum thallo concolores, ad basin leviter vel vix constrictas formantia, ad 0,8 mm lata, rarius solitaria, vulgo irregulariter congesta vel seriata, ostiolo nigro, primum punctiformi, demum paulum latiore (ad 0,3 mm), planiusculo, marginem thallinum non superante; excipulum integrum, globosum, fuligineum, mediocre et undique aeque latum, extus usque ad ostiolum thallo corticato vestitum (cortice decolore, subchondroideo, ex hyphis tenuibus, horizontalibus, dense conglutinatis formato), ostiolo terminali, recto; hymenium decolor, purum, J rosaceo-cuprescens; paraphyses capillari-filiformes, densae, gelatinose conglutinatae, simplices, eseptatae, ad apicem non latiores; asci ellipsoideo-clavati, superne rotundati et membrana modice incrassata cincti,

8 spori; sporae in ascis biseriales, e pallide olivaceo mox obscure fuscae, demum corrugatae subfusiformi- vel ovali-ellipsoideae, utrinque plus minus angustato-rotundatae, rectae, murales, septis transversalibus 7—9, cellulis in seriebus horizontalibus 3—4, subglobosis et parum distinctis, halone non cinctae, 56—62 μ longae et 19—22 μ latae.

F.: Gu-schan bei Fudschou, an Baumrinden (CHUNG 445 b).

3. ** *A. chrysophorum* A. ZAHLBR.

Thallus epiphloeodes, crustaceus, uniformis, substrato adhaerens, expansus, sat tenuis, 0,2—0,3 mm crassus, subtartareus, olivaceo-cinerascens vel olivaceo-glaucescens, nitens, KHO—, $CaCl_2O_2$—, continuus, rugulosus, sorediis et isidiis destitutus, in margine linea tenui nigricante cinctus, cortice obductus decolore, bene limitato, pellucido, non insperso, 30—34 μ crasso, ex hyphis intricatis formato; gonidia ad *Trentepohliam* pertinentia, infra corticem stratum continuum formantia; medulla flava, KHO purpurea.

Apothecia in verrucis convexis, ad verticem retusatis, sessilibus, usque 1,5 mm latis, ad basin non constrictis, dispersis vel approximatis inclusa, vertice nigro, nitido, latiusculo (ad 1 mm lato), leviter convexulo vel planatulo, marginem thallinum aequante et poro terminali, recto et tenui pertuso; excipulum globosum, fuligineum, integrum, sat aequicrassum, ad ostiolum globose excavatum; nucleus decolor, purus, pellucidus, J cuprescens; paraphyses capillari-filiformes, densae et strictae, gelatinose conglutinatae, simplices, eseptatae, ad apicem non latiores; asci oblongo- vel ellipsoideo-clavati, superne rotundati et membrana modice incrassata cincti, 8 spori; sporae in ascis biseriales, e pallide olivaceo fuscae, suboblongae, ellipsoideae vel subovales, utrinque rotundatae, rectae, murales, cellulis in seriebus superpositis 10, in seriebus horizontalibus 3—4, luminibus minutis, globosis, diaphanis, septis transversalibus primariis distinctioribus 4—6, halone non cinctae, J—, 52—58 μ longae et 15—21 μ latae.

F.: Wie vorige (CHUNG 392).

4. ** ***A. speciosum*** A. ZAHLBR. nov. spec.

Thallus pro maxima parte epiphloeodes, late expansus, cum substrato confluens, subchondroideus, tenuis, lutescenti-olivasceus, KHO demum sordide sanguineus, $CaCl_2O_2$ cerino-nitens, continuus, laevigatus, sorediis et isidiis non praeditus, in margine linea tenui obscuriore cinctus, corticatus, cortice subchondroideo, decolore, ad 90 μ crasso (circa apothecia usque 120 μ crasso), ex hyphis intricatis, sat pachydermaticis et conglutinatis formato; gonidia ad *Trentepohliam* pertinentia.

Apothecia crebra, in verrucis thallinis solitaria vel plura et dein saepe confluentia, usque 7 mm lata vel longa, irregularia, verruculosa vel gibboso-inaequalia, stromata simulantia, usque ad dimidiam partem thallino-vestita, in parte superiore denudata, nigra, nitida, vertice convexo, usque 1 mm lato, in centro depresso, in depressione hymenio denudato subcarneo-albido, poro terminali rectoque, annulo tenui integroque et prominulo cincto praedita; excipulum integrum, fuligineum, fragile, in dimidio superiore crassius, infra hymenium angustius, basin versus plus minus angulosum, sed non productum; nucleus globosus, decolor, purus, J cupreo-lutescens (imprimis sporae juvenilis); paraphyses capillari-filiformes, strictulae, gelatinose conglutinatae, simplices, eseptatae, ad apicem non latiores; asci oblongo-clavati, superne rotundati et membrana bene incrassata cincti, 6—8 spori: sporae in ascis bi-—triseriales, olivaceo-fuscidulae, demum obscuratae, oblongo-ellipsoideae, utrinque angustato-rotundatae, rectae, rarius subrectae vel curvulae, murales, seriebus loculorum superpositorum 8—10, horizontalium 2—3, luminibus cellularum rotundatis, membrana sat crassa circumdatis, halone non cinctae, 48—62 μ longae et 15—21 μ latae.

SW-**H.**: An lebender Rinde von *Acer* im wtp. Regenwalde des Yün-schan bei Wukang, 1100 m, 9. VIII. 1917 (11193). **F.**: Gu-schan bei Fudschou, an Rinden in Wäldern, 500—600 m (CHUNG 395, 396, 397a, 468a, 595).

Trypetheliaceae.

Trypethelium SPRGL.

T. eluteriae SPRGL. var. *citrinum* (ESCHW.) MÜLL. ARG. (Cat. Lich., I., 491). (*T. Sprengelii* KRPLHBR., I, 671). Kwangtung: Wampu, an Bäumen (R. RABENHORST).

Astrotheliaceae.

Parmentaria FÉE.

A. Stromata a thallo libera, nigra et nitida — *1. Chungii.*
B. Stromata thallino-vestita et cum thallo discolora — *2. obtecta.*

1. ** *P. Chungii* A. ZAHLBR.

Thallus endo- et epiphloeodes, pars epiphloeodes tenuissima, vix 0,1 mm crassa, uniformis, late expansus, substratum arcte obducens, olivaceo- vel umbrino-fuscus, parum nitens, KHO—, $CaCl_2O_2$—, continuus, laevigatus, soredia et isidia non gerens, in margine linea obscuriore non cinctus: gonidia ad *Trentepohliam* pertinentia.

Stromata a thallo libera, nigra, nitida: apothecia primum alte convexa, solitaria, ad 1 mm lata vel 3—5 seriatim aut astroideo disposita, mox confluentia, subtorulosa, obliqua, collo laterali, in ostiolum commune abeunte; excipulum fuligineum, fragile, integrum, crassiusculum; nucleus decolor, purus, J rufidulo-cupreus, in sectione transversali plus minus ellipticus; paraphyses capillares, densae et strictulae, simplices vel increbre ramosae, eseptatae, ad apicem non latiores, guttulis oleosis minimis, seriatim dispositis impletae, laxiusculae; asci oblongo-clavati, in parte superiore primum membrana bene incrassata cincti mox confluente, monospori: sporae obscure fuscae, oblongo-fusiformes vel fusiformes, rarius subellipsoideae, utrinque vel tantum in uno apice angustato-rotundatae, rectae, murales, loculis numerosis, demum subcubicis, halone non cinctae, 140—160 μ longae et 45—48 μ latae.

F.: Gu-schan bei Fudschou, an Baumästen, 500—600 m (CHUNG 602a).

Affinis *P. gregali* (KN.) MÜLL. Arg., a qua differt thallo tenuissimo, stromatibus a thallo mox liberis et ascis monosporis.

2. ** *P. obtecta* A. ZAHLBR.

Thallus epiphloeodes, crustaceus, uniformis, expansus, substrato arcte adhaerens, tenuis, ad 0,1 mm crassus, subchondroideus, lutescenti-glaucescens, nitidulus, KHO magis flavens, $CaCl_2O_2$—, continuus, subverruculoso-inaequalis, hinc inde punctis cyphelliformibus et albidis instructus, sorediis et isidiis non praeditus, in margine linea obscuriore non cinctus; gonidia increbra, ad *Trentepohliam* pertinentia.

Stromata thallino-vestita, subcarnea, cum thallo non concolora KHO aurantiaca, adpressa, rotundata vel rotundato-irregularia, convexa, 1—2 mm lata, ad basin non constricta, 1—4 carpica, ostiolo communi rotundo et parvo; excipulum fuligineum, sat tenue, demum vertice parce emergens, obliquum; nucleus decolor, purus, J dilute lutescens; paraphyses capillares, densae, strictae, simplices vel increbre ramosae, eseptatae, ad apicem non latiores; asci oblongo-clavati, superne rotundati et membrana incrassata obducti, monospori; sporae e decolore mox obscure fuscae, fusiformes vel lageniformes, curvulae vel subsigmoideae, ad apices angustato-rotundatae, murales, cellulis subcubicis numerosis, 150—160 μ longae et 28—32 μ latae.

F.: Wie vorige (Chung 446b).

Accedit ad *P. Ravenelii* (Tuck.) Müll. Arg., sed asci non octospori.

Strigulaceae.

Phylloporina Müll. Arg.

A. Apothecia a thallo obducta.
- a) Apothecia minuta, 0,15—0,2 mm lata; sporae 4loculares, 18—22 × 2—3 μ *4. myriocarpa.*
- b) Apothecia majora, 0,3—0,5 mm lata; sporae 7—9 loculares, 25—30 × 3—4 μ *3. epiphylla.*

B. Apothecia nuda, a thallo non vestita.
- a) Apothecia cupreofusca; sporae 8loculares *2. aeneofusca.*
- b) Apothecia nigra; sporae triseptatae *1. triseptula.*

1. ** ***P.*** (sect. *Ulvella*) ***triseptula*** A. Zahlbr.

Thallus epiphyllus, maculas minores formans, uniformis, substrato bene adhaerens, tenuissimus, argillaceo-glaucus, KHO—, $CaCl_2O_2$—, continuus, laevigatus, sorediis et isidiis nullis, in margine anguste obscurius fuscescens vel passim linea tenui, nigricante cinctus; gonidia ad *Heterothallum* Vain. pertinentia.

Apothecia crebra, sessilia, dispersa vel approximata, nigra, nitidula, minuta, 0,15—0,2 mm lata, convexa, ad basin non constricta, ostiolo terminali haud conspicuo; excipulum dimidiatum, fuligineum, tenue, ad basin retusum, extrorsum non productum; nucleus decolor, plus minus globosus, purus, J cupreorufescens; paraphyses increbrae, capillares, strictae, simplices, eseptatae vel rarius furcatae, ad apicem non latiores, sat liberae; asci oblongo-clavati, superne rotundati, a paraphysibus facile liberi, 8spori, 53—60 μ longi et 12—14 μ lati; sporae in ascis biseriales, decolores, fusiformes vel subdactyloideo-fusiformes, utrinque acutatae, curvulae, rarius subrectae, 4loculares, septis tenuibus, ad septa non constrictae, membrana tenui cinctae, 24—30 μ longae et 4—5 μ latae.

Conceptacula pycnocondiorum sessilia, minuta, thallino-vestita, ad 0,2 mm lata, apotheciis sat similia, vertice nigro minuto; perifulcrium nigrum, tenue; fulcra exobasidialia; pycnoconidia oblonga, utrinque rotundata, recta, 5—6 μ longa et 1,5—2 μ lata.

Tonkin: An lebenden Blättern von *Caryota mitis* im Tälchen Ngoikoden bei Phomoi nächst Laogai an der Grenze des tr. **Y.**, 150 m, 2. II. 1914 (155).

In sectione *Ulvella* sporis triseptatis distinguenda.

2. ** ***P.*** (sect. *Segestrinula*) ***aeneofusca*** A. ZAHLBR.

Thallus epiphyllus, crustaceus, uniformis, membranaceus, a substrato facile desquamans, maculas majores formans, tenuissimus, olivaceus vel rufescenti-olivaceus, opacus, KHO—, $CaCl_2O_2$—, sorediis et isidiis destitutus, continuus, sat bene limitatus, linea obscuriore tamen non cinctus; gonidia ad *Heterothallum* pertinentia.

Apothecia sat crebra, dispersa vel approximata, cum thallo concoloria, madefacta magis rufescentia, convexa, parva, 0,5—0,6 mm lata, ad basin non constricta, a thallo non obducta, circa ostiolum rotundum, circa 15 μ latum paulum obscuriora; excipulum dimidiatum, ex hyphis dense intricatis formatum, non radiose cellulosum; nucleus decolor, purus, dilucidus, J cupreo-lutescens; paraphyses capillares, simplices, eseptatae, ad apicem non latiores, contextae; asci fusiformi-clavati, superne retusato-rotundati, a paraphysibus facile liberi, 75—77 μ longi et 9—10 μ lati, 8 spori; sporae in ascis 3—4 seriales, aciculares, rectae vel subrectae, 8 loculares, septis tenuissimis, ad septa non constrictae, membrana tenui cinctae, J lutescentes, 36—40 μ longae et 3—4 μ latae.

Tonkin: Mit voriger (1168).

3. * ***P.*** (sect. *Euphylloporina*) ***epiphylla*** (FÉE) MÜLL. Arg. (Cat. Lich., I., 533). **Tonkin:** Mit voriger (1805). S-**Y.**: Auf immergrünen Blättern im tr. Regenwalde unter Yaotou zwischen Möngdse und Manhao, 650 m (5954).

4. * ***P.*** (sect. *Euphylloporina*) ***myriocarpa*** MÜLL. Arg., e specimine originali. (Cat. Lich., I., 534). **Tonkin:** Mit vorigen (632).

P. **sp.** (ohne Sporen). **Tonkin:** Mit den vorigen (129).

Strigula FR.

A. Thallus iteratim dichotome divisus, laciniis linearibus, subpatentibus, fuscescentibus, substrato arcte aduatis *3. linearis.*

B. Thallus continuus.

- a) Thallus albidus vel virescens, non striolatus; apothecia ad 0,3 mm lata *1. africana.*
- b) Thallus obscure olivaceo-cinerascens, tenuiter radiatim striolatus; apothecia 0,5—0,8 mm lata *2. fibrillosa.*

1. * ***S. africana*** WAIN. (Cat. Lich. I, 537). S-**Y.**: Auf immergrünen Blättern im tr. Regenwalde unterhalb Yaotou zwischen Möngdse und Manhao, 650 m (5958): **F.**: Auf lederigen Baumblättern am Gu-schan bei Fudschou (CHUNG 487b, 494, 521, 592).

2. ** *S. fibrillosa* A. ZAHLBR.

Thallus epiphyllus, crustaceus, uniformis, tenuissimus et substratum arcte obducens, maculas formans rotundatas, dispersas vel confluentes, bene limitatas, obscure olivaceo-cinereus, nitidulus, KHO—, $CaCl_2O_2$—, continuus, radiose striolatus, striis valde tenuibus, filiformibus, iteratim ramosis, sorediis et isidiis nullis, in margine bene limitatus, linea obscuriore tamen non cinctus; gonidia ad *Phycopeltidem* pertinentia.

Apothecia sessilia, nigra, nitida, alte convexa, ad basin non constricta, rotunda, 0,5—0,8 mm lata, dispersa; excipulum nigrum, fragile, dimidiatum, ad basin retusatum et extrorsum versus non productum, poro terminali recto, angustissimo, haud conspicuo pertusum; nucleus decolor, purus, subgelatinosus, J cupreo-lutescens (ascis magis fuscescenti-cuprescentibus); paraphyses capillares, sat densae, strictae, simplices, eseptatae, non capitatae, facile liberae et gelatinam mediocrem percurrentes; asci crebri, a paraphysibus facile liberi, cylindrico-clavati, superne rotundati et membrana modice incrassata cincti, 8 spori; sporae in ascis uni- vel subbiseriales, decolores, fusiformes, utrinque acutae, rectae, uniseptatae, septo pertenui, ad septum non constrictae, membrana tenui cinctae, halone non circumdatae, 14—16 μ longae et 3—4 μ latae.

F.: Gu-schan bei Fudschou, auf lederigen Blättern in Wäldern bei Hoteiying (Chung 487 b, 488) und Buongkang, Yengning, auf Blättern, c. 1000 m (Chung 319).

Thallo obscurato radiose striolato et apotheciis majusculis dignota.

*3. * S. linearis* Vain. in Annal. Acad. Scient. Fennic., ser. A., XIX, no. 15, 18 (1923). **F.**: Auf lederigen Baumblättern am Gu-schan bei Fudschou, in Wäldern bei Hoscheiying (Chung 487 c).

Dr. H. Handel-Mazzetti hat außerdem im tropischen Übergangsgebiet mehrfach auf den lederigen Blättern verschiedener Blütenpflanzen *Strigulae* gesammelt. Aber alle eingesammelten Stücke: **H.**: Auf *Phoebe hunanensis* ober Lantien gegen Hsikwangschan, 550—600 m (12842). **Kw.**: Auf *Rhamnus Esquirolii* in wtp. schattigen Gebüschen zwischen Guiyang (Kweiyang) und Gwanyinschan, 1200 m (10601); im str. Walde unter Gwanling auf *Mallotus philippinensis*, 1150 m (10405). **Y.**: Auf *Duabanga grandiflora* in der tr. St. bei Manhao, 200 m (5782, 5783); auf *Xylosma* in der str. St. unter Beyendjing, halbwegs zwischen Tschuhsiung und Yungbei gegen Midien, 1500—1700 m (6302) besitzen weder Apothezien, noch Pyknokonidien und Stylosporen; eine sichere Bestimmung war daher nicht möglich. Auf ihr Vorkommen in diesen Gebieten muß indes aus pflanzengeorgaphischen Gründen hingewiesen werden, da die Arten der Gattung *Strigula* entschieden subtropischer oder tropischer Herkunft sind. Fast macht es den Eindruck, und auch die Beobachtungen an anderen epiphyllen Flechten dieser Region bestätigen es, als ob diese an der nördlichen Grenze ihres Verbreitungsgebietes nicht mehr die Fähigkeit besäßen, Apothezien oder Nebenfruktifikationen zu entwickeln.

Pyrenidiaceae.

Coriscium Wain.

C. viride (Ach.) Wain. (Cat. Lich., I, 544). (*Normandina Davidis* Hue II., 176). **Y.**: An Rinden in Wäldern, Yendsehai bei Mosoying, c. 3000 m (Delavay).

Mycoporaceae.

Mycoporellum Müll. Arg.

** ***M. subpomaceum*** A. Zahlbr.

Thallus epiphloeodes, crustaceus, uniformis, expansus, substratum arcte obducens, tenuissimus, e maculis rotundato-irregularibus et confluentibus formatus, viridulo-cinerascens vel dilute pomaceus, nitidus, KHO—, $CaCl_2O_2$—, continuus, laevis, sorediis et isidiis non praeditus, in margine primum linea tenui obscuriore, demum latiore et nigricante cinctus, fere homoeomericus, gonidiis ad *Trentepohliam* pertinentibus, cellulis concatenatis, late ovalibus; hyphae thalli non amyloideae.

Apothecia plus minus dispersa, primum parva, vix 0,1 mm lata, rotunda, rotundata vel oblongata lineariave, usque 1 mm demum longa, vulgo simplicia, rarius furcata, nigra, opaca, planiuscula vel convexula; excipulum fuligineum, tenue, dimidiatum, submembranaceum, superne fissura latiuscula et irregulari diffractum; hymenium vulgo simplex vel rarius subcompositum, columellis increbris et breviusculis divisum, decolor, purum, J cupreo-rufescens (imprimis asci); paraphyses increbrae, filiformes, ramosae, eseptatae, ad apicem haud latiores; asci saccato-oblongi et ad basin breviter pedicellati, superne rotundati et membrana parum crassiore obducti, a paraphysibus facile liberi, 54—60 μ longi et $\pm$ 15 μ lati, 8 spori; sporae in ascis bi- — triseriales, decolores, fusiformes vel digitiformi-fusiformes, vulgo curvulae, 8 loculares, loculis subcubicis, ad septa non constrictae, septis tenuibus, membrana tenui cinctae, sine halone, 24—29 μ longae et 3—3,5 μ latae.

S-**Y.**: Lebende *Jasminum*-Stämme im tr. Savannenwalde flußaufwärts gegenüber Manhao, 200 m, 1. III. 1915 (5830).

Caliciaceae.

Chaenotheca Th. Fr.

** **C. chrysocephala** (Turn.) Th. Fr. **f. filaris** (Ach.) Blbg. et Forss. (Cat. Lich., I, 563). NW-**Y.**: An Tannenstämmen der ktp. St., 3800—4030 m. Unter der Alm Maoniubi auf dem Waha bei Yungning (7145). Im birm. Mons. unter dem Doker-la an der tibetischen Grenze, 28° 15′ (8123).

Calicium De Notr.

** **C. sinense** A. Zahlbr.

Thallus epiphloeodes, crustaceus, uniformis, tenuissimus, substrato quasi suffusus, late expansus, sordidescens, glaucescens vel cinerascens, opacus, KHO fulvescens, $CaCl_2O_2$—, continuus, subleprosus, sorediis et isidiis nullis, in ambitu linea tenui nigricante cinctus; gonidia ad *Cystococcum* pertinentia.

Stipes 1,4—2,5 mm altus et 0,1—0,15 mm crassus, teres, ad basin parum latior, niger, nitidus, non dilucidus, superne sensim dilatatus et demum depresso-turbinatus, simplex vel rarius ad basin furcatus; massa sporalis non protrudens, planiuscula vel convexula; asci oblongi, ad basin longiuscule pedicellati, 8 spori; sporae in ascis 1—2 seriales, fuscae, ovales, rectae, uniseptatae, septo et membrana sat tenuibus, 9—11 μ, longae et 6 μ latae.

NW-**Y.**: Tannenstämme der ktp. St. auf dem Passe Hsiao-Niutschang zwischen Bödö und Alo se von Hsiao-Dschungdien, 3925 m, 7. VIII. 1914 (4566).

Sphaerophoraceae.

Acroscyphus LÉV.

* ***A. sphaerophoroides*** LÉV. (Cat. Lich., I, 681). (Taf. 1).

Thallus pulvinos majusculos, usque 20 cm latos et 4 cm altos, fruticuloso-madreporiformes, dense ramosos formans, rigidus, pro parte pallide vel cinerascenti-lutescens, pro parte cinereus, KHO non vel paulum flavens, $CaCl_2O_2$—, iteratim ramosus, ramis inferne sublignosis et nigricantibus, subteretibus, superne ± cylindricis vel passim compressis, dense congestis, primum laevigatis, demum ruguloso-inaequalibus, apicibus clavatis vel subcylindricis; undique corticatus, cortice chondroideo, decolore, tantum in ambitu leviter et anguste obscurato, superne strato tenui amorpho et decolore supertecto, ex hyphis formato perpendicularibus, tenuibus, ad 3 μ crassis, conglutinatis et dense septatis, leptodermaticis, cellulis parvis angulosisque; stratum corticale infra corticem situm, cum cortice aequicrassum vel parum latius, gonidiis pleurococcoideis, glomeratis vel glomeruloso-seriatis, stratum continuum vel subcontinuum formantibus, hyphis laxiuscule intricatis, non inspersis; cellulae gonidiorum globosae, laete virides, membrana tenui et distincta cinctae, 6—12 μ latae, stratum gonidiale passim fasciis hypharum longitudinalium et conglutinatarum, usque in medullam penetrantibus partitum; medulla crocea, KHO kermesina, J obscure coerulea, ex hyphis sublongitudinalibus, laxiusculis, 3—5 μ crassis, citrino-inspersis formata, solida.

Excipulum fuligineum, integrum, ad latera hymenii sat angustum, 42—46 μ crassum, infra hymenium parum crassius, superne ultra hymenium leviter assurgens, in sectione transversali subsemiglobosum vel obconico-semiglobosum; mazaedium nigrum, non protrudens; hypothecium angustum, fere decolor, ex hyphis imbricatis formatum; paraphyses increbrae, filiformes, ad 0,5 μ crassae; asci mox diffluentes; sporae obscure vel violaceo-fuscae, in juventute pallide olivaceo-fuscescentes, biloculares, biscoctiformes, cellulis globosis, ad septum bene constrictae, membrana mediocri et laevi cinctae, 12—29 μ longae et 9 usque 15 μ latae.

NW-**Y.**: Auf Schieferfelsköpfen des höchsten Rückens zwischen Haba und Dugwantsun se von Dschungdien („Chungtien"), Hg. St., 4400 m (6950).

Diese auffallende und schöne Flechte war bisher nur vom Himalaja bekannt. Sie zeigt den anatomischen Bau eines einem hochalpinen Klima angepaßten Flechtenorganismus.

Graphidineae.

Arthoniaceae.

Arthonia (ACH.) A. ZAHLBR.

A. Apothecia stramineo-pallida — *6. antillarum.*

B. Apothecia aliter colorata.

- a) Apothecia coccineo-pruinosa — *7. cinnabarina.*
- b) Apothecia cinnamomeo- vel subrubro-fusca — *5. lopingensis.*

c) Apothecia obscure fusca vel nigricantia.
  I. Cellulae sporarum aequales.
    1. Thallus albidus vel cinerascens *1. radiata* f. *astroidea.*
    2. Thallus plus minus obscuratus *2. reniformis.*
  II. Cellulae sporarum distincte inaequales.
    1. Sporarum cellula apicalis caeteris distincte major *3. Schoepfiae.*
    2. Sporarum cellula media caeteris distincte major *4. leioplacella.*

1. **A. radiata** Ach. **f. astroidea** Ach. (Cat. Lich., II, 87). (*A. astroidea* Ach. Jatta, I, 479). E-Y.: An Rinde lebender *Rhus* im wtp. Hügelwalde des mittelchin. Fl. bei Djindjischan nächst Loping, 1600 m (10186). Schenhsi: An jungen Stämmen auf dem Duidjio-schan im Tsinling-schan (Giraldi).

2. * **A. reniformis** (Ach.) Röhl. (Cat. Lich., II, 94). E-Y.: An lebender Rinde von *Schoepfia jasminodora* im mittelchin. Fl. auf dem Hügel bei Djindjischan nächst Loping, 1600 m (13096).

3. ** **A. Schoepfiae** A. Zahlbr.

Thallus pro maxima parte endophloeodes, extus maculis sat irregularibus, cinnamomeo-cinerascentibus, opacis, KHO—, $CaCl_2O_2$—, laevigatis et continuis indicatus, sorediis et isidiis nullis, in ambitu linea fuscescente circumdatus; gonidia ad *Trentepohliam* pertinentia, increbra.

Apothecia crebra, sessilia, nigra, epruinosa, opaca, linearia, raro simplicia, utplurimum subastroideo-ramosa, usque 1 mm longa et 0,15—0,18 mm lata, parum inaequalia, sicca parum, madefacta distincte convexiuscula; excipulum distinctum nullum; hymenium superne violaceo-nigricans, KHO magis violascens, caeterum decolor, J violaceo-coerulescens, non inspersum; hypothecium decolor; paraphyses parum distinctae, ramosae et intricatae, gelatinoso-conglutinatae, eseptatae, ad apicem haud latiores; asci ovali-ellipsoidei, superne rotundati et membrana incrassata cincti, recti, ad basin abrupte angustati, 8 spori; sporae in ascis triseriales, mox fumosae vel fuscescentes, ellipsoideo-dactyloideae vel subpanduriformes, rectae vel subrectae, utrinque rotundatae, 4 loculares, cellula suprema caeteris multum majore et latiore, septis tenuibus, ad septa non constrictae, membrana tenui cinctae, sine halone, 15—17 μ longae et 6—7 μ latae, J cupreae.

E-Y.: An lebender Rinde von *Schoepfia jasminodora* im mittelchin. Fl. auf dem Hügel bei Djindjischan nächst Loping, 1600 m, 12. VI. 1917 (13094).

4. ** **A. leioplacella** A. Zahlbr.

Thallus epiphloeodes, crustaceus, uniformis, tenuissimis, substratum arcte obducens, maculas minores vel aliis lichenibus intermixtas formans, dilute olivaceus, nitidulus, KHO—, $CaCl_2O_2$—, continuus, laevigatus, sorediis et isidiis non praeditus, in margine linea tenui nigraque cinctus; gonidia ad *Trentepohliam* pertinentia.

Apothecia lirellina, adpressa, nigra, epruinosa, simplicia et plus minus undulata, inaequaliter dilatata vel ramis brevibus imprimis in uno apice lirellarum munita, ad apices rotundata, usque 3 mm longa et 0,3—0,5 mm lata; excipulum distinctum non evolutum; hymenium superne umbrino-fuscescens, non pulverulentum, KHO—, caeterum fere decolor, purum, J e coerulescente aeruginosum vel obscuratum; hypothecium obscure fuscum vel fusco-nigricans;

paraphyses filiformes, ramosae et intricatae, eseptatae; asci ovales, superne late rotundati et membrana bene incrassata cincti, ad basin sensim vel sat abrupte angustati, subpedicellati, 8 spori; sporae in ascis 3—4 seriales, decolores, oblongo- vel dactyloideo-fusiformes, subrectae vel curvulae, in uno apice rotundatae, in altero magis angustatae, 6—7 loculares, loculis 2 centralibus caeteris distincte majoribus, septis tenuibus, ad septa non constrictae, membrana tenui cinctae, halone non indutae, J lutescentes, 21—24 μ longae et 6—7 μ latae.

E-**Y.**: Mit voriger (11425).

5. ** ***A. lopingensis*** A. Zahlbr.

Thallus pro maxima parte endophloeodes, extus maculis lutescenti-cinerascentibus, nitidulis, KHO—, $CaCl_2O_2$—, in margine linea tenui nigricante cinctis indicatus, continuus, laevigatus, sorediis et isidiis nullis; gonidia ad *Trentepohliam* pertinentia.

Apothecia cinnamomea vel subochraceo-cinnamomea, opaca, adpressa, primum maculiformia, demum ramulis 2—3 praedita ad substellata, parva, usque 1 mm longa, epruinosa, subplana vel convexiuscula; excipulum distinctum non evolutum; hymenium tantum a paraphysibus obscurius tinctis circumdatum, superne ochraceo-fuscum, KHO in cinnamomeum vergens, caeterum fere decolor et purum, J violaceum, demum sordidulum; hypothecium lutescens, molle, ex hyphis intricatis formatum; paraphyses parum distinctae, ramosae et subintricatae, eseptatae; asci ovali-clavati, superne sat bene rotundati et membrana incrassata cincti, inferne breviter et tenuiter pedicellati, 8 spori; sporae in ascis 3—4 seriales, decolores, digitiformi-oblongae, rectae, utrinque rotundatae, 4—5 loculares, loculo supremo caeteris multum majore et latiore, septis tenuibus, ad septa non constrictae, sine halone, 14—15 μ longae et ad 4 μ latae.

E-**Y.**: Mit voriger (10107).

6. A. antillarum (Fée) Nyl. (Cat. Lich., II, 9). Kwangtung: Wampu, an Rinden (R. Rabenhorst nach Krplhbr., I, 467).

7. ***A. cinnabarina*** Wallr. **var. *coccinea*** (Flk.) A. Zahlbr. (Cat. Lich., II, 24). (*A. c.* var. *adspersa* Nyl. Krplhbr., I, 467. Cromb., I, 65). E.-**Y.**: Lebende Rinde von *Schoepfia jasminodora* im mittelchin. Fl. auf dem Hügel bei Djindjischan nächst Loping, wtp. St., 1600 m (10177). Kiangsu: Schanghai, an Magnolien (Maingay). Kwangtung: Wampu, an Rinden (Rabenhorst).

Allarthonia Nyl.

** ***A. yünnana*** A. Zahlbr.

Thallus epiphloeodes, tenuissimus, substrato arcte adhaerens, maculas parvas, plus minus rotundatas formans, pallide argillaceus vel argillaceo-cinerascens, opacus, KHO—, $CaCl_2O_2$—, continuus, sublaevigatus, parum inaequalis, sorediis et isidiis destitutus, in margine linea tenui nigricante cinctus; gonidia cystococcoidea, cellulis globosis, parvis, 5—7 μ latis, membrana tenui, tamen distincta, circumdatis, viridescentibus.

Apothecia adpressa, minuta, usque 0,8 mm lata, nigra, opaca, epruinosa, rotundata vel maculiformia, convexula; hymenium superne nigrescens, caeterum fere decolor, purum, J cupreo-rufescens, paraphyses filiformes, parum conspicuae, laxiuscule ramosae, eseptatae; hypothecium fuscum; asci subpyriformes vel subovales, superne bene rotundati et membrana incrassata cincti, inferne clavati,

8 spori, 35—40 μ longi et 17—19 μ lati; sporae in ascis triseriales, decolores, oblongo-ellipsoideae vel subdactyloideae, rectae, utrinque rotundatae, sexloculares, loculis aequalibus, septis tenuibus, ad septa non constrictae, sine halone, membrana tenui cinctae, 15—19 μ longae et 4—5 μ latae.

S-Y.: Lebende Stämme von *Vernonia volkameriaefolia* im tr. Savannenwalde bei Schuidien zwischen Möngdse und Manhao, 1300 m, 7. III. 1915 (13091).

Arthothelium Mass.

** ***A. fecundum*** A. Zahlbr.

Thallus tenuissimus, quasi membranaceo-suffusus, epiphloeodes, uniformis, substratum arcte obducens, maculas parvas formans, albidus, opacus, KHO—, $CaCl_2O_2$—, continuus, laevigatus, sorediis et isidiis nullis, in margine linea obscuriore non cinctus vel passim linea tenui fusco-nigricante limitatus; gonidia ad *Trentepohliam* pertinentia, increbra.

Apothecia adpressa, plus minus dispersa, minuta, usque 0,7 mm lata, nigra, opaca, epruinosa, rotundato-maculiformia, irregularia, planiuscula vel convexiuscula, emarginata; excipulum distinctum nullum; hymenium superne nigricans, non pulverulentum, caeterum decolor et obscurius vittatum, J cupreum (imprimis asci); hypothecium nigrescenti-fuscum; paraphyses increbrae, vix conspicuae, ramosae, eseptatae; asci copiosi, ovali-cuneati, recti vel subrecti, ad apicem rotundati et membrana bene incrassata cincti, 70—75 μ longi et 24 usque 26 μ lati, 8 spori; sporae in ascis plus minus triseriales, decolores, ellipsoideae vel subovales, utrinque rotundatae, rectae, murales, septis horizontalibus 12, rarius 10, verticalibus 1—3, cellulis subcubicis et leptodermaticis, J cupreae, halone non circumdatae, 25—27 μ longae et 9—11 μ latae.

S-Y.: Mit voriger (6027).

? ***A. spectabile*** Mass. In SW-H. auf dem Yünschan bei Wukang, in einer Höhe von 1220 m, sammelte Handel-Mazzetti auf Buchenrinde der wtp. St. reichlich eine gut fruktifizierende und scheinbar auch gut entwickelte Flechte (12362); die reichlich entwickelten Schläuche sind indes nur von plasmatischem Inhalt erfüllt, zur Ausbildung der Sporen ist es nicht gelangt. Diese Flechte würde ich für *A. spectabile* Mass. halten. Pflanzengeographische Bedenken bestehen dieser Annahme gegenüber nicht, denn diese Art wurde für Japan verzeichnet.

Allarthothelium (Wain.) A. Zahlbr.

** ***A. sparsum*** A. Zahlbr.

Thallus crustaceus, uniformis, pro parte endophloeodes, substratum late tegens, tenuissimus, alutaceo-albidus, opacus, KHO fulvescens, $CaCl_2O_2$—, continuus, laevigatus, sorediis et isidiis destitutus, in margine linea tenui, nigricante cinctus; gonidia cystococcoidea, plus minus glomerata, glomerulis dispersis, luteo-viridescentia, cellulis globosis, membrana tenui cinctis, 5—7 μ latis.

Apothecia increbra, dispersa, adpressa, tenuia, primum fere punctiformia, dein rotundata, perminuta, ad 0,1 mm lata, demum sublinearia, in maculas rotundatas et substellares abeuntia et usque 1 mm longa, nigra, opaca, epruinosa, convexula, immarginata; excipulum distinctum nullum; hymenium superne obscure umbrino-fuscum, passim fere nigricans, non inspersum, KHO—, caeterum fere decolor et purum, J lutescens; paraphyses sat densae, ramosae et intricatae, eseptatae; hypothecium pallidum, fere decolor, J violaceo-coerulescens; asci plus minus globosi, ad basin in pedicellum brevem et crassiusculum abrupte angustati, bispori; sporae decolores, ellipsoideae vel subovales, in medio levissime constrictae vel in parte superiore paulum latiores, murales, seriebus cellularum superpositarum 8—14, verticalium 4—6, cellulis subcubicis, leptodermaticis, 50—75 μ longae et 25—28 μ latae, J non tinctae, demum morbosae umbrino-fuscidulae.

NW-Y.: An (Pappel- ?) Rinde in der tp. St. bei Dugwantsun se von Dschungdien („Chungtien"), 3100 m, 22. VI. 1915 (6890).

Graphidaceae.

Opegrapha HUMB.

A. Discus rimiformis, angustus, labiis conniventibus; sporae 25—30 × 2,5—3 μ ... *2. subclausa.*

B. Discus dilatatus, labiis hiantibus; sporae 12—17 × 4—5 μ ... *1. subsiderella.*

1. ***O. subsiderella*** (NYL.) ARN. (Cat. Lich., II, 250). **H.**: An lebender Rinde von *Liquidambar formosana* in der str. St. auf dem Yolu-schan bei Tschangscha, 200 m, (12777). Kiangsu: Schanghai (MAINGAY nach CROMBIE, I, 65).

2. ** ***O.*** (sect. *Euopegrapha*) ***subclausa*** A. ZAHLBR.

Thallus epiphloeodes, crustaceus, uniformis, late expansus, quasi suffusus et substratum arcte obducens, tenuis, 50—60 μ altus, molliusculus, albus vel albido-cinerascens, opacus, KHO vix flavens, $CaCl_2O_2$—, madefactus dilucidus substrato obscure translucente, continuus, laevigatus, sorediis et isidiis nullis, in margine linea obscuriore non cinctus, fere homoeomericus, strato corticali distincto non tectus; gonidia ad *Trentepohliam* pertinentia; hyphae non amyloideae.

Apothecia sat densa, sessilia, nigra, opaca vel subopaca, epruinosa, ex initiis parvis rotundatisque lirellina, simplicia vel rarius increbre ramosa vel trifurcata, usque 2,5 mm longa et ad 0,2 mm lata, flexuosa vel curvata, a thallo omnino libera (tantum ad basin anguste thallino-obducta), convexa, inaequaliter dilatata, subtorulosa; excipulum carbonaceum, integrum, infra hymenium crassius, inferne retusatum, ad basin extrorsum non productum, rotundatum vel subangulosum, labiis arcuatim conniventibus, integris, ad ambitum passim subundulatis; discus rimiformis; hymenium in sectione transversali subrotundum, superne latiuscule umbrino-fuscum vel olivaceo-nigrescens, grumulosum, caeterum fere decolor, purum, 75—85 μ altum, J aeruginoso-lutescens vel cuprescens; paraphyses filiformes, strictulae, increbre ramosae et contextae, eseptatae, ad apicem clavato-capitatae et obscuratae; asci ellipsoideo-clavati, superne rotundati et membrana mediocriter incrassata cincti, 8spori; sporae in ascis 3—5seriales, verticales, decolores, aciculari-fusiformes, rectae vel subrectae, rarius leviter arcuatae, utrinque acutatae, 8—10 loculares, septis tenuibus, ad septa non constrictae, membrana tenui cinctae, J cupreae, 25—30 μ longae et 2,5—3 μ latae. Pycnoconidia non visa.

SW-H.: An lebender *Pistacia*-Rinde in der str. St. bei Sandjingtjiao nächst Dsingdschou, 400 m, 30. VII. 1917 (11023).

Graphis ADANS. p. p., em. MÜLL. ARG.

a) Excipulum integrum.
 I. Excipulum labiis sulcatis vel lamelloso-fissis.
  1. Excipulum in toto fuligineum.
   α) Sporae 20—24 loculares, cylindricae *5. asterizans.*
   β) Sporae 8—12 loculares, non cylindricae *6. striatula.*
  2. Excipulum tantum in parte superiore fuligineum, in parte inferiore fuscum vel luteo-fuscescens *22. Theae.*
 II. Excipulum labiis integris vel subintegris (in ambitu undulatis), nunquam fissis.
  1. Species saxicola *2. hunana.*
  2. Species corticolae.
   α) Labia excipuli subintegra.
    ○ Labia angulosa; sporae 6 loculares *3. connectens.*
    ○○ Labia superne modice crenata; sporae 12—14 loculares *4. Chungii.*
   β) Labia excipuli mere integra *1. Sapii.*
b) Excipulum dimidiatum.
 I. Excipulum in parte superiore nigrum, in parte inferiore pallidum.
  1. Lirellae extus alte et crasse thallino-vestitae; asci 4—6 spori; thallus laevigatus *23. elegantula.*
  2. Lirellae extus tantum versus basin attenuate thallino-vestitae; asci 2—3 spori; thallus granulosus *14. oligospora.*
 II. Excipulum in toto fuligineum.
  1. Thallus KHO sanguineus *12. Handelii.*
  2. Thallus KHO non tinctus nec fulvescens.
   α) Apothecia asteriformia, lirellis iteratim ramosis.
    ○ Sporae 8—10 loculares, 39—42 × 6—7 μ *15. manhaviensis.*
    ○○ Sporae 16—18 loculares, 75—80 × 22—24 μ *16. multibrachiata.*
   β) Apothecia simplicia vel parce irregulariterque ramosa.
    ○ Thallus zona fumoso-cinerea distincta cinctus *10. zonatula.*
    ○○ Thallus non vel tantum linea tenui obscuriore limitatus.
     × Apothecia in lateribus praerupta *13. duplicata* var. *peruviana.*
     ×× Apothecia non praerupta.
      § Hymenium purum.
       + Apothecia immersa vel erumpentia *11. scripta.*
       ++ Apothecia adpressa vel sessilia.
        ∨ Apothecia crassiora.
) Sporae parvae, usque 30 μ longae *19. lopingensis.*
         )) Sporae distincte majores, usque 90 μ longae *17. bifera.*

∨∨ Apothecia tenella.

) Apothecia tantum ad basin tenuiter thallino-vestita, demum plus minus nuda.

⌒ Labia superne crenata.

∧ Sporae 10—12 loculares, 36—50 × 9 μ *21. lussuensis.*

∧∧ Sporae 6—8 loculares, 22—25 × 5—6 μ *20. Castanopsidis.*

⌒⌒ Labia superne integra *9. pinicola.*

)) Apothecia usque ad verticem persistenter thallino-vestita *18. setschwanensis.*

§§ Hymenium spumoso-inspersum.

+ Apothecia erumpentia et dein prominentia; labia extus tenuiter thallino-obducta *7. leptocarpa.*

++ Apothecia persistenter immersa; labia extus nuda *8. tenella.*

1. ** ***G.*** (sect. *Solenographa*) ***Sapii*** A. ZAHLBR.

Thallus crustaceus, uniformis, epiphloeodes, expansus, tenuis, substratum obducens, ochroleuco-glaucescens, subopacus, KHO e flavo sanguineus, $CaCl_2O_2$—, continuus, passim subgranuloso-inaequalis, passim laevigatus, sorediis et isidiis nullis, in margine linea tenui nigricante cinctus; gonidia ad *Treniepohliam* pertinentia.

Apothecia lirellina, sessilia, tenuia, simplicia, trifurcata vel irregulariter ramosa, 1,5—8 mm longa et 0,1—0,15 mm lata, ramis ± flexuosis, ad apices acuta, nigra, epruinosa, extus usque ad verticem thallino-vestita: discus rimiformis; excipulum fuligineum, integrum, crassiusculum, inferne retusatum, extus ad basin obtusato-angulosum et hinc inde in uno latere angustato-productum, labiis arcuato-conniventibus, ad apices angustatis, extus usque ad verticem bene thallino-vestitis; hymenium decolor, spumoso-inspersum, superne anguste fuscescens, non inspersum, 100—110 μ altum, J vix lutescens; paraphyses filiformes, simplices, eseptatae, densae et strictae, modice conglutinatae, ad apices vix latiores; asci ellipsoideo-clavati, 8 spori; sporae in ascis 2—3 seriales, decolores, subfusiformes, curvulae, ad apices rotundatae, 12 loculares, loculis lentiformibus, primum halone cinctae, J violaceae, 40—44 μ longae et 6—7 μ latae.

SW-**H.**: An lebender Rinde von *Sapium japonicum* in der wtp. St. des Yün-schan bei Wukang, 1270 m, 18. VII. 1918 (12819). **F.**: Guschan bei Fudschou, an Zweigen von *Millettia*, 500—600 m (CHUNG 348).

2. ** ***G.*** (sect. *Solenographa*) ***hunana*** A. ZAHLBR.

Thallus epiphloeodes, crustaceus, uniformis, substratum late et arcte obducens, tenuis 0,6—0,8 mm crassus, madefactus odorus, argillaceus, opacus, KHO e flavo mox sanguineus, $CaCl_2O_2$—, continuus, laevigatus, sorediis et isidiis destitutus, in margine non bene limitatus et parum cinerascens; stratum corticale pertenue, 12—14 μ crassum, J rufescens; gonidia ad *Trentepohliam* pertinentia, sat crebra, infra stratum corticale disposita; medulla crassiuscula, hyphis non amyloideis.

Apothecia lirellina, immersa, demum parum prominula, rarius simplicia vel subsimplicia, vulgo laxiuscule dichotome astroideo-ramosa, ramis flexuosis, tenuibus 0,1—0,5 mm latis et usque 5 mm longis, nigra, fere opaca, epruinosa, linearia et parum inaequalia; discus rimiformis, angustissimus, demum albidus; excipulum fuligineum, integrum, in sectione transversali ellipticum vel ovatum, in parte inferiore distincte crassius, labiis integris, erecto-conniventibus, ad apices angustato-rotundatis; hymenium decolor, pellucidum, purum, superne anguste infuscatum, non pulverulentum, 120—150 μ altum, J lutescens; paraphyses graciles, filiformes, strictae, contextae, eseptatae, ad apicem non latiores; asci oblongo-clavati, superne rotundati et membrana modice incrassata cincti, 8 spori; sporae in ascis biseriales, decolores, subfusiformi-oblongae, rectae vel leviter curvulae, ad apices rotundatae, 8—10 loculares, loculis lentiformibus, halone non circumdatae, J violascentes, 24—30 μ longae et 9—10 μ latae.

SW-H.: Morsche Tonschieferfelsen im Walde des Yün-schan bei Wukang, wtp. St., 1190 m, 30. VI. 1918 (12233).

3. ** ***G.*** (sect. *Solenographa*) **connectens** A. ZAHLBR.

Thallus epiphloeodes, crustaceus, uniformis, late expansus, substratum arcte obducens, tenuis, cinereus vel subfuscescenti-cinereus, opacus, KHO e flavo ferruginascens vel subsanguineus, continuus, laevigatus, sorediis et isidiis nullis, in margine magis albicans et linea obscuriore non cinctus; stratum corticale pertenue; gonidia ad *Trentepohliam* pertinentia; hyphae thalli non amyloideae.

Apothecia parum emergentia, nigra, opaca, sat densa, simplicia, rarius furcata vel depauperato-ramosa, 2—3,2 mm longa et 0,2—0,25 mm lata, ad apices acutata, aeque lata, extus anguste thallino-vestita; discus rimiformis; excipulum fuligineum, integrum, modice crassum et tantum inferne parum latius, ad basin concavo-retusatum, labiis plus minus erectiusculis, superne supra discum breviter incurvis, sed distantibus, integris vel utplurimum gibbis angulosis vel subangulosis 1—3 auctis; hypothecium pallidum, molle, sat angustum; hymenium superne anguste obscuratum, caeterum fere decolor, guttulis oleosis densis minutisque impletum, 105—110 μ altum, J parum lutescens; paraphyses parum distinctae, filiformes, simplices, eseptatae, ad apices clavatae et infuscatae atque leviter pulverulento-inspersae; asci oblongo- vel ellipsoideo-clavati, 8 spori; sporae 2—3 seriales, decolores, oblongo-ellipsoideae, utrinque rotundatae, rectae, 6—8 loculares, loculis lentiformibus, J violaceae, absque halone, 30—34 μ longae et 6—7 μ latae.

H.: Lebende Rinden von *Castanopsis Fargesii* in der str. St. des Yolu-schan bei Tschangscha, 200 m, 10. VII. 1917 u. 27. I. 1918 (11429) und von *Pseudolarix Kaempferi* bei Hsikwangschan im Bezirke Hsinhwa in der wtp. St., 790 m, 9. V. 1918 (11784).

Ich habe diese neue Art der Sektion *Solenographa* zugerechnet, aber der Bau des Gehäuses zeigt Anklänge an denjenigen der Sektion *Aulacogramma*. Die Lippen des Gehäuses zeigen an ihrer Außenseite kurze, abgerundete oder fast eckige Auskantungen, welche nur an Querschnitten unter dem Mikroskope gesehen, äußerlich mit der Lupe wegen des thallodischen Überzuges nicht beobachtet werden können. Von einer Kerbung, geschweige denn einer Furchung der Gehäuselippen läßt sich nicht reden.

4. ** *G.* (sect. *Aulacogramma*) *Chungii* A. ZAHLBR.

Thallus epiphloeodes, crustaceus, uniformis, late expansus, tenuissimus, quasi suffusus, circa apothecia parum melius evolutus, argentato-glaucescens vel cinerascens, KHO—, $CaCl_2O_2$—, continuus, laevigatus, sorediis et isidiis destitutus, haud bene limitatus et linea obscuriore non cinctus; stratum corticale subdecolor, angustum, ex hyphis intricatis formatum; gonidia sat crebre, ad *Trentepohliam* pertinentia; hyphae thalli non amyloideae.

Apothecia lirellina, sessilia, sat crebra, simplicia, vel pauciramosa, varie curvata vel flexuosa, nigra, nitida, a thallo ad latera tenuiter vestita, convexa, parum inaequalia vel subtorulosa, 2—6 mm longa et ad 0,2 mm lata; excipulum carbonaceum, fragile, integrum, crassiusculum, ad basin applanatum et extrorsus breviter anguloso-productum, acutum, labiis erecto-incurvis, inferne angustioribus, superne incrassatis et increbre et grossiuscule crenato-incisis, apicibus acutis conniventibusque; hymenium in sectione ovatum vel ellipticum, decolor, purum, J lutescens; hypothecium pallidum, angustum; paraphyses filiformes, densae, strictae, eseptatae, non clavatae, conglutinatae; asci ellipsoideo-clavati, superne rotundati et membrana modice incrassata cincti, 8 spori; sporae in ascis 3—4 seriales, decolores, fusiformi-oblongae, utrinque rotundatae, rectae vel curvulae, 12—14 loculares, loculis lentiformibus vel transversim ellipsoideis, halone non cinctae, J violascentes, 62—64 μ longae et 9—11 μ latae.

F.: Gu-schan bei Fudschou, an Rinden, 500—600 m (CHUNG 388, 446e).

—·— ** var. *oligospora* A. ZAHLBR.

Asci 2—4 spori, sporae 16 loculares, 68—72 μ longae et 9—11 μ latae.

F.: Mit dem Typus (CHUNG 593a).

5. G. asterizans NYL. (Cat. Lich., II., 294). Kwangtung: Baumrinden bei Hongkong (comm. TUCKERMANN).

Nach der Beschreibung (das Urstück selbst sah ich nicht) gehört die Art in die Sektion *Aulacogramma* und ist von den übrigen Arten durch die langen, zylindrischen Sporen verschieden.

6. ***G.*** (sect. *Aulacographa*) **striatula** (ACH.). SPRGL. (Cat. Lich., II, 254). An lebenden Rinden von der tr. bis zur tp. St., 800—3400 m. **Y.**: Auf *Vernonia volkameriaefolia* bei Schuidien zwischen Möngdse und Manhao (6032). Auf *Ternstroemia japonica* auf dem Hsi-schan bei Yünnanfu (5724). Auf *Rhododendron persicinum* unter dem Passe Dsuningkou ober Dienso zwischen Dali (Talifu) und Hodjing (6550). Im E auf *Schoepfia jasminodora* bei Djindjischan nächst Loping (10170). **Kw.**: Auf *Rosa Roxburghii* bei Hwangtsaoba (10248). Auf *Crataegus cuneata* zwischen Badschai und Maotsaoping (10771, fragliches Exemplar). **H.**: Auf *Quercus glandulifera* auf dem Yün-schan bei Wukang (12260). An morschen Laubbaumstämmen im Walde ober Tungdjiapai bei Hsikwangschan (11851 **var. brachycarpa** MÜLL. ARG. ?, Sporen nicht gesehen). Kwangtung: Wampu (R. RABENHORST).

7. * ***G.*** (sect. *Eugraphis*) **leptocarpa** FÉE (Cat. Lich., II., 315). An lebenden Stämmen und Zweigen von der tr. bis zur tp. St., 700—2850 m. **Y.**: An *Vernonia volkameriaefolia* bei Schuidien zwischen Möngdse und Manhao (6029). Laubbäume bei Helungtang nächst Yünnanfu (272). Im NW an einer Araliacee bei Schatiama zwischen Djinscha-dijang („Yangtse-kiang") und Mekong, 27° 21′ (7894). **S.**: An *Quercus Gilliana* im Walde des Soso-liangdse im Lolo-Lande e von Ningyüen (Lingyüen) (1784). **Kw.**: An *Photinia Davidsoniae* bei Dodjie zwischen Duyün (Tuyün) und Badschai (10722 ?, mangelhaftes Material). SW-**H.**: An *Fagus longipetiolata* auf dem Yün-schan bei Wukang (12343).

8. ***G.*** (sect. *Eugraphis*) **tenella** ACH. (Cat. Lich., II, 358). **Y.**: Lebende

(Pappel ?-) Rinde in der tp. St. bei Dugwantsun se von Dschungdien, 3100 m (6889). An Zweigen in der tp. St. auf dem Hungguwo bei Hsinyingpan zwischen Yungbei und Yungning, 3100—3400 m (3263 ?, Sporen schlecht entwickelt). **S.**: In der wtp. St. bei Kwapi n von Yenyüen, 27° 53′, 2750 m, an *Tsuga*-Rinde (2418) und *Myrsine africana* (2760). **SW-H.**: Lebende Rinde von *Sapium japonicum* in der wtp. St. auf dem Yün-schan bei Wukang, 1270 m (12300). Kiangsu: An Rinden bei Schanghai (RABENHORST).

9. ** ***G.*** (sect. *Eugraphis*) ***pinicola*** A. ZAHLBR.

Thallus epi- et endophloeodes, crustaceus, uniformis, macularis, tenuissimus, substratum arcte obducens, modice expansus, thallos minores et confluentes formans, ochraceo-glaucescens, nitidulus, KHO vix flavens, $CaCl_2O_2$—, continuus, laevigatus, sorediis et isidiis nullis, lineis tenuibus nigris percursus et limitatus; gonidia ad *Trentepohliam* pertinentia, increbra; hyphae thalli non amyloideae.

Apothecia lirellina, adpressa, nigra, opaca, tenuia, 1—3 mm longa et 0,1—0,2 mm lata, simplicia subrecta, curvata vel undulata, ad apices acutatae, extus tenuissime thallino-obducta vel tantum in parte basali velata; discus rimiformis, impressus, hinc inde cinerascenti- vel albido-pruinosulus; hymenium in sectione transversali subrotundum, superne fuscum, vix pulverulentum, caeterum decolor et purum, J lutescens; excipulum fuligineum, dimidiatum, labiis crassiusculis, integris, curvato-erectis, inferne retusato-rotundatis et non productis, ad apices rotundatis; hypothecium decolor, angustum; paraphyses strictae, densae, leviter undulatae, conglutinatae, simplices, eseptatae, ad apices clavatae vel subcapitatae; asci ellipsoideo-clavati, superne retusato-rotundati et membrana incrassata cincti, 8 spori; sporae bi-—subtriseriales, decolores, oblongo-subfusiformes vel oblongo-ellipsoideae, rectae vel curvulae, utrinque rotundatae, 8 loculares, loculis depresso-lentiformibus, halone non cinctae, J violaceo-fuscescentes, 27—32 μ longae et 11—12 μ latae.

S.: An lebenden Zweigen von *Pinus Armandi* in der tp. St. bei Gwandien zwischen Yenyüen und Kwapi, 3000 m, 3. VI. 1914 (2829).

10. ** ***G.*** (sect. *Eugraphis*) ***zonatula*** A. ZAHLBR.

Thallus epiphloeodes, crustaceus, uniformis, sat late expansus et substratum arcte obducens, tenuis, 0,1—0,2 mm crassus, subtartareus, fumoso-cinereus, nitidulus, KHO subsanguineus, crystallos numerosos, simplices, aciculares, sat breves, ad 15 μ longos effundens, $CaCl_2O_2$—, continuus, in centro verruculoso-inaequalis, in margine ab apotheciis libero distinctius verruculosus, pallidior, lutescenti- vel rosaceo-ochraceo zonatus, zona striis nigricantibus tenuibusque separata, in ipso ambitu linea obscuriore non cinctus, sorediis et isidiis non praeditus; medulla J —; gonidia ad *Trentepohliam* pertinentia.

Apothecia lirellina, semiemersa, primum simplicia, mox irregulariter et subradiatim ramosa, ramis plus minus divergentibus, usque 7 mm longis et 0,3—0,5 mm latis, ad apices angustatis vel rotundatis, nigra, opaca, parum undulata, ad latera bene thallino obducta et tantum vertice libera, margine discum superantia; discus rimiformis, niger, epruinosus; excipulum fuligineum, dimidiatum, mediocre, labiis integris, arcuato-erectis, ad basin retusatis vel breviter extrorsum anguloso-productis; hymenium in sectione transversali subglobosum, superne umbrino-fuscum, tenuiter pulverulento-inspersum, caeterum decolor et purum, 240—245 μ altum, J lutescens; hypothecium bene evolutum, fere decolor, ex hyphis intricatis formatum; paraphyses capillares, strictae et subundulatae, dense conglutinatae, simplices, eseptatae, ad apicem non latiores; asci ellipsoideo-clavati, superne rotundati et membrana incrassata cincti, 8 spori; sporae 2—3 seriales, decolores, oblongo-fusiformes, rectae vel curvulae, 12—14-loculares, loculis depresso- vel ellipsoideo-lentiformibus, primum halone angusto cinctae, J violaceo-obscuratae, 60—82 μ longae et 14—16 μ latae.

SW-**H.**: An lebender Rinde von *Corylopsis chinensis* in der wtp. St. des Yün-schan bei Wukang, 1180 m, 29. VII. 1918 (12345).

11. ***G.*** (sect. *Eugraphis*) **scripta** (L.) Ach. (Cat. Lich., II, 324). **S.**: Auf Rinde von *Alnus Ferdinandi-Coburgii* in der wtp. St. auf dem Schao-schan se von Ningyüen, 2700 m (1371 ?, schlechtes Material). **Y.**: E von Man-hsien (Gregory nach Pauls. I, 317). Kiangsu: Schanghai, an Rinden (Maingay).

— — * **var. tenerrima** Ach. (Cat. Lich., II, 349).

Thallus epiphloeodes, crustaceus, uniformis, substratum arcte obducens, valde tenuis, submembranaceus, isabellino-pallescens vel isabellino-glaucescens, fere opacus, KHO parum fulvescens, $CaCl_2O_2$—, continuus, laevigatus, in margine linea tenui nigricante cinctus, sorediis et isidiis nullis; gonidia ad *Trentepohliam* pertinentia, cellulis pallide viridescentibus, 6—8 μ longis; hyphae thalli non amyloideae.

Apothecia lirellina, plus minus dispersa vel approximata, parum prominula, nigra, tenuia, ad 0,2 mm lata, dendroideo- vel subastroideo-ramosa, flexuosa, ad apices acutata, lateraliter a thallo tenuiter vestita; discus rimiformis, niger, epruinosus; excipulum fuligineum, dimidiatum, labiis erectis, ad basin leviter inflexis et retusato-rotundatis, non productis, 15—17 μ crassum, aeque latum, apicibus leviter incurvis; hypothecium angustum, dilute flavens; hymenium superne leviter infuscatum, non pulverulentum, caeterum purum et decoler, 92—100 μ altum, J cupreo-lutescens; paraphyses filiformes, strictae, contextae, simplices, eseptatae, ad apicem paulum latiores; asci ovali-oblongi, superne rotundati et membrana modice incrassata cincti, 8 spori; sporae 2—3 seriales, decolores, cylindrico-subfusiformes, rectae, ad apices rotundatae, 8—10 loculares, loculis lentiformibus, halone non cinctae, J fuscidulo-violascentes, 30—33 μ longae et 8—9 μ latae.

E-**Y.**: An lebender Rinde von *Schoepfia jasminodora* in der wtp. St. des mittelchin. Fl. bei Djindjischan nächst Loping, 1600 m (10173).

Die Identifizierung erfolgte nach einem aus dem Herbare Schleichers im Wiener Naturhistorischen Museum aufbewahrten Stücke, welches als ein Urstück angesehen werden kann.

— — * **var. serpentina** (Ach.) Meyer. (Cat. Lich., II, 345). **Y.**: An Rinde von *Lithocarpus dealbata* in der wtp. St. im Walde beim Tempel Schili-ngan nächst Yünnanfu, 2200 m (425.).

— — var. *typographica* (Willd.) A. Zahlbr. (Cat. Lich., II, 350). (*G. scripta* var. *recta* Rabh. Crb. I, 65). Kiangsu: Schanghai, an Rinden (Maingay).

— — var. *pulverulenta* (Pers.) Ach. (Cat. Lich., II, 342). Kiangsu: Schanghai, an Rinden (Maingay nach Cromb., I, 65).

12. ** ***G.*** (sect. *Eugraphis*) ***Handelii*** A. Zahlbr.

Thallus epiphloeodes, crustaceus, uniformis, sat late expansus, substratum arcte obducens, tenuis, 0,2—0,3 mm crassus, subamylaceus, quoad colorem varians, rosaceo- vel glaucescenti-albicans, passim fere cinereus, opacus, KHO demum sanguineus, $CaCl_2O_2$—, continuus vel tenuissime et increbre irregulariter et breviter fissus, soredia et isidia non gerens, haud bene limitatus et linea obscuriore non cinctus, cortice distinctiore non obductus; gonidia ad *Trentepohliam* pertinent.

Apothecia crebra, plus minus approximata, lirellina, thallum vix superantia, vulgo simplicia, rarius furcata vel depauperato-ramosa, 0,7—3,5 mm longa et 0,1—0,25 mm lata, nigra, lateraliter primum thallino-vestita, demum denudata; discus rimiformis, niger, epruinosus; excipulum fuligineum, dimidiatum, labiis subsigmoideo-erectis, integris, superne breviter incurvis, apicibus angustatis, ad basin truncatis et hinc inde extrorsum breviter anguloso-productis; hypothecium angustum, decolor; hymenium superne anguste nigricans, non pulverulentum, caeterum decolor et purum, J lutescens; paraphyses filiformes, strictae, contextae, simplices, eseptatae, non clavatae; asci oblongo-clavati, superne rotundati et membrana mediocri cincti, 8spori; sporae in ascis 2—3-seriales, decolores (tantum in senectute dilute olivascentes), ellipsoideae, utrinque acutatae, 6—8loculares, loculis lentiformibus, halone non praeditae, J violascentes, 30—40 μ longae et 7—8 μ latae.

H.: An lebenden Rinden in der str. St. bei Tschangscha, auf *Quercus serrata* im SW, 100 m, 2. XII. 1917 (11403) und auf *Xylosma racemosum* auf der Insel Niutoutschou, 25 m, 23. II. und 2. III. 1919 (12788).

Habitu *Graphidi scriptae* var. *serpentinae* (ACH.) MEY. omnino similis, ab ea differt thallo laeviore, KHO sanguineo et aliis notis minoris momenti.

13. * ***G.*** (sect. *Eugraphis*) **duplicata** ACH. **var. *peruviana*** (FÉE) A. ZAHLBR. (Cat. Lich., II, 303). **E-Kw.**: An lebender Rinde von *Liquidambar formosana* in der str. St. beim Tempel Yanggu-miao nächst Gudschou, 300 m (10870). **Y.**: An solcher von *Juglans regia* beim Dörfchen Schuidschou auf dem Dji-schan ne von Dali (Talifu), wtp. St., 2550 m (6417).

14. ** ***G.*** (sect. *Eugraphis*) **oligospora** A. ZAHLBR.

Thallus epiphloeodes, crustaceus, uniformis, substratum late et arcte obducens, tenuis, ad 0,4 mm crassus, lutescenti-glaucescens, oleoso-nitens, KHO lutescenti-fulvescens, $CaCl_2O_2$—, continuus, minute granulosus, sorediis et isidiis non praeditus, in margine passim linea tenui obscurataque cinctus, fere homoeomericus; gonidia ad *Trentepohliam* pertinentia; hyphae thalli J violascentes.

Apothecia lirellina, vulgo simplicia, rarius furcata vel ramulo uno alterove brevi curta vel triradiata, curvata, undulata vel flexuosa, parum emergentia, tenuia, 1—3 mm longa et ad 0,15 mm lata, in apicibus vulgo angustata, nigra, extus plus minus thallino-vestita; discus rimiformis, parum inaequalis, niger, opacus, epruinosus; excipulum fusco-nigrum, sat fragile, in parte superiore magis nigrescens, dimidiatum, labiis mediocribns, erecto-subsigmatoideis, ad basin retusis, non productis, superne breviter incurvis; hymenium superne fuscum, distincte non pulverulentum, caeterum purum, decolor, 150—180 μ altum, J non vel vix lutescens; hypothecium sat angustum, decolor, pellucidum; paraphyses filiformes, strictae, conglutinatae, simplices, eseptatae, ad apices capitulatae et fuscae; asci oblongo- vel ellipsoideo-clavati, superne rotundati et membrana incrassata cincti, bi- vel trispori; sporae decolores, subfusiformi-oblongae, utrinque angustato-rotundatae vel subdactyloideae, curvulae, 9—14 loculares, loculis lentiformibus, halone non cinctae, J fuscescenti-violascentes, 32—48 μ longae et 8—10 μ latae.

S.: An immergrünen Eichen in der str. St. ober Helugö unterhalb Kwapi im Yalunggebiete n von Yenyüen, 2325 m, 21. V. 1914 (2451).

15. ** ***G.*** (sect. *Eugraphis*) ***manhaviensis*** A. ZAHLBR.

Thallus epiphloeodes, crustaceus, uniformis, expansus, substrato adhaerens, subamylaceus, maculas oblongo-irregulares, bene determinatas, concaviusculas formans, virenti-cinerascens, passim virenti-albidus, opacus, KHO—, $CaCl_2O_2$—, tenuis, 0,24—0,26 mm crassus, in superficie laevigatus et inaequalis, sorediis et isidiis nullis, in margine linea tenui, nigricante cinctus: stratum corticale perangustum; gonidia ad *Trentepohliam* pertinent; hyphae thalli non amyloideae.

Apothecia lirellina, tenuissima, fere capillaria, immersa, dichotome vel sympodialiter ramosa, passim subradiata, ramis flexuosis, ultimis elongatis et plus minus rectiusculis, nigra, fere opaca; discus rimiformis, epruinosus, nigricans; excipulum fuligineum, dimidiatum, angustum, labiis integris, erectis et parum inaequalibus, superne haud inflexis, inferne non productis; hymenium superne parum obscuratum, caeterum decolor et purum, 90—100 μ altum, J lutescens: paraphyses filiformes, strictae, conglutinatae, simplices, eseptatae, ad apices latiores et capitulatae; hypothecium decolor, angustum; asci oblongo- vel ellipsoideo-clavati, superne rotundati et membrana incrassata cincti, 8 spori; sporae in ascis biscriales, oblique dispositae, decolores, oblongae vel oblongo-dactyloideae, utrinque rotundatae, rectiusculae vel curvulae, 8—10 loculares, loculis lentiformibus, halone non cinctae, J violaceo-obscuratae, 39—42 μ longae et 6—7 μ latae.

S-Y.: An lebenden *Jasminum*-Stämmen im tr. Savannenwalde flußaufwärts gegenüber Manhao, 200 m, 1. III. 1915 (5831).

16. ** ***G.*** (sect. *Eugraphis*) ***multibrachiata*** A. ZAHLBR.

Thallus epiphloeodes, crustaceus, uniformis, late expansus, substratum arcte obducens, tenuis, subchondroideus, ochraceo- vel fulvescenti-glaucescens, nitidulus, KHO vix mutatus vel parum magis olivascens, continuus, subverruculoso-inaequalis, sorediis et isidiis nullis, in margine linea angusta et nigra cinctus; stratum corticale perangustum; gonidia ad *Trentepohliam* pertinentia; hyphae thalli non amyloideae.

Apothecia lirellina, dispersa, suborbicularia, magna, usque 15 mm lata, thallum parum superantia, iteratim dichotome vel passim sympodialiter ramosa, vel asteriformia, ramis elongatis, porrectis, ad apicem acutis, ad 0,2 mm latis, nigris, epruinosis, lateraliter usque ad verticem thallino-vestitis; excipulum fuligineum, dimidiatum, labiis erectiusculis, integris, ad basin plus minus retusatis, superne inflexis; discus rimiformis; hypothecium angustum, pallidum; hymenium superne ochraceo-fuscescens, non pulverulentum, caeterum decolor et purum, J lutescens; paraphyses filiformes, densae, strictae, simplices, eseptatae, non capitatae, modice conglutinatae; asci ovali-clavati, 8 spori; sporae in ascis triseriales, decolores, fusiformes, rectae vel curvulae, 16—18 loculares, loculis lentiformibus, halone non circumdatae, J violascentes, 75—80 μ longae et 12—14 μ latae.

NW-Y.: An lebenden Stämmen von *Prunus cornuta* im wtp. Regenwalde des birm-Mons. ober Schutsche am Djiou-djiang (e. Irrawadi-Oberlaufe), 27° 55', 2600 m, 9. VII. 1916 (9486).

17. ** ***G.*** (sect. *Eugraphis*) ***bifera*** A. ZAHLBR.

Thallus pro maxima parte endophloeodes, pars epiphloeodes macula suffusa indicata, argenteo-albida, nitidula, KHO—, $CaCl_2O_2$—, continua, laevis, sorediis et isidiis destituta, in margine linea tenui, obscure cinerea cincta; gonidia increbra, ad *Trentepohliam* pertinentia; hyphae thalli non amyloideae.

Apothecia lirellina, sessilia, simplicia, recta, subrecta vel leviter flexuosa, usque 3 mm longa et ad 0,5 mm lata, lateraliter a thallo non obducta, ad apices acutata vel rotundata, nigra, fere opaca; discus rimiformis, niger, epruinosus; excipulum fuligineum, crassum, dimidiatum, labiis integris, arcuato-inflexis, ad basin subtriangularibus et inferne planatis; hymenium in sectione transversali rotundatum, superne anguste obscuratum, caeterum decolor et purum, usque 70 μ altum, J lutescenti-cuprescens; paraphyses filiformes, strictae, simplices, eseptatae, ad apices non latiores, modice conglutinatae; hypothecium angustum, decolor; asci oblongo-clavati, superne rotundati et membrana incrassata cincti, bispori; sporae decolores, fusiformes, utrinque rotundatae, subrectae, 20 loculares, loculis lentiformibus, halone non cinctae, J violascentes, 82—90 μ longae et 12—14 μ latae.

SW-H.: Lebende Rinde von *Quercus glandulifera* in der wtp. St. des Yünschan bei Wukang, 1190 m, 9. VII. 1918 (12262). ? Dort auf *Fagus longipetiolata* (12341, ohne Sporen).

— — ** var. ***cinerea*** A. ZAHLBR.

Thallus macula cinerea indicatus; asci utplurimum 4-, rarius 2spori; sporae 100—110 μ longae et 14—15 μ latae.

SW-H.: Ebendort auf lebender Rinde von *Corylopsis chinensis*, 1180 m, 29. VII. 1918 (12348).

18. ** ***G.*** (sect. *Eugraphis*) ***setschwanensis*** A. ZAHLBR.

Thallus epiphloeodes, crustaceus, uniformis, substratum arcte obducens, expansus, tenuis, pallide ochraceus, opacus, KHO fulvescens, $CaCl_2O_2$—, continuus, leviter subruguloso-inaequalis, sorediis et isidiis non instructus, in margine linea obscuriore non cinctus; gonidia ad *Trentepohliam* pertinentia; hyphae thalli non amyloideae.

Apothecia lirellina, adpressa, simplicia, trifurcata vel iteratim et irregulariter ramosa, ramis ad apicem acutatis, usque 3 mm longa et ad 0,3 mm lata (incluso margine thallino), thallino-vestita usque ad verticem, margine thallino discum aequante vel parum superante, ad basin partim abrupto, partim sensim in thallum abeunte; discus rimiformis, planiusculus vel concaviusculus, niger et plus minus caesio-pruinosus, madefactus niger; excipulum fuligineum, dimidiatum, labiis mediocribus, integris, erectiusculis, superne parum distantibus; hymenium superne fuscum, leviter pulverulentum, caeterum decolor et purum, 100—110 μ altum, J lutescens; hypothecium pallidum, angustum; paraphyses filiformes, strictae, simplices, eseptatae, ad apicem clavatae, modice conglutinatae; asci oblongo- vel ellipsoideo-clavati, 8spori; sporae in ascis biseriales, decolores, oblongae vel subellipsoideae, utrinque rotundatae, rectae vel subrectae, 10—12-

loculares, loculis lentiformibus, halone non cinctae, J violascentes, 37—40 μ longae et 8—10 μ latae.

S.: An *Celtis*-Stämmen in der wtp. St. bei Sandjiatsun an einem Nebenflusse des Wolo-ho zwischen Yenyüen und Yungning, 2700 m, 15. VI. 1914 (3075).

19. ** ***G.*** (sect. *Eugraphis*) ***lopingensis*** A. Zahlbr.

Thallus pro maxima parte endophloeodes, macula sat late expansa, olivaceo-glaucescente, nitidula, KHO—, $CaCl_2O_2$—, continua et laevigata indicatus, sorediis et isidiis nullis, in margine linea obscuriore tenui cinctus vel passim parum distincte limitatus; gonidia ad *Trentepohliam* pertinentia, increbra; hyphae thalli non amyloideae.

Apothecia sat densa, sessilia vel adpressa, lirellina, nigra, opaca, 1—4 mm longa et ad 0,3 mm lata, simplicia, rarius furcata vel increbre ramosa, varie flexuosa vel curvata, ad apices utplurimum rotundata, rarius subacutata, ad verticem plus minus deplanata, a thallo omnino libera; discus rimiformis, niger, epruinosus, parum distinctus; excipulum fuligineum, dimidiatum, labiis integris, erectiusculis, ad apices acutato-incurvis, hymenium fere omnino tegentibus, ad basin truncatis vel subtruncatis; hymenium in sectione transversali rotundatum, superne anguste infuscatum nec pulverulentum, caeterum decolor et purum, J lutescens, 70—80 μ altum; hypothecium angustum, lutescenti-fuscescens; paraphyses filiformes, strictae, simplices, eseptatae, ad apices leviter clavatae, parum vel vix conglutinatae; asci ellipsoideo- vel ovali-clavati, ad apicem rotundati, 8spori; sporae in ascis plus minus triseriales, decolores, fusiformes vel fusiformi-oblongae, rectae vel rectiusculae, 10—12 loculares, loculis depresso-lentiformibus, halone non cinctae, J obscure violaceae, 25—28 (— 30) μ longae et 5—7 μ latae.

E-Y.: Die gefiederten Dornen der Stämme von *Crataegus* ganz bedeckend in der wtp. St. des mittelchin. Fl. bei Djinsolo nächst Loping, 1600 m, 11. VI. 1917 (10213.)

20. ** ***G.*** (sect. *Eugraphis*) ***Castanopsidis*** A. Zahlbr.

Thallus pro maxima parte endophloeodes, late expansus, extus pallide ochraceus, opacus, KHO fulvescens, $CaCl_2O_2$—, continuus, laevigatus, sorediis et isidiis destitutus, in margine distincte non limitatus vel passim linea tenui fuscescente cinctus; gonidia ad *Trentepohliam* pertinentia; hyphae thalli non amyloideae.

Apothecia lirellina, nigra, opaca, sessilia, sat densa, passim magis disjecta, passim subintricata, rarius simplicia, utplurimum irregulariter ramosa, usque 5 mm longa et ad 0,1 mm lata, ramis flexuosis vel curvatis, extus nudis vel tantum ad basin leviter thallino-vestitis; discus rimiformis, niger, nudus vel parum cinereo-pruinosus; excipulum fuligineum, dimidiatum, labiis erectiusculis et superne conniventibus, integris, subintegris vel increbre et grosse gibboso-crenulatis, ad basin retusis, non productis; hymenium superne fuscescens, bene pulverulentum, caeterum decolor et purum, 78—84 μ altum, J parum lutescens, in sectione transversali subrotundum; hypothecium decolor, angustum; paraphyses filiformes, strictae, gelatinose conglutinatae, simplices, eseptatae, ad apicem parum latiores; asci oblongo-clavati, superne rotundati et membrana modice incrassata cincti, 6—8spori; sporae plus minus biseriales, decolores, oblongo-ellipsoideae, utrinque rotundatae, rectiusculae, 6—8 loculares, loculis lentiformibus, halone non cinctae, 22—25 μ longae et 5—6 μ latae.

H.: An abblätternder Rinde von *Castanopsis tibetana* in der str. St. auf dem Yolu-schan bei Tschangscha, 200 m, 16. II. 1918 (11462).

21. ** ***G.*** (sect. *Aulacographa*) ***lussuënsis*** A. ZAHLBR.

Thallus epiphloeodes, crustaceus, uniformis, sat late expansus, substratum arcte obducens, tenuis, ad 0,1 mm crassus, virenti-glaucescens, nitidus, KHO parum flavens vel dilute fulvescens, $CaCl_2O_2$—, continuus, laevigatus, sorediis et isidiis nullis, in margine passim linea tenui nigraque cinctus, fere homoeomericus; gonidia ad *Trentepohliam* pertinentia; hyphae thalli non amyloideae.

Apothecia lirellina, vulgo simplicia, rarius ramulo uno vel altero instructa vel depauperato-subastroidea, arcuata, curvata et leviter undulata, extus utplurimum tantum in parte inferiore anguste thallo obducta, ad apices angustata vel rotundata, 3—5 mm longa et 0,15—0,2 mm lata, nigra, opaca; discus rimiformis, parum distinctus; excipulum dimidiatum, fusco-nigrum, in parte inferiore magis fuscum, labiis erecto-arcuatis, superne crassis, irregulariter crenato-incisis, ad basin angustatis et infra hymenium plus minus inflexis; hypothecium dilute fuscum, angustum; hymenium in sectione transversali ovato-rotundatum, superne fuscum, parum pulverulentum, caeterum decolor et purum, J lutescens; paraphyses capillari-filiformes, strictae, contextae, simplices, eseptatae, ad apicem clavatae et fuscatae; asci crebri, ellipsoideo-clavati, turgiduli, superne rotundati et membrana incrassata cincti, 8 spori; sporae in ascis triseriales, decolores, demum fuscidulae et corrugatae, fusiformi-oblongae vel subdactyloideae, utrinque aeque vel in uno apice angustato-rotundatae, rectae vel rectiusculae, 10—12-loculares, loculis lentiformibus, centralibus paulum majoribus, primum halone tenui cinctae, J sordide violaceae, 36—50 μ longae et 8—10 μ latae.

Conceptacula pycnoconidiorum punctiformia, nigra, convexa; perifulcrium in parte superiore nigrum, inferne pallidum, rotundum; fulcra exobasidialia; basidia crebra, pycnoconidiis breviora; pycnoconidia filiformia, recta vel curvula, utrinque retusa, 11—13 μ longa et ad 1 μ lata.

NW-Y.: An lebenden Zweigen von *Meliosma* (?) im wtp. Regenwalde des birm. Mons. unter dem Dörfchen Lussu am Lu-djiang (Salwin), 28°, 2300 m, 27. VI. 1916 (9103).

22. ** ***G.*** (sect. *Mesographis*) ***Theae*** A. ZAHLBR.

Thallus epiphloeodes, crustaceus, uniformis, late expansus, substratum obduceus, tartareo-submembranaceus, tenuis, fulvescenti-glaucescens, nitidulus, KHO demum olivaceo-obscuratus, $CaCl_2O_2$—, continuus, parum inaequalis, sorediis et isidiis nullis, in margine linea obscuriore non cinctus; fere homoeomericus; gonidia ad *Trentepohliam* pertinentia; hyphae non amyloideae.

Apothecia lirellina, adpressa, sat dispersa vel hic illic approximata, fusconigra, opaca, simplicia, furcata vel increbre ramosa, rarius sabastroidea, ramis flexuosis, usque 3,5 mm longa et 0,2—0,3 mm lata, in margine demum nuda; discus rimiformis, impressus, obscure fuscus, epruinosus; excipulum integrum, in parte suprema fusco-nigricans, caeterum rufofuscum, versus basin lutescens, fere aeque crassum, tantum infra hymenium paulum tenuius, labiis arcuato-erectis et superne inflexis et lamelloso- vel crenato-incisis, lamellis superne plus minus rotundatis, ultimis (infra hymenium sitis) acutatis, non distantibus, erectiusculis, hymenium fere omnino tegentibus; hymenium in sectione transversali subcordatum, superne anguste obscuratum, non pulverulentum, caeterum decolor et purum, 115—125 μ altum, J dilute lutescens; hypothecium angustum, decolor; paraphyses filiformes, simplices, eseptatae, leviter gelatinoso-conglutinatae, strictae, ad apicem leviter clavatae et infuscatae; asci ellipsoideo- vel ovali-clavati, 8 spori; sporae in ascis 3—4 seriales, decolores, subcylindrico-digitiformes, utrinque rotundatae, subrectae, 12 loculares, loculis lentiformibus, halone non circumdatae, J obscure violaceae, 50—60 μ longae et 7,5—10 μ latae.

SW-**H.**: An lebender Rinde von *Thea cuspidata* in der wtp. St. im Walde des Yün-schan bei Wukang, 1150 m, 21. VI. 1918 (11217).

23. ** ***G.*** (sect. *Hemichromatium* A. ZAHLBR.) ***elegantula*** A. ZAHLBR.

Thallus epiphloeodes, crustaceus, uniformis, late expansus, substratum arcte obducens, subchondroideus, tenuis, glaucescenti-olivascens, nitidulus, KHO vix mutatus, $CaCl_2O_2$—, continuus, leviter inaequalis, sorediis et isidiis destitutus, in margine linea obscuriore non cinctus; stratum corticale distinctum, tenue ± 10 μ altum, decolor, non inspersum; gonidia ad *Trentepohliam* pertinentia; hyphae thalli non amyloideae.

Apothecia lirellina, paulum prominula, simplicia, furcata vel increbre ramosa, usque 8 mm longa et 0,4—0,6 mm lata, ramis flexuosis vel undulatis, ad apices rotundatis vel hinc inde etiam angustatis, crassiuscule thallino-vestita et margo thallinus discum superans, obtusatulus, cum thallo concolor vel albidus; discus rimiformis, niger, opacus, epruinosus; excipulum dimidiatum, sat angustum (25—28 μ crassum), in parte superiore fusco-nigricans, in parte inferiore lutescens et J obscure violascens, labiis integris, erecto-arcuatis, infra hymenium breviter inflexis et acutatis; hymenium in sectione transversali subrotundum, superne olivaceo-fuscescens, caeterum decolor et purum, 75—80 μ altum, J vix lutescens; hypothecium angustum, decolor vel pallidum; paraphyses capillari-filiformes, densae, strictae, simplices, eseptatae, conglutinatae, ad apices vix latiores; asci ovali-clavati, 4—6 spori; sporae decolores, fusiformes, curvulae, ad apices rotundatae, 10—12 loculares, loculis lentiformibus, halone non cinctae, J violaceae, 52—60 μ longae et 10—12 μ latae.

SW-**H.**: Wie vorige, 1180 m, 9. VIII. 1917 (11222).

Labiis excipuli dimidiati superne nigris, inferne coloratis integrisque sectionem novam format, nominetur: ** ***Hemichromatium*** A. ZAHLBR.

***G.* sp.**? (ohne Sporen). **Y.**: Lebende Rinde von *Pinus Armandi* in der wtp. St. auf dem Laoling-schan bei Sanyingpan, 2600 m (675).

Phaeographis MÜLL. Arg.

A. Sporae 4 loculares.
  a) Species saxicola; lirellae immersae, nigrae — *1. hypoglauca.*
  b) Species corticola; lirellae adpressae et pallidae — *2. heterochroa.*
B. Sporae pluriloculares.
  a) Excipulum integrum.
    I. Labia excipuli integra.
      1. Discus dilatatus.
        α) Thallus KHO sanguineus — *3. dendritica.*
        β) Thallus KHO— — *4. inusta.*
      2. Discus rimiformis — *5. lidjiangensis.*
    II. Labia excipuli sulcata — *6. wukangensis.*

b) Excipulum dimidiatum.

I. Excipulum plus minus fuscescens.

1. Lirellae immersae; discus pruinosus; sporae 21—24 μ longae *9. pruinifera.*

2. Lirellae adpressae; discus non pruinosus; sporae 27—35 μ longae *7. heterochroides.*

II. Excipulum fuligineum *8. silvicola.*

1. Ph. hypoglauca (KRPHBR.) A. ZAHLBR. (Cat. Lich., II., 374). (*Graphis hypoglauca* KRPHBR. I., 476). Kwangtung: Wampu bei Kanton, an Porphyrfelsen (R. RABENHORST).

2. ** *Ph. heterochroa* A. ZAHLBR.

Thallus epiphloeodes, crustaceus, uniformis, substratum arcte obducens, expansus, tenuis, 0,1—0,2 mm crassus, glaucescenti-olivaceus, nitidus, KHO parum flavens, $CaCl_2O_2$—, continuus, laevigatus, maculis lacteis sparsis, rotundatis vel irregularibus, thallum non superantibus praeditus, sorediis et isidiis destitutus, in margine linea nigra non cinctus, superne strato corticali distincto, ex hyphis intricatibus formato obductus; gonidia sat copiosa, ad *Trentepohliam* pertinentia; hyphae thalli non amyloideae.

Apothecia lirellina, utplurimum insulatim crescentia, simplicia, breviter et irregulariter vel subradiatim ramosa, usque 4 mm longa et ad 0,2 mm lata, flexuosa, adpressa, usque ad verticem thallino-vestita; margo thallinus albidus, KHO ferrugineo-lutescens; discus angustus, fuscescenti-cinereus, opacus, tenuiter caesio-pruinosulus, madefactus obscure rufescenti-fuscus; excipulum dimidiatum, angustum, fuscescens, labiis integris, demum divergentibus, extus crasse thallino-vestitis; hymenium superne haud obscurius, caeterum decolor, purum, J lutescens; hypothecium angustum, decolor; paraphyses strictae, densae, simplices, eseptatae, non clavatae, contextae; asci oblongo-clavati, superne rotundati et membrana modice incrassata cincti, 8spori; sporae biseriales, fumoso-fuscae, ellipsoideae vel subdactyloideae, rectae, utrinque rotundatae, 4loculares, loculis rotundatis, parum distantibus, halone non cinctae, 24—27 μ longae et 8—11 μ latae.

F.: Gu-schan bei Fudschou, an glatten Rinden, 500—600 m (CHUNG 402).

Habitu *Ph. asterellae* (WAIN.) A. ZAHLBR. sat similis, sed structura interna apotheciorum longe distat.

— — ** f. *subunicolor* A. ZAHLBR.

Maculae thalli lacteae parvae, minus evolutae et minus distinctae, sed non deficientes.

F.: Wie der Typus, an Rinden (CHUNG 597b).

3. ** ***Ph. lidjiangensis*** A. ZAHLBR.

Thallus pro maxima parte endophloeodes, extus macula sat expansa, ochraceoalbida vel albida, KHO—, $CaCl_2O_2$—, nitidula et laevigata, continua indicatus, sorediis et isidiis nullis, in margine linea obscuriore non cinctus; gonidia ad *Trentepohliam* pertinentia, increbra; hyphae thalli non amyloideae.

Apothecia primum immersa, dein emergentia vel adpressa, lirellina, nigra, tenella, simplicia, rectiuscula, curvata vel flexuosa, rarius hamata, ad apices angustata vel rotundata, extus leviter thallino-obducta, 1—2 mm longa et ad

0,2 mm lata; discus rimiformis, niger, epruinosus; excipulum fuligineum, dimidiatum, labiis tenuibus, integris, erectiusculis, superne non inflexis, paulum distantibus vel subparallelis, utrinque rotundatis; hymenium superne fuscatum, non pulverulentum, caeterum decolor et purum, J lutescens; hypothecium angustum, pallidum; paraphyses filiformes, strictulae, gelatinose conglutinatae, simplices, eseptatae, ad apicem clavatae et fuscae; asci ellipsoideo-clavati, 8 spori; sporae 2—3 seriales, e decolore mox fusculae, optime evolutae umbrino-fuscae, fusiformi-oblongae, utrinque rotundatae, rectae, subrectae vel curvulae, 8—10 loculares, loculis lentiformibus, halone non cinctae, 27—30 μ longae et 5—7 μ latae.

NW-**Y.**: Zweige von *Quercus semicarpifolia* in der wtp. St. bei Lidjiang („Likiang"), 2600 m, 13. VII. 1914 (4163).

4. * ***Ph. inusta*** (ACH.) MÜLL. Arg. **var.** ***simpliciuscula*** (LEIGHT.) MÜLL. Arg. (Cat. Lich., II, 377). **Y.**: An Ästen von *Rhamnus* u. a. in der wtp. St. bei Schilungba nächst Yünnanfu, 1950 m (251).

5. * ***Ph. dendritica*** (ACH.) MÜLL. Arg. (Cat. Lich., II, 366). **H.**: An lebenden Stämmen von *Castanopsis Fargesii* in der str. St. auf dem Yolu-schan bei Tschangscha, 200 m, 10. XII. 1917 (11431).

6. ** ***Ph. wukangensis*** A. ZAHLBR.

Thallus epiphloeodes, crustaceus, uniformis, late expansus, substratum arcte obducens, tenuis, ochroleuco-olivascens, subceraceo-nitidulus, KHO demum ferruginascenti-sanguineus, $CaCl_2O_2$—, continuus, parum inaequalis, sorediis et isidiis nullis, in margine linea nigra non cinctus, superne corticatus, cortice crassiusculo, 30—32 μ alto, chondroideo, dilute lutescente, puro, ex hyphis tenuibus horizontalibus, dense conglutinatis formato; gonidia ad *Trentepohliam* pertinentia, stratum infra corticem formantia, cellulis ovalibus vel subglobosis, usque 10 μ longis; hyphae medullares amylaceae, J intruse violaceo-coeruleae.

Apothecia lirellina, sessilia, rarius simplicia, vulgo dendroideo- vel substellato-ramosa, usque 6 mm longa et ad 0,3 mm lata, ramis flexuosis, thallino-vestita, thallo parum pallidiora, extus non sulcata, ad basin bene retusa vel paulum angustata; discus rimiformis, parum inaequalis, impressus, fulvescenti-obscuratus, opacus, epruinosus; excipulum integrum, fusco-nigrum, mediocre et aeque latum, ad basin modice anguloso-productum, labiis erecto-arcuatis, in parte superiore ramulos 2—3 breves et distincte non limitatos, a thallo omnino obtectos emittentibus; hypothecium ochraceo-lutescens, tenue; hymenium in sectione transversali subovatum, superne anguste fuscatum, non pulverulentum, caeterum decolor, guttuloso-inspersum, 200—230 μ altum, J dilute luteo-cuprescens; paraphyses filiformes, simplices, eseptatae, ad apicem haud latiores; asci anguste clavati, 8 spori; sporae 2—3 seriales, fuscidulae, subcylindraceae, ad apices rotundatae, subrectae vel curvulae, 8—10 loculares, loculis lentiformibus, halone non cinctae, 30—45 μ longae et 6—7 μ latae.

SW-**H.**: An Rinde lebender *Fagus longipetiolata* in der wtp. St. des Yün-schan bei Wukang, 1180 m, 29. VII. 1918 (12339).

Sectionem novam format, quae dicatur ** ***Chondrothecium*** A. ZAHLBR.: apothecia sessilia, extus thallo corticato bene vestita, non sulcata; excipulum integrum, nigrescens, labiis erectiusculo-conniventibus, superne increbre et breviter ramulosis.

7. ** *Ph.* (sect. *Phaeodiscus*) *heterochroides* A. ZAHLBR.

Thallus epiphloeodes, crustaceus, uniformis, expansus, substrato arcte adhaerens, tenuis, ad 0,15 mm crassus, subtartareus, glaucus vel glaucescens, nitens, madefactus olivascens, KHO subaurantiacus, $CaCl_2O_2$—, continuus, laevis, sorediis et isidiis nullis, ad ambitum sat late albidus, in margine linea nigra non cinctus; stratum corticale tenue, 15—18 μ crassum, subdecolor, ex hyphis intricatis formatum; gonidia ad *Trentepohliam* pertinent; hyphae thalli non amyloideae.

Apothecia lirellina, sat crebra, adpressa, thallum parum superantia, demum iteratim et irregulariter ramosa, ramis plus minus congestis, ad 3 mm longa et ad 0,15 mm lata, in margine usque ad verticem thallino-vestita; discus angustus, linearis, planiusculus, non impressus, obscure fuscus, opacus, roridulus; excipulum dimidiatum, obscure fuscum, labiis arcuatim adscendentibus, integris vel rarius subintegris; hypothecium angustum, decolor; hymenium superne anguste fuscescens, minute et parce pulverulentum, caeterum decolor, guttulis oleosis minutis dense instructum, 120—140 μ altum, J rufescens; paraphyses filiformes, parum distinctae, simplices, eseptatae, ad apicem non clavatae; asci oblongo-clavati, superne rotundati et membrana modice incrassata cincti, 8 spori; sporae in ascis biseriales, olivaceo-fuscescentes, demum fuscae, oblongae vel subdactyloideae, utrinque bene rotundatae, rectae, vulgo 8-, rarius 6 loculares, loculis lentiformibus, halone non cinctae, J non violascentes, 27—35 μ longae et 8—10 μ latae.

F.: Gu-schan bei Fudschou, an glatten Rinden, 500 bis 600 m (CHUNG 368, 399, 593 b).

8. ** ***Ph.*** (sect. *Hemithecium*) **silvicola** A. ZAHLBR.

Thallus pro maxima parte endophloeodes, extus macula expansa, olivaceo-glaucescente vel fulvescenti-cinerascente, nitidula, KHO— vel leviter obscurata, $CaCl_2O_2$—, continua et laevi indicatus, sorediis et isidiis carens, in margine linea obscuriore non cinctus vel hinc inde linea valde tenui nigricante circumdatus; gonidia ad *Trentepohliam* pertinentia, increbra.

Apothecia lirellina, sessilia, dispersa, simplicia, subrecta vel curvata, 1—3 mm longa et 0,3—0,5 mm lata, extus distincte thallino-vestita fere usque ad verticem, margine non sulcato; discus linearis, niger, opacus, concaviusculus vel planiusculus, epruinosus; excipulum dimidiatum, fuligineum, labiis integris, sat tenuibus, arcuato-erectiusculis, parum hiantibus; hypothecium tenue, fuscidulum; hymenium superne fuscescens, non pulverulentum, caeterum decolor, purum, J lutescens; paraphyses filiformes, strictae, contextae, simplices, eseptatae, superne clavatae; asci oblongo-clavati, superne rotundati et membrana modice incrassata cincti, 8 spori; sporae plus minus biseriales, olivaceo-fuscae, subfusiformi-ellipsoideae, utrinque rotundatae, rectae vel subrectae, 10—12 loculares, loculis lentiformibus, halone non cinctae, J non violaceae, 42—48 μ longae et 7—10 μ latae.

NW-Y.: An Rinde lebender *Taxus Wallichiana* im tp. Walde jenseits des Passes Nguka-la bei Dschungdien („Chungtien"), 3575 m, 25. VIII. 1915 (7830).

9. ** ***Ph.*** (sect. *Coelogramma*) **pruinifera** A. ZAHLBR.

Thallus epiphloeodes, crustaceus, uniformis, substratum arcte obducens, expansus, tenuis, subchondroideus, fulvescenti-glaucescens, nitidulus, KHO sanguineus, $CaCl_2O_2$—, continuus, laevigatus, punctulis verruciformibus thallo paulum pallidioribus obsitus, isidia et soredia non gerens, in margine linea tenui nigricante cinctus; stratum corticale tenue, chondroideo-pellucidum, ex hyphis horizontalibus, dense conglutinatis formatum; gonidia ad *Trentepohliam* pertinentia; hyphae thalli non amyloideae.

Apothecia lirellina, immersa, thallum non vel vix aequantia, simplicia, increbre vel subastroidee ramosa, ramis modice flexuosis, in apicibus acutis vel acutatis, 2—3 mm longa, margine thallino tenui, discum parum superante cincta; discus dilatatus, 0,2—0,3 mm latus, concaviusculus, niger, a margine plus minus secedens; excipulum dimidiatum, fuscum, sat angustum, minus distincte limitatum, integrum, arcuato-distans; hypothecium lutescenti-fuscescens, angustum; hymenium superne anguste obscuratum et pulverulentum, caeterum purum et decolor, J lutescens; paraphyses filiformes, densae, strictae, simplices, eseptatae, ad apicem parum latiores, gelatinoso-conglutinatae; asci subcylindrici, superne rotundati et membrana parum incrassata cincti, 8 spori; sporae in ascis uniseriales, fumoso-fuscescentes, demum obscurae, ellipsoideae vel subovales, rectae, in latere nonnihil leviter angustatae, utrinque rotundatae, 6 loculares, loculis depresso-lentiformibus, halone non cinctae, 21—24 μ longae et 9—10 μ latae.

Y.: Auf Rinde von *Lithocarpus dealbata* in der wtp. St. beim Tempel Schilingan nächst Yünnanfu, 2200 m, 27. II. 1914 (305).

Graphina Müll. Arg.

A. Excipulum fuligineum.
  a) Excipulum integrum.
    I. Asci 8 spori; sporae parvae, 16—23 × 7—9,5 μ *1. hunanensis.*
    II. Asci monospori; sporae magnae, 75—80 × 16—28 μ *2. plumbea.*
  b) Excipulum dimidiatum.
    I. Labia excipuli incisa *5. galactoderma.*
    II. Labia excipuli integra.
      1. Discus rufopruinosus *6. lecanactiformis.*
      2. Discus niger, epruinosus.
        α) Asci 4—6 spori; sporae parvae, 25—32 × 10—12,5 μ *3. Symplocorum.*
        β) Asci monospori; sporae magnae, 100—120 × 25—28 μ *4. alpestris.*
B. Excipulum non fuligineum, obscure fuscum vel fuscescens.
  a) Discus rimiformis.
    I. Apothecia erumpentia *7. olivascens.*
    II. Apothecia sessilia.
      1. Thallus opacus, KHO sanguineus; excipulum integrum; asci monospori *8. isabellina.*
      2. Thallus nitens, KHO lutescens; excipulum dimidiatum; asci 4—6 spori *9. verruculina.*
  b) Discus dilatatus *10. roridula.*

1. ** ***G.*** (sect. *Solenographina*) ***hunanensis*** A. Zahlbr.

Thallus pro maxima parte evanescens, tantum passim et imprimis circa apothecia rudimentarie epiphloeodes, crustaceus, uniformis, tenuis, isabellino-albidus, subnitidus, KHO haud mutatus, $CaCl_2O_2$—, continuus, sorediis et isidiis nullis, linea obscuriore non cinctus, distincte non corticatus; gonidia ad *Trentepohliam* pertinent.

Apothecia lirellina, sessilia, nigra, simplicia vel increbre irregulariter et breviter ramosa, flexuosa vel curvata, dispersa vel modice approximata, 3,5—5 mm longa et 0,2—0,35 mm lata, labiis conniventibus, nigris, opacis, epruinosis, ad basin extus tenuiter et irregulariter thallino-vestitis; discus rimiformis, niger, nudus, demum parum latior et leviter caesio- vel subochraceo-pruinosulus; excipulum carbonaceum, integrum, rigidum, infra hymenium paulum latius, labiis integris, conniventibus; hymenium subhyalinum, purum, superne anguste obscure-fuscum, ad 75 μ altum, J cupreo-lutescens; paraphyses filiformes, simplices, eseptatae, ad apicem fusco-clavatae, strictae et conglutinatae; asci oblongo-clavati, ad apicem rotundati, 8spori; sporae in ascis 2—3seriales, decolores, ellipsoideae, utrinque rotundatae, rectae, depauperato-murales, septis transversalibus 7, loculis mediis septo unico vel septis binis, 16—25 μ longae et 7—9,5 μ latae.

H.: An morschen Sandsteinfelsen im Tälchen ober der Schule am Yolu-schan bei Tschangscha, str. St., 150 m, 8. III. 1918 (11507).

2. ** *G.* (sect. *Solenographina*) plumbea A. ZAHLBR.

Thallus epiphloeodes, crustaceus, uniformis, substratum arcte obducens, tenuis, 0,07—0,1 mm crassus, plumbeus, nitens, KHO—, $CaCl_2O_2$—, continuus, laevigatus, sorediis et isidiis destitutus, in margine linea obscuriore non cinctus (passim linea tenui et nigrescente thalli vicinalis ad lichenem alium pertinente obductus); stratum corticale augustum, 15—18 μ crassum, sordidescens, hyphis intricatis formatum, non inspersum; gonidia ad *Trentepohliam* pertinentia; stratum medullare angustum, decolor, J —.

Apothecia lirellina, crebra, densa vel congesta, thallum fere omnino tegentia, parum emergentia, utplurimum simplicia, varie flexuosa vel undulata, 2—7 mm longa et (incluso margine) ad 0,2 mm lata, usque ad verticem thallino-vestita; discus rimiformis, niger, epruinosus, parum impressus; excipulum fuligineum, integrum, crassum, ad basin retusum et extrorsum breviter et subobtuse productum, labiis erectis, integris, superne acutis et supra hymenium inflexis, extus usque ad verticem anguste thallino-obductis; hymenium in sectione sucordatum, superne anguste fuscum, non pulverulentum, caeterum decolor et purum, pellucidum, J lutescens; hypothecium angustum, decolor; paraphyses densae, capillari-filiformes, strictae, conglutinatae, simplices, eseptatae, ad apices non clavatae; asci oblongo-clavati, superne rotundati et membrana modice incrassata cincti, monospori; sporae decolores, oblongo-ellipsoideae, utrinque rotundatae, rectae, murales, cellulis numerosis, subcubicis et leptodermaticis, halone non cinctae, J violaceo-fuscae, 75—80 μ longae et 26—28 μ latae.

F.: Gu-schan bei Fudschou, an glatten Rinden, 500—600 m (CHUNG 602b).

3. ** ***G.*** (sect. *Eugraphina*) **Symplocorum** A. ZAHLBR.

Thallus epi- et endophloeodes, late expansus, substratum obducens, crustaceus, uniformis, submembranaceo-chondroideus, tenuis, ad 0,2 mm crassus, alutaceo-glaucescens, fere opacus, KHO fulvus, $CaCl_2O_2$—, continuus, laevigatus, sorediis et isidiis nullis, in margine linea obscuriore non cinctus vel passim linea tenui nigra circumdatus; stratum corticale indistinctum, gonidia ad *Trentepohliam* pertinentia; medulla J—.

Apothecia lirellina, sat crebra, parum emergentia, demum adpressa, simplicia, furcata vel increbre ramosa, curvata vel sinuoso-flexuosa, ad apices rotundata vel acutata, usque 6 mm longa et 0,2—0,3 mm lata, nigra, primum usque ad verticem tenuiter thallino-vestita, demum plus minus denudata vel nuda; discus rimiformis, niger, epruinosus, plus minus planatus; excipulum fuligineum, dimidiatum, mediocre, labiis curvato-erectis, integris vel passim in parte superiore undulatis, parum distantibus, superne et inferne retusatis; hymenium in sectione transversali rotundum, superne anguste fuscescens, caeterum decolor, modice guttato-inspersum, 75—80 μ altum, J lutescens; hypothecium sat angustum, lutescenti-fuscescens; paraphyses filiformes, strictae, simplices, eseptatae, ad apicem vix latiores, modice conglutinatae; asci ellipsoideo- vel ovali-clavati, ad apicem rotundati et membrana parum incrassata cincti, 4—6 spori; sporae decolores, ellipsoideae vel subovales, utrinque rotundatae, rectae vel subrectae, murales, loculis superpositis 8, loculis horizontalibus 2—3, halone non cinctae, J sordide et obscure violascentes, 25—32 μ longae et 10—12,5 μ latae.

H.: An Stämmen und, besonders lebenden, teilweise oberirdischen, Wurzenl von *Symplocos*-Arten in der str. St. des Yolu-schan bei Tschangscha, 200 m, 16. II. 1918 (11459).

Affinis est *Gr. analogae* (NYL.) A. ZAHLBR., sed sporae aliter divisae.

4. ** ***G.*** (sect. *Eugraphina*) **alpestris** A. ZAHLBR.

Thallus pro maxima parte endophloeodes, extus macula expansa, pallide ochracea, opaca, KHO fulvescente, $CaCl_2O_2$—, continua et sublaevigata, parum inaequali indicatus, sorediis et isidiis destitutus, in margine linea obscuriore distincta non cinctus; gonidia ad *Trentepohliam* pertinentia; hyphae medullae non amyloideae.

Apothecia lirellina, sat dispersa, sessilia, nigra, simplicia, furcata, rarius increbre et subsemiradiatim ramosa, primum oblonga vel elliptica, demum elongata, plus minus curvata vel flexuosa, 1—5 mm longa et 0,2—0,3 mm lata, quoad latitudinem parum inaequalia, ad apices acutatae vel rotundatae, extus primum a thallo vestita, demum nuda; discus rimiformis vel demum parum dilatatus, impressus, niger, opacus, epruinosus; excipulum fuligineum, dimidiatum, crassiusculum, labiis erectiusculis, demum plus minus hiantibus, integris, ad verticem applanatis, ad basin acutatis et incurvis; hymenium superne anguste obscuratum et tenuiter pulverulentum, caeterum decolor et purum, ad 150 μ altum, J vix lutescens; hypothecium angustum, ochraceo-fuscescens; paraphyses filiformes, simplices, eseptatae, ad apicem modice crassiores, strictae, gelatinose conglutinatae; asci ellipsoideo-clavati, ad apicem rotundati et membrana modice incrassata cincti, monospori; sporae decolores (vetustae leviter fuscescentes), oblongae, utrinque rotundatae, rectae vel subrectae, murales, cellulis parvis numerosisque, J violaceae, halone non cinctae, 100—120 μ longae et 25—28 μ latae.

NW-**Y.**: An lebenden Tannenstämmen in der ktp. St. an der Westseite des Kammes zwischen Haba und Dugwantsun se von Dschungdien, 3700 m, 24. VI. 1915 (6982).

5. ** *G.* (sect. *Aulacographina*) **galactoderma** A. ZAHLBR.

Thallus epiphloeodes, crustaceus, uniformis, expansus, substratum arcte obducens, tenuis, ad 0,1 mm crassus, lacteus vel subargenteo-lacteus, fere opacus, KHO—, $CaCl_2O_2$—, paulum inaequalis, sorediis et isidiis non praeditus, in margine linea obscuriore non cinctus; gonidia ad *Trentepohliam* pertinentia; hyphae thalli non amyloideae.

Apothecia linearia, dispersa vel passim approximata, adpresse sessilia, vulgo simplicia, rarius trifurcata, arcuata, ad apices acutata vel rotundata, 1—2 mm longa et ad 0,3 mm lata, nigra, nitidula, extus usque ad verticem anguste thallino-vestita; discus rimiformis, impressus, niger, epruinosus; excipulum fuligineum, dimidiatum, labiis arcuato-conniventibus, in parte superiore increbre (1—3) et alte fissis, a thallo obductis; hymenium in sectione transversali late rotundum, superne anguste obscuratum, non pulverulentum, caeterum decolor et purum, 130—140 μ altum, J lutescens; hypothecium angustum, decolor; paraphyses densae et strictae, filiformes, simplices, eseptatae, non capitatae, contextae; asci ovali-clavati, superne rotundati membrana bene incrassata cincti, 8 spori; sporae in ascis 2—3 seriales, decolores, oblongae, oblongo- vel dactyloideo-ellipsoideae, utrinque rotundatae, passim in medio paulum angustatae, rectae vel curvulae, murales, septis superpositis ad 20, verticalibus 2—4, halone non cinctae, J violascentes, 42—45 μ longae et 14—16 μ latae.

S-Y.: An lebenden Stämmen (einer Leguminose ?) im tr. Regenwalde flußabwärts gegenüber Manhao, 200 m, 5. III. 1915 (5912).

6. ** *G.* (sect. *Aulacographina*) **lecanactiformis** A. ZAHLBR.

Thallus epiphloeodes, crustaceus, uniformis, tenuissimus, substratum arcte obducens, sat late expansus, alutaceus vel alutaceo-cinerascens, opacus, KHO subsanguineus vel sanguineo-fulvescens, $CaCl_2O_2$—, continuus, laevigatus vel passim granuloso-inaequalis, sorediis et isidiis nullis, haud bene limitatus et linea obscuriore non cinctus, fere homoeomericus; gonidia increbra, ad *Trentepohliam* pertinentia, cellulis concatenatis, dilute virentibus.

Apothecia late sessilia, ad basin bene constricta, e rotundato mox oblonga, utrinque rotundata, rectiuscula vel curvula, simplicia, usque 1,2 mm longa et 0,6—0,9 mm lata, demum corrugata et elabentia, maculas pallidiores relinquentia; discus concavus, rufus, pulverulentus, a margine crassiusculo, integro bene superatus; excipulum fuligineum, crassum, dimidiatum, labiis integris, erectiusculis; hymenium superne pallide umbrino-fuscum, pulverulentum, caeterum decolor et purum, 240—290 μ altum, J cupreo-lutescens; hypothecium umbrino-fuscum, angustum, molliusculum; paraphyses filiformes, strictae, modice conglutinatae, simplices, eseptatae, non capitatae; asci cylindrico-clavati, elongati, superne rotundati et membrana incrassata cincti, 6—8 spori; sporae in ascis monostichae, decolores, ellipsoideae vel subovales, rarius panduriformes, rectae, murales, seriebus cellularum superpositarum 7—8, horizontalium 1—3, halone non cinctae, J violaceo-fuscae, 37—45 μ longae et 15—18 μ latae.

NW-Y.: Tannenstämme in der ktp. St. unter der Alm Maoniubi auf dem Waha bei Yungning, 3800—4030 m, 21. VII. 1915 (7147).

7. ** *G.* (sect. *Chlorographina*) **olivascens** A. ZAHLBR.

Thallus epiphloeodes, late expansus, crustaceus, uniformis, substrato adhaerens, tenuis, alutaceo-cinerascens, nitidulus, KHO demum ferruginascens, continuus, laevigatus, sorediis et isidiis destitutus, non bene determinatus nec linea obscuriore cinctus, strato corticali usque 22 μ crasso, dilucido, non insperso, ex hyphis tenuibus, horizontalibus, dense conglutinatis formato obductus, caeterum fere homoeomericus, gonidiis ad *Trentepohliam* pertinentibus.

Apothecia lirellina, parum elevata, simplicia, rarius increbre et breviter ramosa, varie flexuosa, approximata vel dispersa, 2—4,5 mm longa et 0,2—0,35 mm lata, thallino-vestita, ad verticem thallo pallidiore; discus rimiformis, impressus, fuscidulo-rufescens, opacus; excipulum dimidiatum, ad latera hymenii plus minus evolutum vel evanescens, fuscidulum, molle, extus thallo corticato obductum, labiis integris, conniventibus; hymenium in sectione transversali late subtriangulare, superne anguste obscuratum et leviter pulverulentum, caeterum decolor, purum, pellucidum, usque 150 μ altum, J vix lutescens; hypothecium angustum, decolor; paraphyses capillares, densae, simplices, eseptatae, ad apicem non latiores, gelatinose conglutinatae, plus minus flexuosae; asci anguste oblongi, 8 spori; sporae in ascis uni- vel subbiseriales, decolores, ellipsoideae, utrinque rotundatae, rectae, murales, loculis in seriebus superpositis 8, in horizontalibus 3—4, halone non cinctae, J dilute coerulescentes, 22—25 μ longae et 8—9 μ latae.

SW-**H.**: Lebende Rinde von *Thea cuspidata* im Walde des Yün-schan bei Wukang, wtp. St. 1180 m, 9. VIII. 1917 (11220).

8. ** ***G.*** (sect. *Chlorographina*) **isabellina** A. ZAHLBR.

Thallus epiphloeodes, crustaceus, uniformis, late expansus, substratum arcte obducens, tenuis, ad 0,3 mm crassus, subtartareus, isabellinus, opacus, KHO e flavo sanguineus, $CaCl_2O_2$—, continuus, sorediis et isidiis nullis, in margine passim linea obscure cinerea tenui vel zona angusta albida cinctus, strato corticali subindistincto, hyphis medullaribus non amylaceis; gonidia ad *Trentepohliam* pertinentia.

Apothecia crebra, linearia, approximata, adpresse sessilia, simplicia, furcata vel increbre ramosa, flexuosa, 2—4 mm longa, et ad 0,5 mm lata, pallida, ad basin leviter angustata, margine thallino tumidulo et subintegro praedita; discus rimiformis, pallidus, cum thallo fere concolor, pruinosulus, madefactus obscurascens; excipulum angustum, irregulariter limitatum, fuscescens, molle, labiis erectiusculis et incurvis, non sulcatis; hymenium superne anguste fuscescens, pulverulentum, caeterum decolor et purum, 160—180 μ altum, J maculatim pallide coerulescens, caeterum lutescens; paraphyses filiformes, densae, gelatinose conglutinatae, simplices, eseptatae, non capitatae; hypothecium pallidum, angustum; asci oblongo-clavati, ad apicem rotundati et membrana modice incrassata cincti, monospori; sporae decolores, vetustae pallide fuscescentes, oblongo-ellipsoideae, utrinque rotundatae, rectae, murales, cellulis parvis numerosisque, halone non cinctae, J violascentes, 110—120 μ longae et 35—48 μ latae.

H.: An lebenden *Symplocos*-Stämmen in der str. St. des Yolu-schan bei Tschangscha, 250 m, 27. I. 1918 (11437).

Die das Lager mit Kalilauge färbende Substanz fällt in kurzen, 3 bis 4 μ langen, nicht gebüschelten Nadeln aus.

9. ** *G.* (sect. *Chlorographina*) *verruculina* A. ZAHLBR.

Thallus epiphloeodes, crustaceus, uniformis, expansus, substratum arcte obducens, tenuis, 0,1—0,2 mm crassus, olivaceo-glaucescens, fere nitens, KHO leviter flavens, $CaCl_2O_2$—, continuus, minute verruculosus, sorediis et isidiis destitutus, in margine albide cinctus et sat bene limitatus; stratum corticale angustum, ex hyphis intricatis formatum, subdecolor; gonidia ad *Trentepohliam* pertinentia, stratum angustum infra corticem formantia; medulla crassiuscula, alba, J—.

Apothecia lirellina, sat copiosa et plus minus congesta, adpressa, increbre ramosa, flexuosa, usque 6 mm longa et (incluso margine) 0,7—0,8 mm lata, extus usque ad verticem crassiuscule thallino-vestita, margine albido et verruculoso-inaequali; discus rimaeformis, ad 0,1 mm latus, niger vel fusco-nigrescens, opacus, epruinosus, margine thallino leviter superatus; excipulum dimidiatum, obscure fuscum, sat tenue, labiis integris, in lateribus passim paulum inaequalibus vel erosulis, (sed non crenatis nec sulcatis), arcuatim adscendentibus et modice conniventibus, ad apicem acutatis, infra hymenium breviter incurvis; hymenium in sectione transversali transversim subellipticum, superne fuscescens, non pulverulentum, caeterum decolor, pellucidum, purum, 200—220 μ altum, J lutescens (ascis rufescenti-obscuratis); hypothecium angustum, pallidum; paraphyses densae, strictae, capillari-filiformes, simplices, eseptatae, non capitatae, contextae; asci ovali-ellipsoidei, superne rotundati et membrana modice incrassata cincti, 4—6 spori, rare bispori; sporae in ascis biseriales, decolores, ellipsoideae vel subovales, utrinque bene rotundatae, murales, multiloculares, loculis in seriebus superpositis 10—12, in horizontalibus 2—4, J rufescenti-obscuratae, halone distincto nullo, 46—50 μ longae et 15—17 μ latae.

F.: Rinden auf dem Gu-schan bei Fudschou, 500—600 m (Chung 381, 600 d).

10. ** ***G.*** (sect. *Thalloloma*) **roridula** A. Zahlbr.

Thallus epiphloeodes, crustaceus, uniformis, sat expansus, substratum obducens, tenuis, fulvescenti-glaucescens, opacus, KHO e flavo demum sanguineus, continuus, subpulverulento-inaequalis, sorediis et isidiis nullis, in margine linea tenui fuscescente cinctus et bene limitatus; stratum corticale valde angustum et parum distinctum; hyphae thalli amyloideae; gonidia ad *Trentepohliam* pertinentia.

Apothecia sessilia, dispersa vel rarius subaggregata, simplicia, oblonga vel oblongo-linearia, subrecta, plus minus flexuosa vel curvata, 1,5—2,5 mm longa et demum fere 1 mm lata, ad apices rotundata vel subangustata, thallo vestita, margine thallino discum superante, ad basin plus minus constricto, cum thallo concolore vel parum albidiore, flexuoso vel flexuoso-crenulato; discus demum dilatatus, planiusculus, dilute fuscescenti-cervinus, pruinosulus; excipulum integrum non evolutum, rudimentarium, versus marginem distinctius, rufescenti-obscuratum, non bene limitatum (in varietate tamen melius evolutum), non sulcatum; hymenium in sectione transversali subreniforme, superne anguste obscuratum et pulverulentum, caeterum decolor, pellucidum et purum, ad 200 μ altum, J vix lutescens; hypothecium angustum, decolor; paraphyses filiformes, strictae, simplices, eseptatae, ad apicem haud latiores, contextae; asci ellipsoideo-clavati, hymenio paulum breviores, ad apicem rotundati et membrana sat bene incrassata cincti, monospori; sporae decolores, oblongo-ellipsoideae, utrinque rotundatae, subrectae vel curvulae, murales, cellulis parvis et numerosis, halone non cinctae, J violaceo-coeruleae, 175—200 μ longae et 35—40 μ latae.

SW-**H.**: An lebender Rinde von *Sapium japonicum* in der wtp. St. des Yün-schan bei Wukang, 1270 m, 18. VII. 1918 (12302).

Habitu *Graphinae platyleucae* (Nyl.) A. Zahlbr. sat similis, sed thallus aliter coloratus est et apothecia circumscissa non sunt.

— ** var. ***platypoda*** A. Zahlbr.

Color et reactio thalli ut in typo; excipulum rufescenti-fuscum, integrum, ad basin extrorsum versus anguste productum.

Y.: Lebende Rinde von *Rhododendron persicinum* in der tp. St. des Passes Dsuningkou ober Dienso zwischen Dali und Hodjing („Hokin"), 26° 24′, 3050 bis 3400 m, 27. V. 1915 (6554).

Phaeographina Müll. Arg.

A. Apothecia rotundata vel oblonga.
  a) Apothecia nigra.
    I. Sporae 8nae, 27—30 μ longae — *4. obfirmata.*
    II. Sporae 1—3nae, 60—80 μ longae — *3. lecanographa.*
  b) Apothecia lactea — *4. mirabilis.*
B. Apothecia lirellina.
  a) Apothecia sessilia.
    I. Excipulum fuligineum.
      1. Excipulum dimidiatum — *2. pluviisilvarum.*
      2. Excipulum integrum, inferne incrassatum — *1. quassiaecola.*
    II. Excipulum fuscum.
      1. Asci normaliter 8spori; sporae minores.
        α) Hymenium guttuloso-inspersum; labia excipuli fissa — *5. chrysentera.*
        β) Hymenium purum; labia excipuli integra — *7. fukienensis.*
      2. Asci 1—2spori; sporae majores; labia excipuli integra — *8. chlorocarpoides.*
  b) Apothecia immersa; sporae parvae, 20—22 × 7 μ — *6. glyphiza.*

1. * *Ph. quassiaecola* (Fée) Müll. Arg. (Cat. Lich., II., 444). **F.**: Guliang und Gu-schan bei Fudschou, an Rinden, 500—600 m (Chung 580, 603c).

2. ** ***Ph.*** (sect. *Epiloma*) ***pluviisilvarum*** A. Zahlbr.

Thallus epiphloeodes, crustaceus, uniformis, expansus, substratum arcte obducens, tenuissimus, vix 0,1 mm crassus, mollescens, argillaceo-glaucescens vel argillaceo-albidus, nitidulus, KHO vix flavens, $CaCl_2O_2$—, continuus, laevigatus vel parum inaequalis, passim minute granulosus, sorediis et isidiis non praeditus, in margine linea tenui nigra cinctus; gonidia ad *Trentepohliam* pertinentia; hyphae thalli non amyloideae.

Apothecia lirellina, sessilia, simplicia, trifurcata vel increbre ramosa, plus minus undulata vel flexuosa, ad apices acutata vel rotundata, ramis primariis usque 5 mm longis et usque 0,6 mm latis (vulgo parum angustioribus), nigra, opaca, in margine usque ad verticem thallino-vestita, ad basin angustata, leviter inaequalia; discus primum rimiformis, demum hinc inde paulum dilatatus, niger, nudus; excipulum fuligineum, dimidiatum, crassiusculum, labiis integris, ad basin plus minus angustatis, in margine leviter undulatis vel emarginatis (sed non sulcatis), erectiusculis et plus minus distantibus; hymenium in sectione transversali transversim subellipticum, superne fuscescens, non pulverulentum, caeterum decolor et purum, ad 200 μ altum, J lutescens; hypothecium crassiusculum, rufo-fuscescens; paraphyses filiformes, strictae, simplices, eseptatae, non capitatae, contextae; asci oblongo-clavati, superne rotundati et membrana incrassata cincti, uni- vel bispori; sporae e decolore mox fuscidulae, oblongae vel oblongo-ellipsoideae, utrinque rotundatae vel passim in uno apice angustato-rotundatae, rectae, murales, multiloculares, loculis numerosis et parvis, halone non cinctae, J—, 135—165 μ longae et 30—33 μ latae.

NW-Y.: An lebender Birkenrinde im tp. Regenwalde des birm. Mons. im Tjiontson-lumba zwischen Salwin und Irrawadi unterhalb Tschamutong, 3120 m, 3. VI. 1916 (9261).

3. * *Ph. lecanographa* (NYL.) MÜLL. ARG. (Cat. Lich., II., 440) ** var. *pleiospora* A. ZAHLBR.

Thallus epiphloeodes, crustaceus, uniformis, maculas rotundatas minores formans, valde tenuis, quasi suffusus et substrato arcte adhaerens, albidus vel albido-glaucescens, subnitens, KHO e flavo ferruginascenti-aurantiacus, crystallos aciculares, stellatim dispositos effundens, $CaCl_2O_2$—, continuus, laevigatus, sorediis et isidiis nullis, in margine linea obscuriore non cinctus, strato corticali angusto obductus; hyphae medullae albae, J violaceo-obscuratae; gonidia increbra, ad *Trentepohliam* pertinentia.

Apothecia adpressa, dispersa vel approximata, heterocarpica, vulgo rotundata oblongatave, usque 0,5 mm lata, pseudolecanorina, disco nigricante, madefacto fusco, e concaviusculo plano, margine albo, tenui, integro, discum parum superante circumdata vel linearia, simplicia, subrecta, usque 1,3 mm longa, disco angusto et extus usque ad verticem a thallo albo tenuiter cincto; excipulum dimidiatum, obscure fuscum, fere nigricans, sed non fuligineum, labiis integris, 30—40 μ crassis, utrinque retusatis, curvatulo-erectis, extus crassiuscule thallino-vestitis; hymenium in sectione transversali transversim subellipticum, superne fuscescens, increbre granuloso-inspersum, caeterum decolor, guttulis oleosis minutis crebre impletum, 160—180 μ altum, J rufescens; hypothecium decolor, angustum, J—, inferne linea fusca tenui limitatum; paraphyses filiformes, parum conspicuae, simplices, eseptatae, non capitatae; asci ellipsoideo-clavati, superne rotundati et membrana incrassata cincti, bi- vel trispori; sporae in ascis uniseriales, mox fuscae, ellipsoideae vel subovales, utrinque rotundatae, rectae, murales, cellulis numerosis, parvis, subcubicis, halone non cinctae, J—, 60—80 μ longae et 26—30 μ latae.

F.: Guliang bei Fudschou, an glatteren Rinden (CHUNG 596b).

A typo differt ascis 2—3 sporis et sporis distincte minoribus.

4. Ph. obfirmata (NYL.) A. ZAHLBR. (Cat. Lich., II., 441). (*Lecanactis o.* NYL. CROMBIE, I., 65). Kiangsu: Schanghai, an Rinden (MAINGAY).

5. * *Ph. chrysentera* (MONT.) MÜLL. Arg. (Cat. Lich., 436).

Excipulum integrum, aurantiaco-rufescens, inferne retusatum et extrorsum versus angulosum et acutum, labiis arcuato-erectis, conniventibus, lamelloso-fissis, lamellis 2—4, extus thallo corticato usque ad verticem obductis. Hymenium spumuloso-inspersum. Hypothecium angustum, dilute lutescens.

F.: Gu-schan bei Fudschou, an Rinden, 500—600 m (CHUNG 593c, 596a). Guliang bei Fudschou, ebenso (CHUNG 564, 565).

6. *Ph. glyphiza* (NYL.) A. ZAHLBR., nov. comb.

Syn.: *Graphis glyphiza* NYL. in Annal. Scienc. Nat., Bot., ser. 4, XIX, 374, (1863). LEIGHT. in Transact. Linn. Soc. London, XXVII, 173, tab. 37, fig. 83. (1869).

Kwangtung: Hongkong, an Rinden (nach LEIGHTON l. c.).

7. ** *Ph. fukienensis* A. ZAHLBR.

Thallus epiphloeodes, crustaceus, uniformis, sat expansus, substratum arcte obducens, tenuis, ad 0,15 mm crassus, olivaceo-glaucescens, nitidus, KHO e flavido subaurantiacus, $CaCl_2O_2$—, continuus, laevis, sorediis et isidiis nullis, haud bene limitatus, linea obscuriore non cinctus; stratum corticale angustum, non pulverulentum, ex hyphis dense intricatis formatum; hyphae thalli non amyloideae; gonidia ad *Trentepohliam* pertinentia, increbra.

Apothecia sat copiosa et approximata, lirellina, sessilia, simplicia, varie curvata vel undulata, rarius subrecta, ad apices rotundata, usque 6 mm longa et 0,2—0,3 mm lata, superne applanata, ad latera usque ad verticem albide thallino-vestita; margo thallinus parum inaequalis, longitudinaliter non striatulus; discus rimiformis, impressus, pallidus; excipulum ochraceo-rufum, molle, integrum, inferne rotundatum, labiis mediocribus, integris, arcuatis et conniventibus, ad verticem paulum crassioribus; hymenium in sectione transversali ellipticum, superne vix fuscescens, caeterum decolor, purum, J lutescens; hypothecium angustum, decolor; paraphyses filiformes, strictae, contextae, simplices, eseptatae, non capitatae; asci ellipsoideo-clavati, superne rotundati et membrana modice incrassata cincti, 8spori; sporae in ascis bi- —triseriales, fuscescentes, ellipsoideae, oblongae, rarius subcylindrico-oblongae vel ovales, utrinque rotundatae vel rarius in uno apice angustatae, rectae, murales, septis horizontalibus 7—11 et septis verticalibus 2—3, J obscuratae, sed non violascentes, halone non cinctae, 36—48 μ longae et 12—16 μ latae.

F.: Gu-schan bei Fudschou, an glatten Rinden, 500—600 m (CHUNG 399 a).

Medium tenet inter *Ph. chlorocarpoidem* a qua ascis 8sporis, sporis minoribus, et hymenio non guttulose insperso, et *Ph. chrysenteram*, a qua labiis fissis et hymenio puro distat.

8. * *Ph. chlorocarpoides* (NYL.) A. ZAHLBR. (Cat. Lich., II., 435). (*Graphis ch.* NYL. KRPH., I., 467). Kwangtung: Wampu, an Baumästen (R. RABENHORST).

9. ** *Ph. mirabilis* A. ZAHLBR.

Thallus epiphloeodes, crustaceus, uniformis, substratum arcte obducens, expansus, tenuis, 0,1—0,2 mm crassus, subchondroideus, olivascens vel glaucescenti-olivascens, KHO—, $CaCl_2O_2$—, continuus, laevis, sorediis et isidiis non praeditus, in margine linea obscuriore non cinctus; stratum corticale tenue; gonidia ad *Trentepohliam* pertinentia; hyphae thalli non amyloideae.

Apothecia sat crebra, submembranacea, e rotundo vel e rotundato irregularia, subsinuata vel rotundato-incisa, adpressa, usque 6 mm lata, tenuia, planata, lactea vel glaucescenti-lactea, opaca, pruinosula, margine angusto, acutiusculo et parum elevato cincta, primum simplici, demum lineis, e centro disci orientibus increbris, subastroideis, tenuibus, nigris, ad apicem acutatis percurso; excipulum integrum, infra hymenium angustum, nigrescens, ad latera hymenii incrassatum, fuscescens, subsemirotundum, margine integro, extus a thallo non cinctum; hymenium superne anguste sordido-obscuratum, pulverulentum, KHO—, caeterum decolor, dense et minute guttuloso-inspersum, 130 usque 160 μ altum, J lutescenti-rufescens, columellis verticalibus, nigricantibus et latiusculis increbre percursum; paraphyses parum conspicuae, filiformes, simplices, eseptatae, non capitatae; asci oblongo-clavati, superne rotundati et membrana modice incrassata cincti, 8 spori; sporae distichae, fuscescentes, demum fuscae, subfusiformi-ellipsoideae, ellipsoideae vel subovales, utrinque rotundatae, rectae vel subrectae, murales, loculis depresso-lentiformibus, in seriebus superpositis 8—10, in seriebus horizontalibus 3—4, halone non cinctae, 42—46 μ longae et 11—15 μ latae.

F.: Gu-schan bei Fudschou, an glatten Baumrinden, 500—600 m (CHUNG 387).

Schon das Äußere der Flechte ist infolge der Gestaltung der Apothezien auffällig genug. Diese sind breit, sehr flach, gerundet und erinnern dadurch an diejenigen der *Ectolechiaceae*, von welchen sie aber durch die Ausbildung eines Fruchtrandes wesentlich verschieden sind. Ein anderes auffallendes Merkmal ist die Ausbildung von dunklen Säulchen, welche das Hymenium bis an die Oberfläche desselben durchdringen. Eine solche Kammerung der Schlauchschicht war bisher bei den *Graphidaceae* noch nicht beobachtet worden. Es hat den Anschein, als ob hier der phylogenetische Übergang zu den *Chiodectonaceae* gegeben sei, bei welchen allerdings die Kammerung des Hymeniums viel dichter und ausgeprägter ist.

Graphidaceae **spp.** NW-**Y.**: Sehr charakteristisch auf den Wurzeln der epiphytischen *Sorbus Harrowiana* in den tp. Regenwäldern des birm. Mons. im Doyon-lumba am Lu-djiang (Salwin), 28° 2′, 3250—3450 m (8338, ohne Sporen, reichlich von Bakterien besiedelt). **S.**: An Zweigen von *Rhododendron racemosum* im wtp. Walde bei Kwapi n von Yenyüen, 2750 m (2424). SW-**H.**: An *Thea cuspidata* im wtp. Regenwalde des Yün-schan bei Wukang, 1180 m (11217).

Chiodectonaceae.

Glyphis FÉE.

G. cicatricosa ACH. (Cat. Lich., II., 454). (*G. favulosa* ACH. CROMB., I., 65). Kiangsu: An Rinden in Schanghai (MAINGAY).

— — * **var.** ***intermedia*** (MÜLL.) A. ZAHLBR. (Cat. Lich., II, 456). E-**Y.**: An lebender Rinde von *Schoepfia jasminodora* in der wtp. St. des mittelchin. Fl. auf dem Hügel bei Djindjischan nächst Loping, 1600 m (10168).

Chiodecton MÜLL. ARG.

A. Hypothallus albidus — *2. mucorinum.*
B. Hypothallus sanguineus — *1. sanguineum.*

1. C. sanguineum (SW.) WAIN. (Cat. Lich., II., 497). (*Hypochnus rubrocinctus* EHRENB. PAT. et OLIV. I., 23). **Kw.**: (CAVALERIE 2201).

2. ** *C.* (sect. *Byssophorum*) *mucorinum* A. ZAHLBR.

Thallus epiphloeodes, crustaceus, uniformis, expansus, tenuis, molliusculus, a substrato facile dehiscens, mucorinus, opacus, KHO—, $CaCl_2O_2$—, in ambitu latius vel angustius albidus, sorediis et isidiis nullis, ex hyphis tenuibus, laxiuscule intricatis et e gonidiis ad *Trentepohliam* pertinentibus formatus, in superficie subleproso-inaequalis.

Stromata sessilia, rotundata, subirregularia vel elongata, convexa vel gibberosula, 0,5—1,2 mm lata, cum thallo concoloria et tantum passim ad verticem albida, discos plures includentia; disci minuti, punctiformes, nigri, epruinosi, planiusculi, marginem non superantes, dispersi vel seriati; excipulum integrum, fuscum, ad latera hymenii tenue, infra hymenium parum latius; hymenium in sectione transversali subsemirotundum, decolor, purum, J e coerulescente cupreo-rufescens; paraphyses filiformes, parum subtoruloso-inaequales, increbre ramosae, eseptatae, non capitatae; asci clavati, superne rotundati et membrana bene incrassata cincti, a paraphysibus facile liberi, 8 spori; sporae tristichae, decolores, aciculares, subrectae, indistincte pluriseptatae, 58—62 μ longae et 2—3 μ latae.

F.: Gu-schan bei Fudschou, an Rinden, 500—600 m (CHUNG 593).

Mazosia MASS.

* ***M. rotula*** (MONT.) MASS. (Cat. Lich., II., 503).

Thallus epiphyllus, maculas formans parvas, rotundato-irregulares, tenuissimas, quasi suffusas, glauco-virescens, opacus, KHO—, $CaCl_2O_2$—, laevigatus, sorediis et isidiis non praeditus, in margine zona latiuscula pallide umbrina circumdatus, fere homoeomericus; hyphae thalli non amyloideae; gonidia phycopeltidea.

Apothecia primum in verrucis thallinis inclusa, demum aperta, sublecanorina, parva, 0,3—0,4 mm lata, rotunda, demum plus minus congesta; discus primum umbrinus, demum niger, opacus, epruinosus, planus, a thallo angusto cinctus; excipulum dimidiatum, umbrino-nigrescens, extus a strato corticali tenui accessorie obductum; hymenium superne pallide umbrinum vel fere decolor, caeterum decolor, diaphanum, purum, ad 90 μ altum, J cupreum; paraphyses capillares, conglutinatae, increbre ramosae, eseptatae, non capitatae; asci crebri, hymenio breviores, oblongo-clavati, superne rotundati et membrana modice incrassata cincti, 8 spori; sporae 3—4 seriales, decolores, fusiformes, rectae vel curvulae, utrinque acutatae, 4 loculares, septis tenuibus, ad septa non constrictae, membrana tenui cinctae, sine halone, 30—34 μ longae et 3—5 μ latae.

S-**Y.**: Auf immergrünen Blättern im tr. Regenwalde unter Yaotou zwischen Möngdse und Manhao, 650 m (5957). **F.**: Gu-schan bei Fudschou, in Wäldern an dünnen Blättern (CHUNG 561). **Tonkin:**: Auf lebenden Blättern von *Caryota mitis* im Tälchen Ngoikoden bei Phomoi nächst Laogai an der Grenze von Yünnan, 150 m (21).

Roccellaceae.

Roccella DC.

R. sinensis NYL. (Cat. Lich., II, 522). China, an Strandfelsen, ohne genauere Angabe (nach NYLANDER, Syn. Lich. I, 261).

Cyclocarpineae.

Lecanactidaceae.

** *Haplodina* A. ZAHLBR.

Thallus crustaceus, uniformis, cortice paraplectenchymatico non obductus, gonidiis ad *Trentepohliam* pertinentibus. Apothecia lecideina, rotunda; paraphyses increbre ramosae, gelatinam sat copiosam percurrentes; asci 8spori; sporae decolores, simplices, membrana tenui cinctae. A *Lecanactide* differt sporis simplicibus.

A. Planta saxicola; thallus alutaceus; apothecia ad 1 mm lata *3. alutacea.*

B. Plantae corticolae; apothecia distincte minora.

a) Thallus verruculoso-inaequalis; margo pallidus; apothecia 0,2—0,3 mm lata *2. corticola.*

b) Thallus laevigatus; discus cum margine concolor; apothecia vix 0,2 mm lata *1. microcarpa.*

1. ** ***H. microcarpa*** A. ZAHLBR.

Thallus epi- et endophloeodes, crustaceus, uniformis, tenuis, vix 0,1 mm crassus, e plagis minoribus, nigro-limitatis, substratum arcte obducentibus formatus, olivascenti-lutescens, nitidulus, KHO e flavo subsanguineus, $CaCl_2O_2$—, madefactus odorus, continuus, laevigatus, sorediis et isidiis nullis; strato corticali indistincto; gonidia ad *Trentepohliam* pertinentia, cellulis concatenatis, catenis plus minus glomeratis, cellulis globosis vel subovalibus, dilute lutescenti-virentibus, usque 12 μ longis.

Apothecia crebra, dispersa vel approximata, minuta, plus minus 0,2 mm lata, sessilia, rotunda, fusco-nigricantia, madefacta magis fusca, epruinosa, primum suburceolata, demum plana; margo proprius cum disco concolor; excipulum dimidiatum, tenue, obscurum; hymenium superne umbrino-cinnamomeum, non pulverulentum, KHO—, caeterum decolor et purum, 65—80 μ altum, J cupreo-rufescens; hypothecium dilute lutescens, molliusculum; paraphyses increbrae, filiformes, strictulae, parce ramosae, eseptatae, ad apicem clavatae, contextae; asci oblongo-clavati, superne rotundati et membrana incrassata cincti, 8spori; sporae in ascis biseriales, decolores, simplices, ellipsoideae vel subovales, rectae, membrana tenui, sed distincta cincti, 10—12 μ longae et 5 usque 6 μ latae.

Y.: An lebenden Ästen von *Ternstroemia japonica* in der wtp. St. auf dem Hsi-schan bei Yünnanfu, 2550 m, 13. II. 1915 (5722).

2. ** ***H. corticola*** A. ZAHLBR.

Thallus epiphloeodes, crustaceus, uniformis, maculas bene determinatas, rotundatas vel oblongas, usque 3 cm latas formans, valde tenuis, ad 0,1 mm crassus, substratum arcte obducens, cervino-cinerascens vel subumbrinus, opacus, KHO parum sordidescens, $CaCl_2O_2$—, continuus, verruculoso-inaequalis, sorediis et isidiis nullis, in margine linea latiuscula, fumoso-nigricante, nebulosa cinctus; fere homoeomericus, hyphis increbris; gonidia ad *Trentepohliam* pertinentia, cellulis subglobosis vel oblongatis, virentibus.

Apothecia crebra, adpressa, plus minus dispersa, vel gregatim approximata, fusco-nigricantia, opaca, epruinosa, minuta, 0,2—0,3 mm lata, rotunda vel subanguloso-rotundata, planiuscula, margine pallido, tenuissimo, integro, prominulo; discus leviter impressus; excipulum dimidiatum, molle, sat dilute umbrino- vel cinnamomeo-fuscum, ex hyphis radiantibus, dense conglutinatis formatum, non paraplectenchymaticum; hymenium superne latiuscule umbrino-fuscum, non pulverulentum, caeterum dilute fuscescens, purum, 90—100 μ altum, J lutescens, ascis sordide et obscure coeruleis; hypothecium fuscescens, molle; paraphyses filiformes, increbrae, pauciramosae, eseptatae, ad apicem clavatae et obscuratae; asci crebri, oblongo-clavati, superne rotundati et membrana bene incrassata cincti, cum hymenio subaequilongi, a paraphysibus facile liberi, 8 spori; sporae uni- vel biseriales, decolores, simplices, ellipsoideae vel subovales, rectae, membrana tenui, sed distincta cinctae, contentu aequaliter oleoso, halone non circumdatae, 9—12 μ longae et 4—6 μ latae.

S.: An Ästen von *Alnus Ferdinandi-Coburgii* in der wtp. St. im Moore auf dem Passe Dschao-schan se von Ningyüen (Lingyüen), 2700 m, 15. IV. 1914 (1380).

3. ** ***H. alutacea*** A. Zahlbr.

Thallus epilithicus, crustaceus, uniformis, expansus, substrato adhaerens, tenuis, subtartareus, alutaceus, KHO—, $CaCl_2O_2$—, madefactus odorus, laevigatus, subcontinuus vel parum distincte areolato-rimosus vel areolatus, areolis vix 0,2 mm latis, angulosis, fissuris parum distinctis separatis, planis, sorediis et isidiis destitutus, in margine irregulariter linea tenui obscure cinerea cinctus; stratum corticale angustum; gonidia ad *Trentepohliam* pertinentia, dilute virentia, cellulis subglobosis vel late ovalibus, usque 16 μ longis, breviter concatenatis et conglobatis.

Apothecia lecideina, alte sessilia, rotunda, ad basin conctricta, dispersa vel approximata, nigra, epruinosa, sat crebra, usque 1 mm lata, e concaviusculo plana vel demum convexa, elabentia et foveolas relinquentia; margo proprius niger, tenuis, integer, primum prominulus, demum depressus; excipulum fuligineum, integrum, mediocre, superne plus minus retusatum; hymenium superne latiuscule umbrino-fuscescens, NO_5 vix mutatum, non pulverulentum, caeterum decolor et purum, usque 120 μ altum, J intense coeruleum; hypothecium angustum, decolor; paraphyses strictae, filiformes, gelatinose conglutinatae, parum distincte limitatae, increbre ramosae, eseptatae, ad apicem paulum latiores; asci ellipsoideo- vel ovali-clavati, superne rotundati et membrana modice incrassata cincti, hymenio subaequilongi, 8 spori; sporae biseriales, decolores, simplices, ellipsoideae vel subovales, utrinque angustato-rotundatae vel acutatae, rectae, membrana tenui, distincta cinctae, contentu aequaliter oleoso, 16—18 μ longae et 8—9 μ latae. Pycnoconidia non visa.

Y.: An Tonschieferfelsen am Rande eines Hohlweges in der wtp. St. ober Dienso zwischen Dali (Talifu) und Hodjing, 26° 25′, 2800 m, 27. V. 1915 (6595).

Lecanactis Eschw.

* *L. auassiae* (Fée) A. Zahlbr. (Cat. Lich., II, 544).

Excipulum carbonaceum, integrum, ad latera hymenii sat angustum, infra hymenium incrassatum; hymenium superne ochraceo-rufescens, non pulverulentum, caeterum subdecolor, purum, J aeruginose coerulescens; paraphyses filiformes, modice ramosae, eseptatae, non capitatae; asci ellipsoideo-clavati, superne rotundati et membrana incrassata cincti, facile a paraphysibus liberi,

8 spori; sporae decolores, fusiformi-oblongae, ad apices rotundatae, subrectae vel curvulae, 30—32 μ longae et 5—6 μ latae.

F.: Gu-schan bei Fudschou, an Rinden, 500—600 m (CHUNG 408, 442, 594).

Byssolomaceae.

Byssoloma TREVIS.

* *B. tricholomum* (MONT.) A. ZAHLBR. (Cat. Lich., II, 569). **F.**: Guliang bei Fudschou, an Blättern und Zweigen von *Cryptomeria japonica*, 500—600 m (CHUNG 547).

Thelotremaceae.

Gyrostomum FR.

* *G. scyphuliferum* (ACH.) NYL. (Cat. Lich., II, 644). Kwangtung: Wampu, an Rinden (R. RABENHORST).

Diploschistaceae.

Diploschistes NORM.

A. Thallus KHO sanguineus; apothecia bene dilatata *4. ocellatus.*

B. Thallus KHO non reagens.

a) Apothecia minuta, latitudine 1 mm non superantia.

I. Thallus $CaCl_2O_2$ erythrinus; apothecia distincte actinostomata *2. actinostomus.*

II. Thallus $CaCl_2O_2$ non reagens; apothecia vix actinostomata *1. anactinus.*

b) Apothecia distincte latiora *3. scruposus.*

1. * ***D. anactinus*** (NYL.) A. ZAHLBR. (Cat. Lich., II, 657).

Excipulum integrum, fusco-nigricans, infra hymenium paulum angustius, ad latera hymenii latius et ultra hymenium productum; hymenium superne lutescenti-fuscidulum, non inspersum, caeterum decolor et purum, 170—180 μ altum, J non reagens; asci subcylindrico-clavati, 8 spori; sporae in ascis uniseriales, mox fuscae, late ovales, murales, septis horizontalibus 4—6, verticalibus 2—3, halone non cinctae, 17—20 μ longae et 12—13 μ latae.

An trockenen Felsen der str. und wtp. St., 900—1900 m. **Y.**: Kalkhaltige Breccie bei Schilungba nächst Yünnanfu (125). Quarz bei der Herberge Lagatschang am Djinscha-djiang (Yangtse) am direkten Wege von hier nach Huili (1388). **S.**: Phyllit bei Schangliangdse nächst Dötschang („Tetschang") im Djientschang (1804).

2. D. actinostomus (PERS.) A. ZAHLBR. (Cat. Lich., II, 651). (*Limboria actinostoma* MASS. KRPH. I., 471). Kwangtung: Hongkong, an Felsen (R. RABENHORST).

3. ***D. scruposus*** (SCHREB.) NORM. (Cat. Lich., II, 665). (*Urceolaria scruposa* ACH. JATTA I, 477). Schenhsi: Tsinling-schan, auf Erde am Hwangtou-schan (GIRALDI).

— — * f. ***argillosus*** (Ach.) Dalla Torre et Sarnth. (Cat. Lich., II, 669). Auf trockener Erde der Steppen, auch in Föhrenwäldern von der str. bis zur tp. St., 100—3000 m, über Sandstein und kristallinen Gesteinen. **Y.**: Tschangtschung-schan bei Yünnanfu (5713). Unter Bödschagwan in der Schlucht des Djinscha-djiang n von hier (719). Ngulukö bei Lidjiang („Likiang") (3496). **S.**: Huili (861). Dugungpu am Zuflusse des Yalung gegen Yenyüen, 27° 34′ (2124). **H.**: Hinter der Stadt Tschangscha (12798).

4. * ***D. ocellatus*** (Vill.) Norm. (Cat. Lich., II, 663). NW-**Y.**: Auf Kalktuff der Quelle über den Sinterbecken von Bödö se von Dschungdien („Chungtien") 2765 m (4481).

Gyalectaceae.

Ionaspis Th. Fr.

A. Thallus isabellino-ferruginascens vel lateritio-ochraceus; apothecia cum thallo concoloria vel obscuriora.
  a) Discus cum thallo concolor; thallus sorediis albis cyphelliformibus *2. sinensis.*
  b) Discus umbrino-fuscus; thallus esorediatus *3. yünnana.*
B. Thallus aliter coloratus.
  a) Thallus subpersicino-cinerascens vel glaucescens; apothecia nigra *1. Handelii.*
  b) Thallus subcarneo-albidus; apothecia umbrino-fusca *4. alpina.*

1. ** ***I. Handelii*** A. Zahlbr.

Thallus epilithicus, verniceo-effusus, crustaceus, uniformis, sat late expansus, maculas irregulares, plus minus confluentes, tenues, 0,1—0,2 mm crassas formans, persicino-subcinereus, cinerascens vel demum glaucescenti-cinerascens, nitidulus, KHO—, $CaCl_2O_2$—, madefactus odorus, laevis, in ambitu plus minus continuus, centrum versus areolato-diffractus vel areolatus, areolis angulosis, 0,3—1,2 mm latis, planis, fissuris tenuissimis separatis, sorediis et isidiis nullis, in margine linea obscuriore passim cinctus heteromericus, ex hyphis formatus verticalibus, dense septatis, leptodermaticis, ad septa parum constrictis, non amyloideis; gonidia ad *Trentepohliam* pertinentia, cellulis concatenatis, late ellipsoideis, membrana incrassata cinctis, luteo-virentibus, usque 30 μ longis.

Apothecia sat crebra, plus minus dispersa, innata, rotunda, 0,2—1 mm lata, concava vel concaviuscula, margine thallino distincto non cincta, a thallo irregulariter vel circumcisse separata; discus niger, opacus, madefactus colorem non mutans, epruinosus; excipulum distinctum nullum; hymenium superne fere decolor vel dilute lutescens umbrinumve, caeterum fere decolor, purum, J cupreum; hypothecium angustum, obscure umbrinum; paraphyses gelatinose conglutinatae, subtoruloso-filiformes, simplices vel increbre ramosae, eseptatae, ad apicem non latiores; asci ellipsoideo-clavati, superne rotundati et membrana sat bene incrassata cincti, 8spori; sporae biseriales, decolores, simplices, late ellipsoideae vel subovales, utrinque bene rotundatae, rectae, membrana tenui cinctae, contentu aequaliter oleoso, halone non cinctae, 12—15 μ longae et 6—7 μ latae. Pycnoconidia non visa.

NW-Y.: Auf meist vom Schneewasser berieseltem Quarzit in der Hg. St. des birm. Mons. auf dem Si-la zwischen Mekong und Salwin, 28°, 4200—4400 m 27. VIII. 1916 (10001).

2. ** ***I. sinensis*** A. ZAHLBR.

Thallus epilithicus, crustaceus, uniformis, substrato adhaerens, tartareus, tenuis, ad 0,4 mm crassus, maculas irregulares, expansas et bene determinatas formans, ochraceo-isabellinus vel isabellino-ferruginascens, opacus, KHO—, $CaCl_2O_2$—, madefactus odorus, areolatus, areolis crustam continuam formantibus, angulosis, planis, 0,4—1,2 mm latis, fissuris tenuibus separatis, isidiis destitutus, sorediis albis, rotundatis, usque 0,5 mm latis, impressis, concavis imprimis versus ambitum thalli instructus; stratum corticale tenue, ochraceum, pulverulento-inspersum, ex hyphis intricatis formatum; gonidia ad *Trentepohliam* pertinentia, cellulis in catenis brevibus dispositis, lutescenti-virentibus; medulla tenuis, alba, hyphis non amyloideis.

Apothecia in areolis solitaria vel plura (2—4), immersa, rotunda vel rotundata, parva, 0,2—0,6 mm lata, dispersa, concava; discus obscure fuscus, opacus, epruinosus, madefactus rufofuscus, a thallo accessorie tenuiter et albide, prominule cinctus; excipulum decolor, angustum, tantum infra hymenium evolutum, strato medullari thalli superpositum; hymenium superne ochraceo- vel rufescenti-fuscum, pulverulentum, pulvere KHO dissoluto et plus minus decolorato, crystallos aciculares effundente, caeterum decolor et minute spumuloso-inspersum, usque 200 μ altum, J e praecedente coerulescentia mox intense rufum; hypothecium decolor, mollescens; paraphyses capillari-filiformes, strictulae, conglutinatae, sed bene limitatae, simplices vel increbre ramosae, eseptatae, ad apicem vix latiores; asci ellipsoideo-clavati, superne rotundati et membrana incrassata cincti, 4—6 spori; sporae in ascis distichae, decolores, simplices, late ellipsoideae vel subovales, utrinque rotundatae, rectae, membrana tenui circumdatae, contentu aequaliter oleoso, halone non cinctae, 14—22 μ longae et 9—12 μ latae. Pycnoconidia non visa.

An trockenen Diabas- und Phyllitfelsen der tp. und Hg. St., 2950 — 4450 m. NW-Y.: An der windgeschützten Seite des höchsten Kammes zwischen Haba und Dugwantsun se von Dschungdien, 23. VI. 1915 (6632). S.: Unter Föhren bei Hosö sw von Muli und w von Yungning, 8. VIII. 1915 (7558). Auf dem Lungdschuschan bei Huili, von Dindjiatsun (1017) bis auf den Gipfel (1010), 26. III. 1914.

A congeneribus sorediis cyphelliformibus et thallo intense colorato distat.

3. ** ***I. yünnana*** A. ZAHLBR.

Thallus epilithicus, crustaceus, uniformis, substratum arcte obducens, tenuis, subtartareus, modice expansus, lateritio-ochraceus, opacus, KHO—, $CaCl_2O_2$ —, madefactus odorus, continuus, granulari-inaequalis, sorediis et isidiis nullis, bene determinatus et hinc inde linea tenui nigricante cinctus; stratum corticale angustum, parum distinctum; gonidia ad *Trentepohliam* pertinentia; hyphae thalli non amyloideae.

Apothecia subimmersa vel adpressa, minuta, ad 0,1 mm lata, rotunda, plus minus dispersa, sat crebra, e plano leviter concava vel urceolata; margo thallinus tenuis et parum conspicuus, integer, in sectione transversali ad ambitum anguste obscure fuscus, intus decolor et gonidia pauca includens; discus umbrino-fuscus, opacus, epruinosus; hymenium superne anguste sordidescens et parum pulverulentum, caeterum decolor et purum, 150—180 μ altum, J luteo-cupreum; hypothecium decolor, angustum; paraphyses filiformes, gelatinose conglutinatae, subindistincte limitatae, simplices, eseptatae, ad apicem vix latiores; asci ellipsoideo-clavati, superne rotundati et membrana modice incrassata cincti, 8 spori; sporae biseriales, decolores, simplices, ovali-ellipsoideae, rectae, membrana tenui, halone non circumdatae, contentu aequaliter oleoso, 20—21 μ longae et 9—11 μ latae. Pycnoconidia non visa.

Y.: Sandsteinfelsen der wtp. St. bei Hsinlung jenseits des Pudu-ho n von Yünnanfu, 25° 34′, 2000 m, 10. III. 1914 (1385).

4. ** ***I. alpina*** A. ZAHLBR.

Thallus epilithicus, crustaceus, uniformis, expansus, maculis confluentibus formatus, crassiusculus, 0,2—0,23 mm altus, ochraceo-albidus, opacus, KHO paulum sordidescens, $CaCl_2O_2$—, tenuiter et minute areolatus, areolis angulosis, ad 0,3 mm latis, planis, laevigatis, sorediis et isidiis non praeditus, margine bene limitatus, sed linea nigra non cinctus, madefactus odorus, strato corticali tenui, umbrino-fuscescente, paraplectenchymatico, cellulis minutis; hyphae medullares parum distinctae, gelatinosae, conglutinatae, verticales, non amyloideae; gonidia ad *Trentepohliam* pertinentia, in seriebus verticalibus disposita, cellulis concatenatis, magnis, late ellipsoideis, usque 28 μ longis, lutescenti-virescentibus, membrana crassa praeditis.

Apothecia dispersa vel approximata, rotunda, parva, 0,2—0,3 mm lata, immersa, umbrino-fusca, opaca, concava, margine thallino distincto non cincta; excipulum distinctum non evolutum; hymenium superne anguste infuscatum, ceterum decolor et purum, usque 150 μ altum, J rufescens; paraphyses capillares, simplices, non septatae, conglutinatae, ad apices haud latiores; asci ellipsoideo-clavati, superne rotundati et membrana bene incrassata cincti, inferne sensim angustati, 8 spori; sporae in ascis biseriales, decolores, simplices, ellipsoideae vel subovales, rectae, membrana tenui cinctae, 14—16 μ longae et ad 6 μ latae. Pycnoconidia non visa.

NW-**Y.**: Auf meist vom Schneewasser berieseltem Quarzit in der Hg. St. des birm. Mons. auf dem Si-la zwischen Mekong und Salwin, 28°, 4200—4400 m, 27. VIII. 1916 (10000).

Microphiale (STZBGR.) A. ZAHLBR.

A. Sporae minores, 4—6,5 × 2—3 μ — *1. brachyspora.*
B. Sporae majores.
  a) Sporae 8—10 × 3—4 μ — *2. epiphylla.*
  b) Sporae 9—13 × 4—5 μ — *3. lutea.*

1. * ***M. brachyspora*** (MÜLL. Arg.) A. ZAHLBR. (Cat. Lich. II, 693). **Tonkin:** Auf lebenden Blättern von *Caryota mitis* im Tälchen Ngoikoden bei Phomoi nächst Laogai an der Grenze von Yünnan, tr. St., 150 m (18).

2. * ***M. epiphylla*** (MÜLL. Arg.) A. ZAHLBR. (Cat. Lich., II, 696). S-**Y.**: Auf immergrünen Blättern im tr. Regenwalde unter Yaotou zwischen Möngdse und Manhao, 650 m (5948).

3. * ***M. lutea*** (DICKS.) A. ZAHLBR. (Cat. Lich., II, 697). **F.**: Gu-schan bei Fudschou, an Rinden, 500—600 m (CHUNG 406).

— — * f. ***foliicola*** A. ZAHLBR. (Cat. Lich., l. c.) **Tonkin:** Auf lebenden Wedeln von *Nephrodium sagenioides* in der tr. St. im Tälchen Ngoikoden bei Phomoi, 150 m (11).

Gyalecta A. ZAHLBR.

** *G.* (sect. *Secoliga*) ***alutacea*** A. ZAHLBR.

Thallus pro maxima parte endolithicus, extus macula late expansa, fulvescenti-glaucescente, opaca, KHO—, $CaCl_2O_2$ — indicatus, continuus, parum inaequalis, sorediis et isidiis nullis, in margine linea obscuriore non cinctus; gonidia ad *Trentepohliam* pertinentia.

Apothecia habitu biatorina, crebra, plus minus approximata, sessilia, minuta, 0,4—0,6 mm lata, rotunda, e concaviusculo demum leviter convexa, hymenio elapso albida; discus alutaceo-lutescens, opacus, epruinosus; margo thallinus discum primum superans, demum modice depressus, integer, tenuis, siccus cum disco fere concolor, madefactus aquoso-nigrescens; excipulum dimidiatum, subchondroideum, decolor et pellucidum, in margine tantum anguste obscuratum, ex hyphis intricatis formatum, gonidia pauca includens; hypothecium lutescens, molle; hymenium superne anguste obscuratum, non pulverulentum, caeterum decolor, purum, 30—40 μ altum, J coerulescens; paraphyses filiformes, strictae, simplices, eseptatae, ad apicem haud latiores, modice conglutinatae; asci oblongo-clavati, superne rotundati, 8 spori; sporae in ascis 2—3 seriales, decolores, parvulae, anguste fusiformes, rectae, 4—6 loculares, septis tenuibus, ad septa non constrictae, membrana tenui cinctae, halone non praeditae, 5—6 μ longae et ad 1 μ latae.

NW-Y.: Auf kristallinischem Kalk in der str. St. des birm. Mons. bei der Seilbrücke ober Wuli am Lu-djiang (Salwin) oberhalb Tschamutong, 1725 m, 14. VIII. 1916 (9783).

Ectolechiaceae.

Sporopodium MONT.

A. Thalli superficies trichomatibus instructa; apothecia fusco-livida vel umbrina *2. Handelii.*

B. Thallus in superficie nudus; apothecia primum lacteo-pruinosa, demum plus minus nigricantia *1. albonigrum.*

1. ** ***Sp. albonigrum*** A. ZAHLBR.

Thallus epiphyllus, uniformis, submembranaceus, maculas minores, irregulares vel subrotundas, usque 10 mm latas formans, substratum arcte obducens, tenuissimus, griseus vel griseo-albicans, fere opacus, KHO—, $CaCl_2O_2$—, continuus, trichomatibus non obsitus, sorediis et isidiis nullis, in margina linea obscuriore non cinctus, fere homoeomericus, gonidiis cystococcoideis, cellulis laete viridibus, globosis, 9—12 μ latis.

Apothecia vulgo dispersa, sessilia, minuta, ad 0,2 mm lata, primum lacteo-pruinosa, demum plus minus nudata et nigricantia, rotunda, ad basin non constricta, e concaviusculo subplana, in margine tenuiter et integre elevata; excipulum distinctum non evolutum; hymenium superne strato gonidiali non obductum, pallide umbrinum, caeterum decolor, purum, J cupreo-lutescens, 120 usque

140 μ altum; hypothecium angustum, decolor, strato gonidiali non superpositum; paraphyses filiformes, ramosae, eseptatae, ad apicem non latiores, sat densae; asci oblongo-clavati, superne rotundati, in parte superiore membrana bene incrassata cincti, mono-, rarius bispori; sporae decolores, oblongae, utrinque bene rotundatae, in medio passim leviter emarginatae, subrectae vel curvulae, murales, septis horizontalibus 10—15, verticalibus 1—2, cellulis subcubicis, leptodermaticis, halone non cinctae, 60—80 μ longae et 14—20 μ latae.

S-**Y.**: Auf lebenden Blättern im tr. Savannenwalde flußaufwärts gegenüber Manhao, 200 m (1. III. 1925) (5886).

Habitu *Lopadio melaleuco* MÜLL. Arg. sat simile, sed excipulo non evoluto ab eo longe distat.

2. ** ***Sp. Handelii*** A. ZAHLBR.

Thallus epiphyllus, crustaceus, uniformis, substratum arcte obducens, maculas minores, rotundato-irregulares, bene determinatas vel in ambitu dispersas formans, glaucescens, opacus, KHO—, $CaCl_2O_2$—, laevigatus et verruculis albidis, minutis sat dense vel increbre obsitus, sorediis et isidiis nullis, superne trichomatibus simplicibus, albidis, gracilibus, acutis, usque 1 mm longis et et basin ad 20 μ crassis, ex hyphis tenuibus, longitudinalibus, dense conglutinatis formatis obsitus, in margine linea obscuriore non cinctus, fere homoeomericus, gonidiis cystococcoideis, crebris, glomeratis, globosis, 12—15 μ latis.

Apothecia adpressa, angusta, submembranacea, rotunda, usque 0,5 mm lata, primum pallida, evoluta subtestaceo- vel cinnamomeo-fusca, immarginata, plana vel planiuscula, opaca, epruinosa, in juventute velo non supertecta; excipulum distinctum non evolutum; hymenium superne strato gonidiali non obductum, fuscum vel fuscescens, non pulverulentum, caeterum purum et decolor, ad 90 μ altum, J vix lutescens; paraphyses capillari-filiformes, strictulae, conglutinatae, ramosae, eseptatae, ad apicem non latiores; asci ovali-clavati, superne rotundati et membrana bene incrassata cincti, 8spori; sporae bi- — tristichae vel uniseriales et sporae dein plus minus horizontales, decolores, late ellipsoideae vel subovales, utrinque late rotundatae, rectae, murales, septis horizontalibus 6—8, verticalibus 2—3, cellulis subcubicis, leptodermaticis, halone non cinctae, J luteocuprescentes, 22—36 μ longae et 13—16 μ latae. Infra hymenium stratum gonidiale deest.

NW-**Y.**: Auf lebenden immergrünen Blättern in den str. und wtp. Regenwäldern des birm. Mons., 1725—2600 m. Auf *Symplocos* bei Bahan (Pehalo) am Lu-djiang (Salwin), 27° 58′, 20. VI. 1916 (8999). Auf *Bucklandia populnea* (9389) und *Schefflera khasiana* (9390) in der Seitenschlucht Naiwanglong des Djiou-djiang (e Irrawadi-Oberlaufes), 27° 53′, 6. VII. 1916.

Species ambae ad sectionem *Gyalectidium* pertinent.

Gonolecania A. ZAHLBR.

** *G. tetrapla* A. ZAHLBR.

Thallus epiphyllus, uniformis, tenuissimus, quasi suffusus, e maculis confluentibus demum sat expansus, olivascenti-glaucescens, opacus. KHO—, $CaCl_2O_2$—, continuus, crebre et minutissime granulosus, sorediis et isidiis nullis, in margine passim sat anguste argenteo-albidus; gonidia cystococcoidea, globosa, laete viridia, membrana tenui, sed distincta cincta, glomerata, 9—11 μ lata; hyphae thalli non amyloideae.

Apothecia dispersa, adpressa, maculiformia, membranacea, rotunda, minuta, 0,2—0,3 mm lata, umbrino-fusca, opaca, epruinosa, madefacta turgescentia, immarginata; excipulum distinctum non evolutum; hymenium superne fulvescens, non inspersum, caeterum decolor et purum, 50—60 μ altum, J lutescens, strato gonidiali non supertectum; hypothecium flavidum, ex hyphis intricatis formatum, mollescens, strato gonidiali non superpositum; paraphyses increbrae, filiformes, strictulae, gelatinose conglutinatae et parum distincte limitatae, ad apicem non clavatae; asci ellipsoideo-clavati, superne rotundati et membrana modice incrassata cincti, 8 spori; sporae in ascis 2—3 seriales, decolores, ellipsoideo-oblongae, utrinque rotundatae, rectae, subrectae vel curvulae, 4 loculares, septis tenuibus, ad septa constrictulae, membrana tenui cinctae, halone non instructae, 12—14 μ longae et 5—6 μ latae.

F.: Buongkang, Yungning, auf lederigen Baumblättern in Wäldern bei der Stadt, 700 m (CHUNG 330).

Sporis quadrilocularibus dignota.

Coenogoniaceae.

Coenogonium EHRBG.

* *C. Leprieurii* NYL. (Cat. Lich., II, 738). **F.**: Buongkang, Yenping, auf Rinden, c. 1000 m (CHUNG 114).

Ephebaceae.

Ephebe FR.

* *E. lanata* (L.) WAIN. (Cat. Lich., II, 750). **F.**: Gu-schan bei Fudschou, an Felsen (CHUNG 861).

Pyrenopsidaceae.

Psorotichia MASS.

** ***P. sinensis*** A. ZAHLBR.

Thallus crustaceus, uniformis, pertenuis, substratum arcte obducens, expansus, madefactus non gelatinosus, nigrescens, opacus, KHO—, $CaCl_2O_2$—, continuus, sorediis et isidiis nullis, homoeomericus, hyphis ramosis, non septatis; gonidia xanthocapsoidea, membrana gelatinosa luteo-fuscescente.

Apothecia lecideina, sessilia, rotunda, ad basin leviter constricta, parva, 0,4—0,6 mm lata, primum impressa, margine tenui, integro, prominulo cincta, demum deplanata; discus primum alutaceo-fuscus, mox nigrescens; excipulum dimidiatum, nigrescens, ex hyphis radiantibus et conglutinatis formatum, extus strato amorpho crassiusculo, diaphano, decolore obductum (hyphae excipuli membrana decolore et contentu nigricante instructae sunt); hymenium superne violaceo-nigricans vel nigricans, NO_5—, non inspersum, caeterum sordide fuscescens; purum, 90—100 μ altum, J rufescens, ascis sordide coeruleis; hypothecium fuscescenti-ochraceum, molliusculum; paraphyses filiformes, strictae, ad 3 μ

crassae, facile liberae, simplices, eseptatae, versus apicem sensim et modice dilatatae; asci ellipsoideo-clavati, recti, superne rotundati et membrana bene incrassata cincti, 8 spori; sporae biseriales, decolores, simplices, late ellipsoideae, utrinque rotundatae, rectae, membrana tenui cinctae, sine halone, 11—12 μ longae et 6—8 μ latae.

S.: An eisenschüssigen Sandsteinfelsen in der tp. St. um den Paß Dsiliba im Daliang-schan e von Ningyüen (Lingyüen), ± 3000 m, 26. IV. 1914 (1772).

Thyrea MASS.

* ***Th. pulvinata*** (SCHAER.) MASS. (Cat. Lich., II, 809). **Y.**: Quarzfelsen der wtp. St. bei Schilungba nächst Yünnanfu, 2100 m (163).

Lichinaceae.

** *Leptopterygium* A. ZAHLBR.

Thallus radiatim crescens, rosulas minores formans, in centro continuus, in ambitu breviter radians, non gelatinosus, utrinque corticatus, caeterum homoeomericus, e gonidiis scytonemeis et ex hyphis intricatis formatus. Apothecia lecanorina, sessilia; excipulum distinctum non evolutum; paraphyses filiformes, simplices; asci polyspori; sporae simplices, decolores, plus minus globosae, membrana tenui cinctae.

Differt a *Pterygio* apotheciis lecanorinis et sporis simplicibus, a *Steinera* thallo non paraplectenchymatico et sporis simplicibus.

** ***L. gracilentum*** A. ZAHLBR.

Thallus usque 1,8 mm crassus, siccus chondroideus, madefactus vix gelatinosus, rosulas minores, usque 1 cm latas, vulgo dispersas, rarius confluentes formans, substrato bene adhaerens, olivaceus, nitidus, KHO—, $CaCl_2O_2$—, in centro verruculosus vel verruculoso-inaequalis, in ambitu in ramos radiantes, breves, teretiusculos et cornutos excrescens, subtus rhizinis non instructus; stratum corticale utrinque paraplectenchymaticum, cortice superiore superne anguste rufescente et strato tenui amorpho et decolore supertecto, inferiore decolore; pars interna thalli, ejus partem maximam occupans, heteromerica, e gonidiis scytonemeis, dilute aeruginosis, cellulis globosis vel cubico-globosis, 9—10 μ latis, concatenato-glomeratis, et ex hyphis intricatis formata.

Apothecia crebra, superficialia, thallum superne fere omnino obtegentia, minuta, 0,2—0,3 mm lata, lecanorina, cum thallo concoloria vel paulum in rufescens vergentia; discus urceolatus vel concavus, opacus, epruinosus; margo thallinus integer, persistenter prominulus, tenuis; excipulum distinctum non evolutum; hymenium superne rufum, non pulverulentum, caeterum decolor et purum, 90—92 μ altum, J dilute lutescens; hypothecium angustum, decolor; paraphyses filiformes, ad 3 μ crassae, gelatinose conglutinatae, simplices, eseptatae, ad apicem clavatae; asci ovali-saccati, superne rotundati, undique membrana tenui cincti, polyspori (sporae 30—40); sporae in ascis 3—4-seriales, decolores, simplices, globosae vel subglobosae, late ovales et dein utrinque rotundatae, membrana tenui cinctae, contentu aequaliter oleoso, 8—9 μ latae.

S.: Kalkfelsen im Bächlein beim Lagerplatze Guyi in der ktp. St. des Passes Tschescha zwischen Muli und dem yünnanesischen Flecken Yungning, 3950 m, 24. VII. 1915 (7206).

Pycnoconidia non visa. Habitu *Placynthium subradiatum* (NYL.) ARN. simulat.

Collemaceae.

Physma MASS.

** ***Ph. pergranulatum*** A. ZAHLBR. ad inter.

Thallus pulvinos compactos, rigidos, usque 6 cm latos, rotundatos vel rotundato-irregulares, convexos formans, ad ambitum breviter laciniosus, laciniis substrato plus minus adpressis, 4—5 mm longis, rotundatis vel oblongatis, in margine assurgentibus et incisis, concavis, luride olivaceis, opacis, in margine passim albis et granulosis, in superficie nudis vel granulis albis increbis obsitis, subtus dense et breviter rhizinosis, aeruginoso-nigricantibus, rugulosis; superne maxima pars thalli granulis densissimis, albidis vel cinerascenti-albidis instructa, granulis 0,2—0,3 mm latis, et squamae thalli dein parum vel non conspicuae; stratum corticale obscuratum, pulvere denso obtectum, caeterum homoeomericum, bene gelatinosum, ex hyphis sat increbris, latis, ramosis et e gonidiis nostocaceis, catenas filiformes, elongatas, plus minus undulatas formantibus et e cellulis dilute aeruginosis compositum. Apothecia ignota.

Ki.-F. Grenze: Auf den Gipfeln des Dunghwa-schan zwischen Schitscheng und Ninghwa, c. 1400 m, Mitte V. 1921 (Plt. sin. 344).

Die nur sterilen Stücke gestatten es nicht, auszusprechen, ob es sich um eine eigene, gute Art oder vielleicht nur um eine Wachstumform des *Ph. pulverulentum* HUE handelt. Das Lager der angeführten Art besitzt nämlich auch eine mit körnigen Wärzchen bedeckte Lageroberfläche, indes sind diese leistenförmig oder runzelig angeordnet, während bei unserer Art mit Ausnahme des strahligen Randes die ganze Oberfläche gleichmäßig und dicht mit den weißlichen Wärzchen bedeckt erscheint. Erst die Kenntnis der Apothezien und der Sporen wird eine Bewertung zulassen.

Collema WIGG.

A. Sporae transverse tantum septatae (sect. *Synechoblastus* et *Collemodiopsis*).
- a) Thallus superne isidioso-granulosus — *1. rupestre.*
- b) Thallus superne non isidiosus.
  - I. Thallus monophyllus vel submonophyllus; margo apotheciorum non corticatus — *2. nigrescens.*
  - II. Thallus iteratim lobatus vel laciniatus.
    - 1. Thallus foliaceus — *3. sublaeve.*
    - 2. Thallus ramulosus — *4. substipitatum.*

B. Sporae murales, et transversim et verticaliter septatae (sect. *Blennothallia*).
- a) Thallus membranaceus, substrato adpressus — *7. glaucescens.*
- b) Thallus non adpressus, foliaceus et lobatus.
  - I. Sporae bene murales, 18—25 × 9—11 μ — *6. furvum.*
  - II. Sporae primum septo horizontali 1, demum 2 et septo verticali unico, 12—13 × 10—12 μ — *5. coccophyllizum.*

1. C. rupestre (Sw.) Rabh. (Cat. Lich., III, 57). (*Synechoblastus flaccidus* Körb. var. *rupestris* Jatta, I, 430). Schenhsi: Tsinling-schan, mehrfach (Giraldi).

2. * ***C. nigrescens*** (Hds.) DC. (Cat. Lich., III, 51). An Baumzweigen in der wtp. und tp. St. **Y.**: Auf *Rhododendron decorum* zwischen Haba und Sabe se von Dschungdien, 2400—3000 m (4403). **S.**: Unter dem Passe Döko bei Muli, auf *Lonicera*, 3700 m (7432). Unter Djiuba-se zwischen Yalung und Nganning-ho, 27° 43′, 2100 m (2016). SW-**H.**: An *Rhus verniciflua* auf dem Yün-schan bei Wukang, 1200 m (12167). **F.**: Gu-schan bei Fudschou, 500—600 m (Chung 370).

3. C. sublaeve (Jatta) A. Zahlbr. (Cat. Lich., IV, 47). (*Synechoblastus sublaevis* Jatta, I, 481). Schenhsi: Tsinling-schan, auf Erde bei Puwoli und Schidjintsun (Giraldi).

4. ** ***C.*** (sect. *Synechoblastus*) ***substipitatum*** A. Zahlbr.

Thallus dense ramulosus, substratum obducens et pulvinos elongatos irregularesve formans, siccus fere coriaceus, madefactus gelatinosus, olivaceo-luridescens, iteratim divisus, lobis marginalibus rotundatis vel oblongatis, irregulariter rugosis, lobis centralibus minoribus, plus minus convolutis, sorediis et isidiis nullis, homoeomericus, cortice non obductus; gelatina thallina J non reagens. Apothecia crebra, vulgo in margine loborum inserta, primum sessilia, dein substipitata, stipite plano, usque 1,5 mm alto, ad basin bene constricto, 1,5—2 mm lato; discus rufescenti-fuscus vel obscuratus, opacus, epruinosus, planiusculus; margo cum thallo concolor, tenuis, subinteger, prominulus, persistens; receptaculum extus laevigatum, non corticatum; hymenium superne rufofuscum, NO_5 passim violascens, non pulverulentum, strato amorpho tenui et decolore supertectum, caeterum decolor et purum, 170—180 μ altum, J intense violaceo-coeruleum, demum obscuratum; hypothecium lutescenti-fuscescens, molliusculum, ex hyphis intricatis formatum; excipulum infra hypothecium evolutum, paraplectenchymaticum, cellulis parvis, 9—10 μ latis, angulosis, leptodermaticis, inferne in hyphas perpendiculares abiens; paraphyses strictae, filiformes, gelatinose conglutinatae, simplices, eseptatae, ad apicem clavatae; asci hymenio breviores, oblongo-clavati, superne rotundati et membrana bene incrassata cincti, 8 spori; sporae bi- — triseriales, decolores, fusiformes, in altero apice rotundatae, in altero caudato-elongatae, rectae vel rectiusculae, 8—10 loculares, septis tenuibus, ad septa non constrictae, membrana tenui cinctae, 50—64 μ longae et 3—5 μ latae.

NW-**Y.**: Bei Lidjiang („Likiang") an lebenden Zweigen von *Cotoneaster* in der tp. St. bei Ngulukö, 2950 m, 29. IX. 1916 (10065) und an *Lonicera* in der ktp. St. am Osthange des Gipfels Ünlüpe, 3600 m, 14. X. 1916 (12986).

5. C. coccophyllizum A. Zahlbr. (Cat. Lich., III, 71). (*C. coccophylloides* Nyl. Hue. III, 217, non Hepp). W-**Y.**: An Zweigen in Obstgärten bei Mosoying (Delavay).

6. C. furvum (Ach.) DC. (Cat. Lich., III, 78). Schenhsi: Tsinling-schan, auf Erde zwischen Moosen auf dem Lungschanho (Giraldi nach Jatta I, 480).

7. C. glaucescens Hoffm. (Cat. Lich., III, 82). (*C. limosum* Ach. Cromb. I, 62). Kiangsu: Schanghai, auf Erde (Maingay).

Leptogium S. Gray.

A. Thallus subtus nudus.
- a) Thallus tantum circa apothecia rudimentarie corticatus, caeterum ecorticatus *1. plicatile.*
- b) Thallus superne et inferne cortice paraplectenchymatico obductus.
  - I. Thallus J coeruleus *2. palmatum.*
  - II. Thallus J non reagens.
    - × Thallus laevigatus, major.
      - 1. Thallus superne nudus.
        - α) Stratum medullare bene mucosum *5. tremelloides.*
        - β) Stratum medullare parum vel vix mucosum *4. moluccanum.*
      - 2. Thallus superne isidiosus *6. caesium.*
    - ×× Thallus minor, superne reticulato-rugosus *3. lichenoides.*

B. Thallus inferne dense rhizinoso-tomentosus.
- a) Apothecia in margine nuda, pilis destituta.
  - I. Apothecia sessilia *8. Menziesii.*
  - II. Apothecia bullato-pedicellata *7. Delavayi.*
- b) Margo apotheciorum pilis instructus *9. trichophorum.*

1. L. plicatile (Ach.) Leight. (Cat. Lich., III, 119). (*Collema p.* Ach. Baroni I, 49). Schenhsi: Tsinling-schan, Kalkerde am Lungschan-ho (Giraldi).

2. L. palmatum (Huds.) Mont. (Cat. Lich., III, 147). (*Collema p.* Ach. Jatta I, 430). Schenhsi: Zwischen Moosen auf dem Laoyi-schan (Giraldi).

3. L. lichenoides (L.) A. Zahlbr. f. *fimbriatum* (Ach.) A. Zahlbr. (Cat. Lich., III, 140). (*L. lacerum* var. *fimbriatum* Rabh. Jatta I, 481). Schenhsi: Mehrfach (Giraldi).

— — var. *lophaeum* (Ach.) A. Zahlbr. (Cat. Lich., III, 140). (*L. lacerum* var. *lophaeum* Körb. Jatta, I, 481). Schenhsi: Auf Moosen bei Hansungfu (Giraldi).

4. * *L. moluccanum* (Pers.) Wain. (Cat. Lich., III, 145). **F.**: Buongkang, Yenping, über Moosen auf Bergen, c. 800 m (Chung 620).

5. * ***L. tremelloides*** (L. f.) S. Gray. (Cat. Lich., III, 155). **H.**: Auf Moosen an schattigen Felsen der Waldschlucht in der str. St. hinter der Schule am Yolu-schan bei Tschangscha, 100 m (11492).

— — **f. azureum** (Sw.) Nyl. (Cat. Lich., III, 158). SW-**H.**: An lebender Rinde von *Rhus verniciflua* in der wtp. St. des Yün-schan bei Wukang, 1200 m (12170).

6. * ***L. caesium*** Wain. (Cat. Lich., III, 129). **S.**: An Stämmen in Wäldern der wtp. St. bei Kwapi n von Yenyüen, 27° 53′, 2750 m (2771). **F.**: Buongkang, Yenping, auf Moosen, 700—800 m (Chung 79, steril). Gu-schan bei Fudschou, 500—600 m, an Rinden (Chung 579).

7. ***L. Delavayi*** Hue. (Cat. Lich., III, 176). An Felsen, Baumstämmen und Zweigen, oft auf Moosen, in der tp. und besonders bezeichnend in der ktp. St., selten in die wtp. herab, 2400—3625 m. **Y.**: An *Rhododendron spinuliferum* bei Sanyingpan n von Yünnanfu, 26° (644). Maogungtschang und Sungping ober Dapingdse (Delavay nach Hue II, 158). Im NW auf *Lonicera* am Osthange des Gipfels Unlüpe im Yülung-schan bei Lidjiang (13088) und im birm. Mons. im Tale von Londjre am Mekong zum Schöndsu-la, 28° 6′ (8192). **S.**: Auf dem Sandao-schan zwischen Yenyüen und dem Yalung, 27° 31′ (2198), auf dem Liuku-liangdse auf Weiden (2390) und dem Passe Linbinkou auf *Prunus* (2950) n von Yenyüen, und unter Ngaitschekou jenseits des Yalung dort, 28° 10′ (2685).

8. ***L. Menziesii*** MONT. (Cat. Lich., III, 177). Auf Steinen, Stämmen und Zweigen von der wtp. bis zur Hg. St., 2600—3900 m. **Y.**: Loping-schan ober Langtjiung. Heischanmen. Dalungtang bei Dapingdse (alle DELAVAY nach HUE II, 158 und III, 229). Von Yungbei bis Boloti (3333). Im NW ober der Wiese Ndwolo im Yülung-schan bei Lidjiang (4305). Schenhsi: Viele Fundorte (GIRALDI nach JATTA I, 481).

— — **f. *fuliginosum*** MÜLL. Arg. (Cat. Lich., III, 178). **Y.**: Wälder des Yendsehai bei Langtjiung (DELAVAY nach HUE II, 158; III, 230). Am Flüßchen unter Weihsi, auf Steinen (GEBAUER). NE-S. (FARGES nach HUE III, 230). Hubei (HENRY 6441, 7633 nach MÜLLER I, 235). Schenhsi: Mehrfach (GIRALDI nach JATTA I, 431). **F.**: Gu-schan bei Fudschou (CHUNG 194 ster.).

— — var. *corolloideum* JATTA (Cat. Lich. III, 170). Schenhsi: Auf Moosen auf dem Duidjio-schan (GIRALDI nach JATTA I, 481).

9. ***L. trichophorum*** MÜLL. ARG. (Cat. Lich. III, 182). Auf Erde, Felsen und Stämmen der tp. St., 2800—3100 m. **Y.**: Schluchten des Loping-schan ober Langtjiung und am Fuße des Dsang-schan bei Dali (DELAVAY nach HUE III, 230). Ober Duinaoko e von Lidjiang (3466). Im NW im birm. Mons. im Tale von Londjre am Mekong zum Schöndsu-la in der Salwin-Scheidekette, 28° 6′ (8233). — Auch in Japan: Myosima (FAURIE 6042).

— — **f. *fuliginosum*** MÜLL. Arg. (Cat. Lich. III, 182). SW-**H.**: Auf *Rhus verniciflua* in der wtp. St. des Yün-schan bei Wukang, 1200 m (12174).

JATTA I, 481, führt auch für die Provinz Schenhsi: Hwangtou-schan, Duidjio-schan, Laoyi-schan und Gwanyin-schan (GIRALDI) *L. myochroum* (EHRB.) NYL. an. Diese Angabe dürfte sich aber eher auf *L. Menziesii* oder *L. Delavayi* beziehen. Das echte *L. myochroum* sah ich bisher aus China nicht, und auch HUE fand es in der reichen Ausbeute DELAVAYS nicht.

***L.* sp.** (steril). **S.**: Auf Sandsteinerde trockener Gräben in der str. St. bei Ningyüen im Djientschang („Kientschang"), 1650 m (1912).

Dendriscocaulon NYL.

* ***D. bolacinum*** NYL. (Cat. Lich. III, 183). **Y.**: An Stämmen, besonders von *Cotoneaster*, in der wtp. St. bei Sanyingpan n von Yünnanfu, 26°, 2400 m (634).

Heppiaceae.

Heppia NAEG.

** ***H.*** (sect. *Heterina*) ***applanata*** A. ZAHLBR.

Thallus minute fruticulosus, 5—8 mm altus, fruticulis gregatim crescentibus, substratum late et dense obtegentibus, crustam imitantibus, tenuibus, 0,2—0,5 mm crassis, suberectis, olivaceo-nigricantibus, ad basin parum pallidioribus, opacis, e basi irregulariter ramosis, ramis oblongo-linearibus aut plus minus cuneatis et in apice hinc inde peltato-dilatatis, vulgo integris, concavis vel fere canaliculatis, tortuosis vel subrectis, sorediis et isidiis nullis, rhizinis destitutus, gompho distincto deficiente, utrinque corticatus, cortice ad ambitum olivaceo-fuscescente, intus decolore, in stratum gonidiale abeunte, paraplectenchymatico, e seriebus cellularum plurium formato, cellulis plus minus oblongis, membrana mediocri cinctis; gonidia in strato paraplectenchymatico inclusa, coerulescenti-viridia, rotundata vel late ellipsoidea, ut videtur concatenata, 6—9 μ longa: stratum medullare decolor, ex hyphis longitudinalibus et intricatis, non inspersis formatum, J —. Apothecia ignota.

Conceptacula pycnoconidiorum immersa et vertice tantum paulum prominula, globosa, perifulcrio decolore; fulcra exobasidialia; pycnoconidia oblonga, 3—3,5 μ longa.

Kw.: Grauwackefelsen, die monatelang überschwemmt sind, in der str. St. am Du-djiang unterhalb Sandjio, 350—400 m, zusammen mit einer weißen Krustenflechte, die leider nicht losgeschlagen werden konnte. 16. VII. 1917 (10804).

„*Heterina tortuosa*" wird sowohl von Ehrenberg[1] als auch von Reinke[2] abgebildet. Was diese Abbildungen betrifft, so ist es auffallend, wie verschieden der Habitus ein und derselben Flechte dargestellt wird, indes dürfte die Abbildung Reinkes, dessen Bilder sich alle durch große Naturtreuheit und künstlerische Darstellung auszeichnen, die entsprechendere sein. Die chinesische Flechte weicht von dem Bilde Reinkes und der Beschreibung Wainios durch die abgeflachten, nie drehrunden Lagerabschnitte und anatomisch durch die verhältnismäßig schmale und dichte Markschicht ab. Bei der Veränderlichkeit des Lagers bei Flechten, welche eine Zwergstrauchform zeigen, ist es fraglich, ob diese Merkmale zu einer artlichen Trennung ausreichen, doch läßt sich die Frage beim Mangel an Apothezien nicht endgültig entscheiden. Pflanzengeographische Erwägungen sprechen indes eher für die Artberechtigung.

Pannariaceae.

Parmeliella Müll. Arg.

P. lepidiota (Somrft.) Wain. (Cat. Lich. III, 210). (*Pannaria l.* Th. Fr. Jatta I, 474). Schenhsi: Auf Moosen auf dem Djitou-schan (Giraldi).

Pannaria Del.

A. Thallus sorediis albis parvisque obsitus *2. leucosticta.*
B. Thallus sorediis nullis.
 a) Planta saxicola; thallus ex areolis fere squamaeformibus formatus *1. adpressa.*
 b) Planta ad cortices vel supra muscos vigens thallo laciniato-inciso *3. rubiginosa.*

1. ** ***P. adpressa*** A. Zahlbr.

Thallus epilithicus, uniformis, sat late expansus, tenuis, 0,1—0,2 mm crassus, mollescens, cervinus vel cervino-sordidescens, KHO—, $CaCl_2O_2$—, opacus, ex

[1] In Nees ab Esenb., Horae Phys. Berolin. 43, Tab. V, Fig. 2 (1820).
[2] In Jahrbüch. für wiss. Botan., XXVIII, 433, Fig. 147—148.

areolis squamiformibus, continuis et tantum in ambitu thalli plus minus dispersis, fissuris tenuibus separatis, usque 1,8 mm latis, submembranaceis, adpressis, rotundatis vel irregularibus, in margine minute undulatis vel subcrenatis, planis vel planatis, in superficie subruguloso- vel subfoveolato-inaequalibus, hypothallo lato, aeruginoso-nigricante, opaco insidentibus formatus, sorediis et isidiis nullis, corticatus, cortice ad ambitum anguste et sordide fuscescente, intus decolore, paraplectenchymatico, cellulis angulosis, sat pachydermaticis, superne pulverulento, ad 60 μ crasso; gonidia nostochinea, pallide aeruginosa, cellulis rotundatis, usque 6 μ latis; medulla alba, ex hyphis intricatis formata, J—.

Apothecia sessilia, lecanorina, rotunda, ad basin leviter constricta, rufo-fusca; excipulum in sectione ad ambitum anguste obscuratum, caeterum fere decolor, dimidiatum, strato corticali crassiusculo, ad 60 μ crasso, ex hyphis radiantibus, conglutinatis, distincte non septatis, sat pachydermaticis formato cinctum, medullam et gonidia includens; hymenium superne anguste et bene limitate rufofuscum, tenuiter pulverulentum, KHO pallescens, caeterum decolor et purum, 90—105 μ altum, J intense coeruleum; hypothecium sublentiforme, sordide fuscum, molle, ex hyphis intricatis crassiusculis formatum, KHO lutescens, hymenio latius; paraphyses filiformes, strictae, densae, conglutinatae, simplices, eseptatae, ad apicem clavatae et obscuratae; asci hymenio subaequilongi, ellipsoideo-clavati, superne rotundati et membrana bene incrassata cincti, 8 spori; sporae 2—3 seriales, decolores, simplices, ellipsoideo-subfusiformes, utrinque plus minus acutatae, rectae, membrana tenui et laevi cinctae, 12—14 μ longae et 6—7 μ latae.

NW-Y.: Sandsteine in der ktp. St. unter der Hütte Maoniubi auf dem Gebirge Waha bei Yungning, 3800—4030 m, 21. VII. 1915 (7150).

2. * ***P. leucosticta*** Tuck. (Cat. Lich. III, 244). NW-Y.: An lebenden *Rhododendron*-Stämmen in der ktp. St. des Passes Lenago zwischen Mekong und Djinscha-djiang („Yangtse"), 27° 45', 3600—4050 m (8841).

3. * ***P. rubiginosa*** (Thunbg.) Del. (Cat. Lich. III, 256). NW-Y.: An abblätternder Weidenrinde in der tp. St. des birm. Mons. im Tale Saoa-lumba zwischen Mekong und Salwin, 28°, 3450 m (9960).

** ***Huilia*** A. Zahlbr.

Thallus crustaceus, uniformis, tartareus, stratosus, superne strato corticali angusto, ex hyphis intricatis formato obductis; stratum gonidiale sat crassum, ex hyphis plus minus verticalibus et leviter intricatis formatum, gonidiis dactylococcoideis, subverticaliter dispositis; stratum medullare angustum, in parte superiore decolor et inferne late nigricans vel fuligineum; cephalodia adsunt; apothecia lecideina, composita, aggregata, immersa; excipulum crassum, integrum, fuligineum; paraphyses capillares, simplices vel increbre ramosae; asci 8 spori; sporae simplices, decolores, ovales vel ellipsoideae, membrana tenui cinctae.

Die neue Gattung schließt sich an *Psoroma* und *Psoromaria* an, besitzt aber einen anderen anatomischen Bau des Lagers, ferner sind die Apothezien zusammengesetzt.

A. Cephalodia gonidiis scytonemeis *1. insularis.*
B. Cephalodiorum gonidia ad *Gloeocapsam* pertinentia *2. alpina.*

1. ** ***H. insularis*** A. ZAHLBR.

Thallus epilithicus, crustaceus, uniformis, tartareus, crassiusculus, usque 1 mm altus, late expansus, ferruginascenti-ochraceus, demum plus minus caesius, opacus, KHO—, $CaCl_2O_2$—, areolatus, areolis ad ambitum thalli plus minus dispersis, caeterum bene continuis, marginalibus 0,3—1 mm latis, anguloso-rotundatis, convexis, centralibus majusculis, usque 3 mm latis, angulosis, fissuris parum hiantibus separatis, planiusculis, irregulariter rimosis, superne laevigatis, sorediis et isidiis nullis, inferne non rhizinosus; cortex superior sat angustus, 30—33 μ crassus, ad ambitum ochraceo-fuscus, pulverulentus, intus fere decolor, ex hyphis intricatis formatus; stratum gonidiale latiusculum, ex hyphis plus minus verticalibus et leviter intricatis formatum, gonidiis dactylococcoideis, subglobosis vel late ellipsoideis, 15—21 μ longis, dilute virentibus, membrana tenui cinctis; medulla angusta, alba, KHO—, J—, in parte inferiore latiuscule fuliginea, KHO solutionem rubricoso-fuscam effundens. Cephalodia superficialia, pulvinaria, rotunda vel rotundata, demum diffracta, ceresino-cinerea, ad 4 mm lata, radiatim et demum etiam transversim fissa, ex hyphis inspersis, subradiantibus et demum contextis formata, non paraplectenchymatica, gonidiis scytonemeis, cellulis aeruginosis, transversim ellipsoideis, 12—14 μ longis et 6—7 μ latis, concatenatis, catenis plus minus undulatis, vagina sat angusta instructis, in margine cephalodiorum olivaceis.

Apothecia immersa, primum simplicia, obscure ochraceo-fusca vel nigricantia, mox in discos plures (usque 30) divisa et dein nigricantia, conglomerata et plagas insulaeformes formantia; disci minuti, 0,7—0,8 mm lati, rotundi vel oblongati, margine tenui, prominulo, integro, crassiusculo cincti; excipulum commune fuligineum, inferne et ad basin crassius; excipulum proprium sat tenue, fuligineum et integrum vel columelliformiter in discum penetrans et dein fuscum et ex hyphis verticalibus, dense contextis formatum; hymenium superne fusconigricans, pulverulentum, KHO—, NO_5—, caeterum decolor, pellucidum, 190 usque 210 μ altum, J intense violaceo-coeruleum; hypothecium angustum, decolor, ex hyphis intricatis formatum; paraphyses filiformes, densae, strictae, simplices vel increbre ramosae, eseptatae, ad apicem haud latiores, conglutinatae; asci oblongo vel ellipsoideo-clavati, superne rotundati et membrana incrassata cincti, 8spori; sporae in ascis biseriales, decolores, simplices, ellipsoideae vel ovales, rectae, utrinque rotundatae. membrana tenui et laevi cinctae, contentu spumuloso, majusculae, 34—38 μ longae et 16—18 μ latae. Pycnoconidia non visa.

S.: Tonschieferfelsen auf dem Rücken des Tschahungnyotscha ober Ngaitschekou jenseits des Yalung n von Yenyüen, 28° 15′, Hg. St., 4150—4300 m, 27. V. 1914 (2646).

2. ** ***H. alpina*** A. ZAHLBR.

Thallus epilithicus, crustaceus, uniformis, sat late et irregulariter expansus, subtartareus, 1—1,3 mm crassus, ochraceus, opacus, KHO—, $CaCl_2O_2$—, areolatus vel subsquamosus, areolis angulosis, plus minus continuis, fissuris tenuibus separatis, convexiusculis, laevigatis, inferne nigris, sorediis et isidiis nullis, superne et inferne strato corticali obductus, stratum corticale 60—64 μ crassum, ad ambitum rufum et pulverulentum, intus decolor, ex hyphis intricatis formatum, ad latera areolarum et inferne fusconigricans; medulla et gonidia ut in specie praecedente. Cephalodia et inter areolas et in superficie earum sedentia, olivaceofusca, pruina cinerascente plus minus suffusa, e rotundato irregularia, demum subcerebrine fissa, usque 3 mm lata, superne strato corticali 30—34 μ crasso, ex hyphis tenuibus, verticalibus et conglutinatis formato, intus decolore, ad ambitum anguste rufo- et pulverulento-obducta, intus plectenchymatica; gonidia stratum continuum crassiusculum formantia, ad *Gloeocapsam* pertinentia, cellulis subglobosis vel late ovalibus, membrana tenui cinctis, usque 10 μ longis, glomeratis. Apothecia ignota.

S.: Diabasfelsen der tp. St. auf dem Gipfel des Lungdschu-schan bei Huili, 3550—3675 m, 26. III. 1914 (1007).

Die Flechte liegt nur in sterilen Stücken vor, sie stimmt aber im anatomischen Bau des Lagers, im Äußeren und durch das Vorhandensein von Cephalodien gut zur vorhergehenden Art, so daß die Annahme der Gattungszugehörigkeit nicht unberechtigt erscheint.

Psoroma NYL.

** ***P. sinense*** A. ZAHLBR.

Thallus epilithicus, squamosus, modice expansus, subtartareus, tenuis, 0,2—0,3 mm crassus, cervino-rufescens, parum nitidulus, KHO—, $CaCl_2O_2$—; squamae in ambitu thalli plus minus dispersae, caeterum continuae, in margine leviter undulatae vel subintegrae, planiusculae, in superficie paulum inaequales, sorediis et isidiis non instructae, subtus pallidae, rhizinis sat increbris, aeruginoso-coerulescentibus, ex hyphis septatis formatis vestitae; stratum corticale ad ambitum rufum, intus decolor, 60—70 μ crassum, hyphis subverticalibus et septatis paraplectenchymaticum, cellulis minutis, luminibus rotundis; gonidia dactylococcoidea, globosa, pallescenti-viridula, membrana tenui cincta, 12—16 μ lata, stratum infra corticem crassiusculum et continuum formantia; medulla alba, J—.

Apothecia sat crebra, sessilia, lecanorina, dispersa vel approximata, rotunda vel rotundata, usque 1 mm lata, ad basin leviter constricta; discus rufo-fuscus vel rufus, opacus, primum concavus, demum modice convexus, epruinosus; margo thallinus cum thallo concolor vel parum pallidior, integer vel subinteger, discum superans, in sectione extus rufus, intus decolor, ex hyphis intricatis formatus, gonidia copiosa includens; excipulum integrum, decolor, angustum, ex hyphis tenuibus tangentialibus et conglutinatis formatum; hymenium superne latiuscule rufescens, non pulverulentum, in parte inferiore subdecolor vel dilute rufescens, purum, 120—140 μ altum, J coeruleum, in hypothecium decolor, strato gonidiali crasso superpositum sensim abiens et ab eo non bene limitatum; paraphyses filiformes, densae, strictae, plus minus conglutinatae, simplices, eseptatae, ad apicem clavatae; asci oblongo-clavati, superne rotundati et membrana incrassata cincti, 8 spori; sporae in ascis biseriales, decolores, simplices, ellipsoideae vel oblongatae, utrinque rotundatae, rectae, membrana tenui et laevi cinctae, ad 8 μ longae et ad 4 μ latae.

Y.: Kalkbreccie in der wtp. St. bei Schilungba nächst Yünnanfu, 1900 m, 20. II. 1914 (123).

Coccocarpia PERS.

A. Thallus isidiis destitutus — *1. pellita.*
B. Thallus isidiosus — *2. cronia.*

1. ***C. pellita*** (ACH.) MÜLL. Arg. **var. *parmelioides*** (HOOK.) MÜLL. Arg. (Cat. Lich., III, 287). (*C. molybdaea* PERS. HUE in Nouv. Arch. Mus., ser. 4, X, 212 [1908]). **S.**: Diabasfelsen der tp. St. auf dem Lungdschu-schan bei Huili, 3550—3675 m (949). **Y.**: Sungping bei Dapingdse. Rinden in Wäldern (DELAVAY). Yendsehai, auf erdigen Felsen (D).

— — * **var. *smaragdina*** (PERS.) MÜLL. Arg. (Cat. Lich., III, 289). **Ki.-F.**-Grenze: Auf Moosen an Stämmen an feuchtschattigen Stellen des Dunghwa-schan zwischen Schitscheng und Ninghwa, c. 1000 m (Plt. sin. 505).

2. * *C. cronia* (TUCK.) WAIN. var. *isidiophylla* (MÜLL. Arg.) WAIN. (Cat. Lich., III, 283). **F.**: Gu-schan bei Fudschou, an bemoosten Baumstämmen, steril (CHUNG 193) und auf bemoosten Felsen (CHUNG 262).

Stictaceae.

Lobaria SCHREB. p. p., em. ZAHLBR.

A. Thallus gonidiis nostocaceis.
- a) Thallus non isidiosus — *8. retigera.*
- b) Thallus isidiosus — *9. isidiata.*

B. Thallus gonidiis palmellaceis.
- a) Thallus reticulato-foveolatus, foveolis magnis.
  - I. Sporae 4loculares — *6. meridionalis.*
  - II. Sporae 2loculares — *7. pulmonaria.*
- b) Thallus non grosse foveolatus.
  - I. Sporae elongatae, ultra 60 μ longae — *3. dichroa.*
  - II. Sporae longitudine 60 μ nunquam attingentes.
    - 1. Thallus KHO superne flavens.
      - α) Thallus inferne semper tomentosus, tomento nigro continuo — *1. adscripturiens.*
      - β) Thallus inferne pallidus, etomentosus vel tomento fuscescente, laevi, interrupto — *2. adscripta.*
    - 2. Thallus superne KHO non reagens.
      - α) Margo apotheciorum dentatus, dentibus inflexis — *4. dentata.*
      - β) Margo apotheciorum subinteger vel obsolete crenulatus — *5. laetevirens.*

1. L. adscripturiens HUE (Cat. Lich., III, 294). **NW-Y.**: Auf Rinden in den Wäldern des Dung-schan ober Santschang„kiou“ bei Hodjing (DELAVAY nach HUE VI, 27).

2. * ***L. adscripta*** (NYL.) HUE (Cat. Lich., III, 293). **NW-Y.**: Auf morschem Holze in der wtp. St. bei Schatiama zwischen Mekong und Djinscha-djiang, 27° 21′, 2850 m (7896). **SW-H.**: Baumstämme im wtp. Regenwalde des Yün-schan bei Wukang, 1100—1300 m (11219).

3. L. dichroa (NYL.) A. ZAHLBR. (Cat. Lich., III, 299). (*Ricasolia d.* NYL., JATTA I, 468). Schenhsi: Baumstämme auf dem Lungschanho (GIRALDI).

4. ***L. dentata*** HUE. (Cat. Lich., III, 299). **Y.**: Rinden ober Gwanyinschan und auf dem Dung-schan ober Santschangkiu bei Hodjing (DELAVAY nach HUE VI, 36). **SW-H.**: Feuchte Tonschieferfelsen im wtp. Hochwalde des Yün-schan bei Wukang, 1150 m (12217).

5. *L. laetevirens* (LIGHTF.) A. ZAHLBR. (Cat. Lich., III, 302). (*Ricasolia herbacea* DE NOTRS. JATTA I, 468). Schenhsi: Lungschanho, Baumstämme (GIRALDI).

6. ***L. meridionalis*** WAIN. (Cat. Lich., III, 307). **Y.**: An dürren Erdabrissen in der wtp. St. auf dem Tschangtschung-schan bei Yünnanfu, Sandstein, 2000 m (5717). Walderde des Kualapo bei Hodjing, 3000 m (DELAVAY). Bäume um die Schlucht Yendsehai, 3200 m, und auf dem Maörl-schan (DELAVAY). Im NW an Eichenstämmen im Mischwalde am Hange des Yülung-schan, 3000 m (FORREST 22046). Kalkfelsen in den Nadelwäldern des Beima-schan, 3700 m (F. 20808). **S.**: Lebende Baumstämme in der tp. St. des Lungdschu-schan bei Huili, 2600 bis 2450 m (928). Sandsteinerde an einem Tälchenrande auf dem Passe zwischen Tjiaodjio und Lemoka wtp. St., 2250 m (1587).

7. ***L. pulmonaria*** HFFM. (Cat. Lich., III, 309). (*Sticta p.* BIROLI. BARONI I, 48. — *St. pulmonacea* ACH. JATTA I, 468). Schenhsi: Stämme auf den Bergen Fungyihuo, Hwangtou-schan und Taipei-schan, hier auch auf moosiger Erde (GIRALDI). **Y.**: Bäume auf dem Gipfel des Loping-schan ober Langtjiung, 3000 m, und an Felsen und Bäumen auf dem Heischanmen (DELAVAY nach HUE VI, 30). Im NW auf dem Passe Jugo-schan se von Atendse (GREGORY nach PAULS. I, 317).

— — var. ***hypomelaena*** (DEL.) CROMB. (Cat. Lich., III, 315). (*Sticta pulmonacea* var. *hypomela* DEL. JATTA I, 468). An Stämmen und Zweigen verschiedenster Bäume von der wtp. bis zur ktp. St. **Y.**: 2600—3850 m. Laoling-schan bei Sanyingpan n von Yünnanfu (650). Hungguwo bei Hsinyingpan zwischen Yungning und Yungbei (3257). Heischanmen, Yendsehai und Loping-schan bei Langtjiung (DELAVAY nach HUE VI, 31). Zwischen Dali und Yungtschang, Schweli—Salwin-Scheidegebirge, 25° 45′, und Mekong—Salwin-Scheidekette, 26° 10′ (GEBAUER). Im NW am Yülung-schan bei Lidjiang (4250; ROCK 8228). Im Gebirge Piepun se von Dschungdien (4742) und auf dem Passe Lenago zwischen Djinscha-djiang und Mekong, 27° 43′ (GEBAUER). **S.**: Unter der Wiese Dapingdse zwischen Muli und Yungning (7185). Auf den Rücken ober Fumadi am Wolo-ho zwischen Yungning und Yenyüen (3034). SW-**H.**: Yün-schan bei Wukang (Plt. sin. 40). **Ki.-F.**-Grenze: Auf den Gipfeln des Dunghwa-schan zwischen Schitscheng und Ninghwa, c. 1400 m (Plt. sin. 343). Schenhsi: Stämme auf dem Ngo-schan und anderswo (GIRALDI).

8. *L. retigera* (ACH.) TREVIS. (Cat. Lich., III, 321). (*Sticta r.* ACH. JATTA I, 463). **Y.**: Auf Erde am Fuße von Stämmen und an diesen selbst auf dem Passe Kualapo bei Hodjing (DELAVAY 1588, 1593 nach HUE I, 22; VI, 33). Yendsehai, 3200 m (D.). Fichtenwald im Isusu-Tal bei Atendse, 4300 m. Im birm. Mons. bei Bahan am Salwin (beide GREGORY nach PAULS. I, 370). **F.**: Gu-schan bei Fudschou, Rinden (CHUNG 210). Schenhsi: Mehrfach (GIRALDI).

9. *L. isidiosa* (MÜLL. Arg.) WAIN. (Cat. Lich., III, 321). (*Stictina retigera* f. *isidiosa* MÜLL. Arg. — *Lobaria r.* var. *i.* WAIN. HUE VI, 39). **Y.**: Rinden in Wäldern, Fangyangtschang ober Mosoying (DELAVAY fr.). Dsang-schan bei Dali (D.). **S.**: oder Hubei (HENRY 6635, 7928).

Sticta SCHREB.

A. Thallus non stipitatus.

a) Thallus subtus cyphellis veris obsitus; gonidia cystococcoidea.

I. Thalli lobi ad periphaeriam superne breviter tomentosi et saepe subtessellato-pruinosi *1. platyphylloides.*
II. Thalli lobi versus marginem nudi vel tantum in sinubus tomentelli.
1. Apothecia primum subpedicellata, evoluta usque 10 mm lata; cyphellae mox in pseudocyphellas demum amplas, hinc inde subconfluentes imo et irregulares et niveo-pulverulentas abientes *3. Henryana.*
2. Apothecia sessilia, minora; thallus subtus persistenter cyphellis veris instructus *2. Nylanderiana.*
b) Thallus subtus pseudocyphellis flavis instructus.
I. Gonidia nostocacea *5. Mougeotiona.*
II. Gonidia pleurococcoidea *4. aurata.*
B. Thallus stipitatus.
a) Thalli lobi in margine nudi *6. neocaledonica.*
b) Thalli lobi in margine tomento nigricante brevi et praetaea ciliis nigris increbris muniti *7. duplolimbata.*

Sect. *Eusticta* MÜLL. Arg.

1. ***St. platyphylloides*** NYL. (Cat. Lich., III, 360). **Y.**: An trockenen Abhängen auf Sandstein in der wtp. St. bei Sanyingpan n von Yünnanfu, 26^0, 2400 m (621). Eichen am Hwangse-yakou bei Dapingdse (DELAVAY 1607) und anderen Standorten bis 3000 m (D. nach HUE I, 22; VI, 63).

2. ***St. Nylanderiana*** A. ZAHLBR. (Cat. Lich., III, 356). (*St. platyphylla* NYL. HUE I, 22; V, 61. MÜLL. Arg. I, 235. JATTA I, 468; non alior.). An Bäumen und Sträuchern und morschem Holze in Wäldern der tp. und oberen wtp. St., 2600 bis 3500 m. **Y.**: Laoling-schan bei Sanyingpan n von Yünnanfu, 26^0 (664). Ober Hsiangschuiho zwischen Dali und Lidjiang (6530). Kualapo, Yendsehai und Loping-schan ober Hodjing (DELAVAY). Hungguwo bei Hsinyingpan zwischen Yungbei und Yungning (3256). Yülung-schan bei Lidjiang (ROCK 11774), hier um die Wiese Ndwolo (3560). Schweli—Salwin-Kette am 25^0 45′, Mekong—Salwin-Kette um 26^0 10′ und Paß Lenago zwischen Mekong und Djinscha-djiang („Yangtse"), 27^0 43′ (GEBAUER). Im birm. Mons. zwischen Lussu und Hsiolamenkou über dem Salwin, 28^0, hier bei nur 2300 m (9173). **S.**: Kwapi n von Yenyüen (2768). Unter Ngaitschekou n von dort, 28^0 10′ (2682). Im W bei Muping (DAVID). Hubei? (HENRY 6635 A). Schenhsi: Zwischen Moosen auf Erde auf dem Sigudjiu-schan, Djitou-schan und Laoyi-schan (GIRALDI).

— — var. *epicoila* (HUE) A. ZAHLBR. (Cat. Lich., III, 357). (*St. platyphylla* var. *epicoila* HUE VI, 63). **Y.**: Rinde auf dem Yendsehai (DELAVAY).

3. ***St. Henryana*** MÜLL. Arg. (Cat. Lich., III, 349).

Thallus KHO flavens, $CaCl_2O_2$—; medulla alba, KHO—, $CaCl_2O_2$—, KHO + $CaCl_2O_2$—; cortex superior thalli crassus, usque 90 μ altus, paraplectenchymaticus, cellulis inferioribus rotundato-angulosis, usque 12 μ latis, cellulis superioribus 7—10 μ latis, superne inaequalis, lutoso-fuscescens; stratum gonidiale infra corticem situm, angustum, continuum, gonidiis globosis, laćte viridibus, 6—9 μ latis; medulla ex hyphis non inspersis, ad 3 μ crassis formata; cortex inferior cortice superiore angustior, paraplectenchymaticus, ad 30 μ crassus, cellulis rotundatis, sat pachydermaticis, 3—5 μ latis, in ambitu eroso-inaequalis.

Apothecia crebra, superficialia, primum clavato-pyriformia, demum poculiformia, pedicellata, pedicello brevi, 3—4 mm alto, crasso, solido, profunde foveolato (foveolis elongatis), valide obtusateque rugoso; margo crassus, primum bene involutus, fere integer, extus scabrido-tomentellus; discus rufo-fuscus, opacus, epruinosus, primum concavus, demum dilatatus et usque 10 mm latus; receptaculum corticatum, cortice paraplectenchymatico, ad ambitum gibboso-eroso, cellulis subrectangularibus, in seriebus perpendicularibus dispositis, pachydermaticis, medullam amplam et infra corticem stratum gonidiale includens; excipulum angustum, integrum, lutescenti-pallidum; hymenium superne rufescens et pulverulentum, caeterum purum et decolor, ad 120 μ altum, J coeruleum; hypothecium angustum, fuscescens; paraphyses filiformes, strictae, gelaitnose conglutinatae, imprimis in parte suprema hymenii, simplices, eseptatae, ad apicem clavato-capitatae; asci hymenio subaequilongi, superne sat late rotundati et membrana bene incrassata cincti, 8 spori; sporae in ascis triseriales, decolores, fusiformes, subrectae vel curvulae, rarius subsigmoideae, 4—6 loculares, septis tenuissimis, ad septa non constrictae, membrana tenui cinctae, 50—80 μ longae et 5—7 μ latae.

NW-**Y.**: Auf Holz im wtp. Regenwalde des birm. Mons. bei Bahan (Pehalo) am Lu-djiang (Salwin), 27° 58′, 2400—2600 m (9073). Hubei (Hupeh), an alten Stämmen (HENRY 6932).

4. ***St. aurata*** ACH. (Cat. Lich., III, 330). **F.**: An lebenden Bäumen längs Bächen am Fuße des Tienhwa-schan w von Dingdschou („Tingchow“) (Plt. sin. 427). Gu-schan bei Fudschou, Rinden (CHUNG 372, ster.).

Sect. *Stictina* (NYL.) MÜLL. Arg.

5. * ***St. Mougeotiana*** DEL. **var.** ***aurigera*** (DEL.) NYL. (Cat. Lich., III, 396). SW-**H.**: An Rinden in der wtp. St. des Yün-schan bei Wukang, 1200 m (12169).

6. * *St. neocaledonica* (MÜLL. Arg.) HUE. (Cat. Lich., III, 397). NE-Kwangtung: Auf kristallinischen Steinen längs Bächen im Waldschatten im SW des Passes Tsatmukngao bei Lienping, 950 m (MELL 688).

7. * *St. duplolimbata* (HUE) WAIN. (Cat. Lich., III, 380). **F.**: Gu-schan bei Fudschou, an Felsen (CHUNG 195, mit jungen Früchten).

Peltigeraceae.

Solorina ACH.

S. simensis HOCHST. (Cat. Lich., III, 419). (*Solorinina s.* NYL. HUE II, 167; VI, 88). W-**Y.**: Erde auf dem Heischanmen bei Langtjiung, in Wäldern beim Passe Yendsehai, 3200 m, und auf dem Maörl-schan (DELAVAY).

Nephroma ACH.

Sect. *Nephromium* (NYL.) STZBGR.

A. Thalli lobi et margines apotheciorum in ambitu crebre fimbriati; discus rotundatus *1. sinense.*

B. Nec thalli lobi nec margines apotheciorum fimbriati; discus subsemilunatus.

a) Lobi thalli in margine rotundati; sporae minores, 14—18 × 6—7 μ *2. resupinatum* f. *helveticum*.

b) Lobi thalli digitato-laciniati; sporae longiores, 20—24 × 5,5—6 μ *3. tropicum*.

*1.*** *N. sinense* A. ZAHLBR.

Thallus foliaceus, lobatus, subchartaceus, olivaceus vel cervino-olivaceus, subnitidus, KHO—, $CaCl_2O_2$—, lobi thalli sat angusti, imbricati, parum elongati, plus minus pinnatifidi, sinuato-lobulati, concaviusculi vel planiusculi, in margine crebre fimbriati, fimbriis in parte centrali thalli elongatis, 1—2 mm longis, linearibus, planatis, simplicibus vel ramosis, sorediis et isidiis destitutus, inferne aequaliter et breviter tomentellus, fusconigricans et tantum ad ambitum pallidior, plus minus cervinus; structura anatomica ut in *N. resupinato* f. *helvetico*. Apothecia resupinata, ad apices loborum paulum elongatorum et in margine crebre fimbriatorum immersa, incluso margine usque 15 mm lata, rotunda vel rotundata; margo circa discum anguste deplanatus et in margine crebre fimbriatus, dentibus 3,5—4 mm longis, planiusculis, iteratim vel subdendroideo-ramosis; discus ad basin in margine tenuiter canaliculatus, paulum convexus, obscure fuscus, opacus, epruinosus; sporae 8nae, demum fuscescentes, ellipsoideo-oblongae, rectae vel curvulae, utrinque rotundatae vel hinc inde acutatae, triseptatae, septis tenuibus, ad septa non constrictae, membrana tenui cinctae, 18—22 μ longae et 6—7 μ latae.

NW-Y.: Osthang des Yülung-schan bei Lidjiang (ROCK 11751).

Die als neue beschriebene Art weicht von den übrigen Arten der Gattung durch die am Rande befransten Lagerabschnitte ab und nähert sich durch den anatomischen Bau des Lagers sowohl als auch durch die Gestalt und Größe der Sporen dem *N. resupinatum* f. *helveticum* (SCHAER., Lich. exsicc. no. 260!). Von diesem weicht sie ferner durch die größeren Apothezien ab, bei welchen der Lagerrand um die Scheibe zunächst ein schmales, diese umsäumendes Band bildet, welches sich später in kräftige, dichte, verhältnismäßig lange und verzweigte Fransen auflöst. Bei der zum Vergleiche herangezogenen Art fehlt der bandförmige Teil des Lagerrandes, und die Zähnchen desselben sind kurz und erreichen kaum die Länge eines Millimeters. *N. tropicum* MÜLL. Arg. besitzt ein helles und dünnes Lager, abgerundete und kaum in die Länge gezogene Lagerabschnitte, eine helle Lagerunterseite, und es fehlt auch das Marginalband der Apothezien, die kleiner und nicht gerundet sind.

2. N. resupinatum (L.) ACH. f. *helveticum* (ACH.) RABH. (Cat. Lich., III, 439). (*Nephromium helveticum* NYL. HUE I, 22; II, 167. — *N. resupinatum* f. *helveticum* ARN. HUE VI, 105). Y.: An Stämmen in Wäldern, 2000—4000 m, von mehreren Fundorten (DELAVAY).

3. ***N. tropicum*** (MÜLL. Arg.) A. ZAHLBR. (Cat. Lich., III, 442). (*Nephromium tropicum* MÜLL. Arg. I, 236.) Y.: *Rhododendron*-Stämme in der tp. St. ober Hsiangschuiho zwischen Dali und Lidjiang, 26° 15′, 3400 m (6517 fert.). Eichenstämme der wtp. St. von Yungbei gegen Boloti, 2500 -- 3000 m (7400). Im NW bei Lidjiang („Likiang"), von Einheimischen (3602 fert.; ROCK 11766). In der ktp. St. des birm. Mons. an Schieferfelsen in einem Bächlein am Westhange des Si-la zwischen Mekong und Salwin, 28°, 3700 m (10002). Hubei (HENRY 6916).

Peltigera PERS.

A. Thallus gonidiis palmellaceis.
  a) Lobi thalli ampli, superne cephalodiis verrucosis, nigricantibus obsiti.
    I. Thallus subtus sat pallidus — *12. aphthosa.*
    II. Thallus subtus nigro-fuscus, malaceaeformis — *11. Mauritzii.*
  b) Lobi thalli multum minores, cephalodiis destituti — *13. venosa.*
B. Thallus gonidiis nostocaceis.
  a) Apothecia horizontaliter affixa — *10. horizontalis.*
  b) Apothecia verticalia.
    I. Thalli superficies punctis nigris ornata — *2. nigripunctata.*
      1. Thalli pagina inferior venis confluentibus latiusculis, in centro confluentibus et ad ambitum parum distinctis instructa.
        α Thallus nitidus vel nitens.
          O Lobi thalli ad marginem non crispati.
            § Rhizinae paginae inferioris thalli flabelliformes — *9. dolichorrhiza.*
            §§ Rhizinae non flabellatae — *8. polydactyla.*
          OO Lobi thalli in margine crispato-undulati — *7. scutata.*
        β Thallus opacus — *1. malacea.*
      2. Thalli pagina inferior venis angustis, vix confluentibus, vulgo usque ad ambitum bene distinctis instructa.
        α Thallus distincte minor — *6. spuria.*
        β Thallus distincte amplior.
          O Thallus canescens vel cinereus, epruinosus.
            § Thalli pagina superior granulata vel granulato-rugosa — *5. pulverulenta.*
            §§ Thalli pagina superior laevigata et plus minus tomentosa — *3. canina.*
          OO Thallus superne rufescens et plus minus albo-pruinosus — *4. rufescens.*

Sect. *Emprostia* (ACH.) WAIN.

1. P. malacea FUNCK. (Cat. Lich., III, 472). Schenhsi: Mehrere Standorte (GIRALDI nach JATTA I, 467).

2. * *P. nigripunctata* BITT. (Cat. Lich., III, 475) ** f. *hypocephalodiata* GYELN. in Magyar Bot. Lapok 47, 1927. NW-Y.: Im Bezirk von Lidjiang („Likiang") (ROCK 11760).

3. P. canina (L.) WILLD. (Cat. Lich., III, 457). Y.: Felsen in Wäldern des Heischanmen und auf Erde des Loping-schan bei Langtjiung, 3200 m. Fuß des Dsang-schan (alle DELAVAY nach HUE V, 92). Schenhsi: Erde bei Indjiapu und auf dem Hwangtou-schan (GIRALDI nach JATTA I, 467).

— — f. *membranacea* (ACH.) DUBY. (Cat. Lich., III, 463). (*P. membranacea* NYL. JATTA 467). Hubei (HENRY 6861, 7927 nach MÜLL. Arg. I, 235). Schenhsi: Erde bei Schidjiu-tsun, Daschi-tsun und auf dem Sigutsiu-schan (GIRALDI).

— — f. *ulorrhiza* (FLKE.) SCHAER. (Cat. Lich., III, 465). Schenhsi:

Erde auf dem Duidjio-schan und Sigutsiu-schan und bei Daschi-tsun (GIRALDI).

4. **P. rufescens** (WEIS) HUMB. (Cat. Lich., III, 483). (*P. canina* var. *rufescens* MUDD. HUE V, 94). NW-**Y.**: Am Fuße von Stämmen in der ktp. St. bei der Wiese Ndwolo am Yülung-schan bei Lidjiang, 3600 m (4253). Erde in Wäldern Sungping ober Dapingdse, fert. (DELAVAY). Maörl-schan (D. nach HUE II, 167; V, 94). Schenhsi: Indjiapu, Hwangtou-schan und Taipei-schan (GIRALDI nach JATTA I, 467).

—— var. *praetextata* (FLKE.) NYL. (Cat. Lich., III, 487). **Y.**: Erde auf dem Dsang-schan bei Dali (Talifu) (DELAVAY nach HUE V, 96). Hubei oder **S.** (HENRY nach MÜLLER, I 235). Schenhsi (GIRALDI nach JATTA I, 467).

5. *P. pulverulenta* (TAYL.) NYL. (Cat. Lich., III, 482). Schenhsi: Bemooste Felsen auf dem Taipei-schan und Duiliangping (GIRALDI nach JATTA I, 467).

6. *P. spuria* (ACH.) DC. (Cat. Lich., III, 492). **Kw.**: Pinfa, Felsen (CAVALERIE 1496, 2205 nach PAT. u. OLIV. I, 23). Schenhsi: Viele Standorte (GIRALDI nach JATTA I, 468).

7. *P. scutata* (DICKS.) DUBY (Cat. Lich., III, 489). Schenhsi: Erde auf dem Duidjio-schan und Hwangtou-schan (GIRALDI nach JATTA I, 468).

8. **P. polydactyla** (NECK.) HOFFM. (Cat. Lich., III, 475). SW-**H.**: Tonschieferfelsen im wtp. Laubwalde des Yün-schan bei Wukang, 950 — 1200 m (11121). **Y.**: Mehrere Standorte (DELAVAY nach HUE I, 22; II, 167; V, 97).

—— * **f. microcarpa** (ACH.) MÉR. (Cat. Lich., III, 481). SW-**H.**: Erdabrisse in der Wiese beim Tempel Gwanyin-go auf dem Yün-schan bei Wukang, Tonschiefer, wtp. St., 1200 m (12325).

—— var. *dissecta* MÜLL. Arg. (Cat. Lich., III, 482). Hubei (HENRY 6472 nach MÜLL. Arg. I, 236).

9. **P. dolichorrhiza** NYL. (Cat. Lich., III, 466). (*P. polydactyla* var. *dolichorrhiza* NYL. HUE V, 96). **Y.**: In der tp. St. 3000 -- 3400 m auf Erde im Laubwalde ober Hsiangschuiho (6538) und an *Rhododendron*-Stämmen unter dem Passe Dsuningkou (6573) zwischen Dali und Hodjing. Paß Kualapo hier (DELAVAY). Yülung-schan bei Lidjiang (ROCK 11760). Im birm. Mons, in Wäldern der Mekong—Salwin-Scheidekette, 26° 10′ (GEBAUER). Schenhsi: Zwischen Moosen auf dem Hwangtou-schan und Sigutsiu-schan (GIRALDI nach JATTA I, 468).

10. *P. horizontalis* (HUDS.) BAUMG. (Cat. Lich., III, 467). **Kw.**: Feuchte Stellen der Wälder auf Bergen (CAVALERIE 1414 nach PAT. u. OLIV. I, 28). Schenhsi: Mehrere Standorte (GIRALDI nach BARONI I, 48 und JATTA I, 468).

11. *P. Mauritzii* GYELN. in Hedwigia, LXVIII., 1 (1928). Schenhsi: Berge bei Indjiapu. Hwangtou-schan (GIRALDI).

Sect. *Phlebia* WALLR.

12. *P. aphthosa* (L.) WILLD. (Cat. Lich., III, 447). (*Peltidea aphthosa* ACH. MÜLL. ARG. I, 235). **Y.**: Wälder des Passes Loping-schan ober Langtjiung, 3000 m (DELAVAY nach HUE V, 90). Hubei (HENRY 6920). Schenhsi: Mehrere Standorte (GIRALDI nach JATTA I, 467).

—— f. *verrucosa* (WEB.) DIETR. (Cat. Lich., III, 452). **Y.**: Wälder des Loping-schan ober Langtjiung, 3000 m (DELAVAY nach HUE V, 91).

13. ***P. venosa*** (L.) BAUMG. (Cat. Lich., III, 452) ** **var. *yünnana*** A. ZAHLBR.

A typo europeo differt thallo subtus nervis carneo-fuscescentibus instructo et sporis longioribus, i. e. 54—58 μ longis et 10—11 μ latis.

NW-Y.: Auf nacktem Sandsteinboden am Rande eines Waldweges in der tp. St. ober Ganhaidse nächst Lidjiang, 3300 m, 13. VI. 1915 (6729). Zweifellos dieselbe Pflanze gesehen an gleichen Stellen auf dem Sattel Gitüdü bei Anangu se von Dschungdien („Chungtien“) 3400 m.

Lecideaceae.

Lecidea ACH. p. p.

Sect. *Eulecidea* A. ZAHLBR.

A. Apothecia sessilia vel adpressa, thallum distincte superantia.
  a) Thallus fuscus, aeneus vel cervinus.
    I. Hypothecium obscurum vel fuligineum.
      1. Medulla thalli J coerulea; areolae thalli albomarginatae *20. athroocarpa.*
      2. Medulla J non reagens; areolae non marginatae.
        α Hymenium superne anguste rufum, NO_5—, caeterum decolor *1 cervinopungens.*
        β Hymenium fere in toto glaucescens, superne glauco-sordidum et NO_5 coeruleum *2. glaucosarca.*
    II. Hypothecium decolor *3. subaenea.*
  b) Thallus aliter coloratus.
    I. Thallus lateritio- vel subferrugineo-cinnabarinus *4. caloplacoides.*
    II. Thallus ochraceo- vel lutescenti albidus, albidus, cinerascens vel cinereus.
      1. Epithecium NO_5 violaceum vel in roseum vergens; paraphyses liberae.
        O Hypothecium fuligineum vel fusco-nigricans.
          + Apothecia parva, usque 1 mm lata; sporae sine halone, 12—16 × 4—5 μ *22. Henrici.*
          ++ Apothecia magna, usque 3,5 mm lata; sporae halone lato circumdatae, 36 × 21 μ *21. chondrospora.*
        OO Hypothecium pallidum vel decolor.
          + Thallus verruculosus vel verruculoso-areolatus *26. vulgata.*
          ++ Thallus plus minus laevigatus.
            / Thallus $CaCl_2O_2$ non reagens.
              § Hypothecium lutescens; epithecium nigricans; thallus KHO subaurantiacus; planta saxicola *23. planiformis.*
              §§ Hypothecium fuscescens vel fuscum; epithecium coerulescens; thallus KHO flavens; vulgo corticola *24. parasema.*
            // Thallus $CaCl_2O_2$ rubens *25. elaeochroma.*
      2. Epithecium NO_5 non reagens; paraphyses conglutinatae.
        α Thallus KHO e flavo sanguineus.

○ Discus apotheciorum epruinosus *5. daliangensis.*

○○ Discus apotheciorum albopruinosus.

\+ Thallus crassus, areolatus vel verruculoso-inaequalis, subrosaceo-albidus; apothecia 0,5—0,7 mm lata *6. rosaceocinerea.*

\+\+ Thallus tenuis, continuus vel areolatus, laevigatus et areolis planis; apothecia 1—2 mm lata *7. albocoerulescens.*

β Thallus KHO tantum flavens vel non reagens.

○ Thallus superne tenuissime sorediosus *8. albuginosa.*

○○ Thallus esorediosus.

\+ Thallus plus minus areolatus.

/ Medulla J coerulea.

§ Sporae minores, usque 14 μ longae et 7—9 μ latae *9. peltata.*

§§ Sporae distinctae majores, 25 × 6—8 μ *10. habana.*

// Medulla J non reagens.

§ Apothecia pruinosa *11. ochropolita.*

§§ Apothecia epruinosa.

⌒ Thallus granulosus *13. Chungii.*

⌒⌒ Thallus non granulosus.

) Apothecia convexa, immarginata *14. convexa.*

)) Apothecia plana, margine tumidulo persistente cincta *12. macrocarpa.*

\+\+ Thallus non areolatus, continuus vel granulosus.

/ Thallus granularis *15. tuberculans.*

// Thallus subleprosus *16. lividonigra.*

B. Apothecia immersa, thallum haud superantia.

a) Thallus fuscus, aeneus vel fuscescens.

I. Thalli areolae ad ambitum prominenter albomarginatae; medulla J coerulea cfr. etiam *20. athroocarpa.*

II. Thalli areolae non albomarginatae; medulla J non reagens.

1. Sporae 10—15 × 5—6 μ; thallus KHO— *19. schitakensis.*
2. Sporae 10—11 × 4—5; thallus KHO lutescens *17. internigricans.*

b) Thallus pallidus, isabellinus *18. yünnana.*

1. ** ***L. cervinopungens*** A. ZAHLBR.

Thallus crustaceus, epilithicus, uniformis, sat late expansus, tenuis, ad 0,1 mm crassus, subtartareus, cinerascenti-cervinus, opacus, KHO parum flavens, $CaCl_2O_2$—, subareolato-squamulosus vel tenuissime areolatus, areolis minutis, 0,2—0,3 mm latis, fissuris tenuissimis separatis vel plus minus continuis, planis vel vix convexis, in centro thalli continuis et plus minus inaequalibus, ad ambitum dispersis et hypothallo tenuissimo nigricanti adpressis, sorediis et isidiis destitutus; stratum corticale pertenue, sordidescens; gonidia cystococcoidea, viridia, globosa, 10—12 μ lata; medulla alba, valde tenuis, ex hyphis non amyloideis formata.

Apothecia lecideina, nigra, nitidula, crebra, utplurimum approximata et gregatim congesta, rarius seriata, parva, 0,4—0,8 mm lata, sessilia, ad basin modice constricta; discus niger, nitens, e concavo planatus, epruinosus, saepe in centro mamillatus; margo integer, discum persistenter superans, mediocris; excipulum fuligineum, integrum, inferne crassum, versus hymenium fuscescens; hymenium superne anguste obscure umbrino-fuscum, non pulverulentum, KHO pallens, NO_5 purpurascens, caeterum decolor et purum 120—125 μ altum, J intense coeruleum; paraphyses strictae, gelatinose conglutinatae, filiformes, simplices, eseptatae, ad apicem capitato-clavatae et obscuratae; asci cum hymenio subaequilongi, oblongo-clavati, superne rotundati et membrana bene incrassata cincti, 8 spori; sporae in ascis bi- vel subtriseriales, decolores, simplices, subfusiformi-ellipsoideae, utrinque angustato-rotundatae, rectae, membrana tenui cinctae, contentu uniformiter oleoso, 15—18 μ longae et 6—7 μ latae. Pycnoconidia non visa.

NW-Y.: Auf meist von Schneewässern überrieseltem Quarzit in der Hg. St. des birm. Mons. auf dem Si-la zwischen Mekong und Salwin, 28°, 4200 bis 4400 m, 27. VIII. 1916 (9995).

2. ** ***L. glaucosarca*** A. ZAHLBR.

Thallus epilithicus, crustaceus, uniformis, substrato bene adhaerens, tenuis, ad 0,1 mm crassus, subtartareus, maculas irregulares, plus minus expansas formans, cervinus, fere opacus, KHO—, $CaCl_2O_2$—, areolatus, areolis minutis, 0,2—0,3 mm latis, angulosis, fissuris tenuibus separatis, planiusculis vel in margine passim parum elevatis, rarius paulum convexis, sorediis et isidiis nullis, in margine linea obscuriore non cinctus, haud bene limitatus; stratum corticale tenue, umbrino-fuscescens, ex hyphis inspersis et intricatis formatum: gonidia cystococcoidea, globosa, laete viridia, 12—16 μ lata, congesta; medulla tenuis, albida, J—.

Apothecia lecideina, sessilia, nigra, parva, usque 1 mm lata, plus minus dispersa, rarius approximata, rotunda, ad basin leviter constricta, e concaviusculo plana vel convexula; margo primum bene prominulus, tenuis, integer, demum plus minus depressus; excipulum dimidiatum, fuligineum, sat breve et in sectione transversali triangulare; hymenium in toto aeruginoso-glaucescens vel glaucum, superne parum obscurius et pulverulentum, KHO—, NO_5 coerulescens, caeterum purum, 120—140 μ altum, J violaceo-coeruleum; hypothecium obscure fuscum, mollescens; paraphyses capillari-filiformes, gelatinose conglutinatae, simplices, eseptatae, ad apicem parum latiores; asci ovali-clavati, superne rotundati et membrana bene incrassata cincti, 8 spori; sporae in ascis biseriales, decolores, simplices, ellipsoideo-subfusiformes, rare dactyloideae, utrinque angustato-rotundatae vel in altero apice magis angustatae, rectae, membrana tenui cinctae, contentu aequaliter oleoso, 12—17 μ longae et 5—6 μ latae. Pycnoconidia ignota.

S.: Phyllitfelsen der tp. St. im Föhrenwalde bei Hosö sw von Muli, 2950 m, 8. VIII. 1915 (7555).

3. ** ***L. subaenea*** A. ZAHLBR.

Thallus epilithicus, crustaceus, uniformis, expansus, substrato adhaerens, crassiusculus, ad 1 mm altus, tartareus, aeneo-fuscescens vel aeneo-cinerascens, nitidulus, KHO—, $CaCl_2O_2$—, areolato-rimulosus, areolis continuis, fissuris tenuibus separatis, subangulosis, 0,3—1 mm latis, superne verruculoso-inaequalibus, passim scabridis, sorediis et isidiis destitutus, in margine bene limitatus, linea nigra attamen non cinctus; stratum corticale inaequale, 20—40 μ crassum, plectenchymaticum, intus fere decolor, in ambitu anguste fuscescens, non inspersum; gonidia cystococcoidea, glomerata; medulla alba, J—.

Apothecia lecideina, nigra, opaca, epruinosa, dispersa vel approximata, sessilia, rotunda vel rotundata, usque 1,2 mm lata, vulgo parum minora, mox leviter convexa et gibboso-inaequalia; margo primum valde tenuis, integer, parum prominulus, mox depressus; excipulum dimidiatum, intus decolor et purum, plectenchymaticum, extus anguste nigricans, non pulverulentum; hymenium superne aeruginascenti-ochraceum, non pulverulentum, KHO—, NO_5 aeruginosum, caeterum decolor, minute et modice guttulose inspersum, 80—95 μ altum, J e coerulescente demum ochraceo-aeruginosum; hypothecium decolor, ex hyphis intricatis formatum; paraphyses densae, strictae, filiformes, 2—3 μ crassae, contextae, simplices, eseptatae, ad apicem clavatae; asci crebri, ellipsoideo-clavati, superne rotundati et membrana sat bene incrassata cincti, 8spori; sporae in ascis bi- vel subtriseriales, decolores, simplices, ellipsoideae vel subovales, utrinque plus minus rotundatae, rectae, membrana valde tenui cinctae, contentu aequaliter oleoso, 12—14 μ longae et 5—8 μ latae. Pycnoconidia non visa.

Y.: Sandsteine in der tp. St. auf dem Passe Gwamaoschan zwischen Yungning und Yungbei, 3075 m, 29. VI. 1914 (3323).

Ex affinitate *Lecideae bullatae* (KÖRB.) Th. FR.

4. ** ***L. caloplacoides*** A. ZAHLBR.

Thallus epilithicus, crustaceus, uniformis, substrato adhaerens, expansus, tenuis, lateritio- vel ferruginascenti-cinnabarinus, opacus, KHO—, $CaCl_2O_2$—, tenuiter et minute areolatus, areolis planiusculis, 0,1—0,6 mm latis, fissuris tenuissimis separatis, sorediis et isidiis non praeditus, in ambitu bene limitatus et linea tenui nigricante cinctus; stratum corticale tenue; medulla alba, J non tincta.

Apothecia dispersa vel approximata, lecideina, adpressa, sessilia, rotunda, usque 1,2 mm lata vel mutua pressione subangulosa, ad basin leviter constricta, primum fere urceolata, demum concava; discus obscure cinnamomeo-fuscus, opacus, hinc inde in centro papillatus; margo crassus, integer, fusco-nigricans; excipulum fuligineum, integrum, in latere hymenii percrassum, infra hymenium angustius; hymenium superne obscure rufescenti-fuscum, pulverulentum, KHO—, NO_5—, caeterum decolor et purum, 80—90 μ altum, J obscure violaceo-coeruleum; hypothecium tenue, albidum; paraphyses capillares, strictae, densae, gelatinose conglutinatae, simplices, eseptatae, ad apicem haud latiores; asci ovali-clavati, superne rotundati et membrana incrassata cincti et ibidem J intensius tincti, 8 spori; sporae biseriales, decolores, simplices, oblongo-ellipsoideae vel oblongo-subovales, membrana crassiuscula, 1—1,5 μ crassa circumdatae, rectae, utrinque rotundatae, 14—17 μ longae et 5—6 μ latae. Pycnoconidia non visa.

NW-**Y.**: Quarzit in Schneewässern der Hg. St. des birm. Mons. auf dem Si-la zwischen Mekong und Salwin, 28°, 4200—4400 m, 27. VI. 1916 (9996).

5. ** ***L. daliangensis*** A. ZAHLBR.

Thallus epilithicus, crustaceus, uniformis, substrato adhaerens, modice expansus (in speciminibus visis usque 3,5 cm latus), tartareus, tenuis, subrosaceo-cinerascens, opacus, KHO e flavo mox sanguineus, crystallos aciculares simplices vel stellatim aggregatos effundens, $CaCl_2O_2$—, in parte centrali areolatus, areolis parvis, 0,3—1 mm latis, angulosis, planis, continuis, fissuris tenuissimis limitatus, versus marginem in verrucas plus minus dispersas dissolutus, sorediis et isidiis destitutus, in margine linea obscuriore non cinctus; medulla alba, J—, KHO—, $CaCl_2O_2$ rosacea; gonidia cystococcoidea.

Apothecia lecideina, adpressa, dispersa vel approximata, nigra, opaca, epruinosa vel leviter glaucescenti-pruinosa, rotunda vel subangulosa, usque 1 mm lata, ad basin leviter constricta, primum plana; discus demum impressus, inaequalis vel gibberosulus; excipulum integrum, nigricans, KHO—, NO_5 umbrinum; hymenium superne anguste umbrino-nigrescens, non pulverulentum, KHO et NO_5 vix mutatum, caeterum decolor et purum, passim columella nigra divisum et apothecia dein pseudocomposita, 120—150 μ altum, J violaceo-coeruleum; hypothecium angustum, decolor; paraphyses filiformes, strictae, gelatinose conglutinatae, simplices, eseptatae, ad apicem non capitatae; asci ovali-clavati, superne late rotundati et membrana bene incrassata cincti, 8 spori; sporae in ascis biseriales, decolores, simplices, ovali-ellipsoideae vel ovales, utrinque angustato-rotundatae, rectae, membrana tenui cinctae, contentu aequaliter oleoso, 19—24 μ longae et 11—13 μ latae. Pycnoconidia non visa.

S.: Eisenschüssige Sandsteinfelsen der tp. St. um den Paß Dsiliba im Daliang-schan e von Ningyuen, um 3000 m, 26. IV. 1914 (1770).

6. ** ***L. rosaceocinerea*** A. ZAHLBR.

Thallus epilithicus, crustaceus, uniformis, late expansus, substratum obducens, crassus, 1—1,2 mm altus, cretaceo-tartareus, ochraceo-albidus, albidus vel rosaceo-albidus, opacus, KHO e flavo sanguineus, $CaCl_2O_2$—, verruculosus vel verruculoso-inaequalis, areolato-diffractus, areolis continuis, imprimis versus ambitum thalli verrucosis, usque 1 mm latis, fissuris tenuibus separatis, passim planis et caesiis (an morbosis ?), sorediis et isidiis non praeditus, in margine vulgo linea obscura bene limitatus; stratum corticale angustum, ex hyphis intricatis formatum; gonidia cystococcoidea, globosa, usque 18 μ lata, glomerata; medulla crassa, albida, J—.

Apothecia crebra, lecideina, dispersa, rotunda vel rotundata, primum fere immersa, demum adpressa vel etiam sessilia, ad basin leviter constricta, juvenilia plana, nigra et plus minus caesiopruinosa, margine tenui, nigro. acutiusculo et prominulo cincta, adulta convexa, minus pruinosa, usque 0,7 mm lata, margine depresso; excipulum integrum, fusco-nigrum, ad latera hymenii mediocre, inferne crassum; hymenium superne fuscum, pulverulentum, KHO vix mutatum, NO_5 rosaceo-fuscescens, caeterum decolor et purum, usque 130 μ altum, J intense coeruleum; hypothecium angustum, fuscescens; paraphyses fere capillares, strictae, densae, conglutinatae, sat bene limitatae, simplices, eseptatae, ad apicem paulum latiores; asci hymenio subaequilongi, ellipsoideo-clavati, superne rotundati et membrana incrassata cincti, 8 spori; sporae biseriales, decolores, simplices, ellipsoideae vel subovales, utrinque parum angustato-rotundatae, rectae, membrana tenui cinctae, contentu aequaliter oleoso, 21—24 μ longae et 9—10 μ latae. Pycnoconidia non visa.

S.: Sandsteine der wtp. St. auf dem Sattel zwischen Tjiaodjio und Lemoka im Daliang-schan, 2250 m, 23. IV. 1914 (1585).

7. * ***L. albocoerulescens*** (WULF.) ACH. (Cat. Lich., III, 504). Sandstein- und Granitfelsen der wtp. St., 2000—2100 m. **Y.**: Djindien-se (135) und

Tschangtschung-schan (5716) bei Yünnanfu. Hsinlung jenseits des Pudu-ho n von dort (1381). **S.**: Gobankou am Houdsengai bei Dötschang („Tetschang") (1858). **F.**: Gu-schan bei Fudschou, 500—600 m (CHUNG 607, 613).

8\. *L. albuginosa* NYL. var. *cinereofuscescens* HUE (Cat. Lich., III, 511). **Y.**: Schattige Felsen in den Wäldern des Yendsehai bei Langtjiung, c. 3000 m (DELAVAY 2897 bis, nach HUE II, 175).

9. ** ***L. peltata*** A. ZAHLBR.

Thallus epilithicus, crustaceus, uniformis, late expansus, 0,25—0,6 mm crassus, substratum arcte obducens, cretaceo-tartareus, glauco-albicans, caesio-cinerascens vel cremeo- et caesio-variegatus, opacus, KHO e flavescente sordidescens, $CaCl_2O_2$— vel dilute rubescens, minute areolatus, areolis angulosis, 1—1,8 mm latis, fissuris tenuissimis et undulatis separatis, continuis et crustam laevigatam formantibus, sorediis et isidiis destitutus, in margine linea obscuriore non cinctus; stratum corticale angustum, 30—36 μ altum, obscuratum, ex hyphis intricatis et pulverulentis formatum; stratum gonidiale angustum, continuum, cellulis cystococcoideis, laete viridibus, globosis, 6—12 μ latis; medulla crassa, alba, KHO—, $CaCl_2O_2$ non reagens vel addito KHO dilute rosacea, J intense violaceo-coerulea.

Apothecia lecideina, crebra, dispersa vel approximata, sessilia, magna, demum usque 4,2 mm lata, rotunda vel rotundata, ad basin leviter constricta et basi lata sessilia, nigra, primum caesiopruinosa, demum plus minus nudata et nitidiuscula, in juventute planiuscula, mox convexa, peltiformia vel subconica, uni- vel plurigibbosa, elabentia et foveolas magnas albidas relinquentia; margo discum primum superans, demum depressus, ex integro flexuosus; excipulum integrum, crassum, fuligineum, ad latera hymenii paulum angustius, infra hymenium percrassum; hymenium superne aeruginoso-fuscescens vel nigricans, non inspersum, KHO—, NO_5—, caeterum decolor vel dilute fuscescens, purum, 160—180 μ altum, J violaceo-coeruleum, demum obscuratum, solutionem coeruleam effundens; paraphyses capillari-filiformes, gelatinose conglutinatae, densae, strictae, simplices, eseptatae, ad apicem septato-clavatae et obscuratae et imprimis capitibus conglutinatae; asci oblongo- vel ovali-clavati, superne rotundati et membrana bene incrassata cincti, 8spori; sporae bi- vel triseriales, decolores, simplices, ellipsoideae vel ovales, rectae, ad apices angustato-rotundatae, membrana tenui cinctae, contentu uniformiter oleoso, parvulae, 12—14 μ longae et 7—9 μ latae. Pycnoconidia non visa, sed adest crebre fungillus parasitans pycnoconidia aemulans.

Y.: Quarzitfelsen der tp. St. auf dem Dsang-schan bei Dali (Talifu), 3000 m, 15. V. 1916 (8713). Im NW auf Quarzit an windgeschützten Stellen der Hg. St. des höchsten Kammes zwischen Haba und Dugwantsun se von Dschungdien, 4350—4450 m, 23. VI. 1915 (6946).

10. ** ***L. habana*** A. ZAHLBR.

Thallus epilithicus, crustaceus, uniformis, sat late expansus, substrato adhaerens, cretaceo-tartareus, tenuis, ad 0,1 mm altus, murinus, opacus, KHO—, $CaCl_2O_2$—, primum ex areolis dispersis, demum confluentibus formatus et areolis demum usque 2 mm latis, planis vel planiusculis, superne laevigatis, protothallo nigro insidentibus; soredia et isidia desunt; stratum corticale angustum, ex hyphis intricatis formatum; gonidia cystococcoidea, glomerata; medulla alba, J coerulea.

Apothecia lecideina, sessilia, plus minus approximata, nigra, opaca, rotunda vel pressione mutua subangulosa, ad basin leviter constricta, 1—1,2 mm lata, e concaviusculo planata; margo crassiusculus, prominulus, integer et obtusiusculus; discus epruinosus, in centro passim minute papillatus; excipulum integrum, crassum, fuligineum, infra hymenium superne rufofuscum et inferne fusconigrum; hymenium superne obscure et sordide fuscum, pulverulentum, KHO in umbrinum vergens, NO_5—, caeterum decolor et purum, 180—190 μ altum, J violaceum et in parte superiore sordide fuscum; paraphyses filiformes, strictae, densae, gelatinose conglutinatae, simplices, eseptatae, ad apicem vix latiores; asci hymenio subaequilongi, ovali-clavati, superne rotundati et membrana bene incrassata cincti, 8 spori; sporae in parte superiore asci triseriales, decolores, simplices, ovali-ellipsoideae, rectae, utrinque rotundatae, membrana tenui cinctae, contentu aequaliter oleoso, 19—25 μ longae et 6—8 μ latae. Pycnoconidia non visa.

NW-Y.: Auf Quarzit zwischen Haba und Dugwantsun mit voriger (6986).

Ex affinitate *Lecideae confluentis* (WIGG.) ACH., sed thallo multo tenuiore, apotheciis minoribus et sporis ad duplo majoribus ab ea discrepans. *L. yünnana* jam paraphysibus clavatis distat.

11. ** ***L. ochropolia*** A. ZAHLBR.

Thallus epilithicus, crustaceus, uniformis, expansus, substrato adhaerens, tenuis, 0,1—0,18 mm crassus, tartareus, argillaceus, opacus, KHO parum flavens, $CaCl_2O_2$—, continuus, laevigatus, sorediis et isidiis nullis, in margine passim linea tenui et nigricante circumdatus; medulla alba, J non reagens.

Apothecia lecideina, adpresse sessilia, rotunda, parva, 0,8—1,5 mm lata, dispersa vel approximata, ad basin leviter constricta, nigra, e planiusculo leviter convexa vel subtuberculata; discus tenuiter caesio-pruinosus, pruina persistente vel demum evanida; margo tenuis, prominulus, integer, acutiusculus, persistens vel demum modice depressus; excipulum fuligineum, integrum, crassiusculum; hymenium superne dense pulverulento-inspersum et sordidum, KHO—, NO_5—, caeterum decolor, purum, 120—150 μ altum, J violaceo-coeruleum; hypothecium angustum, fere decolor; paraphyses capillari-filiformes, densae, strictae, contextae, simplices, eseptatae, non capitatae; asci ellipsoideo-clavati, superne rotundati et membrana bene incrassata cincti, 8 spori; sporae in ascis biseriales, decolores, simplices, ovales vel ellipsoideo-ovales, utrinque angustato-rotundatae vel in altero apice magis rotundatae et in altero acutatae, rectae, membrana tenui cinctae, contentu aequaliter oleoso, 15—19 μ longae et 8—10 μ latae.

Y.: Kalkfelsen der wtp. St. bei Schilungba nächst Yünnanfu, 2100 m, 20. II. 1914 (204).

12. * ***L. macrocarpa*** (DC.) STEUD. (Cat. Lich., III, 626) ** **var. *subplicata*** A. ZAHLBR.

Thallus continuus, versus marginem deplanato-rugulosus, subradiosus, pro maxima parte ferruginascens. Apothecia magna, usque 4 mm lata.

NW-Y.: Tonschieferfelsen der ktp. St., 3700—4125 m. Am Bächlein ober der Wiese Ndwolo am Yülung-schan bei Lidjiang, 20. VII. 1914 (4278). Auf dem Nguka-la zwischen Dschungdien und Djitsung, 24. VIII. 1915 (7770).

13. ** *L. Chungii* A. ZAHLBR.

Thallus epilithicus, crustaceus, uniformis, substratum obducens, expansus, tenuis, ad 0,2 mm crassus, tartareus, glaucescens, opacus, KHO flavens, $CaCl_2O_2$—, KHO + $CaCl_2O_2$ flavus, plus minus areolatus vel areolato-rimosus, areolis subangulosis, 1—2 mm latis, fissuris demum parum hiantibus separatis, in superficie minute granulosis, sorediis et isidiis destitutus, in margine linea obscuriore non cinctus; stratum corticale angustum, ex hyphis intricatis formatum; medulla alba, J—.

Apothecia lecideina, adpressa, tenuia, e rotundo parum irregularia, 1—1,2 mm lata, ad basin leviter constricta, nigra, opaca, epruinosa, margine pertenui, prominulo, integro, plus minus flexuoso cincta, demum dilatata, usque 2,5 mm lata, corrugata, in ambitu irregularia, maculosa; excipulum integrum, fuligineum, sat tenue; hymenium superne bene limitate nigrescens, non pulverulentum, KHO in fuscum vergens, NO_5—, caeterum decolor, non inspersum, 90—94 μ altum, J e violaceo-coeruleo obscuratum; hypothecium angustum, decolor; paraphyses filiformes, strictae, densae, gelatinose conglutinatae, simplices, eseptatae, ad apicem clavato-capitatae; asci oblongo-clavati, superne rotundati et membrana bene incrassata cincti, 8 spori; sporae in ascis biseriales, decolores, simplices, ovales, rectae, membrana tenui et bene limitata cinctae, contentu aequaliter oleoso, 12—15 μ longae et 6—8 μ latae. Pycnoconidia ignota.

F.: Gu-schan bei Fudschou, Sandsteinfelsen, 500—600 m (CHUNG 608a).

14. * ***L. convexa*** Th. FR. **var.** ***hydrophila*** Th. FR. **f.** ***aquatilis*** (WAIN.) A. ZAHLBR. (Cat. Lich., III, 547).

Medulla angusta, alba, J—. Excipulum fuligineum, integrum, infra hymenium percrassum; hymenium superne lutescenti- vel umbrino-fuscum, KHO—, NO_5—, non pulverulentum, caeterum fere decolor vel dilute fuscescens, purum, usque 120 μ altum, J e coeruleo obscuratum; paraphyses capillari-filiformes, strictae, densae, conglutinatae, simplices vel parum ramosae, ad apicem capitulatae, eseptatae; asci oblongo-clavati, superne rotundati et membrana modice incrassata cincti, 8 spori; sporae subuni- vel biseriales, decolores, simplices, ellipsoideae, utrinque angustato-rotundatae, rectae, membrana tenui obvallatae, contentu aequaliter oleoso, 21—27 μ longae et 9—12 μ latae.

NW-Y.: Auf meist von Schneewässern berieselten Quarzitsteinen in der Hg. St. des birm. Mons. auf dem Si-la zwischen Mekong und Salwin, 28^0, 4200 bis 4400 m, 27. VIII. 1916 (9997).

Die chinesische Flechte stimmt gut zu einem von WAINIO bestimmten und von ihm verteilten Stück, nur die Sporen sind um ein geringes größer.

15. ** ***L. tuberculans*** A. ZAHLBR.

Thallus epilithicus, crustaceus, uniformis, sat late et irregulariter expansus, substrato arcte adhaerens, tenuis, ad 0,2 mm crassus, subtartareus, cervino-cinereus, opacus, KHO vix vel paulum lutescens, $CaCl_2O_2$ non reagens, granulosus vel granuloso-verruculosus, plus minus continuus, granulis 0,2—0,6 mm latis, in superficie laevigatis, rarius subleprosis, sorediis et isidiis non instructus, in margine non bene limitatus, hypothallo nullo; stratum corticale angustum, sordidescens, ex hyphis intricatis formatum; gonidia cystococcoidea, glomerata; medulla albida, in parte superiore subochracea, J—.

Apothecia lecideina, sessilia, dispersa vel approximata, rotunda vel rotundata, rarius subangulosa, usque 1,4 mm lata, ad basin leviter constricta, nigra, epruinosa, primum opaca, demum nitidula; discus e plano convexus et dein tuberculosus vel tuberculoso-inaequalis; margo tenuis, subinteger, persistenter discum modice superans; excipulum dimidiatum, fuligineum, mediocre, inferne incurvatum, superne latius; hypothecium angustum, fere decolor; hymenium superne anguste et bene limitate fusco-nigricans, pulverulentum, KHO vix mutatum, NO_5 umbrinum, caeterum decolor vel dilute fuscescens, spumuloso-inspersum, 90—95 μ altum, J aeruginoso-coerulescens vel pallide rufescens; paraphyses strictae, parum distinctae, filiformes, simplices, eseptatae, ad apicem clavato-capitatae, passim fere globosae et obscuratae, clavis praesertim in KHO visis distinctis; asci oblongo-clavati, superne rotundati et membrana modice incrassata cincti, 8 spori; sporae in ascis biseriales, decolores, simplices, variabiles, late ellipsoideae, ovales vel subovales, utrinque rotundatae, rectae, membrana tenui cinctae, contentu uniformiter oleoso, 12—15 μ longae et 6—10 μ latae. Pycnoconidia non visa.

Y.: Sandsteinfelsen der wtp. St. bei Hsinlung jenseits des Pudu-ho n von Yünnanfu, 25° 34′, 2000 m, 10. III. 1914 (1386).

16. ** ***L. lividonigra*** A. Zahlbr.

Thallus epilithicus, crustaceus, uniformis, modice expansus, substratum arcte obducens, tenuissimus, subtartareus, ochraceo-albescens, opacus, KHO—, $CaCl_2O_2$—, subleprosus vel minute granulosus, continuus, sorediis et isidiis non instructus, in margine linea obscuriore non cinctus; gonidia cystococcoidea, 9—12 μ lata; medulla alba, J—.

Apothecia lecideina, sessilia vel adpressa, plus minus approximata, rotunda vel rotundata, rarius demum subsinuata, usque 1,5 mm lata, vulgo minora, ad basin leviter constricta, opaca, jam in juventute convexula, demum convexa, tuberculato-inaequalia vel gibberulosa, margine integro, angusto, mox depresso praedita; excipulum integrum, fuligineum, ad latera hymenii sat angustum, inferne incrassatum et plus minus lentiforme; hypothecium angustum, decolor, J—; hymenium superne nigricans, pulverulentum, KHO—, NO_5—, caeterum decolor, spumuloso-inspersum, usque 200 μ altum, J e coeruleo mox obscuratum; paraphyses capillares, filiformes, strictae, simplices, eseptatae, ad apicem vix latiores; asci oblongo-clavati, superne rotundati et membrana modice incrassata cincti, 8 spori; sporae in ascis biseriales, decolores, simplices, oblongo-ovales, in altero apice vulgo parum angustatae, rectae, membrana tenui cinctae, contentu aequaliter oleoso, 17—19 μ longae et 8—9 μ latae. Pycnoconidia ignota.

Y.: Morsche Sandsteinfelsen der wtp. St. beim Tempel Djindien-se nächst Yünnanfu, 2050 m, 16. II. 1914 (108).

17. L. internigrans Krphbr. (Cat. Lich., III, 601). Hongkong, kalkfreie Felsen (R. Rabenhorst nach Krplhbr. I, 468).

18. ** ***L. yünnana*** A. Zahlbr.

Thallus epilithicus, crustaceus, uniformis, substrato bene adhaerens, expansus, tenuis, 0,2—0,3 mm crassus, subtartareus, pallide carneo-isabellinus, nitidulus, KHO flavens, demum sordidescens, $CaCl_2O_2$—, KHO + $CaCl_2O_2$ sordide aurantiacus, areolatus, areolis parvis, 0,4—0,6 mm latis, angulosis, fissuris tenuibus, sed sat altis limitatis, modice convexis, rarius planatis, superne laevibus, sorediis et isidiis nullis, in margine bene limitatus, linea obscuriore attamen non circumdatus; gonidia cystococcoidea, 8—10 μ lata; medulla alba, J—.

Apothecia lecideina, habitu fere aspicilioidea, in areolis singularia et immersa, rotunda vel subangulosa, minuta, 0,2—0,4 mm lata, nigra, opaca, a thallo accessorie, passim annulatim cincta; discus niger, opacus, epruinosus, planus vel convexus; excipulum dimidiatum, crassiusculum, in sectione transversali ad ambitum coeruleo-nigricans, intus sordidum, ex hyphis tenuibus, subradiantibus et modice intricatis, dense contextis, pulverulento-inspersis formatum, gonidia nulla includens, extus a thallo circumdatum; hymenium superne coeruleo-nigricans, non pulverulentum, KHO—, NO_5 magis coeruleum, caeterum decolor, purum, angustum, 40—60 μ altum, J cupreo-rufum; hypothecium decolor, sat crassum, ex hyphis intricatis formatum; paraphyses filiformes, ad 2 μ crassae, strictae, simplices, eseptatae, ad apicem grosse capitatae, conglutinatae; asci oblongo- vel ellipsoideo-clavati, superne rotundati et membrana incrassata cincti, 8 spori; sporae biseriales decolores, simplices, ellipsoideae vel subovales, utrinque rotundatae, rectae, membrana tenui cinctae, contentu aequaliter oleoso, parvae, 6—9 μ longae et 4—5 μ latae.

Y.: Quarzitfelsen der wtp. St. bei Schilungba nächst Yünnanfu, 1900 m, 20. II. 1914 (127).

19. ** ***L. schitakensis*** A. ZAHLBR.

Thallus epilithicus, crustaceus, uniformis, substrato adpressus et sat late expansus, tenuis, 0,1—0,2 mm crassus, in toto cupreonigricans, opacus, KHO—, $CaCl_2O_2$—, areolatus, areolis cupreis vel rufo-cupreis, 0,1—0,3 mm latis, submembranaceis, angulosis vel subirregularibus, planis, plus minus continuis, hypothallo nigro cinctis, sorediis et isidiis non praeditus; gonidia cystococcoidea; medulla alba, J—.

Apothecia lecideina, crebra, dispersa vel approximata, nigra, nitida, epruinosa, immersa, demum leviter emergentia, parva, ad 0,3 mm lata, rotunda vel subangulosa, e concaviusculo subplana, margine pertenui, integro et prominulo cincta; excipulum integrum, fuligineum, NO_5 violascens, crassum; hymenium superne anguste obscure aeruginoso-fuscum, KHO vix mutatum, NO_5 sordidule violascens, caeterum decolor, modice spumuloso-inspersum, 100—110 μ altum, J coerulescens, demum sordidescens; hypothecium angustum, decolor; paraphyses densae, strictae, filiformes, conglutinatae, simplices, eseptatae, ad apicem vix latiores; asci ellipsoideo-clavati, superne rotundati et membrana bene incrassata cincti, 8 spori; sporae in ascis biseriales, decolores, simplices, late ellipsoideae vel ovales, membrana tenui cinctae, contentu aequaliter oleoso, 10—15 μ longae et 5—6 μ latae. Pycnoconidia non visa.

NW-Y.: Diabasfelsen der Hg. St. unter dem Kare Schitako im Yülung-schan bei Lidjiang („Likiang“), 3800—4000 m, 16. VII. 1914 (3556).

20. ***L. athroocarpa*** ACH. (Cat. Lich., III, 521). Diabas- und Quarzitfelsen an windgeschützten Stellen der Hg. St. des höchsten Rückens zwischen Haba und Dugwantsun se von Dschungdien, 4350—4450 m, 23. VI. 1915 (6945).

21. ** ***L. chondrospora*** A. ZAHLBR.

Thallus epilithicus, crustaceus, uniformis, subverniceo-effusus, substratum arcte obducens, sat late expansus, tenuis, 0,1—0,2 mm crassus, subtartareus, persicino-cinerascens vel albido-cinerascens, opacus, KHO paulum flaventi-sordidescens, $CaCl_2O_2$—, passim continuus, passim minute et tenuissime areolato-diffractellus, areolis 0,3—0,5 mm latis, fissuris tenuissimis separatis, superne laevigatis vel parum inaequalibus, sorediis et isidiis nullis, in margine linea obscuriore non circumdatus; stratum corticale angustum, obscuratum, ex hyphis intricatis formatum; gonidia cystococcoidea, globosa, dilute viridia, 9—11 μ lata; medulla alba, J—.

Apothecia lecideina, dispersa, rare approximata, sessilia, rotunda et demum hinc inde flexuosa, ad basin leviter constricta, nigra, opaca, epruinosa, magna, usque 3,5 mm lata, e planiusculo convexa, margine nigro, nitidulo, crassiusculo, integro, discum superante, annuliformi cincta; discus in centro passim umbilicatus vel verruculose regenerans; excipulum integrum, fuligineum, inferne fusconigrum, crassiusculum; hymenium superne coerulescens, non inspersum, KHO viridescenti-coerulescens, NO_5 violascens, caeterum decolor et purum, 200 usque 240 μ altum, J intense violaceo-coeruleum; hypothecium angustum, decolor, parum distinctum; paraphyses strictae, densae, filiformes, gelatinose conglutinatae, simplices vel increbre ramosae, eseptatae, ad apicem vix latiores; asci ovali-clavati, superne rotundati et membrana bene incrassata cincti, 8-, rarius 6spori; sporae in ascis biseriales, decolores, simplices, late ellipsoideae vel subovales, halone lato, ad 6 μ crasso cinctae, sine halone 25—30 μ longae et 12—14 μ latae.

NW-Y.: Auf meist von Schneewässern überronnenen Quarzitsteinen in der Hg. St. des birm. Mons. auf dem Si-la zwischen Mekong und Salwin, 28°, 4200—4400 m, 27. VIII. 1916 (9994).

22. ** ***L. Henrici*** A. Zahlbr.

Thallus pro parte endo-, pro parte epilithicus, extus maculis expansis, tenuissimis, alutaceo-cinerascentibus vel albidis, opacis, KHO—, $CaCl_2O_2$—, continuis, inaequalibus indicatus, sorediis et isidiis destitutus, in margine linea obscuriore non cinctus; gonidia cystococcoidea, laete viridia, globosa, usque 14 μ lata, glomerata.

Apothecia lecideina, parva, 0,4—0,7 mm lata, dispersa vel approximata, rotunda, nigra, epruinosa, ad basin leviter constricta, modice convexa; margo integer, tenuis, persistens et prominulus; excipulum fuligineum, integrum; hymenium superne latiuscule coerulescenti-nigricans, pulverulentum, NO_5 violaceo-rosaceum, KHO non mutatum, caeterum decolor, purum, 60—100 μ altum, J obscurato-coeruleum; hypothecium angustum, decolor; paraphyses filiformes, strictae, simplices vel rarius furcatae aut increbre ramosae, eseptatae, ad apicem modice clavatae, gelatinose conglutinatae; asci hymenio parum breviores, ellipsoideo-clavati, superne rotundati et membrana bene incrassata cincti, 8spori; sporae in ascis bi- —triseriales, decolores, simplices, fusiformioblongae, utrinque angustato-rotundatae, rectae, membrana tenui cinctae, contentu aequaliter oleoso, 12—16 μ longae et 4—5 μ latae. Pycnoconidia non visa.

NW-Y.: Kalksteine der Hg. St. an windgeschützten Stellen des höchsten Rückens zwischen Haba und Dugwantsun se von Dschungdien, 4350—4450 m, 23. VI. 1915 (6934).

23. ** ***L. planiformis*** A. Zahlbr.

Thallus epilithicus, crustaceus, uniformis, late expansus, tenuis, ad 0,1 mm crassus, subtartareus, plus minus dispersus, carneo- vel subochraceo-albidus, opacus, KHO e flavo subaurantiacus, $CaCl_2O_2$—, areolatus, areolis plus minus insulatim congestis, minutis, 0,2—0,3 mm latis, angulosis vel irregularibus, parum convexis, fissuris valde tenuibus separatis, sorediis et isidiis nullis; gonidia cystococcoidea, laete viridia, globosa, usque 15 μ lata; medulla angusta, albida, J—.

Apothecia lecideina, vulgo dispersa, rotunda vel rotundata, parva, 0,9—1,1 mm lata, sessilia, ad basin constrictula, nigra, opaca, epruinosa, e concaviusculo convexa, margine tenui, integro, prominulo, demum depresso; excipulum in sectione ad ambitum nigricans, intus pallidum, ex hyphis radiantibus, ramosis, leviter intricatis formatum, gonidia nulla includens; hymenium superne anguste et bene limitate nigricans, NO_5 in violaceum vergens, KHO vix mutatum, non pulverulentum, caeterum decolor et purum, dilucidum, 90—95 μ altum, J cupreo-fulvum vel cupreo-rufescens; hypothecium pallidum, lutescens, mollescens, crassiusculum; paraphyses filiformes, strictulae, densae, simplices, eseptatae, ad apicem capitatae, facile liberae et tantum capitibus cohaerentes; asci crebri, ellipsoideo-clavati, superne rotundati et membrana bene incrassata cincti, 8 spori; sporae in ascis subbi-—triseriales, decolores, simplices, ellipsoideae vel subovales, utrinque rotundatae, rectae, membrana tenui cinctae, contentu aequaliter oleoso, 11—13 μ longae et 6—9 μ latae.

S.: Sandsteinfelsen in der Hg. St. auf dem Rücken des Tschahungnyotscha ober Ngaitschekou jenseits des Yalung n von Yenyüen, 28° 15′, 4150—4300 m, 27. V. 1914 (2648).

Affinis est *L. planae* LAHM.

24. ***L. parasema*** ACH. (Cat. Lich., III, 651). An Rinden lebender Bäume in der str. und wtp. St., 1600—2750 m. **S.**: An *Rhododendron racemosum* bei Kwapi n von Yenyüen, 27° 53′ (2416). Unter Kwapi an *Debregeasia edulis* oberhalb Helugö (2449) und an *Pistacia weinmannifolia* ober Otang(2740). **Y.**: In Wäldern bei Kuitui ober Mosoying (DELAVAY nach HUE II, 175). Im mittelchin. Fl. An *Schoepfia jasminodora* bei Djindjischan nächst Loping (13095). Kwangtung: An Mauern der Festung Makao (MAINGAY nach CROMB. I, 65).

— — var. *tenebricosula* (JATTA) A. ZAHLBR. (Cat. Lich. III, 664). (*L. enteroleuca* var. *tenebricosula* JATTA I, 473). Schenhsi: Rinden auf dem Hwangtou-schan (GIRALDI).

25. * ***L. elaeochroma*** ACH. **f. *hyalina*** (MART.) A. ZAHLBR. (Cat. Lich., III, 571). **S.**: An Zweigen von *Berberis sanguinea* in der tp. St. zwischen Lolokou und dem Passe Dsiliba im Lolo-Lande e von Ningyüen, 3100—3275 m (1508).

— — * **var. *geographica*** BAGL. (Cat. Lich., III, 571). **S.**: An *Elaeagnus*-Ästen in der wtp. St. bei Döm nächst Tjiaodjio im Lolo-Lande, 2600 m (1634).

26. L. vulgata A. ZAHLBR. (Cat. Lich. III, 713). (*L. latypea* var. *pilularis* [ACH.] JATTA I, 478). Schenhsi: Silikatfelsen auf dem Hwangtou-schan (GIRALDI).

Sect. *Biatora* (ACH.) BR. et ROSTR.

A. Species corticolae; asci 8 spori.
- a) Sporae curvulae — *44. rivulosa.*
- b) Sporae rectae.
  - I. Apothecia coccinea.
    - 1. Apothecia persistenter margine elevato circumdata — *42. russula.*

2. Apothecia mox convexa, margine depresso *43. cinnabarina.*
II. Apothecia aliter colorata.
1. Thallus sorediis punctiformibus luteis obsitus *46. granifera.*
2. Thallus esorediosus.
O Thallus subisidioso-leprascens vel granuloso-farinosus *29. leprothalla.*
OO Thallus laevigatus.
V Sporae majores, ultra 20 μ longae *28. loseana.*
VV Sporae distincte minores.
§ Hypothecium obscurius fuscescens; apothecia ad 0,25 mm lata; sporae 10—12 × 6 μ *27. tritula.*
§§ Hypothecium pallidum; apothecia 0,1—0,2 mm lata; sporae 12—15 × 7,5—8 μ *30. hunana.*

B. Species saxicolae; asci 8 spori.
a) Apothecia rufo-cerasina *34. haemmatomoides.*
b) Apothecia aliter colorata.
I. Apothecia lacteo-pruinosa *35. galactochrysea.*
II. Apothecia epruinosa.
1. Sporae majores, 26—29 × 12—14 μ *36. polyasca.*
2. Sporae distincte minores.
α Paraphyses laxae, facile liberae.
O Apothecia majora, ± 1 mm lata.
V Margo apotheciorum crassus; apothecia sessilia *38. mollis.*
VV Margo tenuis; apothecia innata *37. lygaea.*
OO Apothecia minora, 0,2—0,3 mm lata *39. tapetiformis.*
β Paraphyses conglutinatae.
O Thallus glaucus vel subochraceo-cinerascens.
V Thallus KHO—; apothecia ad 1 mm lata; sporae 10—14 × 6—9 μ *40. loudiana.*
VV Thallus KHO flavens; apothecia vix 0,2 mm lata; sporae 9—11 × 3—4 μ *41. setschwanensis.*
OO Thallus ochroleucus, lutescens vel subcervinus.
V Thallus laevigatus *31. bacculans.*
VV Thallus granulosus, granuloso-farinosus vel subcervinus inaequalis.
§ Apothecia innata, rufo-fusca *32. chlororphnia.*
§§ Apothecia adpressa, obscure fusca *33. acarocarpa.*

C. Thallus epiphyllus; asci 4—5 spori *45. oligospora.*

27. *L. tritula* NYL. (Cat. Lich., III, 480). Kiangsu: Schanghai, an Baumrinden (MAINGAY nach CROMB. I, 64).

28. ** ***L. loseana*** A. ZAHLBR.

Thallus epiphloeodes, crustaceus, uniformis, tenuis, vix 0,1 mm crassus, substrato adhaerens, mollescens, plagas minores formans, lutescenti-alutaceus, opacus, KHO paulum magis flavens, $CaCl_2O_2$—, in centro continuus, parum inaequalis, ambitum versus minute granulosus, sorediis et isidiis destitutus, in margine linea obscuriore tenui, passim nigricante cinctus.

Apothecia habitu lecideina, revera biatorina, nigra, madefacta passim fusco-nigra, opaca, dispersa, sessilia, rotunda, ad basin constrictula, usque 1 mm lata, primum concaviuscula et margine tenui, integro et prominulo, mox convexa, margine depresso; excipulum dimidiatum, in sectione ad ambitum anguste et bene limitate nigricans, intus dilute fuscescens, ex hyphis radiantibus, crassis et pachydermaticis, gelatinose conglutinatis formatum, non paraplectenchymaticum; hymenium superne sat determinate nigricans, KHO vix mutatum, NO_5 obscure cinnamomeum, caeterum decolor et purum, 75—90 μ altum, J fusco-coerulescens; hypothecium fulvo-fuscum, sublentiforme; paraphyses filiformes, strictae, densae, simplices, eseptatae, ad apicem capitatae et obscuratae, conglutinatae; asci ovali-clavati, superne rotundati et membrana bene incrassata cincti, 8 spori; sporae in ascis biseriales, decolores, simplices, ovales vel subellipsoideae, utrinque bene rotundatae, passim angustato-rotundatae, rectae, limbatae, demum fuscidulae, 20—22 μ longae et 11—12 μ latae.

S.: *Rhododendron*-Stämme in der ktp. St. des Lose-schan bei Ningyüen (Lingyüen), 3950 m, 16. IV. 1914 (1424).

29. ** ***L. leprothalla*** A. ZAHLBR.

Thallus epiphloeodes, crustaceus, uniformis, substrato adhaerens, tenuis, mollescens, lutescenti-ochraceus, opacus, KHO lutescens, $CaCl_2O_2$—, subisidioso-leprosus vel subleprosus, continuus, sorediis destitutus, in margine linea obscuriore non cinctus; gonidia cystococcoidea, glomerata; medulla alba, J—.

Apothecia habitu lecideina, nigra, opaca, sessilia, rotunda, usque 1 mm lata, plus minus dispersa, e concaviusculo convexula, margine primum tenui, integro et prominulo, demum depresso; excipulum dimidiatum, nigricans; hymenium superne nigricans, KHO vix mutatum, NO_5—, non pulverulentum, caeterum decolor et purum, 75—80 μ altum, J aeruginose obscuratum; hypothecium fusco-lutescens, molle; paraphyses filiformes, strictae, densae, gelatinose conglutinatae, simplices, eseptatae, modice capitatae et obscuratae; asci hymenio subaequilongi, ellipsoideo-clavati, superne rotundati et membrana incrassata cincti, 8 spori; sporae in ascis plus minus biseriales, decolores, simplices, ellipsoideae vel subovales, rectae, membrana tenui distincte limitata circumdatae, 13—16 μ longae et 8—9 μ latae.

Y.: Auf *Keteleeria*-Kork in der wtp. St. zwischen Hsiangschuiho und Sunggwe, 26° 17′, zwischen Dali (Talifu) und Lidjiang, 2400 m, 26. V. 1915 (6584).

30. ** ***L. hunana*** A. ZAHLBR.

Thallus epiphloeodes, crustaceus, uniformis, tenuissimus, late expansus, substrato arcte adnatus, albido- vel subalutaceo-cinerascens, nitidulus, KHO e flavo subaurantiacus, $CaCl_2O_2$—, continuus, laevigatus vel parum inaequalis, sorediis et isidiis destitutus, in margine linea tenui, cinerascenti-nigricante cinctus; gonidia cystococcoidea, glomerata, pallide viridia, cellulis 7—8 μ latis; medulla pertenuis, albida J—.

Apothecia biatorina, crebra, plus minus dispersa, minuta, 0,16—0,2 mm lata, sessilia, rotunda, ad basin vix constricta, fusco-nigricantia, madefacta magis fusca, e concavo planiuscula, margine tenuissimo, cum disco concolore, parum perspicuo cincta; excipulum dimidiatum, extus umbrinum, intus fuscescens, ex hyphis radiantibus, tenuibus, modice intricatis formatum, non paraplectenchymaticum; hymenium superne fusco-obscuratum, fere nigricans,

KHO et NO_5 non mutatum, non pulverulentum, caeterum fere decolor et purum, 74—78 μ altum, J rufescenti-cupreum; hypothecium pallidum, angustum; paraphyses parum distinctae, strictae, simplices, gelatinose conglutinatae, eseptatae, ad apicem clavatae; asci ellipsoideo-clavati, superne rotundati et membrana modice incrassata cincti, 8 spori; sporae in ascis subbiseriales, decolores, simplices, late ovales vel late ellipsoideae, membrana valde tenui cinctae, contentu aequaliter oleoso, 12—15 μ longae et 7,5—12 μ latae.

SW-H.: An Rinde lebender *Quercus glandulifera* in der wtp. St. des Yünschan bei Wukang, 1190 m, 9. VII. 1918 (12263).

31. ** ***L. bacculans*** A. ZAHLBR.

Thallus epiphloeodes, uniformis, tenuis, plagas minores formans, substratum arcte obducens, sordidescenti-albidus vel dilute cervinus, subopacus, KHO—, $CaCl_2O_2$—, fere continuus vel subareolato-rimosus, areolis fere membranaceis, angulosis, planis, laevigatus vel passim inaequalis, sorediis et isidiis non instructus, passim subleprosulus, in margine linea obscuriore non cinctus.

Apothecia biatorina, dispersa vel approximata, alte sessilia, ad basin bene constricta, rotunda, usque 1,1 mm lata, lutescenti-rufescentia, nitidula, jam primum convexa et dein fere semiglobosa, margine depresso; excipulum dimidiatum, in sectione ad ambitum angustissime obscuratum, intus lutescens, ex hyphis tenuibus, radiantibus, dense conglutinatis formatum, plectenchymaticum; hymenium in toto lutescens, superne non pulverulentum, nec obscuratum, strato tenui amorpho et decolore supertectum, purum, 110—122 μ altum, J e praecedente coerulescentia cupreo-rufum; hypothecium fulvo-fuscum, mollescens; paraphyses filiformes, gelatinose conglutinatae et non bene limitatae, simplices, eseptatae, clavatulae; asci oblongo-clavati, hymenio subaequilongi, superne rotundati et membrana modice incrassata cincti, 8 spori; sporae in ascis biseriales, obliquae, decolores, simplices, subcylindrico- vel fusiformi-oblongae, utrinque plus minus rotundatae, rectae, membrana tenui praeditae, contentu aequaliter oleoso, 27—28 μ longae et 6—8 μ latae.

Y.: Lebende Stämme von *Illicium yunnanense* in der wtp. St. des Taohwaschan bei Beyendjing halbwegs zwischen Tschuhsiung und Yungbei, 2600 m, 11. V. 1915 (6259). Im NW an lebenden Tannenstämmen in der ktp. St. auf dem Gipfel des Yao-schan bei Lidjiang, 3825 m, 13. VI. 1915 (6754).

Habitu *L. vernalem* simulat (L.) ACH., ab ea tamen sporis elongatis jam bene distat.

32. L. chlororphnia TUCK. (Cat. Lich., III, 746). (*Biatora chl.* TUCK., Syn. N. Amer. Lich. II, 157). Hongkong, an *Ficus*-Rinde (nach TUCKERMAN l. c.).

33. ** ***L. acarocarpa*** A. ZAHLBR.

Thallus epiphloeodes, crustaceus, uniformis, tenuissimus, quasi suffusus et substrato arcte adhaerens, maculas minores, usque 3 cm latas, rotundatas, dispersas vel confluentes formans, albidus vel sublutescenti-cinerascens, opacus, KHO flavus, $CaCl_2O_2$—, continuus, subleproso-inaequalis, sorediis et isidiis nullis, vulgo subindistincte limitatus, rarius passim linea nigra tenui (an licheni alio pertinente ?), cinctus; gonidia cystococcoidea, laete viridia, globosa, 9—11 μ lata; medulla albida, J—.

Apothecia biatorina, plus minus dispersa, adpressa, minuta, ad 0,2 mm lata, rotunda, ad basin leviter constricta, obscure fusca vel nigricantia, opaca, mox convexa, margine depresso, vix perspicuo; excipulum dimidiatum, ex hyphis vix radiantibus, intricatis, tenuibus dense contextum, ad ambitum anguste fuscescens, intus decolor, gonidia nulla includens; hymenium superne fuscescens, non pulverulentum, KHO—, NO_5—, caeterum decolor purumque, 60—70 μ altum, J luteo-rufescens; paraphyses filiformes, strictae, densae, gelatinose conglutinatae, simplices vel increbre ramosae, eseptatae, ad apicem parum latiores; asci ovali-clavati, superne late rotundati et membrana incrassata cincti, 8 spori; sporae in ascis bi- vel triseriales, decolores, simplices, ovales, rectae, membrana tenui cinctae, contentu aequaliter oleoso, 12—15 μ longae et 6—8 μ latae. Pycnoconidia non visa.

S.: Lebende Stämme von *Jatropha Curcas* in der str. St. des Yalung-Tales bei Datiaoku, 27° 10′, 1180 m, 25. IX. 1914 (5311).

34. ** ***L. haematommoides*** A. Zahlbr.

Thallus epilithicus, crustaceus, uniformis, modice expansus, tenuis, ad 1 mm crassus, tartareus, substrato adhaerens, isabellino-glaucescens vel isabellino-lutescens, fere opacus, KHO e flavo demum sordide aurantiacus, $CaCl_2O_2$—, areolato-diffractus, areolis usque 2 mm latis, angulosis, fissuris paulum hiantibus separatis, in superficie verruculoso-inaequalibus vel verruculosis et passim fissuris tenuissimis iteratim instructis, sorediis et isidiis non praeditus, bene limitatus et in ambitu linea angusta fusco-nigricante cinctus; medulla crassiuscula, alba, J—.

Apothecia biatorina, sessilia, dispersa vel approximata congestave, rotunda vel rotundata, ad basin leviter angustata, demum usque 1,5 mm lata, rufescenti-cerasina, nitida, epruinosa, primum concaviuscula, margine proprio cum disco concolore, integro et prominulo circumdata, demum leviter convexa et gibberoso-inaequalia, margine angusto cincta; excipulum dimidiatum, ad ambitum fuscum, intus fere decolor et plus minus fuscescenti-vittatum, ex hyphis radiantibus, non septatis formatum; hymenium superne rufescenti-rubrum, pulverulentum, KHO lilacinum vel violascens, strato tenui amorpho passim supertectum, intus fere decolor vel lutescenti-sordidescens, purum, 80—140 μ altum, J sordide lutescens, ascis aeruginosis; hypothecium angustum, decolor; paraphyses filiformes, densae, strictae, conglutinatae, simplices, eseptatae, ad apicem modice clavatae; asci ellipsoideo-clavati, superne rotundati et membrana incrassata cincti, 8 spori; sporae in ascis bi-—triseriales, decolores, simplices, fusiformi-oblongae vel subdigitatae, ad apices angustato-rotundatae, rectae, membrana tenui cinctae, contentu aequaliter oleoso, 14—18 μ longae et 5—6 μ latae.

S.: Phyllitfelsen in der tp. St. bei Hosö im Bezirke von Muli in dem w von Yungning herabkommenden Tale, 2950 m, 8. VIII. 1915 (7553). Diabasfelsen an der Grenze der ktp. St. auf dem Gipfel des Lungdschu-schan bei Huili, 3550 bis 3675 m, 26. III. 1914 (1006).

35. ** ***L. galactochrysea*** A. Zahlbr.

Thallus epilithicus, crustaceus, uniformis, late expansus, substrato adhaerens, tenuis, 0,3—0,4 mm crassus, effusus, tartareus, alutaceo-isabellinus, isabellino-griseus vel in albidum vergens, opacus, KHO flavens, $CaCl_2O_2$—, continuus et laevigatus vel increbre, tenuissime, vix conspicue et irregulariter fissus, sorediis et isidiis nullis, in margine bene determinatus et linea angusta, fusco-nigricante cinctus; medulla crassa, alba, KHO et KHO + $CaCl_2O_2$ subaurantiaca, J non tincta.

Apothecia habitu lecideina, revera biatorina, dispersa vel approximata, adpressa, rotunda, ad basin leviter constricta, 0,5—2 mm lata, planiuscula vel demum convexa, tuberculata vel prolificantia, demum elabentia et foveolas albas relinquentia; discus dense lacteo-pruinosus, $CaCl_2O_2$ non reagens; margo niger, madefactus in fuscum vergens, tenuis, prominulus, demum leviter undulatus, persistens, in juventute fuscescenti-albidus; excipulum crassum, ad ambitum nigrescens, intus pallide fuscum, KHO solutionem luteam emittens, NO_5—, ex hyphis radiantibus, dense contextis, eseptatis formatum: hymenium superne obscure umbrinum vel fusco-nigricans, pulverulentum, NO_5 sordide violascens, caeterum decolor et purum, 140—180 μ altum, J intense violaceo-coeruleum, demum obscuratum; hypothecium crassum, sublentiforme, ab excipulo bene dissolutum, obscurum, KHO solutionem luteam effundens; paraphyses capillari-filiformes, strictae, densae, conglutinatae, simplices, eseptatae, ad apicem clavato-capitatae et obscuratae; asci oblongo-clavati, superne rotundati et membrana incrassata cincti, 8 spori; sporae in ascis bi- — triseriales, decolores, simplices, late ovales, utrinque bene rotundatae, rectae, membrana tenui cinctae, contentu aequaliter oleoso, 7—8 μ longae et 4—5 μ latae.

Mergel- und Tonschieferfelsen der wtp. St. SW-**H.**: Im Hochwalde des Yün-schan bei Wukang, 1190 m, 30. VI. 1918 (12234). E-**Kw.**: Bei Liping gegen Gudschou, 700 m, 23. VII. 1917 (10962). NW-**Y.**: Im Regenwalde des birm. Mons. im Doyon-lumba am Lu-djiang (Salwin), 28° 2′, 2650 m, 1. VIII. 1916 (9608).

36. ** ***L. polyasca*** A. ZAHLBR.

Thallus epilithicus, crustaceus, uniformis, expansus et substratum arcte obducens, tenuis, ad 0,1 mm crassus, subtartareus, pallide ochraceus vel subbutyraceus, opacus, KHO demum lateritio-sanguineus, $CaCl_2O_2$—, subareolato-rimulosus, fissuris valde tenuibus, laevigatus, sorediis et isidiis non praeditus, in margine sine linea nigricante; medulla alba, J—.

Apothecia sat crebra, biatorina, plus minus dispersa, adpressa, rotunda, minuta, ad 0,4 mm lata, nigricantia, opaca, epruinosa, e concavo demum modice convexa, margine pertenui, primum prominulo, integro, demum depresso; excipulum dimidiatum, nigrescenti-fuscum, ex hyphis intricatis, non septatis formatum, cum hypothecio confluens; hymenium superne umbrino-fuscum, pulverulentum, KHO—, NO_5—, intus dilute fuscescens, pulverulento-inspersum, 95—110 μ altum, J demum aeruginoso-fuscescens; hypothecium umbrino-fuscum, mollescens; paraphyses crebrae, strictulae, capillari-filiformes, contextae, simplices, eseptatae, ad apicem subclavatae; asci ovales vel late ellipsoidei, superne late rotundati et membrana crassa cincti, ad basin abrupte et breviter pedicellati, 8 spori; sporae in ascis 3—4 seriales, decolores, simplices, ellipsoideae, utrinque angustato-rotundatae, rectae, rarius curvulae, membrana tenui cinctae, contentu non guttuloso, J rufescentes, 26—29 μ longae et 12—14 μ latae.

Y.: Morsche Sandsteinfelsen in der wtp. St. beim Tempel Djindien-se nächst Yünnanfu, 2050 m, 16. II. 1914 (139).

37. L. lygaea ACH. (Cat. Lich., III, 795). Hongkong, an Felsen (R. RABENHORST nach KRPLHBR. I, 468).

38. L. mollis (WAHLBG.) NYL. (Cat. Lich., III, 801). Schenhsi: Schieferfelsen auf dem Duidjio-schan (GIRALDI nach JATTA I, 478).

39. ** ***L. tapetiformis*** A. ZAHLBR.

Thallus epilithicus, crustaceus, uniformis, substratum arcte obducens, tenuis, ad 0,1 mm crassus, maculas confluentes, sat late expansas formans, subtartareus, ochraceus, opacus, rarius alutaceus, KHO flavens, $CaCl_2O_2$ non reagens, exigue areolatus, areolis ad 0,1 mm latis, subangulosis, continuis, fissuris tenuissimis tantum separatis, planiusculis, crustam parum inaequalem formantibus, sorediis et isidiis nullis, in margine linea obscuriore non determinatus; gonidia cystococeoidea, laete viridia, usque 15 μ lata; medulla alba, KHO flavens, $CaCl_2O_2$—, J non reagens.

Apothecia biatorina, crebra, adpressa, dispersa vel modice approximata, rotunda, ad basin non constricta, vulgo fusco-nigricantia, rarius alutaceo-fusca, opaca, epruinosa, parva, 0,2—0,3 mm lata, e planiusculo modice convexa, margine valde tenui, integro et prominulo, demum depresso; excipulum dimidiatum, ad ambitum nigricans, NO_5 violascens, intus decolor, ex hyphis radiantibus, dense contextis, non septatis formatum; hymenium superne anguste et bene limitate nigricans, non pulverulentum, KHO non mutatum, NO_5 in violaceum vergens, caeterum decolor et purum, 90—110 μ altum, J cupreorufescens praecedente coerulescentia diluta; hypothecium pallidum, lutescens vel sordidescens, ex hyphis intricatis formatum, mollescens; paraphyses filiformes, strictae, simplices, eseptatae, ad apicem capitatae et obscuratae, laxiuscule confertae et facile liberae; asci oblongo-clavati, superne rotundati et membrana modice incrassata cincti, 8spori; sporae in ascis bi- — triseriales, decolores, simplices, oblongae, ellipsoideae vel ovales, utrinque rotundatae, rectae, membrana tenui cinctae, contentu non guttuloso, 7—13 μ longae et 4—6 μ latae.

Y.: Meist überflutete Quarzitfelsen am Bächlein in der Waldschlucht der wtp. St. unter Hsinlung jenseits des Pudu-ho n von Yünnanfu, 2000 m, 10. III. 1914 (542). **S.**: Sandsteinfelsen der str. St. bei Datjiaoku unter Kwapi am Yalung n von Yenyüen, 2125 m, 29. V. 1914 (2699).

40. ** ***L. loudiana*** A. ZAHLBR.

Thallus epilithicus, crustaceus, uniformis, expansus, substratum arcte obducens, tenuis, 0,1—0,2 mm crassus, subtartareus, sordidescenti-albidus, opacus, KHO—, $CaCl_2O_2$—, inaequaliter granulosus vel minute verruculosus, continuus, sorediis et isidiis non instructus, in margine linea obscuriore non cinctus; gonidia laete viridia, usque 18 μ lata; medulla alba, J —.

Apothecia biatorina, sessilia, dispersa vel rare approximata, nigra, nitidula, epruinosa, rotunda, ad basin non constricta, convexa, margine depresso, usque 1,2 mm lata, vulgo minora; excipulum nigrescenti-fuscum, dimidiatum, sat angustum, inferne paulum inflexum, KHO—, NO_5—; hymenium superne sordide aeruginosum, modice pulverulentum, KHO in viride vergens, NO_5 violascens, caeterum fere decolor, dilute flavens, inspersum, usque 120 μ altum, J e coeruleo rufescenti-obscuratum; hypothecium crassum, obscure fuscum, KHO rufofuscum; paraphyses filiformes, strictae, densae, simplices, eseptatae, conglutinatae, ad apicem haud latiores; asci oblongo-clavati, superne rotundati et membrana incrassata cincti, 8spori; sporae in ascis bi- — triseriales, decolores, simplices, ellipsoideae vel ovales, utrinque rotundatae, rectae, membrana tenui circumdatae, 10—14 μ longae et 6—9 μ latae. Pycnoconidia ignota.

H.: Kalkkonglomerat der str. St. zwischen Loudi und Daloping im Bezirke von Hsianghsiang, 150 m, 5. V. 1918 (11734).

Die Art gehört vielleicht der Gattung *Protoblastenia* an, zu welcher Annahme der Habitus Anlaß geben könnte; erst das Auffinden der Pyknokonidien wird über die Gattungszugehörigkeit Aufschluß geben.

41. ** **L. setschwanensis** A. Zahlbr.

Thallus epilithicus, crustaceus, uniformis, substrato arcte adhaerens, pertenuis, vix 0,1 mm crassus, maculas rotundatas, modice expansas, usque 3 cm latas formans, subtartareus, subochraceo-sordidescens vel subochraceo-cinerascens, opacus, KHO parum flavens, $CaCl_2O_2$—, continuus vel minute areolatus, subleproso-inaequalis, sorediis et isidiis nullis, in margine passim linea tenui nigraque cinctus; gonidia cystococcoidea, globosa, pallide virentia, 6—8 μ lata; medulla alba, J—.

Apothecia biatorina, minuta, ad 0,2 mm lata, sessilia, nigra, nitidula, madefacta obscure rufo-fusca, plus minus dispersa, mox convexa, margine jam primum indistincto; excipulum ad ambitum latiuscule aeruginoso-umbrinum, intus decolor, ex hyphis radiantibus, eseptatis et conglutinatis formatum; hymenium superne umbrino-aeruginascens, KHO—, NO_5 magis aeruginosum, caeterum decolor et purum, 60—70 μ altum, J coeruleum; hypothecium pallidum, dilute lutescens; paraphyses filiformes, strictae, simplices vel passim furcatae, eseptatae, ad apicem subgloboso-capitulatae, conglutinatae; asci oblongoclavati, superne rotundati et membrana modice incrassata cincti, 8spori; sporae in ascis bi- vel triseriales, decolores, simplices, ellipsoideae, utrinque rotundatae, rectae, membrana tenui circumdatae, non guttulosae, 9—11 μ longae et 3—4 μ latae. Pycnoconidia non visa.

S.: Sandsteinfelsen der str. St. bei Dötschang („Tetschang") im Djientschang, 1450 m, 4. IV. 1914 (1170).

42. **L. russula** Ach. (Cat. Lich., III, 823). **Y.**: An lebenden Rinden in der wtp. St., 1800—1950 m. Bei Yünnanfu auf *Pirus Pashia* (149) und *Pinus Armandi* (153) bei Dulutschang, auf *Rhamnus* bei Schilungba (242) und *Cupressus Duclouxii* bei Helungtang (267). N von dort bei Hsiao-Magai auf *Quercus variabilis* bei Döge (410) und *Photinia loriformis* bei Jöschuitang (473). **F.**: Gu-schan bei Fudschou, an Rinden (Chung 475).

— — var. *heterocarpa* (Fée) Müll. Arg. (Cat. Lich., III, 824). Schenhsi: Silikatschieferfelsen auf dem Hwangtou-schan (Giraldi nach Jatta I, 478).

43. L. *cinnabarina* Sommerf. **W-Y.**: E von Man-hsien unter 1000 m (Gregory nach Pauls. I 317).

44. **L. rivulosa** Ach. (Cat. Lich., III, 818) ** **var. orientalis** A. Zahlbr.

A typo differt thallo granulato (passim etiam granulato-inaequali), pallidiore, apotheciis crebrioribus et minoribus, usque 1 mm latis et sporis paulum longioribus, 15 μ longis.

NW-Y.: Lebende Tannen- und *Rhododendron*-Stämme in der ktp. St. auf dem Gipfel des Yao-schan ober Ganhaidse bei Lidjiang, 3825 m (6749).

45. ** **L. oligospora** A. Zahlbr.

Thallus epiphyllus, maculas minores, haud confluentes formans, tenuissimus, a substrato facile desquamans, olivascenti-glaucescens, opacus, KHO—, $CaCl_2O_2$—, continuus, minute granulosus, sorediis et isidiis non instructus, bene limitatus et linea obscure cinnamomea circumdatus; gonidia cystococcoidea.

Apothecia habitu lecideina, revera biatorina, sessilia, dispersa vel approximata, rotunda, ad basin leviter constricta, obscure umbrino-fusca, epruinosa, e concaviusculo subplana, margine tenui, integro, acutiusculo, albido et prominulo cincta; excipulum integrum, nigrescens, extus strato tenui, hyphoso et dilucido cinctum; hymenium superne umbrino-fuscescens, non pulverulentum, KHO—, NO_5—, caeterum decolor, purum, pellucidum, 50—60 μ altum, J lutescens, ascis aeruginose coerulescentibus; paraphyses filiformes, strictae, densae, contextae, simplices, eseptatae, 3—4 μ crassae, ad apicem modice clavatae; asci oblongo- vel saccato-clavati, superne rotundati et membrana incrassata cincti, 4—6 spori; sporae in ascis uniseriales, decolores, simplices, subglobosae vel late ovales, membrana valde tenui cinctae, rectae, contentu granuloso, 8—11 μ longae et fere totidem latae. Pycnoconidia non visa.

Tonkin: Auf lebenden Blättern von *Caryota mitis* in der tr. St. im Tälchen Ngoikoden bei Phomoi nächst Laogai an der Grenze von **Y.**, 150 m, 2. II. 1914 (22).

46. ***L. granifera*** (ACH.) WAIN. (Cat. Lich., III, 768). **Y.**: *Rhododendron*-Rinde in der tp. St. ober Hsiangschuiho zwischen Dali und Hodjing, 26° 15′, 3400 m (6503) und in der ktp. St. auf dem Gipfel des Yao-schan ober Ganhaidse bei Lidjiang, 3825 m (6746). *Pinus tabulaeformis* im alten Gletscherbecken Saba im Yülung-schan, tp. St., 3400 m (6789 ?, alt). **S.**: *Tsuga*-Rinde im wtp. Mischwalde beim Schlosse Kwapi n von Yenyüen, 27° 53′, 2750 m (2423). **F.**: Gu-schan bei Fudschou, an Rinden (CHUNG 443, 457, 466, 467).

— — **f.** ***leucotropa*** (NYL.) A. ZAHLBR. (Cat. Lich., III, 769). **Y.**: *Rhododendron*-Rinde ober Hsiangschuiho (6491) und Dienso, 26° 24′, 3050—3400 m (6551) zwischen Dali und Hodjing und um die Wiese Ndwolo am Yülung-schan bei Lidjiang, 3450 m (3564).

Sect. *Psora* SCHAER.

A. Apothecia coccinea; species lignicola *51. Handelii.*

B. Apothecia aliter colorata: species ad saxa vel ad terram humosam vigentes.

- a) Apothecia rubenti-lurida: thallus olivaceo-rufescens; squamae thalli magnae *50. macrophylla.*
- b) Apothecia nigra vel nigricantia; squamae thalli minores.
  - I. Thallus plus minus carneo-rubens *49. decipiens.*
  - II. Thallus fuscens.
    1. Medulla in parte superiore aurantiaco-rubens, KHO magis rubra *48. opaca* var. *crocea.*
    2. Medulla in toto alba, KHO non reagens *47. demissa.*

47. ***L. demissa*** (RUTSTR.) ACH. (Cat. Lich., III, 871).

Stratum corticale thalli angustum, ad ambitum obscuratum, ex hyphis intricatis formatum; gonidia cystococcoidea, globosa, laete viridia, 9—11 μ lata, glomerata; medulla alba, KHO—, J—.

Apothecia numerosa, approximata vel confluentia, biatorina, adpressa vel adpresso-sessilia, rotunda vel rotundata, usque 1,2 mm lata, ad basin non constricta, e planiusculo mox convexa, fusco-nigricantia, opaca, epruinosa, madefacta fuscorubra, margine pertenui, integro, mox depresso; excipulum dimidiatum, rufofuscum, ex hyphis subradiantibus, pachydermaticis, eseptatis et contextis formatum; hymenium superne latiuscule obscure rufo-fuscum, non pulverulentum, KHO—, NO_5—, caeterum decolor, increbre spumuloso-inspersum, 70—90 μ altum, J violaceo-coeruleum; hypothecium pallidum, lutescens; paraphyses filiformes, strictae, densae, conglutinatae, simplices, eseptatae, ad apicem clavatae et obscuratae; asci oblongo-clavati, superne rotundati et membrana modice incrassata cincti, 8 spori; sporae in ascis bi- — triseriales, decolores, simplices, subfusiformi-oblongae, oblongae vel ovali-oblongae, rectae, membrana tenui cinctae, contentu aequaliter oleoso, 12—18 μ longae et 5—7 μ latae.

NW-**Y.**: Granitfelsen der Hg. St. des birm. Mons. unter dem Doker-la in der Mekong—Salwin-Scheidekette, 28^0 15′, 4225 m (8089).

48. ***L. opaca*** DUF. var. ***crocea*** (BOULY DE LESD.) A. ZAHLBR. (Cat. Lich., III, 885). **S.**: Kalkfelsen im str. Trockenwalde ober Helugö unterhalb Kwapi n von Yenyüen, 2325 m (2457).

49. ***L. decipiens*** (HEDW.) ACH. (Cat. Lich., III, 864). **Y.**: Kalkfelsen in der wtp. St. bei Schilungba nächst Yünnanfu, 2100 m (205). Sandsteinerde in Föhrenwäldern der wtp. St. zwischen Haba und Waschwa se von Dschungdien, 2900 m (4441). Kalktuff der Quellen ober den Sinterbecken von Bödö dort, 2765 m (4480). Auf Erde bei Mosoying nächst Langtjiung (DELAVAY 2990 nach HUE II, 175).

50. ** ***L. macrophylla*** A. ZAHLBR.

Thallus late expansus, squamosus, squamis congestis, passim subimbricatis, coriaceo-chondroideis, majoribus 4—8 cm latis, 0,5—0,6 mm crassis, concavis, rotundis, obscure olivaceis vel rufescenti-luridis, superne laevigatis, nitidulis, in margine elevatis et albolimbatis, sinuatis vel sinuato-incisis, subtus pallidis, sordidescentibus, non rhizinosis nec umbilicatis, sorediis et isidiis nullis, superne corticatus, cortice chondroideo, continuo, superne fuscescente vel rufescente, KHO—, $CaCl_2O_2$—, caeterum decolore, non insperso, 180—190 μ crasso, superne strato tenui, amorpho et decolore supertecto, ex hyphis plus minus verticalibus, ramosis, sat pachydermaticis et gelatinose conglutinatis, eseptatis formato, plectenchymatico; stratum gonidiale infra corticem situm, angustum, plus minus continuum, gonidiis palmellaceis, laete viridibus, globosis, 14—21 μ latis; medulla crassa, alba, KHO—, $CaCl_2O_2$—, J—, ex hyphis dense inspersis, intricatis, 3—6 μ crassis formata; inferne non corticatus.

Apothecia superficialia, versus marginem squamarum orientia, sed non marginalia, in quaque squama increbra (2—3), passim confluentia, biatorina, rotunda vel rotundato-irregularia, sessilia, ad basin leviter constricta, usque 3 mm lata, mox et alte convexa, tuberculata vel oblongo-foveolata subcanaliculatave, rubenti-lurida, cereo-nitidula, margine tenui, integro, cum thallo concolore, madefacto nigrescente, mox depresso cincta; hymenium in toto rufescens, superne non pulverulentum, strato amorpho angusto et decolore supertectum, spumoso-inspersum, 120—130 μ altum, J asci coerulei, paraphyses flavescentes; hypothecium crassum, decolor; paraphyses filiformes, gelatinose conglutinatae, densae, simplices vel increbre ramosae, subflexuosae, eseptatae, ad apicem haud latiores; asci ovali-clavati, superne rotundati et membrana bene incrassata cincti, 8 spori; sporae in ascis plus minus triseriales, decolores, simplices, ellipsoiaeae vel subovales, utrinque rotundatae, rectae, rarius sublunulatae, membrana tenui laevique cinctae, 15—18 μ longae et 6—9 μ latae.

NW-**Y.**: Schieferfelsen der Hg. St. des höchsten Rückens zwischen Haba und Dugwantsun se von Dschungdien („Chungtien"), 4250—4450 m, 23. VI. 1915 (6954).

Affinis est *L. Russellii* Tuck. americanae, a qua differt squamis distincte majoribus et apotheciis magnis, aliter coloratis.

51. ** ***L. Handelii*** A. Zahlbr.

Thallus lignicolus, substratum late obtegens, subchondroideus, intensius vel dilutius ochraceo-cervinus, nitidulus, KHO paululum lutescens, $CaCl_2O_2$—, e verrucis parvis, 0,3—0,4 mm latis, fere globosis vel alte convexis, plus minus approximatis, rotundatis, oblongis vel subsquamiformibus, superne laevigatis formatus, sorediis et isidiis nullis, in margine haud distincte limitatus, hypothallo non evoluto; stratum corticale dilute et sordide lutescens, subchondroideum, 30—32 μ crassum, subpellucidum, ex hyphis parum distinctis, intricatis et dense conglutinatis formatum, superne strato tenui, amorpho et decolore supertectum; stratum gonidiale fere continuum, gonidia laete viridia, palmellacea, globosa, 12—14 μ lata; medulla alba, KHO—, $CaCl_2O_2$—, J—, ex hyphis inspersis formata.

Apothecia habitu fere lecanorina, revera biatorina, sessilia, rotunda, ad basin leviter constricta, utplurimum dispersa, rarius congesta, sat crebra et dein subangulosa, ad 2 mm lata vel passim parum latiora, coccinea, opaca, epruinosa, primum planiuscula, mox modice et inaequaliter convexa, integra vel lobulato-incisa; margo proprius primum albidus et integer, demum depressus et dein cum thallo fere concolor; excipulum dimidiatum, ex hyphis inspersis et intricatis formatum, gonidia nulla includens; hymenium strato medullari crassiusculo, albo, stuppeo, J non reagente superpositum, superne coccineum, pulverulentum, KHO violaceum, caeterum dilute rubenti-lutescens, purum, 90—95 μ altum, J violaceum; paraphyses capillari-filiformes, conglutinatae, densae, strictae, simplices vel subramosae, eseptatae, ad apicem capitulatae; asci hymenio subaequilongi, ovali-clavati, superne rotundati et membrana incrassata cincti, 8 spori; sporae in ascis tri- — subbiseriales, decolores, simplices, ellipsoideae, oblongo-ellipsoideae vel subovales, utrinque rotundatae, rectae, membrana tenui cinctae, contentu non guttuloso, 9—13 μ longae et 4—6 μ latae.

NW-**Y.**: Tannenstämme der ktp. St. an der Westseite des Gebirges Piepun se von Dschungdien, 3800 m, 12. VIII. 1914 (4749).

Species distincta, habitu fere speciem *Haematommatis* simulans, ad seriem *L. myrmecinae* spectans.

Mycoblastus Norm.

A. Hypothecium sanguineum — *1. sanguinarius.*
B. Hypothecium pallidum vel incoloratum.
  a) Sporae singulae — *2. alpinus.*
  b) Sporae binae — *3. melinus.*

1. * ***M. sanguinarius*** (L.) Norm. var. ***endorhodus*** (Th. Fr.) Stein. (Cat. Lich., IV, 9). NW-**Y.**: Fichtenrinde im tp. Regenmischwalde des birm. Mons.

im Tjiontson-lumba zwischen Salwin und Irrawadi-Oberlauf unterhalb Tschamutong, 2950 m (9187).

2. ***M. alpinus*** (Fr.) Kernst. (Cat. Lich., IV, 2). (*Lecidea affinis* Schaer. Hue II, 176). NW-Y.: Lebende Tannen- und *Rhododendron*-Stämme in der ktp. St. auf dem Gipfel des Yao-schan ober Ganhaidse bei Lidjiang, 3825 m (6744). Föhrenrinde Gutui ober Mosoying (Delavay nach Hue l. c.).

3. ***M. melinus*** (Krplhbr.) Hellb. (Cat. Lich., IV, 4). (*Lecidea melina* Krphbr. Hue II, 176). NW-Y.: Lebende Rinde von *Pinus tabulaeformis* in der tp. St. im alten Gletscherbette Saba am Yülung-schan bei Lidjiang, 3400 m (6792). An abgestorbenen Zweigen in den Wäldern des Fangyangtschang ober Mosoying (Delavay).

Catillaria Th. Fr.

A. Hypothecium fuligineum.
- a) Thallus sorediosus; sporae didymae; species corticola — 2. *soredianiha.*
- b) Thallus esorediosus; sporae didymae; species saxicola — 1. *tristiopsis.*

B. Hypothecium pallidum.
- a) Apothecia flammeo-aurantiaca — 5. *pseudopeziza.*
- b) Apothecia umbrino-fusca vel nigra.
  - I. Apothecia umbrino-fusca — 4. *yünnana.*
  - II. Apothecia nigra — 3. *globulosa.*

1. *C. tristiopsis* A. Zahlbr. (Cat. Lich., IV, 83). (*Biatorina tristis* Jatta I, 478). Schenhsi: Talkschieferfelsen bei Indjiapu (Giraldi).

2. ** *C. soredianiha* A. Zahlbr.

Thallus epiphloeodes, crustaceus, uniformis, sat late expansus, substrato adnatus, tenuis, ad 0,3 mm crassus, fere tartareus, substramineo-glaucescens, versus ambitum magis albescens, opacus, KHO flavens, $CaCl_2O_2$—, continuus, subgranulosus vel granuloso-subleprosus, sorediis parvis vel magis expansis, cum thallo concoloribus et eum haud superantibus, depressis nec bene limitatis obsitus, isidiis nullis, in margine linea tenui, nigricante cinctus, strato corticali angusto obductus; medulla alba J—; gonidia cystococcoidea.

Apothecia lecideina, dispersa vel passim insulatim congesta, sessilia, rotunda vel leviter irregularia, usque 1,2 mm, vulgo 1 mm lata, ad basin bene constricta, e concaviusculo demum plana vel convexula; discus niger, opacus, epruinosus; margo proprius nigricans, tenuis, integer, prominulus; receptaculum extus inferne albidum, hinc inde etiam usque ad verticem albidum et dein margo niger linea alba cinctus; excipulum integrum, fuligineum, infra hymenium percrassum, ad latera hymenii angustius et ibidem intus fere decolor, ex hyphis radiantibus, crassis, pachydermaticis, subtoruloso-inaequalibus et conglutinatis formatum; hymenium angustum, 60—65 μ altum, superne anguste obscuratum, KHO in violaceum vergens, NO_5—, caeterum decolor, purum, J violaceo-obscuratum; hypothecium tenue, decolor, parum distinctum; paraphyses filiformes, strictae, densae, contextae, simplices, eseptatae, ad apicem modice clavatae; asci ellipsoideo-clavati, superne rotundati et membrana modice incrassata cincti, hymenio subaequilongi, 8spori; sporae in ascis biseriales, decolores, ellipsoideae, subovales, rarius panduriformes, rectae, utrinque rotundatae, uniseptatae, membrana et septo tenuibus, loculis aequalibus, contentu uniformiter oleoso, 9—13 μ longae et 4—6 μ latae.

F.: Guliang bei Fudschou, an Rinden (CHUNG 572).

Affinis est *C. pulvereae* (BORR.) LETT., sed sorediis non subglobosis, sporis non monostichis et minoribus ab ea distat.

3. * ***C. globulosa*** (FLKE.) TH. FR. (Cat. Lich., IV, 42). NW-Y.: Tannenrinde in der ktp. St. auf dem Passe Hsiao-Niutschang zwischen Bödö (Peti) und Hsiao-Dschungdien, 3925 m, 7. VIII. 1914 (4564).

4. ** ***C. yünnana*** A. ZAHLBR.

Thallus epiphloeodes, crustaceus, uniformis, tenuis et substratum arcte obducens, subtartareus, lutescenti-glaucescens, nitidulus, KHO vix lutescens, $CaCl_2O_2$—, continuus, parum inaequalis, sorediis et isidiis destitutus, in margine passim linea nigricante tenuique cinctus, bene limitatus; gonidia cystococcoidea; medulla albida, J—.

Apothecia biatorina, dispersa, sessilia vel adpressa, rotunda, ad basin leviter constricta, parva, 0,5—0,7 mm lata, e concaviusculo plana vel convexula, ex alutaceo umbrino-fusca, opaca, epruinosa; margo tenuis, integer, prominulus, albidus vel (imprimis madefactus) disco parum obscurior; excipulum dimidiatum, alutaceo-umbrinum, subchondroideum, ex hyphis radiantibus, eseptatis et gelatinose conglutinatis formatum; hymenium superne dilute fuscescens, KHO—, NO_5—, caeterum decolor, purum, 75—80 μ altum, J e praecedente coerulescentia cupreo-rufescens; hypothecium pallidum, lutescens; paraphyses filiformes, densae, strictae, simplices, eseptatae, ad apicem modice clavatae; asci ellipsoideo-clavati, superne rotundati et membrana bene incrassata cincti, 8 spori; sporae in ascis biseriales, decolores, ovali-oblongae, rectae, rarius curvulae, uniseptatae, cellula superiore parum latiore, membrana et septo tenuibus, ad septum non constrictae, 16—21 μ longae et 6—9 μ latae.

S-Y.: Lebende Stämme von *Vernonia volkameriaefolia* bei Schuidien zwischen Möngdse und Manhao, tr. St., 1300 m, 7. III. 1915 (6026).

5. C. pseudopeziza (JATTA) A. ZAHLBR. comb. nov. (*Biatorina p.* JATTA in Nuov. Giorn. Bot. Ital., nov. ser., IX, 479 [1902]). Schenhsi: Auf Moosen auf dem Djitou-schan (GIRALDI).

Bacidia A. ZAHLBR.

Sect. *Weitenwebera* (OPIZ) A. ZAHLBR.

A. Apothecia livido-fusca vel livido-nigricantia; sporae triseptatae, 15—18 × 3 μ *3. wuliensis.*
B. Apothecia nigra.
   a) Sporae bi- — quatuorloculares, minores, 9—15 × 3 μ *1. trachonopsis.*
   b) Sporae 4-loculares, majores, 27—29 × 9—11 μ *2. hunana.*

1. B. trachonopsis (NYL.) A. ZAHLBR. (Cat. Lich., IV, 167). (*Lecidea t.* NYL. CROMB. I, 64). Kiangsu: Schanghai, an feuchten Ziegeln (MAINGAY).

2. ** ***B. hunana*** A. ZAHLBR.

Thallus crustaceus, uniformis, sat late expansus, substrato adhaerens, tenuis, ad 0,1 mm crassus, tartareo-mollescens, argillaceus, opacus, KHO—, $CaCl_2O_2$—, continuus, leproso-pulverulentus, scabridulus, sorediis et isidiis nullis, in margine linea obscuriore non cinctus; gonidia cystococcoidea, glomerata; medulla alba, J—.

Apothecia biatorina, dispersa vel approximata, sessilia, rotunda, ad basin leviter constricta, usque 0,8 mm lata, rotunda, fusco-nigra, opaca, e planiusculo convexa, epruinosa, primum margine tenui, integro et prominulo, demum depresso cincta; excipulum crassum, fusco-nigrum, KHO obscure rufofuscum et solutionem fuscescentem effundens, integrum, infra hymenium crassius; hymenium superne anguste nigricans, pulverulentum, KHO vix mutatum, NO_5 luteo-fuscum, caeterum dilute cinnamomeo-fuscescens, purum, 90—100 μ altum, J sordide coeruleum; hypothecium perangustum, decolor, parum distinctum; paraphyses filiformes, gelatinose conglutinatae et parum distinctae, simplices vel increbre ramosae, eseptatae, ad apicem clavulatae; asci oblongo- vel ellipsoideo-clavati, superne rotundati et membrana incrassata cincti, 8 spori; sporae in ascis biseriales, decolores, oblongae vel fusiformi-oblongae, utrinque aequaliter rotundatae, rectae, triseptatae, septis tenuibus, ad septa non constrictae, membrana tenui cinctae, 27—29 μ longae et 9—11 μ latae.

H.: Auf fester, nackter Sandsteinerde am Fuße des Yolu-schan bei Tschangscha, str. St., 80 m, 11. II. 1918 (11439).

3. ** ***B. wuliensis*** A. ZAHLBR.

Thallus pro maxima parte endolithicus, crustaceus, uniformis, expansus, extus sordide vel pallide limosus, opacus, KHO—, $CaCl_2O_2$—, tenuissimus, plus minus leprosus, continuus, parum inaequalis, sorediis et isidiis destitutus,; in margine linea obscuriore non circumdatus; gonidia cystococcoidea, glomerata; medulla non amylacea.

Apothecia biatorina, sessilia, dispersa vel approximata, juvenilia impresso-concava, margine tenui, integro et prominulo cincta, mox convexa, demum alte convexa vel fere semiglobosa, usque 1,5 mm lata, vulgo tamen minora, rotunda, ad basin leviter constricta, fuscescenti-livida vel dein livido-obscurata, opaca, epruinosa; margo demum depressus; excipulum dimidiatum, umbrino-fuscum, ad ambitum strato tenui amorpho et decolore obductum, ex hyphis radiantibus, eseptatis, dense contextis formatum; hymenium superne non pulverulento-inspersum, caeterum in toto decolor vel passim maculatim aut striatim umbrino-fuscescens, purum, 92—96 μ altum, J rufescenti-obscuratum; hypothecium crassum, fusco-nigrum, versus hymenium fuscum, NO_5 purpurascens; paraphyses filiformes, strictae, densae, gelatinose conglutinatae, simplices, eseptatae, ad apicem haud latiores; asci oblongo-clavati, superne rotundati et membrana bene incrassata cincti, 8 spori; sporae in ascis biseriales, decolores, oblongo- vel subovali-fusiformes, utrinque angustato-rotundatae vel altero apice magis rotundatae, rectae vel curvulae, triseptatae, septis tenuibus, ad septa non constrictae, membrana tenui cinctae, 15—18 μ longae et ad 3 μ latae.

NW-Y.: An Felsen kristallinischen Kalkes im str. Walde des birm. Mons. bei der Seilbrücke oberhalb Wuli am Salwin ober Tschamutong, 1725 m, 14. VIII. 1916 (9782).

Sect. *Eubacidea* (DE NOTRS.) A. ZAHLBR.

A. Hymenium superne obscuratum, nigricans, coeruleo-nigricans vel umbrino-violaceum.

a) Thallus laevigatus; apothecia fusca, 0,5—0,6 mm lata *6. manhaviensis.*
b) Thallus subleprosus; apothecia nigra, 0,1—0,2 mm lata *7. nigrosticta.*

B. Hymenium superne pallidum vel fere decolor.
a) Apothecia nigra.
I. Paraphyses capitatae *4. endoleuca.*
II. Paraphyses non capitatae *5. affinis.*
b) Apothecia non nigra.
I. Apothecia luteo-rubella vel carneo-rufa; sporae usque 100 μ longae *14. luteola.*
II. Apothecia aliter colorata; sporae distincte minores.
1. Apothecia plus minus alutacea.
○ Apothecia magna, usque 1,8 mm lata; thallus laevigatus *13. jucunda.*
○○ Apothecia minora, usque 0,4 mm lata; thallus subleprosus *8. leprophora.*
2. Apothecia non alutacea.
○ Apothecia majora, 0,8—1 mm lata.
× Apothecia ochraceo-fusca *9. lopingensis.*
×× Apothecia sicca nigra, humefacta purpureo- vel cinnamomeo-fusca *10. celtidicola.*
○○ Apothecia distincte minora.
× Apothecia carneo-aurantiaca, 0,1—0,15 mm lata *12. spermatophora.*
×× Apothecia versicolora, e carneo-rubello demum nigricantia, 0,4—0,6 mm lata *11. inconstans.*

4. * ***B. endoleuca*** (NYL.) KICKX. (Cat. Lich., IV, 192). In der wtp. St. **Y.**: Auf *Lithocarpus*-Rinde beim Tempel Schili-ngan nächst Yünnanfu, 2200 m (300). **Kw.**: Auf *Thea chinensis* bei Gwanyinschan e von Guiyang („Kweiyang"), 1250 m (10591).

5. * ***B. affinis*** (STZBGR.) VAIN. (Cat. Lich., IV, 168). SW-**H.**: In der wtp. St. des Yün-schan bei Wukang, an lebender Rinde von *Sapium japonicum*, 1270 m (12299) und von *Rhus verniciflua*, 1200 m (12491).

6. ** ***B. manhaviensis*** A. ZAHLBR.

Thallus epiphloeodes, crustaceus, uniformis, tenuis et substratum arcte obducens, maculas irregulares, linea tenui nigra cinctas, demum confluentes formans, glaucescenti- vel subochraceo-albidus, fere opacus, KHO—, $CaCl_2O_2$—, continuus, laevigatus, sorediis et isidiis destitutus; gonidia cystococcoidea; medulla alba, J—.

Apothecia biatorina, dispersa, parva, ad 0,5 mm lata, sessilia, rotunda, ad basin leviter constricta, primum suburceolata, margine tenui, prominulo, cum thallo concolore, mox convexa, margine depresso, rufofusca, demum obscure cinnamomeo-fusca vel fere nigricantia; excipulum dimidiatum, ad ambitum cinnamomeo- vel subviolaceo-fuscescens, intus decolor, ex hyphis radiantibus, eseptatis et dense conglutinatis formatum; hymenium superne cinnamomeo-subviolaceum, non pulverulentum, KHO—, NO_5 dilute violascens, caeterum decolor, purum, dilucidum, 60—80 μ altum, J coeruleum; hypothecium lutescens, mollescens, ex hyphis intricatis formatum; paraphyses filiformes, strictae, densae, conglutinatae, simplices, eseptatae, ad apicem leviter capitatae et obscuratae; asci oblongo-clavati, superne rotundati et membrana bene incrassata cincti, 8 spori; sporae (juniores, ut videtur) filiformi-aciculares, graciles, leviter arcuatae vel subrectae, indistincte septatae, 30—34 μ longae et 2—3 μ latae.

S-Y.: An lebender Rinde von *Colona floribunda* im tr. Savannenwalde flußabwärts gegenüber Manhao, 200—400 m, 5 III. 1916 (5906).

7. ** **B. nigrosticta** A. Zahlbr.

Thallus crustaceus, uniformis, epiphloeodes, effusus, tenuissimus, substratum arcte obducens, glaucescenti-limosus, KHO parum flavens, $CaCl_2O_2$—, opacus, subleprosus, continuus, sorediis et isidiis non obsitus, in margine linea obscuriore non cinctus; gonidia cystococcoidea; medulla albida, J—.

Apothecia habitu sublecideina, dispersa, sessilia, rotunda, ad basin leviter constricta, plus minus urceolata, exigua, 0,1—0,2 mm lata, nigra, subnitida; margo integer, tenuissimus, prominulus; discus angustus, epruinosus, concavus; excipulum dimidiatum, obscure subviolaceo-umbrinum, ex hyphis crassiusculis, subradianti-intricatis formatum; hymenium superne anguste et bene limitate umbrino-nigrescens, non pulverulentum, KHO vix mutatum, NO_5—, caeterum decolor, purum, 60—70 μ altum, J e coerulescente aeruginoso-sordidum; hypothecium sat angustum, pallidum, lutescens; paraphyses filiformes, strictae, densae, simplices, eseptatae, dense contextae et haud bene limitatae, ad apicem clavatae et obscuratae; asci oblongo-clavati, superne rotundati et membrana incrassata cincti, 8 spori; sporae in ascis 4—5 seriales, verticales, capillares, subrectae vel parum flexuosae, indistincte septatae, 33—36 μ longae et ad 1 μ latae.

Y.: An lebender Rinde von *Schoepfia jasminodora* in einem schattigen Graben in der wtp. St. beim Tempel Djindien-se nächst Yünnanfu, 2050 m, 20. IV. 1917 (13066).

8. ** **B. leprophora** A. Zahlbr.

Thallus epiphloeodes, crustaceus, uniformis, substrato arcte adhaerens, mediocriter expansus, tenuis, griseo-, subvirenti- vel subochraceo-glaucescens, opacus, KHO—, $CaCl_2O_2$—, continuus, subleprosus vel leprosus, sorediis et isidiis non instructus, in margine linea obscuriore non circumdatus; gonidia cystococcoidea; medulla alba, J—.

Apothecia biatorina, dispersa, adpresso-sessilia, parva, ad 0,4 mm lata, vulgo parum minora, rotunda, carneo-lutea vel alutaceo-subaurantiaca, fere opaca, ad basin leviter constricta, e concaviusculo modice convexa, margine proprio primum parum prominulo, integro, demum depresso, cum thallo sicco concolore, madefacto aquoso-nigrescente; excipulum dimidiatum, chondroideum, lutescens, ex hyphis radiantibus, gelatinose conglutinatis, non septatis formatum; hymenium superne non coloratum, strato amorpho, decolore et angusto supertectum, caeterum decolor, purum, pellucidum, 70—100 μ altum, J primum sordidescenti-coeruleum, demum cupreo-rufescens; hypothecium lutescens, ex hyphis intricatis et subgelatinose contextis formatum, angustum; paraphyses filiformes, strictae, gelatinose conglutinatae, simplices vel apicem versus increbre et breviter ramosae, eseptatae, ad apicem haud latiores; asci oblongo-clavati, superne rotundati et membrana incrassata cincti, 8 spori; sporae decolores, fusiformi-aciculares, in altero apice rotundatae, in altero angustato-acuminatae, contortae, plus minus undulatae, usque 20 loculares, septis tenuissimis, 66—77 μ longae et 3—4 μ latae (in parte superiore).

S-Y.: Auf lebender Rinde von *Vernonia volkameriaefolia* im tr. Savannenwalde bei Schuidien zwischen Möngdse und Manhao, 1300 m, 7. III. 1915 (6028).

9. ** **B. lopingensis** A. ZAHLBR.

Thallus pro maxima parte endophloeodes, extus maculis ochraceo-glaucescentibus, subnitidis, KHO—, $CaCl_2O_2$—, continuis, laevibus, in margine linea tenui nigricanteque indicatus, sorediis et isidiis destitutus; gonidia cystococcoidea, plus minus glomerata; medulla albida, J—.

Apothecia biatorina, sessilia, dispersa vel approximata, parva, usque 0,8 mm lata, rotunda, ad basin constricta, ochraceo-fusca vel fusco-obscurata, e concaviusculo plana vel modice convexa, margine tenui, integro, cum thallo concolore, parum prominulo et demum plus minus depresso; excipulum subchondroideum, integrum, ad ambitum dilute fuscescenti-lutescens, intus decolor et dilucidum, ex hyphis radiantibus, conglutinatis, non septatis, ad apicem parum latioribus et strato amorpho, tenui, decolore supertectis formatum; hymenium superne dilute lutescens, non pulverulentum, KHO—, NO_5—, caeterum decolor et purum, 180—200 μ altum, J violaceo-coeruleum; hypothecium lutescens, ex hyphis intricatis compositum; paraphyses filiformes, strictae, leviter conglutinatae, simplices, eseptatae, non capitatae; asci oblongo-clavati, superne rotundati et membrana sat bene incrassata cincti, 8 spori; sporae in ascis 3—4 seriales, decolores, aciculari-filiformes, utrinque aequaliter rotundatae vel in altero apice magis angustatae, subrectae, curvulae vel hamatae, sed non spiraliter contortae, indistincte septatae, loculis 8—12, 40—50 μ longae et 2—3 μ latae.

E-Y.: Auf Rinde von *Schoepfia jasminodora* in der wtp. St. des mittelchin. Fl. auf dem Hügel bei Djindjischan nächst Loping, 1600 m, 12. VI. 1917 (11061).

10. ** **B. celtidicola** A. ZAHLBR.

Thallus epiphloeodes, crustaceus, uniformis, substrato adhaerens, expansus, tenuis, 0,1—0,2 mm crassus, subtartareus, cervino-glaucescens, opacus, KHO flavens, $CaCl_2O_2$—, granulosus, granulis minutis, ad 0,2 mm latis, non rare superne planatis, confertis, sorediis et isidiis non instructus, in margine passim linea tenui nigricante cinctus; gonidia cystococcoidea, glomerata; medulla albida, J—.

Apothecia sat crebra, biatorina, haud approximata, rotunda, sessilia, ad basin modice constricta, usque 1 mm lata, vulgo tamen minora, e concaviusculo demum leviter et inaequaliter convexa, alutacea, demum rufescenti-fusca, opaca, epruinosa, margine crassiusculo, nigro, integro, parum prominulo et persistente circumdata; excipulum dimidiatum, infra hymenium latiuscule inflexum, subchondroideum, extus rufo-fuscescens, intus subdecolor, dilute lutescens, ex hyphis tenuibus, radiantibus, dense conglutinatis, non septatis formatum; hypothecium sat angustum, fere decolor vel pallide lutescens, ex hyphis intricatis formatum; paraphyses capillari-filiformes, densae, strictae, contextae, simplices, eseptatae, ad apicem haud latiores; asci clavati, superne rotundati et membrana incrassata cincti, 8 spori; sporae in ascis 3—4 seriales, decolores, aciculari-filiformes, in uno apice minus, in altero magis angustatae, sed non caudatae, rectiusculae, 8—12 loculares, septis tenuibus et parum distinctis, 38—42 μ longae et 4—5 μ latae.

S.: An lebenden *Celtis*-Stämmen in der wtp. St. bei Sandjiatsum an einem Zuflusse des Wolo-ho zwischen Yenyüen und Yungning, 2700 m, 15. VI. 1914 (3076).

11. ** **B. inconstans** A. ZAHLBR.

Thallus epiphloeodes, crustaceus, uniformis, pertenuis, substratum arcte obducens, sat late expansus, glaucescenti-cinereus, opacus, KHO flavens, demum sordidescens, $CaCl_2O_2$—, continuus, laevigatus, parum inaequalis vel passim subleprosus, sorediis et isidiis non praeditus, in margine linea tenui, nigricante cinctus; gonidia cystococcoidea; medulla alba, J—.

Apothecia habitu fere lecideina, sat crebra, plus minus dispersa, sessilia, rotunda, ad basin constricta, parva, 0,4— 0,6 mm lata, carneo-rubella et demum obscurata, opaca, epruinosa, e concaviusculo plana vel convexiuscula; margo proprius primum bene evolutus, albescens, tenuis, integer, prominulus, demum plus minus depressus et minus bene conspicuus; excipulum crassum, inferne usque 150 μ latum, dimidiatum, chondroideum, extus anguste fuscum, intus fere decolor, pellucidum, ex hyphis radiantibus et in parte inferiore excipuli intricatis, contextis, non septatis formatum; hymenium superne pallide umbrinum, passim nigrescens, non pulverulentum, caeterum decolor, purum, 100—130 μ altum, J praecedente coerulescentia diluta cupreo-rufum; hypothecium sat angustum, lutescens, ex hyphis intricatis formatum; paraphyses filiformes, strictae, gelatinose conglutinatae et minus bene limitatae, simplices, eseptatae, ad apicem vix latiores; asci oblongo-clavati, superne rotundati et membrana modice incrassata cincti, 8 spori; sporae in ascis 3—4 seriales, non tortae, decolores, aciculares, in uno apice bene rotundatae, in altero longe et sensim angustatae, pluriseptatae, loculis usque 20, superioribus subcubicis, inferioribus plus minus elongatis, cylindricis, septis pertenuibus, liberae subrectae vel curvulae, 60—80 μ longae et ad 3 μ (in parte superiore) latae.

S.: An lebender Rinde von *Illicium yunnanense* in der wtp. St. des Lolo-Landes e von Ningyüen ober Sikwai gegen den Soso-liangdse, 2500 m, 25. IV. 1914 (1212).

— — ** **f. coerulata** A. ZAHLBR.

Hymenium superne coerulescenti-aeruginosum, caeterum fere decolor vel aeruginoso-vittatum, ascis pallide aeruginosis.

S-Y.: Lebende Rinde von *Vernonia volkameriaefolia* im tr. Savannenwalde bei Schuidien zwischen Möngdse und Manhao, 1300 m, 7. III. 1915 (6025).

12. ** **B. spermatophora** A. ZAHLBR.

Thallus epiphyllus, tenuissimus, quasi suffusus, vix conspicuus, virenti-cinereus, opacus, KHO—, $CaCl_2O_2$—, continuus, laevis, sorediis et isidiis nullis, in margine linea nigricante non cinctus; gonidia cystococcoidea, glomerata; hyphae medullares non amyloideae.

Apothecia biatorina, sessilia, dispersa vel approximata, minuta, 0,1—0,15 mm lata, ad basin leviter constricta, carneo-aurantiaca, opaca, epruinosa, ex urceolato subplana, margine cum disco concolore, tenuissimo, integro, vix prominulo;

excipulum dimidiatum, fere decolor, ex hyphis septatis et radiantibus formatum, paraplectenchymaticum, cellulis subangulosis, minutis; hymenium superne anguste et dilute umbrinum, non pulverulentum, KHO—, NO_5—, caeterum purum, decolor, pellucidum, 85—95 μ altum, J cupreo-rufum; hypothecium decolor, ex hyphis intricatis formatum, mollescens, strato gonidiali superpositum; paraphyses increbrae, parum visibiles, filiformes, simplices, eseptatae, ad apicem non latiores, gelatinose conglutinatae; asci clavati, superne rotundati et membrana modice incrassata cincti, 8 spori; sporae in ascis verticales et parum contortae, 3—5 seriales, decolores, aciculari-capillares, in altero apice parum latiores et rotundatae, liberae curvulae vel subundulatae, longe caudatae, indistincte pluriseptatae, 60—65 μ longae et 1,5—2 μ latae.

SW-**H.**: Auf lebenden Blättern von *Lasianthus Hartii* im wtp. Laubwalde des Yün-schan bei Wukang, 850 m, 6. VI.—12. VII. 1918 (12276).

13. ** ***B. jucunda*** A. Zahlbr.

Thallus epiphloeodes, crustaceus, uniformis, tenuissimus, quasi suffusus, expansus, albus vel subargenteus, rarius cinerascens, subopacus, KHO lutescens, $CaCl_2O_2$—, continuus, plus minus laevigatus, paulum inaequalis, sorediis et isidiis nullis, in margine anguste nigricanti-limitatus; gonidia cystococcoidea; medulla alba, J—.

Apothecia biatorina, crebra, plus minus approximata, sessilia, rotunda, ad basin modice constricta, usque 1,8 mm lata, sed vulgo paulum minora, alutacea vel subaurantiaco-alutacea, e concaviusculo leviter convexa, demum subbotryoso-diffracta vel diffracto-verruculosa, epruinosa; margo tenuis, siccus cum thallo concolor, madefactus aquoso-nigrescens, prominulus et demum depressus; excipulum dimidiatum, subchondroideum, lutescens, ex hyphis mediocribus, subradiantibus, gelatinose conglutinatis formatum, maculis rotundatis; hymenium superne vix obscurius, non pulverulentum, caeterum fere decolor vel dilute cervinum, purum, 80—95 μ altum, J cupreo-rufescens; paraphyses filiformes, strictae, laxiuscule contextae, simplices, eseptatae, ad apicem non latiores, increbrae; hypothecium crassiusculum, dilute lutescens, mollescens, ex hyphis intricatis formatum: asci crebri, oblongo-clavati, 8 spori; sporae decolores, verticales, bacillares vel bacillari-asciculares, subrectae, in uno apice magis rotundatae, in altero angustatae, 8loculares, septis valde tenuibus, membrana tenui cinctae, 54—60 μ longae et ad 3 μ latae.

SW-**H.**: Lebende Rinde von *Rhus verniciflua* in der wtp. St. des Yün-schan bei Wukang, 1200 m, 19. VI. 1918 (12157).

14. * ***B. luteola*** (Schrad.) Mudd. (Cat. Lich., IV, 215). **S.**: Rinde von *Acer Paxii* im str. Savannenwalde ober Helugö unterhalb Kwapi n von Yenyüen, 2325 m (2475).

***B.* sp.** ? S-**Y.**: Lebende Rinde von *Ficus hispida* in der tr. St. bei Manhao am Roten Flusse, 200 bis 400 m (5809).

Toninia Th. Fr.

T. sinensis A. Zahlbr. (Cat. Lich., IV, 291). (*Lecidea subaromatica* Nyl. Crombie I, 164, non Wain., nec *Toninia s.* Oliv.). Kiangsu: Schanghai, an Zementmauern (Maingay).

Lopadium KÖRB.

A. Species corticola; apothecia sat magna *1. pezizoideum.*
B. Species foliicolae.
 a) Apothecia citrina *5. citrinum.*
 b) Apothecia nigra.
  I. Apothecia albo-marginata; hypothecium umbrino- vel aeruginoso-fuscum *2. melaleucum.*
  II. Apothecia non albomarginata; hypothecium decolor *3. tonkinense.*
 c) Apothecia aeruginoso-fusca, passim obscurata; hypothecium nigrum *4. affine.*

1. * ***L. pezizoideum*** (ACH.) KÖRB. (Cat. Lich., IV, 310). NW-**Y.**: Tannenrinde in der ktp. St. am Westhange des Rückens zwischen Haba und Dugwantsun, 4050 m (6867).

2. * ***L. melaleucum*** MÜLL. Arg. (Cat. Lich., IV, 208). **F.**: Auf lederigen Blättern in Wäldern des Gu-schan bei Fudschou 500—600 m (CHUNG 510a, 518).

— — ** var. ***orientale*** A. ZAHLBR.

A typo differt thallo non continuo, sed flocculoso-maculoso.

SW-**H.**: Auf lebenden Blättern von *Lonicera Giraldiana*, *Mahonia Bealei* und *Lasianthus Hartii* im wtp. Walde des Yün-schan bei Wukang, 850 bis 1100 m, 6. VI.—12. VII. 1918 (12273).

— — ** var. ***aeruginascens*** A. ZAHLBR.

Omnia ut in planta typica, sed excipulum, epithecium et hypothecium aeruginoso- (non fusco-) umbrinum.

SW-**H.**: Lebende Blätter von *Benzoin commune* in wtp. Gebüschen des Yün-schan bei Wukang, 850 m, 6. VI.—12. VII. 1918 (12037).

3. ** ***L. tonkinense*** A. ZAHLBR.

Thallus epiphyllus, tenuissimus, quasi suffusus, substratum arcte obducens, glauco-virens, nitidulus, KHO—, $CaCl_2O_2$—, continuus, laevigatus, sorediis, isidiis et trichomatibus nigris non instructus, in margine linea obscuriore non cinctus, fere homoeomericus, gonidiis cystococcoideis, globosis, pallide viridibus, 7—9 μ latis, glomeratis.

Apothecia lecideina, nigra, minuta, ad 0,2 mm lata, adpressa, rotunda, tenuia, plus minus dispersa, plana vel planiuscula; discus niger, opacus, epruinosus; margo pertenuis, integer, discum non superans, niger; excipulum dimidiatum, fusco-nigrum vel fere fuligineum, mediocre; hymenium superne fuscum, tenuiter pulverulentum, caeterum decolor et purum, ad 50 μ altum, J lutescens; hypothecium angustum, decolor; paraphyses filiformes, strictae, contextae, simplices, eseptatae, non capitatae; asci ovali- vel ellipsoideo-clavati, superne rotundati et membrana modice incrassata cincti, ad basin sat abrupte et subpedicellatim angustati, monospori; sporae decolores, subcylindrico-oblongae vel ellipsoideo-oblongae, utrinque rotundatae, rectae vel curvulae, murales, loculis numerosis (septis horizontalibus primariis 7, septis verticalibus 3—5), subcubicis, membrana tenui cinctis, J lutescentes, halone non praeditae, 32—34 μ longae et 11—13 μ latae.

Tonkin: Auf lebenden Blättern von *Caryota mitis* im tr. Tälchen Ngoikoden bei Phomoi nächst Laogai an der Grenze von **Y.**, 150 m, 2. II. 1914 (500).

Habitu *L. exiguello* (WAIN.) A. ZAHLBR. similis, sed ab eo jam sporis parvis differt.

4. ** *L. affine* A. ZAHLBR.

Thallus epiphyllus, crustaceus, uniformis, substratum arcte obducens, tenuissimus, maculas mediocres, cinerascenti-albidas, opacas, KHO—, $CaCl_2O_2$—, continuas, laevigatas, sorediis et isidiis destitutas, in margine linea obscuriore non cinctas format, fere homoeomericus, gonidiis cystococcoideis, viridibus, glomeratis, 6—8 μ latis.

Apothecia habitu fere lecanorina, revera biatorina, plus minus dispersa, sessilia, rotunda, ad basin breviter constricta, parva, 0,3—0,6 mm lata, e planiusculo leviter convexa, aeruginoso-fuscescentia, opaca, passim in nigrum vergentia, pruinosula, margine tenui, integro, prominulo, disco pallidiore, albescente vel cinerascente; excipulum dimidiatum, pallidum, dilute coerulescenti-glaucescens, ex hyphis tenuibus, eseptatis et intricatis formatum, gonidia nulla includens; hymenium superne passim pallidum, passim aeruginoso-sordidescens, non pulverulentum, KHO—, NO_5—, caeterum fere decolor vel dilute fuscescens, purum, 110—120 μ altum, J e coeruleo obscuratum; hypothecium angustum, nigrescens, bene limitatum: paraphyses filiformes, gelatinose conglutinatae, parum distincte limitatae, simplices, eseptatae, non clavatae; asci ellipsoideo- vel ovali-clavati, superne rotundati et membrana modicè incrassata cincti, monospori; sporae decolores, ellipsoideo-oblongae, utrinque rotundatae, rectae vel subrectae, murales, cellulis numerosis, minutis, subcubicis, leptodermaticis, halone non instructae, 100—120 μ longae et 20—24 μ latae.

F.: Auf lederigen Blättern im Walde des Gu-schan bei Fudschou (CHUNG 554).

Lopadio melaleuco MÜLL. Arg. valde affinis, differt apotheciis non mere nigris et hypothecio angusto nigricante.

5. ** ***L. citrinum*** A. ZAHLBR.

Thallus epiphyllus, crustaceus, uniformis, substrato adhaerens, modice expansus, tenuis, ad 0,1 mm crassus, mollescens, ochraceo-flavens, opacus, KHO magis flavescens, $CaCl_2O_2$—, continuus, subpulverulentus, sorediis et isidiis nullis, in margine linea obscuriore non cinctus et non bene limitatus; fere homoeomericus; gonidia cystococcoidea, laete viridia, globosa, ad 8 μ lata; hyphae thalli non amyloideae.

Apothecia biatorina, sessilia, dispersa vel approximata, primum verruciformia, dein plus minus planata et demum leviter convexa, rotunda, citrino-flava, KHO—, usque 1,1 mm lata, ad basin modice constricta; margo proprius primum prominulus, integer, cum thallo concolor, demum plus minus depressus; discus angustus, obscure fuscus, opacus, citrino-suffusus; excipulum dimidiatum, ex hyphis intricatis formatum: hymenium superne cinerascens, pulverulentum, KHO—, NO_5—, caeterum dilute fuscescenti-lutescens, modice gelatinosum, subinspersum, 100—125 μ altum, J violaceo-coeruleum; hypothecium crassiusculum, rufescenti-fuscum; paraphyses filiformes, non strictae, parum distincte limitatae, increbre ramosae, non septatae, ad apicem haud latiores; asci oblongo-clavati, ad apicem rotundati et membrana modice incrassata cincti, monospori: sporae decolores, oblongae, utrinque retusato-rotundatae, subrectae vel curvulae, murales, cellulis parvis, numerosis, subcubicis et leptodermaticis, membrana tenui cinctae, halone non circumdatae, 85—100 μ longae et 26—30 μ latae.

NW-Y.: Auf lebenden Blättern von *Aeschynanthus bracteatus* im wtp. Regenwalde des birm. Mons. im Tale unter dem Gomba-la bei Tschamutong am Salwin, 2300 m, von Einheimischen, 14.—17. VIII. 1916 (9866).

** *Buelliastrum* A. ZAHLBR.

Thallus crustaceus, uniformis, stratosus, areolatus, substrato adhaerens et rhizinis non praeditus; stratum corticale plectenchymaticum; gonidia palmellacea. Apothecia lecideina, simplicia, excipulo fuligineo; paraphyses ramosae, gelatinam sat copiosam percurrentes; sporae 8-nae, simplices, globosae, fuscae vel fuscescentes.

Die neue Gattung nähert sich im Bau des Hymeniums der Gattung *Rhizocarpon*, mit welcher sie auch eine habituelle Ähnlichkeit aufweist. Die einzelligen Sporen sind das trennende Merkmal; sie sind ähnlich wie bei gewissen Arten der Sektion *Aspicilia* (*Calcarea*-Gruppe) einreihig in den Schläuchen angeordnet und stimmen mit diesen auch in dem Baue der Paraphysen überein. Von der Sektion *Eulecidea* weicht unsere Gattung, abgesehen von der Farbe der Sporen, welche allerdings oft blaß ist und als Gattungsmerkmal nicht gelten könnte, durch die verzweigten, in einer Gallerte eingebetteten, nicht straffen Paraphysen ab. Eine Zwischenstellung zwischen *Lecidea* und *Rhizocarpon* ist augenscheinlich, das Auftreten einer einzigen waagrechten Scheidewand in der Spore würde zu letzterem hinüberführen. So möchte ich *Buelliastrum* eher der Gattung *Rhizocarpon* als der Gattung *Lecidea* naherücken.

A. Thallus albidus, tenuis; sporae minores, subglobosae, 12—14 μ latae *1. tenue.*

B. Thallus obscuratus, crassus; sporae 25—30 $\times$ 19—21 μ *2. crassum.*

1. ** *B. tenue* A. ZAHLBR.

Thallus crustaceus, uniformis, epilithicus, maculas sat expansas formans, substrato arcte adhaerens, subtartareus, tenuis, ad 0,1 mm crassus, lacteo-cinerascens, opacus, madefactus persicino-rufescens, KHO parum flavens, $CaCl_2O_2$—, KHO + $CaCl_2O_2$ rubescens, areolatus, areolis continuis, parvis, 0,2—0,3 mm latis, angulosis, submembranaceis, fissuris tenuissimis separatis, superne laevigatis, in margine linea nigra non cinctus, areolis marginalibus parum latioribus et passim subsquamifomibus; soredia et isidia desunt; stratum corticale tenue, 15—18 μ crassum, ad ambitum anguste obscuratum et pulverulento-inspersum, intus decolor, ex hyphis intricatis formatum; stratum gonidiale crassiusculum, continuum, gonidiis palmellaceis, laete viridibus, globosis vel late ovalibus, membrana tenui cinctis, 10—20 μ latis; medulla tenuis, alba, J—; pars inferior thalli late fusco-nigra.

Apothecia lecideina, nigra, opaca, primum immersa, demum plus minus adpressa, minuta, 0,2—0,3 mm lata, rarius paulum majora (usque 0,5 mm lata), rotunda; discus e concaviusculo subplanus, epruinosus; margo pertenuis, integer, primum prominulus; excipulum integrum, fusconigrum, mediocre; hymenium superne anguste fuscum, KHO—, NO_5—, non pulverulentum, caeterum decolor, purum, gelatinosum, passim columella una alteraque nigra percursum, 140 usque 150 μ altum, J cupreo-rufescens; paraphyses increbrae, filiformes, parce ramosae, eseptatae, ad apicem non latiores, gelatinam copiosam percurrentes; asci oblongo-clavati, superne rotundati et membrana modice incrassata cincti, 8spori; sporae in ascis subbiseriales, simplices, fuscidulae, subglobosae, membrana tenui cinctae, halone non praeditae, contentu aequaliter plasmatico, 12—14 μ latae.

S.: Sandsteine in der wtp. St. auf dem Sattel zwischen Tjiaodjio und Lemoka im Lolo-Lande e von Ningyüen, 2250 m, 23. IV. 1914 (1581).

2. ** ***B. crassum*** A. ZAHLBR.

Thallus epilithicus, crustaceus, uniformis, late expansus, substratum obducens, tartareus, crassiusculus, ad 1 mm altus, obscure fumoso-cinereus, passim cinereus, opacus, madefactus rufescens, KHO fulvescens, KHO + $CaCl_2O_2$ bene rubens, rimoso-areolatus, areolis 0,8—2 mm latis, plus minus angulosis, fissuris flexuosis, passim parum hiantibus separatis, planiusculis, superne laevigatis, continuis, inferne nigris, sorediis et isidiis destitutus, in margine sat bene limitatus, linea nigra non cinctus: stratum corticale ad 30 μ crassum, ad ambitum anguste obscuratum, intus decolor, ex hyphis intricatis formatum; stratum gonidiale continuum; gonidia palmellacea, laete viridia; medulla crassiuscula, alba, ex hyphis non amyloideis formata.

Apothecia lecideina, nigra, opaca, primum immersa, demum adpressa, rotunda, usque 1 mm lata; discus planiusculus, epruinosus; margo valde tenuis, integer, primum prominulus; excipulum fuligineum, integrum, mediocre; hymenium superne obscure fuscum, non pulverulentum, KHO—, NO_5—, caeterum decolor, purum, dilucidum, usque 150 μ altum, J e praecedente coerulescentia cupreo-rufum; paraphyses densae, subcapillares, ramosae et connexae, eseptatae, ad apicem non latiores, persistentes, gelatinam sat increbram percurrentes; asci oblongo- vel ovali clavati, superne rotundati et membrana bene incrassata cincti, versus basin sensim angustati, recti vel curvuli, 4—6 spori; sporae in ascis uni- vel biseriales, primum fere decolores, demum fuscae, simplices, late ellipsoideae vel subglobosae, membrana tenui cinctae, contentu aequaliter plasmatico, 25—39 μ longae et 19—21 μ latae.

Diabasfelsen von der tp. bis zur Hg. St. **S.**: Lungdschu-schan bei Huili, 3000—3675 m, 26. III. 1914 (1020). **NW-Y.**: Unter dem Kare Schitako im Yülung-schan bei Lidjiang („Likiang"), 3800—4000 m, 16. VII. 1914 (3557).

Rhizocarpon LAM.

A. Sporae murales.
- a) Thallus flavus — *4. geographicum.*
- b) Thallus cinereus, fuscescens vel obscuratus.
  - I. Sporae depauperato-murales, hinc inde septo unico verticali instructae, minores, usque 19 μ longae — *6. cinereocaesium.*
  - II. Sporae distincte murales et majores, ultra 24 μ longae.
    - 1. Thallus ochraceus — *8. ischnothallum.*
    - 2. Thallus fuscescenti-cinerascens — *7. gracile.*

B. Sporae simpliciter septatae.
- a) Sporae uniseptatae.
  - I. Thallus cinereus vel fuscus.
    - 1. Sporae minores, 18—26 × 8—13 μ — *2. Copelandii.*
    - 2. Sporae majores, 30—40 × 14—16 μ — *3. sinense.*

II. Thallus flavus 1. *alpicolum.*
b) Sporae 4—5 loculares 5. *leprosulum.*

Sect. *Catocarpon* (KÖRB.) TH. FR.

1. * **Rh. alpicolum** (WAHLBG.) RABH. (Cat. Lich., IV, 319). NW-Y.: Schieferfelsen in der Hg. St. des birm. Mons. unter dem Doker-la an der tibetischen Grenze, 28° 15′, 4225 m (8087).

2. *Rh. Copelandii* (KÖRB.) TH. FR. (Cat. Lich., IV, 331). (*Buellia C.* KÖRB. JATTA I, 479). Schenhsi: Talkschieferfelsen auf dem Laoyi-schan (GIRALDI).

3. ** **Rh. sinense** A. ZAHLBR.

Thallus crustaceus, epilithicus, uniformis, maculas minores formans substratum arcte obducentes, subtartareas, tenues, ad 0,2 mm crassas, rosaceo-cinereus, opacus, madefactus in fuscescentem vergens, KHO—, $CaCl_2O_2$—, KHO + $CaCl_2O_2$ paulum rubescens, areolatus, areolis in centro thalli continuis, ad ambitum ejus subdispersis, angulosis, usque 1 mm latis, fissuris tenuibus separatis, sorediis et isidiis non instructus, in margine linea nigra non cinctus, hypothallo distincto nullo; gonidia cystococcoidea; medulla alba, J —.

Apothecia et inter areolas et ad eas sita, lecideina, nigra, opaca, parva, 0,3—0,5 mm lata, rotunda vel rotundata, dispersa; discus e concaviusculo planus, in centro passim tuberculatus, epruinosus; margo integer, sat tenuis, prominulus, niger vel cinerascens; excipulum dimidiatum, fuligineum, mediocre; hymenium superne obscure fuscum, haud pulverulentum, KHO et NO_5 in violaceum vergens, caeterum decolor et purum, 150—160 μ altum, J obscurate coeruleum; hypothecium crassum, obscure vel nigricanti-fuscum, versus hymenium magis fuscum, KHO—, NO_5 in ochraceum vergens; paraphyses filiformes, increbre ramosae, eseptatae, non clavatae, gelatinam sat increbram percurrentes; asci ovali-ellipsoidei, superne late rotundati et membrana bene incrassata cincti, vulgo 8-, rarius 4spori; sporae in ascis biseriales, ex olivaceo mox obscure fuscae, late ellipsoideae vel subovales, utrinque sat abrupte angustato-rotundatae vel acutatae, rectae, uniseptatae, ad septum constrictae, membrana et septo tenuibus, cellulis aequalibus, guttula unica, sat majuscula impletis, halone 5—6 μ crasso et persistente cinctae, 26—39 μ longae et 14—18 μ latae (sine halone).

S.: Diabasfelsen an der Grenze der ktp. St. auf dem Gipfel des Lungdschu-schan bei Huili, 3550—3675 m, 26. III. 1915 (1012). Sandsteinfelsen in der Hg. St. auf dem Rücken des Tschahungnyotscha jenseits des Yalung n von Yenyüen, 28° 15′, 4150—4300 m, 27. V. 1914 (2647). NW-Y.: Granitfelsen der Hg. St. des birm. Mons. unter dem Doker-la an der tibetischen Grenze, 4225 m, 17. IX. 1915 (8088).

Ad stirpem *Rh. badioatri* (sensu TH. FR.) pertinet et sporis magnis dignota est.

Sect. *Eurhizocarpon* STZBGR.

4. **Rh. geographicum** (L.) DC. (Cat. Lich., IV, 359). (*Diplotomma g.* JATTA I, 479). S.: Diabasfelsen an der Grenze der ktp. St. auf dem Lungdschu-schan bei Huili, 3550—3675 m, 26. III. 1914 (1008). NW-Y.: Ostseite des Si-la in der Mekong-Salwin-Kette, 28′, 3940 m (GREGORY nach PAULS. I, 317). Schenhsi: Silikatfelsen auf dem Hwangtou-schan und Laoyi-schan (GIRALDI).

— — var. *atrovirens* (L.) MASS. (Cat. Lich., IV, 363). (*Lecidea geographica* var. *atrovirens* SCHAER. HUE II, 176). Y.: Felsen des Dsang-schan ober Dali, 4000 m (DELAVAY).

— — var. *contiguum* (SCHAER.) MASS. (Cat. Lich., IV, 366). *Diplotomma geographicum* var. *contiguum* JATTA I, 479. Schenhsi: Silikatfelsen auf dem Hwangtou-schan (GIRALDI).

5. ** ***Rh. leprosulum*** A. ZAHLBR.

Thallus epilithicus, crustaceus, uniformis, substrato laxiuscule adhaerens, modice expansus, tenuis, ad 0,1 mm crassus, subtartareus, argillaceus, opacus, KHO—, $CaCl_2O_2$—, leproso-pulverulentus, continuus, sorediis et isidiis destitutus, in margine linea obscuriore non cinctus; gonidia cystococcoidea; medulla albida, J—.

Apothecia lecideina, adpressa, dispersa vel approximata, rotunda vel rotundata, ad basin leviter constricta, usque 1,5 mm lata, nigra vel rarius fusconigra, opaca, primum concaviuscula, demum convexa et passim subtuberculata gibbosave; margo primum prominulus, integer et angustus, demum depressus; excipulum fuligineum, integrum, ad latera hymenii angustius, infra hymenium crassum, KHO solutionem sordide purpuream effundens; hymenium superne latiuscule fusco-nigricans, pulverulentum, KHO—, NO_5 obscurius fuscum, caeterum dilute fuscescens, NO_5 lutescens, primum guttulosum, demum plus minus purum, 120—140 μ altum, J cupreo-rufescens; hypothecium angustum, fere decolor; paraphyses capillari-filiformes, increbre ramosae, eseptatae, ad apicem non latiores, gelatinam sat firmulam percurrentes; asci ellipsoideo-clavati, superne rotundati et membrana bene incrassata cincti, 8 spori; sporae biseriales, decolores, oblongo- vel subfusiformi-ellipsoideae, rectae vel curvulae, utrinque rotundatae vel angustato-rotundatae, 3—4 septatae, septis angustis, ad septa non constrictae, halone non cinctae, 27—30 μ longae et 9—10 μ latae.

Y.: Morsche Sandsteinfelsen in der wtp. St. beim Tempel Djindien-se nächst Yünnanfu, 2050 m, 16. II. 1914 (5553).

Ex affinitate *Rh. Oederi*, sed ab eo notis variis sat longe distans.

6. ** ***Rh. cinereocaesium*** A. ZAHLBR.

Thallus epilithicus, crustaceus, uniformis, late expansus, substrato adhaerens, valde tenuis, vix 0,1 mm crassus, subtartareus, caesio-cinereus, KHO—, $CaCl_2O_2$—, opacus, rimoso-areolatus vel areolatus, areolis parvis, 0,2—0,3 mm latis, angulosis, fissuris tenuissimis separatis, planis vel paulum convexis, superne laevigatis, sorediis et isidiis non instructus; protothallus parum evolutus, cinereus; gonidia cystococcoidea; medulla alba, J —.

Apothecia lecideina, nigra, nitidula, usque 0,3 mm lata, crebra, plus minus dispersa, sessilia, rotunda, e plano mox convexa, margine primum valde tenui, integro et prominulo, passim cinerascente, mox depresso cincta; excipulum fuligineum, integrum, crassum; hymenium superne sordide vel olivaceo-fuscum, pulverulentum, KHO—, NO_5—, caeterum decolor vel passim pallide fuscescens, 90—100 μ altum, J e coeruleo cupreo-rufescens; hypothecium angustum, haud bene limitatum, decolor; paraphyses filiformes, strictiusculae, gelatinam sat copiosam percurrentes, simplices vel pauci-romosae, eseptatae, clavatae et capitibus bene cohaerentes; asci ellipsoideo-clavati, superne rotundati et membrana incrassata cincti, 8 spori; sporae in ascis biseriales, decolores, demum dilute fuscescentes, dactyloideo-ellipsoideae vel ovales, utrinque rotundatae, halone non praeditae, rectae vel curvulae, triseptatae et in cellulis paucis septo unico verticali et dein depauperato-murales, septo et membrana tenuibus, ad septa non constrictae, 17—19 μ longae et 7 μ latae.

S.: Mergel an Steppenhängen der str. St. ober Gaoyao am See von Ningyüen (Lingyüen), 1700 m, 14. IV. 1914 (1379).

7. ** ***Rh. gracile*** A. Zahlbr.

Thallus epilithicus, crustaceus, uniformis, plagas rotundatas, confluentes et substrato adhaerentes formans, tenuis, ad 0,2 mm crassus, fuscescenti-cinerascens, opacus, KHO—, $CaCl_2O_2$—, verruculosus vel verruculoso-areolatus, verruculis minutis, ad 0,2 mm latis, continuis et fissuris tenuibus separatis vel versus ambitum thalli dispersis, hypothallo lato nigrescente superpositis, sorediis et isidiis nullis; gonidia cystococcoidea; medulla alba, J —.

Apothecia lecideina, nigra, opaca vel demum detrita nitidula, sessilia, dispersa vel approximata, usque 0,8 mm lata, rotunda, e plano modice convexa; margo tenuis, integer, prominulus, demum depressus; excipulum integrum, fuligineum, inferne percrassum, versus hymenium obscure rufo-fuscum; hymenium superne fusco-nigrum, haud pulverulentum, KHO—, NO_5—, caeterum decolor et spumulosum, J coeruleum; paraphyses strictulae, filiformes, parce ramosae, eseptatae, gelatinose conglutinatae, non capitatae; asci ellipsoideo- vel ovali-clavati, superne rotundati et membrana incrassata cincti, 8spori; sporae in ascis biseriales, decolores et demum pallide fuscescentes, late ellipsoideo-ovales vel ovales, utrinque late rotundatae, rectae, murales, septis horizontalibus normaliter 7, septis verticalibus 1—2, septis tenuibus, in medio passim leviter constrictae, 28—34 μ longae et 12—15 μ latae.

Y.: Sandsteine in der wtp. St. bei Hsinlung jenseits des Pudu-ho n von Yünnanfu, 25° 34′, 2000 m, 10. III. 1914 (1387).

Accedit ad *Rh. obscuratum* (Ach.) Mass.

— — ** var. ***sanguineum*** A. Zahlbr.

A typo differt thallo KHO sanguineo et sporis parum majoribus, 39—42 μ longis et 15—16 μ latis.

S.: Eisenschüssiger Sandstein in der tp. St. um den Paß Dsiliba im Daliangschan e von Ningyüen, ± 3000 m, 26. IV. 1914 (1765).

8. ** ***Rh. ischnothallum*** A. Zahlbr.

Thallus epilithicus, crustaceus, uniformis, maculas mediocres (in speciminibus visis usque 3 cm latas) formans, substrato adhaerens, tenuis, 0,1—0,2 mm crassus, subtartareus, ochraceus, opacus, KHO flavens, $CaCl_2O_2$—, in centro continuus, tenuissime et minute areolato-fissus, areolis ad 0,2 mm latis, angulosis, planatis, verucis albidis, semiglobosis, dispersis, minutis, ad 0,1 mm latis obsitus, sorediis et isidiis destitutus; gonidia cystococcoidea, globosa, 9—12 μ lata; medulla alba, J —.

Apothecia lecideina, nigra, opaca vel demum nitidula, dispersa vel approximata, rotunda, usque 1 mm lata, vulgo paululum minora, primum concaviuscula, margine prominulo, integro, nigro cincta, demum convexa, margine depresso; excipulum integrum, fuligineum, ad latera hymenii angustum, inferne crassum; hymenium superne olivaceo-nigrescens, pulverulentum, NO_5—, KHO—, caeterum fere decolor, purum, 120—140 μ altum, passim striis olivaceo-fuscescentibus percursum, J obscurato-coeruleum; hypothecium angustum, decolor; paraphyses sat strictae, filiformes, increbre ramosae vel subsimplices, eseptatae, non clavatae, gelatinose conglutinatae; asci ovali-clavati, superne rotundati et membrana bene incrassata cincti, 8 spori; sporae biseriales, decolores, variabiles, oblongo-ellipsoideae, ellipsoideae vel ovales, utrinque bene rotundatae, rectae, murales, septis horizontalibus vel passim obliquis 3—5, septis verticalibus vulgo 2, septis tenuibus, ad septa non constrictae, primum halone circumdatae, 24—34 μ longae et 14—16 μ latae.

Y.: Morsche Sandsteinfelsen der wtp. St. bei der Djindien-se nächst Yünnanfu, 2050 m, 16. II. 1914 (5641).

***Rh.* sp.** ? (ohne Sporen). **S.**: Diabasfelsen der tp. St. ober Dindjia-tsun am Lungdschu-schan bei Huili, 3000 m (1019).

Lecideacea ? (nur mit Pycnoconidien). **S.**: An morschenden *Hippophaës*-Stämmen in der tp. St. bei der Brücke ober Doloho s von Muli, 2850 m (7196).

Phyllopsoraceae.

Phyllopsora Müll. Arg.

* ***Ph. parvifolia*** (Pers.) Müll. Arg. (Cat. Lich., IV, 399). **E-Kw.**: An Strauchrinden und Mergelsteinen im wtp. Mischwalde des Nandjing-schan bei Liping, 750 m (10980).

Cladoniaceae.

Baeomyces Pers.

A. Stipes apotheciorum corticatus, squamulis minutis scabridis obsitus; apothecia carneo-rufa vel fuscescentia, ± 1,5 mm lata *2. pachypus.*
B. Stipes apotheciorum nudus; apothecia rosacea vel albido-carnea, 2—4 mm lata *1. fungoides.*

1. ***B. fungoides*** (Sw.) Ach. (Cat. Lich., IV, 411). **Y.**: Dürre Erdabrisse auf Sandstein in der wtp. St. am Hange des Tschangtschung-schan bei Yünnanfu, 2000 m (5711). Erde in Wäldern des Yendsehai und Santschang „kiu" bei Hodjing (Delavay nach Hue III, 237).

2. ***B. pachypus*** Nyl. (Cat. Lich., IV, 413). **Y.**: Diabaserde im tp. Laubwalde oberhalb Hsiangschuiho, 26° 15′, zwischen Dali und Hodjing, 3000 bis 3400 m (6534). Im NW im Gehängeschutte der Hg. St. an der Westseite des Gebirges Piepun se von Dschungdien, 4450—4650 m (4620). Auf Erde zwischen Sträuchern bei der Schlucht Yendsehai ober Niugai, 3300 m (Delavay 1581). Erde in Schluchten des Heischanmen, 3000 m (D. 3004, nach Hue I, 16; II, 159; III, 137). **S.**: Sandsteinerde im ktp. Eichenwalde unter der Alm Bödö bei Muli, 3600—3700 m (7369).

Pilophoron (Tuck.) Th. Fr.

A. Apothecia subconica; podetia elongata, simplicia vel ramosa *2. aciculare.*
B. Apothecia subglobosa; podetia pumila, simplicia *1. cereolum.*

1. * ***P. cereolum*** TH. FR. (Cat. Lich., IV, 431).

Thallus epilithicus, late et irregulariter expansus, tenuis, usque 0,7 mm crassus, subtartareus, glauco- vel subcervino-cinerascens, opacus, KHO flavens, $CaCl_2O_2$—, irregulariter fissus, subareolatus et dein dense areolatulus, subgranulosus vel subsquamiformis, areolis et squamulis planis, in margine distincte non limitatus, areolis primariis ad ambitum thalli dispersis, sorediis et isidiis non praeditus; cephalodia dispersa, sessilia, usque 1,5 mm lata, olivaceo-fuscescentia vel obscure fusca, opaca, tuberculato-convexa vel fere botryosa, gonidiis nostocaceis (cellulis coerulescenti-glaucescentibus, globosis, ad 3 μ latis), corticatus, cortice ex hyphis intricatis formato; gonidia palmellacea; podetia albida, simplicia, teretia, usque 4 mm longa et ad 0,5 mm lata, recta vel curvula, cortice subgranulato-fisso.

Apothecia nigra, nitida, usque 1 mm lata, terminalia et solitaria, semi- vel subglobosa; hypothecium crassum, subglobosum, intus nigrum, versus hymenium fusco-nigricans; hymenium superne pulchre coeruleum, KHO vix mutatum, NO_5 intense purpureo-violaceum, caeterum dilute coerulescens, passim fere decolor, purum, 100—115 μ altum, J e coerulescente lutescenti-cupreum (imprimis asci); paraphyses filiformes, densae, strictae et conglutinatae, simplices, eseptatae, ad apicem clavatae; asci oblongo-clavati, ad apicem rotundati et ibidem primum membrana incrassata instructi, 8 spori; sporae uni- vel biseriales, decolores, simplices, ellipsoideo-fusiformes, rectae, membrana tenui cinctae, 20—22 μ longae et 6—8,5 μ latae.

NW-Y.: Sandsteine im Walde der ktp. St. unter der Alm Maoniubi auf dem Gebirge Waha s von Yungning, 3800 bis 4030 m (7151).

2. ***P. aciculare*** (ACH.) NYL. (Cat. Lich., IV, 431). NW-Y.: Auf einem trockenen Diabasfelsen im ktp. Tannenwalde am Westhange des Nguka-la zwischen Dschungdien und Djitsung am Djinscha-djiang, 3775 m (7803). Sicher derselbe gesehen im birm. Mons. unter dem Teiche Tsuka im Saoa lumba zwischen Mekong und Salwin, 28°, 3700 m. Hubei: (HENRY 6965 nach MÜLLER I, 235).

Cladonia HILL p. p. em. WAINIO.

A. Apothecia typice coccinea.
- a) Squamae thalli superne glaucescentes vel albidae; podetia KHO non tincta.
  - I. Podetia plus minus corticata, esorediata — *29. Floerkeana.*
  - II. Podetia ecorticata, dense soredioso-farinosa — *28. bacillaris.*
- b) Squamae thalli superne flavescentes vel substramineae.
  - I. Podetia corticata; laciniae thalli primarii latiores — *30. coccifera.*
  - II. Podetia granulato-sorediosa; thalli primarii laciniae angustae — *31. transcendens.*

B. Apothecia fusca vel pallescentia.
- a) Apothecia typice pallescentia.
  - I. Podetia corticata, esorediosa, ascypha — *25. botrytis.*
  - II. Podetia sorediosa, plus minus decorticata — *26. carneola.*
- b) Apothecia typice fusca.
  - I. Thallus primarius nullus vel crustaceus; podetia basi emorientia.

1. Podetia in lateribus crebre perforata *5. aggregata.*
2. Podetia in lateribus non perforata.
   α) Podetia strato corticali destituta.
      O Apices steriles podetiorum nutantes.
         V Thallus cinerascens, KHO flavens *1. rangiferina.*
         V V Thallus stramineus, KHO non reagens *2. sylvatica.*
      O O Apices podetiorum erecti.
         V Thallus parum vel vix fasciculatus, apicibus valde tenuibus *3. impexa.*
         V V Thallus dense thyseoideo-ramosus, apicibus robustioribus *4. alpestris.*
   β) Podetia strato chondroideo evoluto corticata.
      O Cortex dispersus *6. amaurocraea.*
      O O Cortex continuus *7. medusina.*

II. Thallus primarius evolutus, squamosus vel foliaceus.
1. Podetia axillis plus minus perviis.
   α) Podetia KHO lutescentia.
      O Podetia ascypha *9. rangiformis.*
      O O Podetia scyphifera *8. delicata.*
   β) Podetia KHO non mutata.
      O Podetia crebre et subtiliter farinosa, esquamosa *10. cenotea.*
      O O Podetia non farinosa.
         V Podetia granulosa vel verrucosa, squamosa *14. squamosa.*
         V V Podetia strato chondroideo obducta.
            § Podetia elongata *13. furcata.*
            §§ Podetia brevia.
               ∧ Podetia vulgo scyphifera *11. crispata.*
               ∧ ∧ Podetia vulgo ascypha *12. Delessertii.*
2. Podetia clausa.
   α) Squamae thalli primarii parvae vel mediocres.
      O Podetia soredioso-granulosa *15. decorticata.*
      O O Podetia non granulosa.
         V Podetia non e centro scypharum prolifera.
            § Podetia elongata.
               + Podetia apicem versus esorediata *17. gracilis.*
               + + Podetia apicem versus sorediata *16. cornuta.*
            §§ Podetia brevia.
               + Podetia in lateribus fissa *18. cariosa.*
               + + Podetia in lateribus non fissa, vulgo scyphifera.
                  ∧ Scyphae regulares.
                     ↄ Podetia sensim dilatata, farinosa *21. fimbriata.*
                     ↄↄ Podetia subabrupte dilatata, non farinosa *22. pyxidata.*

∧∧ Scyphae irregulares.
Ɔ Podetia irregulariter corticata *20. pityrea.*
ƆƆ Podetia areolato-corticata *19. degenerans.*
∨∨ Podetia e centro scypharum prolifera.
§ Podetia tabulatis paucis *23. verticillata.*
§§ Podetia tabulatis numerosis *24. calycantha.*
β) Squamae thalli primarii majusculae, foliaceae *27. foliacea.*

1. **C. rangiferina** (L). WEB. (Cat. Lich. IV., 583). W-**Y.**: Dsang-schan bei Dali auf Erde an schattigen Stellen, c. 4000 m (DELAVAY 1559), dort unter *Rhododendron* auf einem Kamme auch von mir gesehen. In den Schluchten des Loping-schan und Yendsehai (DELAVAY nach HUE I, 17; III, 257). Hubei (HENRY 6947 nach MÜLLER I, 235). Schenhsi: Zwischen Moosen auf dem Hwangtou-schan (GIRALDI nach JATTA I 466).

2. C. sylvatica (L.) HOFFM. (Cat. Lich., IV, 609). (*Cladina s.* LEIGHT. HUE II, 161). NW-**Y.**: Felsen am Fuße der Gletscher des Yülung-schan bei Lidjiang 4000 m (DELAVAY nach HUE II, 161; III, 257).

— — var. *portentosa* (DUF.) WAINIO. NW-**Y.**: Kalkfelsen im Gebirge zwischen Djientschwan und dem Mekong, 3650—3950 m (FORREST 23063). Schenhsi: Auf dem Taipei-schan und Hwangtou-schan (GIRALDI nach JATTA I, 466).

3. * **C. impexa** HARM. (Cat. Lich., IV, 550) **f. laxiuscula** (WAIN.) A. ZAHLBR. nov. comb. (*Cladonia sylvatica* f. *laxiuscula* WAINIO, Monogr. *Cladon.*, I, 29 [1887]). — *Cl. laxiuscula* SANDST. in Abhandl. naturw. Ver. Bremen XXI, 343 [1912]). **S.**: Schiefererde der Hg. St. auf dem Rücken des Tschahungnyotscha ober Ngaitschekou jenseits des Yalung n von Yenyüen, 28° 15′, 4150—4300 m (2663).

4. C. alpestris (L.) RABH. (Cat. Lich., IV, 438). Schenhsi: Taipei-schan (GIRALDI nach JATTA I, 466).

5. **C. aggregata** (SW.) ACH. (Cat. Lich., IV, 437). **Y.**: Erdabrisse (Sandstein) bei Yünnanfu, 2000 m (65). Kualapo bei Hodjing. Ahsi w von Lidjiang. Wälder am Wege von Piendjio auf den Hsiao-Dji-schan (alle DELAVAY nach HUE III, 258). Wälder an der Grenze von Birma zwischen Tengyüe und Mytkina, 2600 bis 2800 m (GEBAUER). W-**S.**: Waldberge bei Muping (DAVID). **Kw.**: Nganschun („Gan chouen") (CAVALERIE 8035). SE-**Ki.**: Hwangpo bei Ningdu, auf Steinen (Plt. sin. 278). **F.**: Gu-schan bei Fudschou, auf Erde, 700 m (CHUNG 186, 222).

6. C. amaurocraea (FLK.) SCHAER. f. *celotea* ACH. (Cat. Lich., IV, 442). W-**Y.**: Dsang-schan bei Dali (DELAVAY nach HUE III, 264).

— — f. *oxyceras* (ACH.) WAINIO (Cat. Lich., IV, 443). (*C. amaurocraea* HUE I, 18, non SCHAER.). W-**Y.**: Auf Erde an feuchten Stellen auf dem Dsang-schan bei Dali 3000—4000 m (DELAVAY 1561 nach HUE III, 264 u. l. c.).

7. C. medusina (BOR.) NYL. var. *luteola* (BORY) WAINIO (Cat. Lich., IV, 560). (*Cladina sylvatica* HUE I, 161, non NYL.). W-**Y.**: Erde an schattigen Stellen auf dem Dsang-schan bei Dali, 4000 m (DELAVAY 1558 nach HUE l. c. und III, 263).

8. C. delicata (EHRH.) FLK. (Cat. Lich., IV, 487). Schenhsi: Taipei-schan, auf Erde, fert. (GIRALDI nach BARONI I, 48).

9. **C. rangiformis** HOFFM. (Cat. Lich., IV, 587). NW-**Y.**: Dschoni-Tal am Beima-schan, 4100 m (GREGORY nach PAULS. I, 317). Schenhsi: Erde auf dem Duiliangping, Hwangtou-schan und Lungschanhuo (GIRALDI nach JATTA I, 465).

— — **var. foliosa** FLK. (Cat. Lich., IV, 589). W-**Y.**: Bei Lidjiang, von Einheimischen (3597). Mehrfach um 3000 m (DELAVAY nach HUE III, 267).

— — var. *pungens* (ACH.) WAINIO (Cat. Lich., IV, 590). (*Cladonia furcata* HUE II, 160, p. p. — *C. pungens* FLK. HUE l. c. 160). W-**Y.**: Schattige Stellen auf dem Dsang-schan bei Dali (DELAVAY 1871, 1872, 4181). Schluchten des Loping-schan (D.). Auf Erde in Wäldern des Yendsehai bei Langtjiung (D. nach HUE ll. c. u. III, 267.).

10. **C. cenotea** (ACH.) SCHAER. (Cat. Lich., IV, 458). Schenhsi: Taipei-schan im Tsinling-schan (GIRALDI nach JATTA I, 465).

— — **f. exaltata** NYL. (Cat. Lich., IV, 459). **S.**: Tannenwälder der ktp. St. des Lose-schan bei Ningyüen, Sandstein, 3950 m (1427).

11. **C. crispata** (ACH.) FW. (Cat. Lich., IV, 472). W-**Y.**: Kualapo bei Hodjing (DELAVAY nach HUE III, 268).

— — **var. infundibulifera** (SCHAER.) WAINIO (Cat. Lich., IV, 475). **Ki.-F.**-Grenze: Grasige Stellen auf den Gipfeln des Dunghwa-schan zwischen Schitscheng und Ninghwa, c. 1400 m (Plt. sin. 313). W-**Y.**: Kualapo (DELAVAY nach HUE III, 268).

12. C. Delessertii (NYL.) WAINIO (Cat. Lich., IV, 486). W-**Y.**: Schattige Stellen auf dem Dsang-schan bei Dali (Talifu) (DELAVAY 4181) und in der Schlucht Yendsehai (D. nach HUE III, 268).

13. **C. furcata** (HUDS.) SCHRAD. (Cat. Lich., IV, 525) var. *racemosa* (HOFFM.) FLK. (Cat. Lich., IV, 488). W-**Y.**: Erde auf dem Dsang-schan bei Dali, c. 4000 m (DELAVAY 1564) und in Wäldern des Yendsehai ober Mosoying (D. nach HUE I, 17; II, 160). Schenhsi: Mehrere Fundorte auf Erde (GIRALDI nach BARONI I, 43, und JATTA I, 465).

— — — — f. *polyphylla* (FLK.) JATTA (Cat. Lich., IV, 533). (*C. furcata* var. *erecta* * *polyphylla* BARONI I, 84.) Schenhsi: Taipei-schan, auf Erde (GIRALDI).

— — var. *corymbosa* (ACH.) NYL. (Cat. Lich., IV, 526). W-**Y.**: In Wäldern des Yendsehai ober Langtjiung (DELAVAY nach HUE II, 160).

— — **var. pinnata** (FLK.) WAINIO (Cat. Lich., IV, 529). **Ki.-F.**-Grenze: Dunghwa-schan zwischen Schitscheng und Ninghwa, felsiger Hang des Tungtien-schan, c. 1200 m (Plt. sin. 338). W-**Y.**: Paß Lenago zwischen Mekong und Djinscha-djiang („Yangtse"), 27° 43′, Kamm, 3500 m (GEBAUER). Loping-schan und Yendsehai (DELAVAY nach HUE III, 265).

— — — — f. *regalis* (FLK.) OLIV. (Cat. Lich., IV, 531). (*C. furcata* f. *regalis* KOV. HUE III, 265. — *C. racemosa* var. *regalis* JATTA I, 465). NE-**S.**: Dschengkou (FARGES). Schenhsi: Taipei-schan und Hwangtou-schan und bei Daschi-tsun, auf Erde (GIRALDI).

— — — — **f. foliolosa** (DUBY) WAINIO (Cat. Lich., IV, 530). **S.**: Häufig an Gebüschrändern von der tp. bis zur Hg. St. auf dem Lose-schan bei Ningyüen, Sandstein, 2900—4250 m (1421). W-**Y.**: Wälder des Mekong—Salwin-Scheidegebirges, 26° 10′ (GEBAUER). Yendsehai (DELAVAY nach HUE III, 265).

— — — — f. *truncata* (FLK.) WAINIO (Cat. Lich., IV, 531). **Y.**: Yendsehai (DELAVAY nach HUE III, 266).

— — var. *scabriuscula* (DEL.) COEM. (Cat. Lich., IV, 532). **W-S.**: Muping (DAVID). **W-Y.**: Kualapo bei Hodjing (DELAVAY, beide nach HUE III, 266).

— — — — f. *squamulosa* OLIV. (Cat. Lich., IV, 535). (*C. furcata* var. *squamulosa* SCHAER. HUE II, 160. — *C. racemosa* var. *squamulosa* JATTA I, 465). **W-Y.**: Erde in Wäldern des Loping-schan bei Langtjiung, c. 3200 m, ster. (DELAVAY). Schenhsi: Taipei-schan und Hwangtou-schan (GIRALDI).

— — var. *palamaea* (ACH.) NYL. (Cat. Lich., IV, 527). **Y.**: Yendsehai (DELAVAY nach HUE III, 266).

— — var. *rigidula* MASS. (Cat. Lich., IV, 533). (*C. racemosa* var. *rigidula* JATTA I, 435). **Y.**: Yendsehai bei Langtjiung, Loping-schan dort, 3200 m, und Wälder des Fangyang-schan ober Mosoying (DELAVAY nach HUE III, 266). Schenhsi: Taipei-schan und Hwangtou-schan (GIRALDI).

14. C. squamosa (SCOP.) HOFFM. (Cat. Lich., IV, 594). Schenhsi: Taipei-schan, auf Erde, ster. (GIRALDI nach BARONI I, 48).

— — var. *denticollis* f. *macrophylla* (RABH.) A. ZAHLBR. (Cat. Lich., IV, 596). (*C. squamosa* f. *macrophylla* RABH. JATTA I, 466). Schenhsi: Mehrere Standorte (GIRALDI).

— — var. *microphylla* SCHAER. f. *cylindrica* SCHAER. (Cat. Lich., IV, 597). Schenhsi: Zwischen Moosen an vielen Fundorten (GIRALDI nach JATTA I, 465).

— — — — f. *proboscidea* JATTA I, 466, haud FW. Schenhsi: Sigutsiu-schan, Puwoli, und bei Indjiapu (GIRALDI nach JATTA l. c.).

Es ist unsicher, was JATTA unter dieser Form verstanden hat; erst die Nachprüfung des Belegstücks wird die Aufklärung bringen können.

— — var. *multibrachiata* (FLK.) WAINIO (Cat. Lich., IV, 598). (*C. squamosa* var. *microphylla* * *multibrachiata* JATTA I, 466). Schenhsi: Im Flußbett des San-ho bei Schidjin-tsun (GIRALDI).

15. C. decorticata (FR.) SPRGL. (Cat. Lich., IV, 479). Schenhsi: Erde, mehrfach (GIRALDI nach JATTA I, 465).

16. C. cornuta (L.) SCHAER. (Cat. Lich., IV, 470). Schenhsi: Zwischen Moosen auf dem Duidjio-schan und Hwangtou-schan (GIRALDI nach JATTA I, 465).

17. ***C. gracilis*** (L.) WILLD. var. *chordalis* (FLK.) SCHAER. (Cat. Lich., IV, 543). **Y.**: Dsang-schan bei Dali, 4000 m (DELAVAY nach HUE III, 272).

— — * **f. *hybrida*** (SCHAER.) A. ZAHLBR. (Cat. Lich., IV, 544). **S.**: Häufig an Gebüschrändern von der tp. bis zur Hg. St. auf dem Lose-schan bei Ningyüen, Sandstein, 2900 bis 4250 m (1425).

— — **var. *aspera*** (FLK.) WAINIO (Cat. Lich., IV, 542). **NW-Y.**: Lidjiang („Likiang“), von Einheimischen (3607). Erde an schattigen Stellen bis zum Dsang-schan bei Dali, 4000 m (DELAVAY 1563 und mehrfach, nach HUE III, 272).

— — * **var. *Campbelliana*** WAINIO (Cat. Lich., IV, 542). **S.**: Laubwälder der tp. St. des Lungdschu-schan bei Huili, Diabas, 3500 m (997).

— — var. *elongata* (JACQU.) FLK. (Cat. Lich., IV, 548). (*C. gracilis* var. *macroceras* FLK. BARONI I, 47. — *C. gracilis* var. *curvescens* FLK. BARONI, l. c.) Schenhsi: Taipei-schan im Tsinling-schan (GIRALDI).

— — — — f. *Hugueninii* (DEL.) HARM. (Cat. Lich., IV, 549). **Y.**: Dsangschan bei Dali (DELAVAY nach HUE III, 273).

— — — — f. *ceratostelis* KÖRB. (Cat. Lich., IV, 549). (*C. gracilis* var. *macroceras* f. *ceratostelis* OLIV. BARONI I, 464). Schenhsi: Taipei-schan (GIRALDI).

— — var. *squamosissima* MÜLL. Arg. in Flora, LXXIV, 372 (1891). Hubei („Hupeh"), auf Erde (HENRY 6959 nach MÜLLER l. c. und I, 235).

18. C. cariosa (ACH.) SPRGL. (Cat. Lich., IV, 454). Hongkong, auf Erde (WAWRA nach KRPHLBR. in Verh. Zool. bot. Ges. Wien XXVI, 436).

19. C. degenerans (FLK.) SPRGL. (Cat. Lich., IV, 482). Schenhsi: Mehrere Fundorte, auf Erde (GIRALDI nach JATTA I, 465).

— — f. *trachyna* FLK. (Cat. Lich., IV, 486). (*C. trachyna* JATTA I, 465). Schenhsi: Auf Erde bei Singan auf dem Tjiuling-schan, Duidjio-schan und Hansanfu (GIRALDI).

20. C. pityrea (FLK.) FR. (Cat. Lich., IV, 566). **F.**: Gu-schan bei Fudschou, 500 m, auf Erde (CHUNG 258, det. SANDSTEDE). Schenhsi: Duidjio-schan, Hwangtou-schan, bei Indjia-pu, auf Erde (GIRALDI nach JATTA I, 464).

21. ***C. fimbriata*** (L.) FR. (Cat. Lich., IV, 494). Schenhsi: Mehrere Fundorte (GIRALDI nach JATTA I, 464).

— — **var. *simplex*** (WEIS) WAINIO (Cat. Lich., IV, 567). (*C. tubaeformis* [ACH.] JATTA I, 464). **Ki**: Um das Kohlenbergwerk Pinghsiang, 600 m (Plt. sin. 199). Schenhsi: Mehrere Fundorte (GIRALDI).

— — — — * f. *minor* (HAG.) WAINIO (Cat. Lich., IV, 509). **F.**: Amoi, Nanpudi Hügel, 500—600 m, auf Erde (CHUNG 624).

— — — — * f. *conista* (ACH.) A. ZAHLBR. (Cat. Lich., IV, 508). **F.**: Gu-schan bei Fudschou, zwischen Moosen auf Erde, 500—600 m (CHUNG 444).

— — var. *prolifera* (RETZ.) MASS. (Cat. Lich., IV, 504). **Y.**: Auf Erde in den Wäldern des Yendsehai ober Mosoying, 3000 m (DELAVAY nach HUE II, 159). Schenhsi: Duidjio-schan, auf Erde (GIRALDI nach JATTA I, 464).

— — var. *cornutoradiata* COEM. (Cat. Lich., IV, 499). Schenhsi: Erde bei Puwoli, auf dem Hwangtou-schan und bei Schidjin-tsun nächst Hu-hsien (GIRALDI nach JATTA I, 464).

— — var. *coniocraea* (FLK.) WAINIO (Cat. Lich., IV, 497). (*C. coniocraea* JATTA I, 464.) Schenhsi: Erde bei Indjiapu (GIRALDI).

— — — — f. *truncata* (FLK.) WAINIO (Cat. Lich., IV, 499). **Y.**: Yendsehai bei Langtjiung (DELAVAY nach HUE III, 277).

— — — — f. *phyllostrota* (FLK.) WAINIO (Cat. Lich., IV, 498). (*C. ochrochlora* f. *phyllostrota* MÜLL. Arg. I, 235). Hubei (HENRY 6493).

— — var. *ochrochlora* (FLK.) WAINIO (Cat. Lich., IV, 502). (*C. ochrochlora* FLK. JATTA I, 465). Schenhsi: Duidjio-schan und Indjiapu, zwischen Moosen (GIRALDI).

22. ***C. pyxidata*** (L.) FR. (Cat. Lich., IV, 573). **Ki.-F.**-Grenze: Grasige Stellen der Gipfel des Dunghwa-schan zwischen Schitscheng und Ninghwa, c. 1400 m (Plt. sin. 346). Hubei: (HENRY 6971 nach MÜLL. Arg. I, 235). **Y.**: Auf Erde an schattigen Stellen ober dem Passe Kualapo bei Hodjing, 3500 m. Paß Lopingschan, 3200 m (DELAVAY nach HUE II, 159; III, 275). Se. von Lidjiang und am Djinscha-djiang ober Schigu (GREGORY nach PAULS. I, 317).

— — var. *neglecta* (FLK.) MASS. (Cat. Lich., IV, 579). (var. *staphylea* HUE

I, 17). Y.: Dsang-schan, 4000 m (DELAVAY). Beim Passe Yendsehai ober Niugai bei Hodjing (D. 1580 nach HUE l. c. und III, 464). Schenhsi: Dürrer Erdboden an mehreren Fundorten (GIRALDI nach JATTA I, 464).

— — var. *chlorophaea* FLK. (Cat. Lich., IV, 575). (*C. chlorophaea* SPRGL. JATTA I, 464. — *C. chl.* f. *scyphoso-prolifera* JATTA, l. c.). F.: Hungkang, Yungning, c. 700 m, auf erdbedeckten Steinen (CHUNG 70, det. SANDSTEDE). Hubei (HENRY 6962 nach MÜLLER I, 235). Schenhsi: Erde an mehreren Stellen (GIRALDI).

— — — — f. *costata* FLK. (Cat. Lich., IV, 577). Schenhsi: Erde auf dem Taipei-schan, Guinyu-schan und Hwangtou-schan (GIRALDI nach JATTA I, 464).

— — var. **pocillum** (ACH.) FW. (Cat. Lich., IV, 512). Y.: Hohlwegrand (Sandstein) der tp. St. ober Ganhaidse bei Lidjiang gegen Ngulukö, 3250 m (4322). In der Schlucht Yendsehai (DELAVAY nach HUE III, 275). S.: Gebüsche der ktp. St. auf Kalk auf dem Liuku-liangdse zwischen Yenyüen und Kwapi, 4000 m (2380). Schenhsi: Erde auf dem Hwangtou-schan und Taipei-schan, bei Dsulu und Indjiapu (GIRALDI nach BARONI I, 47 und JATTA I, 464).

23. **C. verticillata** HOFFM. (Cat. Lich., IV, 621). Y.: Erde in Wäldern, Gutui ober Mosoying (DELAVAY nach HUE II, 160). Schenhsi: Guinyu-schan und Hwangtou-schan (GIRALDI nach BARONI I, 47 und JATTA I, 465).

— — var. **evoluta** TH. FR. (Cat. Lich., IV, 625). Y.: Dürre Erdabrisse der wtp. St. auf dem Tschangtschung-schan bei Yünnanfu, Sandstein, 2000 m (5710). Erde in Wäldern des Passes Lopingschan. Maogutschang ober Dapingdse, 2200 m (DELAVAY nach HUE III, 274). Ki.-F.-Grenze: Grasige Stellen auf den Gipfeln des Dunghwa-schan zwischen Schitscheng und Ninghwa, c. 1400 m (Plt. sin. 471).

— — — — * **f. apoticta** (ACH.) WAINIO (Cat. Lich., IV, 625). Y.: Dürre Erdabrisse beim Tempel Djindien-se nächst Yünnanfu, Mergel der wtp. St., 2000 m (380).

— — var. *cervicornis* (ACH.) FLK. (Cat. Lich., IV, 623). Y.: Auf Erde am Fuße von Bäumen auf dem Dsang-schan bei Dali, c. 4000 m (DELAVAY 1569 nach HUE I, 17).

24. * *C. calycantha* (DEL.) NYL. (Cat. Lich., IV, 453). F.: Gu-schan bei Fudschou, 600 m, Erde (CHUNG, det. SANDSTEDE).

25. * *C. botrytes* (HAG.) WILLD. (Cat. Lich., IV, 451). F.: Gu-schan bei Fudschou, 500—600 m, Erde (CHUNG 447, det. SANDSTEDE).

26. *C. carneola* FR. (Cat. Lich., IV, 457). Y.: Wälder des Maörl-schan (DELAVAY nach HUE III, 280).

27. *C. foliacea* (HUDS.) SCHAER. var. *alcicornis* (LIGHTF.) SCHAER. (Cat. Lich., IV, 521). (*C. alcicornis* FLK. PAT. et OLIV. I, 23). Kw.: Pinfa (CAVALERIE 1662).

— — var. *firma* (NYL.) WAINIO (Cat. Lich., IV, 524). Schenhsi: Erde am Lungschanho (GIRALDI nach JATTA I, 464).

28. **C. bacillaris** NYL. (Cat. Lich., IV, 415). (*C. macilenta* f. *bacillaris* JATTA I, 466). H.: Steppenerde der str. St. hinter der Stadt Tschangscha, Sandboden, 100 m (12799). Schenhsi: Hwangtou-schan (GIRALDI). Y.: Yendsehai bei Langtjiung (DELAVAY nach HUE II, 161).

—— f. ***clavata*** Wainio (Cat. Lich., IV, 445). **Ki.-F.**-Grenze: Grasige Stellen auf den Gipfeln des Dunghwa-schan zwischen Schitscheng und Ninghwa, c. 1400 m (Plt. sin. 314). W-S.: Muping (David nach Hue III, 260).

29. C. Floerkeana (Fr.) Somrft. var. *carcata* (Ach.) Nyl. (Cat. Lich., IV, 518). Hubei? („China media") (Henry 6973 nach Müll. Arg. I, 235).

—— var. *intermedia* Hepp. (Cat. Lich., IV, 519). (*C. bacillaris* Hue I, 17, non Nyl.). **Y.**: Erde unter Büschen ober dem Passe Yendsehai bei Hodjing 3300 m (Delavay 1578 nach Hue I, 17; III, 259).

30. ***C. coccifera*** (L.) Willd. (Cat. Lich., IV, 461). Hubei (Henry 6772 nach Müller Arg. I, 235). Schenhsi: Erde bei Indjiapu und auf dem Duidjio-schan und Taipei-schan (Giraldi nach Baroni I, 48 und Jatta I, 466).

—— * var. *pleurota* (Flk.) Schaer. (Cat. Lich., IV, 466). **F.**: Gu-schan bei Fudschou, Erde (Chung 450, 451).

—— var. ***stemmatina*** Ach. (Cat. Lich., IV, 468). (*C. cornucopioides* Hue I, 17; II, 161, non alior.). **Y.**: Dürre Erdabrisse der wtp. St. auf dem Tschang-tschung-schan bei Yünnanfu, Sandstein, 2000 m (5712). Erde und Felsen auf dem Yendsehai ober Niugai (Delavay 1579). Felsen auf dem Gipfel des Dsang-schan bei Dali, 4000 m (D. 663 nach Hue, III, 261 und ll. c.).

31. C. transcendens Wain. var. *yunnana* Wainio (Cat. Lich., IV, 615). **Y.**: Erde und zwischen Moosen auf dem Gipfel des Dsang-schan und in Wäldern auf dem Maörl-schan (Delavay nach Hue III, 262).

Stereocaulon Schreb.

A. Thallus pumilus, caespites mollescentes, phyllocladiis leproso-dehiscentibus instructos formans.
  - a) Thallus major, 8—10 mm altus, KHO flavens; podetia ad 0,15 mm crassa *2. albicans.*
  - b) Thallus minor, usque 8 mm altus (vulgo minor), KHO—; podetia 0,2—0,25 mm crassa *1. quisquiliare.*

B. Thallus fruticulosus, rigidus; phyllocladia non leproso-dehiscentia.
  - a) Phyllocladia elongata, fibrillosa, simplicia vel ramosa.
    - I. Cephalodia gonidiis ad *Chroococcum* pertinentibus *7. ramulosum.*
    - II. Cephalodia gonidiis ad *Sirosiphonem* pertinentibus *8. proximum.*
    - III. Cephalodia gonidiis ad *Scytonema* pertinentibus.
      - 1. Sporae spiraliter tortae.
        - α) Podetia vix vel tenuiter tomentosa *12. strictum.*
        - β) Podetia bene arachnoideo-tomentosa *11. sinense.*
      - 2. Sporae non tortae *9. mixtum.*
    - IV. Cephalodia gonidiis ad *Gloeocapsam* pertinentibus; apothecia primum turbinata *10. claviceps.*
  - b) Phyllocladia non elongata, plus minus verruciformia vel subpeltata, rarius coralloidea.
    - α) Phyllocladia coralloidea *3. coralloides.*
    - β) Phyllocladia non coralloidea.
      - I. Phyllocladia digitata *4. paschale.*
      - II. Phyllocladia inciso-squamosa vel verruciformia.

1. Apothecia lateralia; phyllocladia inciso-squamaeformia *6. tomentosum.*
2. Apothecia terminalia vel subterminalia; phyllocladia verruciformia. *5. alpinum.*

1. St. quisquiliare (Leers) Hoffm. (Cat. Lich., IV, 661). (*Leprocaulon nanum* Ach. Pat. et Oliv. I, 23). **F.**: Gu-schan bei Fudschou, humöse Erde in Felsritzen, c. 500 m (Chung 354). **Kw.** (lg. ?, nach Pat. und Oliv. l. c.).

*2. * St. albicans* Th. Fr. (Cat. Lich., IV, 631). **F.**: Gu-schan bei Fudschou, 500—600 m, an Felsen (Chung 452).

3. ***St. coralloides*** Fr. (Cat. Lich., IV, 638). **Y.**: Lidjiang („Likiang") (Gebauer). Paß Lenago zwischen Mekong und Djinscha-djiang (Yangtse), 27° 43', Matten, 4000 m (Gebauer). Felsen und Steine auf dem Dsang-schan bei Dali (Talifu), 4000 m (Delavay 1555). Schluchten des Loping-schan ober Langtjiung, 3000 m, und Yendsehai, 3200 m (D.). **F.**: Gu-schan bei Fudschou, 500—600 m, Erde (Chung 461). Schenhsi: Erde auf dem Hwangtou-schan, Hwadsoping und Taipei-schan (Giraldi nach Jatta I, 466). Hubei oder **S.** (Henry 6810 p. p., 6940 nach Müller I, 235).

4. St. paschale (L.) Hoffm. (Cat. Lich., IV, 653). **Y.**: Lidjiang, schattige Orte des Yülung-schan, 4000 m (Delavay 2186). Unter Bäumen im Walde des Kualapo bei Hodjing, 3000 m (D. nach Hue II, 159). Fuß des Si-la zwischen Mekong und Salwin 3940 m (Gregory nach Pauls. I, 317). Hubei (Henry 8610 p. p. nach Müll. Arg. I, 235).

5. ***St. alpinum*** Laur. (Cat. Lich., IV, 633). NW-**Y.**: Granitfelsen in der Hg. St. des birm. Mons. unter dem Doker-la an der tibetischen Grenze, 28° 15', 4225 m (8093). Schenhsi: Taipei-schan im Tsinling-schan (Giraldi nach Baroni I, 47 und Jatta I, 466).

— — „var. *densum* Laur." W-**Y.**: Höhe des Passes w von Yünlung, 2660 m (Gregory nach Pauls. I, 317).

6. ***St. tomentosum*** Fr. (Cat. Lich., IV, 668). **Y.**: Bei Lidjiang („Likiang"), von Einheimischen (3598). Yülung-schan (Rock 11629). Trockene Diabasfelsen in den ktp. Tannenwäldern des Nguka-la zwischen Dschungdien und Djitsung am Yangtse, 3775 m (7802). Erde auf Matten des Yangdsa-schan zwischen Mekong und Salwin, 3300 m, fert. (Forrest 20153). Über Felsen in den Wäldern des Loping-schan bei Langtjiung, 3200 m und auf dem Gipfel des Dsang-schan (Delavay nach Hue III, 254). **S.**: Ktp. Tannenwälder des Lose-schan bei Ningyüen, Sandstein 3950 m (1426). W.: Muping (David nach Hue l. c.). Schenhsi: Erde an mehreren Fundorten (Giraldi).

7. ***St. ramulosum*** (Sw.) Raeusch. (Cat. Lich., IV, 663). **Y.**: Steinige Matten auf Kalk in der Hg. St. am Osthange des Gipfels Ünlüpe im Yülung-schan bei Lidjiang, 3750—4000 m (4277). Schenhsi: Erde auf dem Taipei-schan (Giraldi nach Baroni I, 47).

8. ***St. proximum*** Nyl. (Cat. Lich., IV, 660). **S.**: Trockene Diabasfelsen in der tp. St. des Lungdschu-schan bei Huili, 3000 m (964). Schenhsi: Moosiger Boden auf dem Taipei-schan (Giraldi nach Jatta I, 466). „China" (Callery nach Hue III, 244).

9. * *St. mixtum* Nyl. (Cat. Lich., IV, 651). **F.**: Gu-schan bei Fudschou, 500—600 m, auf Erde (Chung 219, 279, 462).

10. St. claviceps Th. Fr. var. *yunnana* Hue. (Cat. Lich., IV, 635). (*St. claviceps* Hue I, 17, non Th. Fr.). **Y.**: Felsen auf dem Dsang-schan bei Dali, 4000 m (Delavay 664, 1557 nach Hue I, 17; III, 251).

11. St. sinense Hue (Cat. Lich., IV, 666). **Y.**: Felsen auf dem Lopingschan bei Langtjiung (Delavay nach Hue III, 251).

12. St. strictum Nyl., Synops. Lich., I, 239 (1860). **Y.**: Felsen auf dem Gipfel des Dsang-schan bei Dali, 4000 m[1] (Delavay 1874 nach Hue II, 239).

Es ist nicht klar, welches *Stereocaulon* mit dieser Angabe gemeint ist. Hue weist in Nouv. Arch. Mus. ser. 3, X, 252—253 darauf hin, daß Nylander unter seinem *Stereocaulon strictum* zwei verschiedene Arten vermischt hat, u. zw. *Stereocaulon ramulosum* var. *strictum* Bab. und *St. piluliferum* Th. Fr., aber er macht keine Angaben darüber, welches von beiden er selbst gemeint hat, als er die Liste der von Delavay in China gesammelten Flechten veröffentlichte. Aus pflanzengeographischen Erwägungen läßt sich die Sachlage nicht aufklären, da das Vorkommen beider in China in Betracht gezogen werden muß; die Aufklärung wird der Nachprüfung des Delavayschen Belegstückes vorbehalten sein.

Gyrophoraceae.

Gyrophora Ach.

A. Thallus subtus croceus — *5. hypocrocina.*

B. Thallus subtus aliter coloratus.

a) Species corticolae.

I. Apothecia sessilia; sporae minores, 8—12 × 6—9 μ — *6. tylorrhiza.*

II. Apothecia immersa; sporae majores, 20—24 × 10—12 μ — *7. yunnana.*

b) Species saxicolae.

I. Thallus in margine rhizinis rigidis et validiusculis obsitus.

1. Thallus monophyllus — *2. cylindrica.*

2. Thallus polyphyllus laciniis congestis — *3. tornata.*

II. Thallus in margine non rhizinosus.

1. Thallus subtus nudus, plus minus griseus vel caesius — *4. proboscidea.*

2. Thallus subtus rhizinosus.

α) Thallus polyphyllus — *1. microphylloides.*

β) Thallus monophyllus.

○ Thallus glauco-cinereus vel cinereo-fuscescens — *10. cirrhosa.*

○○ Thallus aeneo- vel olivaceo-fuscus.

§ Apothecia adpressa, margine non distincto; cortex thalli superoir ad 10 μ crassus — *8. G. polyrrhiza.*

§§ Apothecia subpedicellata, margine communi persistente cincta; cortex superior thalli ad 40 μ crassus *9. luxurians.*

---

[1] Der Gipfel erreicht aber 4300 m.

1. * ***G. microphylloides*** (Laur.) A. Zahlbr. (Cat. Lich., IV, 683). NW-**Y.**: Granitfelsen der Hg. St. des birm. Mons. unter dem Doker-la an der tibetischen Grenze, 28° 15′, 4225 m (8090).

2. * ***G. cylindrica*** (L.) Ach. (Cat. Lich., IV, 693) **var. *fimbriata*** Ach. (Cat. Lich., IV, 698). **S.**: Schieferfelsen der kpt. St. im Bezirke von Muli unter dem Rücken Getsü gegen das w von Yungning herabkommende Tal, 3900 m (7464).

3. *G. tornata* Ach. (Cat. Lich., IV, 736). (*G. cylindrica* var. *tornata* Arn. Pauls. I, 317). NW-**Y.**: Jemsa-la bei Atendse, 5100 m (Gregory).

4. *G. proboscidea* (L.) Ach. (Cat. Lich., IV, 731). **Y.**: Felsen des Dsang-schan bei Dali (Talifu) (Delavay nach Hue V, 118).

5. *G. hypocrocina* Jatta (Cat. Lich., IV, 718). Schenhsi: Talkschieferfelsen auf dem Hwangtou-schan (Giraldi nach Jatta I, 472).

6. *G. tylorrhiza* Nyl. (Cat. Lich., IV, 737). (*Umbilicaria t.* Nyl. Hue V, 115). **Y.**: An Bäumen auf dem Dsang-schan bei Dali, 4000 m (Delavay 1567). Eichen in Wäldern, Hwangliping ober Dapingdse (D. nach Hue I, 23 und l. c.).

7. ***G. yunnana*** Nyl. (Cat. Lich., IV, 742). (*Umbilicaria y.* Hue V, 117). **Y.**: Eichenstämme der wtp. St. bei Sanyingpan n von Yünnanfu, 26°, 2400 m (590). Baumstämme im Walde Hwangliping ober Dapingdse, c. 2000 m (Delavay 1600), ebenso Sungping dort (D.). Ebenso in der Schlucht Yendsehai, am Heischanmen und in Wäldern ober Santschangtjiu bei Hodjing, 2500 m (D. alle nach Hue I, 23 und l. c.). Im NW auf abgestorbenen Laubholzstämmen auf dem Passe Lenago zwischen Mekong und Yangtse, im Urwald, 3600 m ? (Gebauer).

8. ***G. polyrrhiza*** (L.) Körb. (Cat. Lich., IV, 728). Kalk-, Sandstein-, Diabas- und Schieferfelsen von der tp. bis zur Hg. St., 3075—4300 m. **Y.**: Sattel Gwamaoschan zwischen Yungbei („Yungpeh") und Yungning (3322, jung). Yülung-schan bei Lidjiang, um die Wiese Ndwolo (4256). Felsen in Wäldern Gutui ober Mosoying, fert. (Delavay nach Hue II, 170). Lungdschu-schan bei Huili (586). Tschahungnyotscha jenseits des Yalung n von Yenyüen (2660).

9. ***G. luxurians*** (Ach.) Röhl. (Cat. Lich., IV, 719). (*G. polyrrhiza* var. *luxurians* Th. Fr. Hue I, 24. — *Umbilicaria thamnodes* Hue V, 121). NW-**Y.**: Glimmerschieferfelsen der Hg. St. des birm. Mons. an der Ostseite des Si-la zwischen Mekong und Salwin, 28°, 4200—4375 m (9975). *Rhododendron*-Zweige auf dem Dsang-schan bei Dali (Talifu), c. 4000 m (Delavay 1571, 1573, 1574). An Felsen dort, auf Yendsehai und ober Lopingschan (D.).

— — f. *minor* (Hue) A. Zahlbr. (Cat. Lich., IV, 719). (*Umbilicaria thamnodes* f. *minor* Hue). **Y.**: Auf dem Dsang-schan (Delavay nach Hue V, 122).

10. *G. cirrhosa* (Hffm.) Wainio (Cat. Lich., IV, 688). (*U. spodochroa* Hffm. Müll. Arg. I, 235). Hubei (Henry 6184).

Umbilicaria Ach.

U. pustulata (L.) Hffm. (Cat. Lich., IV, 747). **Y.**: Sandsteinfelsen in der tp. St. auf dem Sattel Gwamaoschan zwischen Yungbei und Yungning, 3075 m (3318). Felsen von 1800 m (wtp. St.) aufwärts (Delavay 2405 und mehrfach, nach Hue II, 170 u. V, 112). **S.**: Felsen der tp. St. Diabas des Lungdschu-schan bei Huili, 3550—3675 m (948). Eisenschüssiger Sandstein um den Paß Dsiliba im Daliang-schan (Lolo-Land) e von Ningyüen, ± 3000 m (1773). Phyllit unter Föhren bei Hosö nw von Yungning im Bezirke von Muli, 2950 m (7552).

Acarosporaceae.

Biatorella Th. Fr.

A. Thallus sorediis non instructus *1. bambusarum.*
B. Thallus sorediosus *2. conspersa* f. *sorediifera.*

1. ** **B. bambusarum** A. Zahlbr.

Thallus epiphloeodes, crustaceus, uniformis, substrato arcte adhaerens, plagas minores et irregulares formans, tenuis, ad 0,1 mm crassus, virenti-cinereus vel olivaceo-fuscus, opacus vel fere opacus, KHO sordide lutescens, $CaCl_2O_2$—, continuus, versus marginem plus minus laevigatus, centrum versus minute verruculosus vel subleprosus, sorediis et isidiis non praeditus, in ambitu bene limitatus et hinc inde linea tenui nigraque cinctus; stratum corticale parum distinctum; gonidia cystococcoidea, laete viridia, globosa, 12—15 μ lata; hyphae thalli non amyloideae.

Apothecia biatorina, habitu fere lecideina, sessilia, dispersa vel approximata, rotunda, ad basin leviter constricta, 0,8—1,2 mm lata, primum urceolata, demum plana; discus rufo-fuscus vel fusco-nigricans, madefactus in rufum vergens, opacus, epruinosus; margo proprius tenuis, integer, primum bene prominulus et albido-cinerascens, demum cum disco concolor, madefactus niger; excipulum fusconigrum, integrum, ad 90 μ crassum, supra discum modice incurvatum et in apice angustatum; hypothecium crassiusculum, pallidum, rosaceo-lutescens, mollescens, ex hyphis intricatis formatum; hymenium superne et etiam in parte superiore lutescenti-fuscescens, non pulverulentum, caeterum plus minus decolor, purum, 110—150 μ altum, J e praecedente coerulescentia demum sordide rufofuscum; paraphyses filiformes, strictae; simplices, eseptatae, ad apicem modice clavatae, conglutinatae et demum subliberae; asci numerosi, cum hymenio aequilongi, clavati, superne rotundati vel obtusati et membrana subcalyptrata, bene incrassata instructi, myriospori; sporae decolores, simplices, globosae, ad 3 μ latae, membrana tenui cinctae. Pycnoconidia non visa.

An Bambushalmen der tp. St., 2500—4300 m. **S.**: *Arundinaria brevipaniculata* zwischen Alami und Sikwai im Daliang-schan (Lolo-Land) e von Ningyüen, 21. IV. 1914 (1499). **Y.**: Im Walde ober Hsiang-schuiho zwischen Dali (Talifu) und Hodjing, 26° 15′, 25. V. 1915 (6521).

2. B. conspersa (Fée) Wain. (Cat. Lich., V, 36) f. *sorediifera* A. Zahlbr. (*Lecidea conspersa* f. *sorediifera* Krph. in Flora, LVI, 468 [1873]). Kwangtung: Wampu, Rinden (R. Rabenhorst).

Maronea Mass.

** ***M. rubra*** A. Zahlbr.

Thallus epiphloeodes, crustaceus, uniformis, substrato adhaerens, maculas mediocres, tenues, ad 0,1 mm crassas formans, subtartareus, sordide lutescenti-albescens, opacus, KHO flavens, $CaCl_2O_2$—, verruculosus vel verruculoso-inaequalis, sorediis et isidiis nullis, in margine passim linea tenui nigraque cinctus; gonidia cystococcoidea; hyphae thalli non amyloideae.

Apothecia lecanorina, crebra, congesta, alte sessilia, ad basin bene constricta, rotunda, demum sinuosa, usque 1,5 mm lata; discus rufus vel rufo-fuscus, madefactus ruber, nitidulus, e concaviusculo tuberculato-inaequalis; margo thallinus primum crassus et inflexus, crenulatus, albus, demum angustatus, subinteger vel crenulato-flexuosus; receptaculum extus albicans, laevigatum; excipulum decolor, pellucidum, integrum, angustum, infra hymenium melius evolutum, ad latera hymenii rudimentarium, J—; hymenium superne obscure et bene limitate rufum, pulverulentum, KHO—, NO_5 pallidius evadit, caeterum decolor et purum, 180—200 μ altum, J violaceo-coeruleum; hypothecium angustum, decolor; paraphyses capillares, strictae, simplices, eseptatae, ad apicem non vel vix latiores et passim breviter furcatae, contextae; asci crebri, ellipsoideo-clavati, superne rotundati et membrana bene incrassata cincti, polyspori (sporas 36—64 foventes); sporae e decolore lutescenti-fuscidulae, simplices, ellipsoideae, ovales vel subdeformes, utrinque bene rotundatae, rectae, membrana tenui cinctae, sine halone, 9—12 μ longae et 5—6 μ latae. Pycnoconidia non visa.

S. Abgestorbene Äste einer Araliacee in der tp. St. des Lungdschu-schan bei Huili, 3500 m, 25. III. 1914 (997). *Prunus*-Stämme in der tp. St. des Passes Linbinkou, 27° 46′, zwischen Yenyüen und Kwapi, 3000 m, 4. VI. 1914 (2854).

Acarospora MASS.

A. Thallus flavus.
- a) Thallus squamosus, squamis continuis — *3. Schleicheri.*
- b) Thallus in centro areolatus, ad ambitum effiguratus.
  - 1. Lobi marginales continui et breves — *4. flava.*
  - 2. Lobi elongati, increbre ramosi et discurrentes — *5. discurrens.*

B. Thallus fuscus vel rufo-fuscus.
- a) Sporae minores, 3—3,7 μ longae — *1. admissa.*
- b) Sporae majores, 6—11 μ longae — *2. squamulosa.*

1. *A. admissa* (NYL.) KULLH. (Cat. Lich., V, 51). Schenhsi: Talkschieferfelsen bei Indjiapu (GIRALDI nach JATTA I, 476).

2. * ***A. squamulosa*** (SCHRAD.) TREVIS. (Cat. Lich., V, 94). **Y.**: Auf kalkhaltiger Breccie in der wtp. St. bei Schilungba nächst Yünnanfu, 1900 m (268).

3. * ***A. Schleicheri*** (ACH.) MASS. (Cat. Lich., V, 87). NW-**Y.**: Erdboden in offenen Föhrenwäldern der tp. St. bei Ngulukö nächst Lidjiang („Likiang"), Sandstein, 2850—3000 m (3495).

4. *A. flava* (BELL.) TREV. (Cat. Lich., V, 104). (*A. chlorophana* [WAHLBG.] MASS. PAULSEN I, 317). NW-**Y.**: Jemsa-la bei Atendse, 5100 m (GREGORY).

5. ** ***A.*** (sect. *Pleopsidium*) ***discurrens*** A. ZAHLBR. (Abb. 1).

Thallus epilithicus, sat tenuis, 0,25—0,4 mm crassus, substrato arcte adhaerens, tartareus, aureo-flavus, nitidus, KHO quidem colorem non mutat, tamen solutionem flavidam effundit, $CaCl_2O_2$—, in centro verruculoso-areolatus vel verruculosus et in ambitu in ramos elongatos, lineares et discurrentes abiens vel omnino e ramis linearibus radiatim dispositis, di- vel trichotome divisis, discurrentibus et plus minus undulatis formatus; verrucae partis centralis thalli 0,5—1,2 mm latae, convexae, rotundatae vel subangulosae, rarius parum irregulares, approximatae vel passim contiguae; rami marginales elongati, usque

25 mm longi et 0,5—1 mm lati, in apice rotundati vel subretusati, leviter convexi, transversim fissi, laevigati vel sublacunoso-inaequales; subtus pallidus, sorediis et isidiis non instructus; stratum corticale et superficiem et latera obducens, flavescens et subtiliter pulverulentum, intus album, ex hyphis perpendicularibus, parum ramosis, non septatis, tenuibus et conglutinatis formatum; medulla ampla, alba, KHO—, $CaCl_2O_2$—, KHO+$CaCl_2O_2$—, J subviolaceo-rufa, ex hyphis intricatis formata et particulos substrati includens; gonidia habitu palmellacea, globosa, glomerata, membrana tenui cincta, contentu dilute ochraceo-flavido vel fere rubricoso.

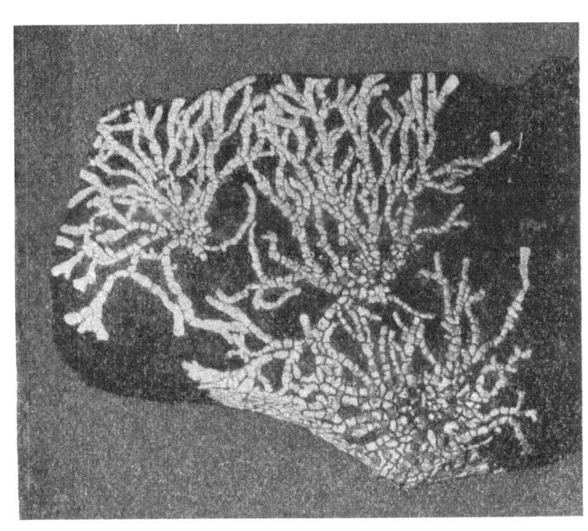

Abb. 1. *Acarospora discurrens* A. ZAHLBR. (Etwas vergrößert.)

Apothecia superficialia et in parte centrali thalli et in ramis elongatis disposita, primum immersa, demum sessilia, lecanorina, rotunda vel, si congesta, subangulosa, usque 1 mm lata; discus e concaviusculo demum leviter convexus, carneo-ochrascens vel in flavum vergens, opacus, epruinosus; margo thallinus cum thallo concolor, tenuis, integer, parum prominulus, demum depressus, strato corticali insperso obductus et in parte inferiore gonidia includens; excipulum integrum, sed ad latera hymenii angustatum vel fere evanescens, decolor, pellucidum, ex hyphis tenuibus et conglutinatis formatum; hypothecium decolor, ex hyphis intricatis compositum; hymenium superne flavens et pulverulentum, KHO—, $CaCl_2O_2$—, caeterum decolor et purum, usque 150 μ altum, J violaceo-coeruleum; paraphyses filiformes, strictae, contextae, simplices, eseptatae, ad apicem non clavatae; asci ovali-clavati, superne rotundati et membrana bene calyptratim incrassata ibidem cincti, myriospori; sporae decolores, simplices, globosae, minutae, ad 1 μ latae, membrana tenui cinctae. Pycnoconidia non visa.

S.: Diabasfelsen der ktp. St. unter dem Gipfel des Lungdschu-schan bei Huili, 3600 m, 17. IX. 1914 (5188). **NW-Y.**: Tonschieferfelsen der Hg. St. unter der Matte Latuka und dem Kare Schitako im Yülung-schan bei Lidjiang, 4000 m, 20. VII. 1914 (4297).

Die Wachstumsweise der Flechte ist sehr auffällig und läßt sich mit keiner der Arten der Gattung mit strahlig ausgebildetem Lagerrand vergleichen. Auffallend ist auch die Farbe der Gonidien. Diese gehören sicherlich dem *Palmella*-Typus an, aber die Farbe des Chlorophors ist nicht das gewohnte freudige Grün, sondern es gleicht demjenigen der *Trentepohlia*-Gonidien, wenn diese im dichten Thallus (z. B. bei den Graphidaceen) ausbleichen.

***A.* sp. S.**: Phyllitfelsen der wtp. St. unterhalb Dseia bei Muli, 2650 m (7261).

Pertusariaceae.

Pertusaria Dc.

A. Discus dilatatus, apothecia ergo habitu lecanorina (sect. *Lecanorastrum*).
  a) Species corticolae.
    I. Species typice ad Bambusas vigentes.
      1. Thallus radiatim fissus vel subradiatim lobatus, argillaceo-albus *18. effigurata.*
      2. Thallus continuus, uniformis, in centro sordidus et ambitum versus albus *17. bambusarum.*
    II. Species ad corticem arboris vigentes.
      1. Thallus non papillosus.
        α) Apothecia hymenium unicum continentia, monocarpica *16. sanguinolenta.*
        β) Apothecia hymenia plura includentia, pluricarpica.
          ○ Thallus sorediosus.
            + Soredia $CaCl_2O_2$ rubentia *14. velata.*
            ++ Soredia $CaCl_2O_2$ non tincta *13. globulifera.*
          ○○ Thallus non sorediosus.
            + Thallus cinerascens, HKO + $CaCl_2O_2$ non tinctus *12. multipuncta.*
            ++ Thallus KHO + $CaCl_2O_2$ optime rubens *15. albovelata.*
      2. Thallus papillato-exasperatus *11. commutata.*
  b) Species ad saxa vel ad terram vigens *10. dealbata.*

B. Discus punctiformis, apothecia ergo pertusarioidea (sect. *Porophora*).
  a) Thallus distincte papillosus.
    I. Papilli thalli validi, cylindrici *8. dactylina.*
    II. Papilli conferte papillato-stalactizantes *9. stalactiza.*
  b) Thallus non papillosus.
    I. Verrucae apotheciigerae in vertice non deplanatae nec impressae, hymenium unicum includentes *7. gracilenta.*
    II. Verrucae apotheciigerae depressae vel deplanatae, hymenia plura includentes.
      § Species corticolae.
        1. Ostiola pallida *6. chinensis.*
        2. Ostida fusca vel nigricantia.
          α) Verrucae apotheciigerae ochraceo-rosaceae, cum thallo discolores *3. subrosacea.*
          β) Verrucae apotheciigerae cum thallo concolores *4. pseudocorallina.*
      §§ Species saxicolae.
        1. Ostiola nigra.
          α) Sporae minores, 44—88 × 24—32 μ *2. leucopsara.*
          β) Sporae majores, 110—140 × 46—62 μ *1. areolata.*
        2. Ostiola livido-pallida *5. setschwanica.*

Sect. *Porophora* MÜLL. Arg.

1. P. areolata (ACH.) MASS. (Cat. Lich., V, 124). Schenhsi: Schieferfelsen auf dem Hwangtou-schan und Laoyi-schan (GIRALDI nach JATTA I, 477).

2. P. leucopsara KRPHLBR. (Cat. Lich., V, 171). Hongkong: Kalkfreie Felsen (R. RABENHORST nach KREMPLHBR. I, 469).

3. ** ***P. subrosacea*** A. ZAHLBR.

Thallus epiphloeodes, crustaceus, uniformis, late expansus, substratum arcte obducens, tenuis, ad 0,1 mm crassus, cinerascenti-glaucescens, passim subceresino-glaucescens, KHO vix flavens, $CaCl_2O_2$—, KHO + $CaCl_2O_2$—, tenuiter areolato-rimulosus, areolis minutis, 0,2—0,3 mm latis, continuis, parum convexis, crustam effusam formantibus, sorediis et isidiis non instructus, in margine linea obscuriore non cinctus vel passim etiam linea tenui nigricante circumdatus; gonidia cystococcoidea; medulla alba.

Verrucae apotheciigerae ochraceo-rosaceae, opacae, crebrae, dispersae vel approximatae, sessiles, ad basin constrictae, rotundae vel rotundatae, superne deplanatae, usque 1,3 mm latae, margine crassiusculo obtuso, rosaceo-cinerascente, integro, KHO vix vel parum flaventes, ostiola 2—10 gerentes; disculi punctiformes, nigricantes, non impressi, verticem verrucarum aequantes; hymenium superne fuscescens, KHO vix mutatum, caeterum decolor, dilucidum, spumuloso-inspersum, J coeruleum; paraphyses filiformes, ramosae, densae, eseptatae; asci crebri, oblongo-clavati, ad basin leviter pedicellati, superne rotundati et membrana incrassata cincti, bispori; sporae decolores, simplices, oblongae vel oblongo-ellipsoideae, utrinque bene rotundatae, rectae, membrana duplici praeditae, membrana externa tenui, laevi, membrana interna incrassata, ad latera sporarum 3—4 μ, ad apices sporarum usque 15 μ, crassa, laevi, contentu cellulae minute oleoso-granuloso, 75—100 μ longae et 26—36 μ latae. Pycnoconidia non visa.

Auf verschiedensten Rinden lebender Bäume und Sträucher von der tr. bis zur tp. St., 1300—3400 m. **Y.**: *Vernonia volkameriaefolia* bei Schuidien zwischen Möngdse und Manhao, 7. III. 1915 (6030, ? schlecht entwickelt). *Pirus Pashia* (133), *Rhamnus* u. a. (246) bei Schilungba nächst Yünnanfu, 19., 20. II. 1914. *Diospyros* bei Jöschuitang n von hier, 9. III. 1914 (475). Bambushalme im Walde ober Hsiangschuiho zwischen Dali und Hodjing, 26° 15′, 25. V. 1915 (6520). *Pinus tabulaeformis* im Moränenzirkus Saba im Yülung-schan bei Lidjiang, 17. VI. 1915 (6791). **S.**: *Myrsine africana* bei Kwapi n von Yenyüen, 27° 53′, 31. V. 1914 (5539).

— — ** var. ***evolutior*** A. ZAHLBR.

A typo differt verrucis apotheciigeris demum majoribus, multiostiolatis, sporis majoribus.

Thallus crustaceus, uniformis, tenuis, ad 0,1 mm crassus, substrato bene adhaerens, glaucus, sublimoso- vel albido-cinerascens, parum nitens, KHO vix flavens, $CaCl_2O_2$—, versus ambitum magis continuus, caeterum areolato-rimosus, areolis minutis, planis, fissuris tenuissimis separatis, sorediis et isidiis nullis, in margine linea tenui nigricante cinctus.

Verrucae apotheciigerae thallo pallidiores, sessiles, applanatae, primum rotundatae, demum subirregulares vel irregulares, multiostiolatae (usque 20), ad basin leviter constrictae, ad verticem convexulae, sublimoso-carneae, nitidulae, ostiolis nigris, punctiformibus, thallum aequantibus, dispersis vel rarius confluentibus, extus strato corticali ex hyphis intricatis et non inspersis formato, tenui, dilucido instructae; hymenium in sectione transversali plus minus ellipticum, superne anguste nigrescens, KHO in violaceum vergens, caeterum decolor et purum, 180—200 μ altum, J tantum asci et sporae violaceo-coerulee tinguntur; paraphyses densae, contextae, filiformes, ramosae et connexae, eseptatae, ad apicem non latiores; asci clavati, superne rotundati et membrana incrassata cincti, bispori; sporae decolores, simplices, oblongae vel subellipsoideae, utrinque bene vel angustato-rotundatae, rectae, membrana duplici cinctae, membrana externa valde tenui, interna incrassata, 6—8 μ lata (ambae laevigatae, non costulatae), 120—150 μ longae et 36—55 μ latae.

S.: Lebende *Spiraea*-Äste in der ktp. St. auf dem Hwang-liangdse, 27° 48', zwischen Yenyüen und Kwapi, 3800 m, 5. X. 1914 (5541).

— — ** var. ***octospora*** A. ZAHLBR.

Ascis 8 sporis et verrucis apotheciigeris in vertice magis planatis dignota.

Thallus epiphloeodes, crustaceus, uniformis, expansus, ob verrucas apotheciigeras copiosas et confertas parum visibilis, tenuis, ad 0,1 mm crassus, sordide glaucescenti- vel rosaceo-albidus, rarius in limosum vergens, KHO vix mutatus, $CaCl_2O_2$—, continuus vel rarius minute subareolatim fissus, inaequalis vel subverruculosus, sorediis et isidiis non praeditus, in margine linea obscuriore non cinctus.

Verrucae apotheciigerae copiosae, thallum fere omnino tegentes, habitu fere lecanorinae, rotundatae, angulosae, vel anguloso-irregulares, ad basin constrictae, 0,6—1,2 mm latae, KHO parum flaventes, $CaCl_2O_2$—, cum thallo fere concolores, in vertice e concaviusculo planatae, margine integro cinctae, disculos 2—5 minutos, punctiformes, siccos parum distinctos, madefactos fusconigricantes, congestos, verticem verrucarum plus minus aequantes gerentes; verrucae apotheciigerae extus cortice superne tenui, inferne crassiore, ex hyphis intricatis formato, fere decolore, non insperso obductae, gonidia et medullam includentes; excipulum tenue, integrum, superne sordidum, caeterum decolor; hymenium superne fuscescens, KHO vix mutatum, tantum parum pallidius, caeterum decolor et purum, J intense violaceo-coeruleum; paraphyses ut in typo; asci ellipsoideo- vel ovali-clavati, normaliter 8-, rare 4- vel 6 spori; sporae in ascis uniseriales, decolores, oblongo- vel ovali-ellipsoideae, utrinque rotundatae, rectae, membrana duplici cinctae (membranae ambae sat tenues, 3—4 μ crassae, laeves, non costulatae), contentu grumuloso-plasmatico, 54—60 μ longae et 18—21 μ latae.

Y.: *Quercus variabilis*-Rinde in der wtp. St. bei Döge nächst Hsiao-Magai n von Yünnanfu, 25° 26', 1800 m, 8. III. 1914 (413).

4. P. pseudocorallina (SW.) ARN. (Cat. Lich., V, 204). (*P. Westringii* LEIGHT. HUE II, 174). **Y.**: Gutui ober Mosoying, abgestorbene Äste in Wäldern (DELAVAY).

5. ** ***P. setschwanica*** A. ZAHLBR.

Thallus epilithicus, crustaceus, uniformis, expansus, substrato adhaerens, crassiusculus, 1—1,2 mm altus, tartareus, pallide subcarneo-cinerascens vel albido-cinerascens, opacus, KHO primum flavens, demum subsanguineus, $CaCl_2O_2$ carneolus, areolatus, areolis continuis, angulosis, planiusculis, 0,5 usque

1,5 mm latis, fissuris tenuibus et subundulatis separatis, sorediis et isidiis destitutus, in margine sat anguste cinereus vel hinc inde nigricans, bene limitatus; gonidia cystococcoidea, pallide viridia, globosa, 8—10 μ lata; medulla alba, cretacea, KHO—, KHO + $CaCl_2O_2$—, J leviter violascens.

Verrucae apotheciigerae sessiles, thallo parum albidiores, rotundae vel rotundatae, ad basin modice constrictae, ad verticem planae vel convexulae, inaequales, 1—2 mm latae, hymenia 4—6 includentes; disculi impressi, planiusculi, rotundato-angulosi, parvi, 0,1—0,2 mm lati, pallide livido-fuscescentes, epruinosi; margo angustus, prominulus, integer et subflexuosus; hymenium superne pulverulentum, fuscescens, KHO—, caeterum decolor, inspersum, circ. 200 μ altum, J intense violaceum; paraphyses filiformes, ramosae et subintricatae, eseptatae; asci cum hymenio subaequilongi, ellipsoideo-clavati, superne rotundati et membrana ibidem parum incrassata, monospori; sporae decolores, ellipsoideae vel subovales, rectae, utrinque rotundatae, membrana simplici, laevi, 5—6 μ crassa, contentu grumuloso-spumuloso, 160—180 μ longae et 30—55 μ latae. Pycnoconidia non visa.

S.: Diabasfelsen in der tp. St. des Lungdschu-schan bei Huili, 3550 bis 3675 m, 26. III. 1914 (1014).

6. P. chinensis MÜLL. Arg. (Cat. Lich., V, 129). Kwangtung: Wampu, Rinden (R. RABENHORST).

7. ** ***P. gracilenta*** A. ZAHLBR.

Thallus epiphloeodes, crustaceus, uniformis, maculas rotundatas, in speciminibus visis usque 4 cm latas formans, tenuis, ad 0,1 mm crassus, substratum arcte obducens, ochraceo-glaucescens, opacus, KHO vix magis flavens, $CaCl_2O_2$—, KHO + $CaCl_2O_2$—, continuus, in centro minute granulosus, versus marginem magis laevigatus, sorediis et isidiis destitutus, in ambitu linea obscuriore non cinctus; stratum corticale valde angustum: gonidia palmellacea, globosa, 8—10 μ lata, virescentia.

Verrucae apotheciigerae plus minus dispersae, sessiles, parvae, usque 0,7 mm latae, convexae, ad verticem non planatae nec impressae, ad basin haud constrictae, cum thallo concolores, extus laevigatae, hymenium unicum includentes; discus punctiformis, fusco-niger, epruinosus, vix impressus; hymenium superne sordidum, KHO non mutatum, caeterum decolor et purum, J asci violaceo-coerulei; paraphyses filiformes, increbrae, ramose et laxiuscule connexae, eseptatae, ad apicem non latiores; asci oblongo-clavati, superne rotundati et membrana sat bene incrassata cincti, ad basin longiuscule acuminati, bispori; sporae decolores, simplices, ellipsoideae vel suboblongae, utrinque rotundatae, rectae vel subrectae, membrana duplici cinctae, membrana externa valde tenui, interna incrassata, 5—9 μ crassa, ambae laeves et ecostulatae, contentu sporarum spumuloso, 94—120 μ longae et 30—36 μ latae.

S.: Lebender Stamm von *Jatropha Curcas* in der str. St. des Yalung-Tales bei Datiaoku, 27° 10′, 1180 m, 25. IX. 1914 (5312).

8. P. dactylina (ACH.) NYL. (Cat. Lich., V, 142). Schenhsi: Moorige Erde auf dem Hwangtou-schan (GIRALDI nach JATTA I, 478).

9. P. stalactiza NYL. (Cat. Lich., V, 214). Schenhsi: Felsen auf dem Hwangtou-schan (GIRALDI nach JATTA I, 477).

Sect. *Lecanorastrum* Müll. Arg.

10. P. dealbata (Ach.) Nyl. (Cat. Lich., V, 143). Schenhsi: Torfige Erde und Holzabfälle am Lungschanho (Giraldi nach Jatta I, 478).

11. P. commutata Müll. Arg. (Cat. Lich., V, 236). Schenhsi: Baumstämme auf dem Hwangtou-schan (Giraldi nach Jatta I, 478).

12. **P. multipuncta** (Turn.) Nyl. (Cat. Lich., V, 181). Frische Rinden von der wtp. bis zur ktp. St., 2400—3950 m. **Y.**: *Rhododendron spinuliferum* bei Sanyingpan, 26°, n von Yünnanfu (643) und *Pinus Armandi* auf dem Laoling-schan dort (672 ?, schlecht entwickelt). *Rhododendron persicinum* am Passe Dsuningkou ober Dienso, 26° 24′, zwischen Dali und Hodjing (6552). Im NW an *Pinus tabulaeformis* im Moränenzirkus Saba im Yülung-schan bei Lidjiang (6793) und im birm. Mons. an *Pseudotsuga Wilsoniana* im Tale von Londjre am Mekong gegen den Schöndsu-la, 28° 6′ (8215). **S.**: Rhododendren auf dem Lose-schan bei Ningyüen (1442). *Spiraea* auf dem Hwang-liangdse, 27° 48′, zwischen Yenyüen und Kwapi (5544). Schenhsi: Torfboden von Daschi-tsun auf dem Laoyi-schan, bei Lungschanho (Giraldi nach Jatta, I, 477, als *P. „millepuncta“*).

— — ** **var. colorata** A. Zahlbr.

Discus apotheciorum $CaCl_2O_2$ bene erythrinosus evadit.

S.: Morsche Stämme von *Corylus tibetica* bei Döm nächst Tjiaodjio in der wtp. St. des Daliang-schan e von Ningyüen, 2600 m, 24. IV. 1914 (1582).

13. P. globulifera (Turn.) Mass. (Cat. Lich., V, 153). **Y.**: Gutui ober Mosoying, abgestorbene Zweige in Wäldern (Delavay nach Hue II, 174). Schenhsi: Äste und morsches Holz auf dem Hwangtou-schan, Hansunfu, bei Indjiapu und Duidjio-tsun (Giraldi nach Jatta I, 477).

14. P. velata (Turn.) Nyl. (Cat. Lich., V, 246). **Y.**: Gutui ober Mosoying, Rinden in Wäldern (Delavay 2994 nach Hue II, 174). Hang der Schweli—Salwin-Kette am 25°, 2100—2400 m (Gregory nach Pauls. I, 317). Schenhsi: Äste auf dem Hwangtou-schan (Giraldi nach Jatta I, 477).

15. ** **P. albovelata** A. Zahlbr.

Thallus epiphloeodes, crustaceus, uniformis, late expansus et substrato arcte adhaerens, subtartareus, tenuis, vix 0,1 mm crassus, lacteo-albidus, fere opacus, KHO—, $CaCl_2O_2$—, KHO + $CaCl_2O_2$ optime rubens, continuus, paulum inaequalis, laevigatus, sorediis et isidiis nullis, in margine haud bene limitatus et linea obscura non cinctus; gonidia palmellacea; medulla alba, J—.

Apothecia crebra, plus minus approximata, lecanorina, rotunda vel rotundata, ad basin leviter constricta, parva 0,3—1 mm lata, hymenium unicum continentia; discus concavus, dense albo-pruinosus, $CaCl_2O_2$ et KHO + $CaCl_2O_2$ bene erythrinosus, KHO—, detritus carneo-flavescens; margo persistenter prominulus, crassiusculus, integer, cum thallo concolor, gonidia includens; hymenium in toto decolor, superne non pulverulentum, caeterum purum, J coeruleum; paraphyses capillares, ramosae et connexae, eseptatae, ad apicem non latiores; asci increbri, late ellipsoidei, superne rotundati, monospori; sporae decolores, simplices, ellipsoideae vel subovales, utrinque rotundatae, rectae, membrana duplici, in toto 6—9 μ crassa cinctae (membrana interna valde tenui), estriolata, contentu sporarum subgranuloso, 180—200 μ longae et 60—68 μ latae.

Y.: Lebende *Rhododendron*-Stämme im tp. Walde ober Hsiangschuiho, 26° 15′, zwischen Dali (Talifu) und Hodjing, 3400 m, 25. V. 1915 (6504).

Habitu sat similis *P. velatae, obvelatae* et *subvaginatae*, ab his omnibus differens reactionibus et apotheciorum habitu distincte lecanorino.

16. ** ***P. sanguinulenta*** A. ZAHLBR.

Thallus epiphloeodes, crustaceus, uniformis, late expansus, substrato adhaerens, tenuis, ad 0,1 mm crassus, cinereus et dein in ambitu latiuscule olivaceolutescens vel uniformiter olivaceo-cinerascens, nitidulus, KHO vix mutatus, $CaCl_2O_2$—, continuus, laevigatus et in ambitu ruguloso-inaequalis, minute et sat disperse albido-verruculosus, verruculis minutis, ad 0,1 mm latis, primum semiglobosis, strato corticali obductis, demum planiusculis, medullam denudantibus, sorediis veris et isidiis destitutus, in margine linea tenui nigricanteque cinctus; stratum corticale angustum; medulla alba, KHO—, $CaCl_2O_2$—, ex hyphis non amyloideis formata; gonidia cystococcoidea, 9—15 μ lata.

Apothecia crebra, plus minus dispersa, rare 2—3 confluentia, nana, adpressa, ad basin leviter constricta, usque 0,8 mm lata, rotunda, hymenium vulgo unicum includentia; discus apertus, concavus, carneo- vel umbrino-fuscidulus, opacus, epruinosus, KHO sanguineus; margo albus, ex integro plus minus inaequalis, stupposus, KHO intense sanguineus, ex hyphis intricatis et inspersis formatus, gonidia includens; excipulum distinctum non evolutum; hymenium superne umbrino-fuscum, pulverulentum, caeterum decolor et purum, usque 220 μ altum, J coeruleum; paraphyses capillares, strictulae, ramosae, ad apicem non latiores; asci ellipsoideo-clavati, superne rotundati et membrana incrassata cincti, monospori; sporae decolores, simplices, magnae, ellipsoideae vel subovales, utrinque bene rotundatae, rectae, membrana duplici, ad 6 μ crassa cinctae (ambae laeves et ecostulatae), 140—160 μ longae et 36—70 μ latae.

H.: Rinde eines morschen Laubbaumes in der wtp. St. im Walde ober Tungdjiapai bei Hsikwangschan im Bezirke Hsinhwa, 800 m, 14. V. 1918 (11855).

Distat a *P. multipuncta* apotheciis hymenium unicum gerentibus, a *P. submultipuncta* NYL. sporis non cylindrico-oblongis; ab ambabus deinde reactione disci et marginis apotheciorum et thallo verruculoso-scabrido.

17. ** ***P. bambusetorum*** A. ZAHLBR.

Thallus epiphloeodes, crustaceus, uniformis, plagas late expansas et confluentes formans, substrato primum adhaerens, demum facile desquamans, tenuis, ad 0,1 mm crassus, alutaceus, opacus, KHO—, $CaCl_2O_2$—, versus ambitum latiuscule albidus et subsericeus et in ipso margine utplurimum linea tenui, cinerascenti-nigricante cinctus, continuus, centrum versus subleprosus, caeterum laevigatus, sorediis et isidiis destitutus; gonidia cystococcoidea, pallide laete viridia, globosa, usque 12 μ lata; medulla tenuis, albida, J—.

Apothecia crebra, cum thallo concoloria, dispersa vel approximata, sessilia, usque 1 mm lata, ad basin constricta, primum lecanorina, hymenium unicum continentia, margine integro, tenui cincta, disco concavo, rosaceo et albidopulverulento praedita, demum dilatata, hymenia plura (usque 4) continentia, planata, margine depresso, planiusculo, inaequali vel sublacerato; excipulum distinctum non evolutum; hymenium superne epithecio hyphoso, crassiusculo, ex hyphis intricatis formato, dein anguste rufescens, caeterum decolor et purum, usque 220 μ altum; J asci tantum obscure coerulei, paraphyses non tinguntur;

paraphyses densae, ramosae et connexae, eseptatae, ad apicem non latiores: asci copiosi, clavati, rectiusculi vel curvati, superne rotundati et membrana incrassata cincti, bispori (an semper?); sporae decolores, simplices, oblongo-ellipsoideae, utrinque angustato-rotundatae, rectae, membrana duplici, crassa (interna non striolata) cinctae, 50—55 μ longae et 20—22 μ latae.

NW-**Y.**: Abgestorbene Bambuseenhalme in der tp. St. bei Tschada 27° 23′, am Wege von Djitsung am Djinscha-djiang („Yangtse") nach Kakatang am Mekong, 2800 m, 29. VIII. 1915 (7893).

Obwohl ein reiches Material mit vielen Fruchtkörpern und zahlreichen Schläuchen vorlag, gelang es nur, einen einzigen fertilen Ascus zu sehen, der im oberen Teil zwei nicht gut entwickelte Sporen enthielt, im übrigen waren alle Schläuche mit einer bräunlichen plasmatischen Masse erfüllt, ohne irgend eine Differenzierung aufzuweisen. Demnach können die obigen Angaben über die Sporen nur als provisorisch betrachtet werden. Habituell ist die Flechte sehr auffällig und an den Habitusmerkmalen ist sie leicht zu erkennen.

18. ** ***P. effigurata*** A. ZAHLBR.

Thallus epiphloeodes, crustaceus, tenuissimus, substratum arcte obducens, submembranaceus, argenteo-albidus, nitidus, KHO non vel vix flavens, $CaCl_2O_2$—, radiatim fissus vel laciniatus, laciniis planis, adpressis, usque 1 mm latis, confluentibus, rarius versus ambitum thalli parum disparatis, ad apicem sat breviter et increbre ramosis, sorediis et isidiis destitutus, in margine bene limitatus; gonidia cystococcoidea; medulla albida, J—.

Apothecia lecanorina vel fere ochrolechioidea, dispersa vel rarius aggregata, sessilia, ad basin leviter constricta, usque 0,8 mm lata, hymenium unicum continentia; margo crassiusculus, integer et prominulus; discus concavus, albido-pruinosus, demum carneo-lutescens et nudus; excipulum integrum, crassiusculum, sordidescens, ad latera extus a thallo cinctum; hymenium superne carneo-sordidescens, modice pulverulentum, caeterum decolor vel subdecolor, purum, ad 200 μ altum, J asci intense violacei vel subaeruginoso-coerulei, paraphyses non tinctae; paraphyses capillares, densae, ramosae et plus minus connexae, eseptatae, ad apicem non latiores: asci oblongo-clavati, ad apicem rotundati et membrana incrassata cincti, subrecti vel curvuli, monospori; sporae decolores, simplices, oblongae vel subellipsoideae, utrinque rotundatae, rectae, membrana duplici circumdatae, membrana externa crassiore, ad latera sporarum 6—8 μ, ad apices sporarum 15—18 μ crassa, interna angustiore, ad 3 μ crassae, ambae laeves et non striolatae, 120—150 μ longae et 30—34 μ latae.

NW-**Y.**: Abgestorbene Bambuseenhalme in der tp. St. des Yao-schan ober Ganhaidse bei Lidjiang („Likiang"), 3500 m, 13. VI. 1915 (6734).

***P.* spp. Y.**: Im NW an *Rhododendron*-Rinde in der ktp. St. auf dem Gipfel des Yao-schan bei Lidjiang, 3825 m (6748, schlecht entwickelt). N von Yünnanfu auf *Quercus variabilis* im Becken Hsiaodsang, wtp. St., 1800 m (570, steril). Im E auf *Schoepfia jasminodora* in der wtp. St. des mittelchin. Fl. bei Djindjischan nächst Loping, 1600 m (10176, jung).

Lecanoraceae.

Lecanora ACH. p. p., em. A. ZAHLBR.

Sect. *Aspicilia* STZBGR.

A. Apothecia aurantiaco-ferruginea *22. lacustris* var. *ochraceoferruginea.*

B. Apothecia aliter colorata.

I. Apothecia fuscescentia, fusca vel nigricantia, madefacta distincte in fuscum vel rufescens vergentia.

1. Apothecia nigricantia, madefacta autem distincte fusca.

α) Thallus KHO e flavo sanguineus, alutaceo-cinerascens, nudus *13. ochromelaena.*

β) Thallus KHO—, cretaceo-albus, farinulentus *12. albocretacea.*

2. Apothecia laetius colorata.

α) Discus apotheciorum rubiginosus vel rufescens, madefactus sanguineus *20. cinereo-rufescens.*

β) Discus apotheciorum obscurior.

○ Discus ± pruinosus *7. caesiororida.*

○○ Discus non pruinosus *6. caesiocinerea.*

II. Apothecia nigra, etiam madefacta.

1. Apothecia margine distincto nullo *21. subimmersa.*

2. Apothecia margine plus minus distincto praedita.

α) Thallus fusco-cupreus vel ochraceo-cervinus.

○ Thallus ochraceo-cervinus, nitidus; paraphyses capillari-filiformes; sporae 28—36 × 18—21 μ *2. anamyloidea.*

○○ Thallus fusco-cupreus, opacus; paraphyses crassiusculae, submoniliformes; sporae 12—13 × 5 μ *1. cupreoatra.*

β) Thallus albidus, cinerascens, cinereus vel fusco-cinereus.

○ Thallus KHO rubens.

∧ Thallus areolatus, areolis majoribus, KHO sanguineus; apothecia majora; hymenium J coerulescenti-fulvescens *5. cinerea.*

∧∧ Thallus minute areolatus (areolis 0,2—0,4 mm latis), KHO sanguineo-lutescens; apothecia minora (±0,5 mm lata); hymenium J cupreo-rufescens *15. superposita.*

○○ Thallus KHO flavens, sordidescens vel non reagens.

∧ Apothecia corrugata *3. corrugatula.*

∧∧ Apothecia rotunda, non corrugata.

§ Excipulum bene evolutum et distinctum.

+ Thallus cinereo-rufescens *10. complanata.*

++ Thallus albidus, cinerascens vel glaucescens.

∨ Thallus verrucosus, verrucis plus minus dispersis *14. disjecta.*

∨∨ Thallus laevigatus, vix rimosus *9. cinereopolita.*

§§ Excipulum distinctum non evolutum.

+ Sporae in ascis uniseriales, ± globosae.

∨ Apothecia persistenter immersa *4. calcarea.*

∨∨ Apothecia demum plus minus elevata.

ↄ Planta aquatica; thallus fere spongiosus, crassiusculus *8. amphibola.*

ↄↄ Planta non aquatica, thallus tartareus, tenuis *11. gibbosa.*

++ Sporae in ascis bi- vel triseriales, oblongae, ellipsoideae vel ovales.

V Discus pruinosus.

ↄ Apothecia habitu lecideina; medulla J coerulea *17. tesselans.*

ↄↄ Apothecia lecanorina: medulla J non reagens *4. Hoffmannii.*

V V Discus non pruinosus.

ↄ Sporae minores, late ovales, 14—17 × 12—14 μ *19. dschungdienensis.*

ↄↄ Sporae majores et angustiores, 20—28 × 8—14 μ.

~ Thallus lacteo-albidus: medulla alba *18. galactotera.*

~ ~ Thallus cinereus vel cinerascens: medulla isabellino-subochracea *16. disculifera.*

1. L. cupreoatra NYL. (Cat. Lich., V, 301). Schenhsi: Talkschieferfelsen bei Indjiapu (GIRALDI nach JATTA I, 476).

2. ** ***L. anamyloidea*** A. ZAHLBR.

Thallus epilithicus, crustaceus, uniformis, sat late expansus, tenuis, 0,1 usque 0,2 mm crassus, substrato adhaerens, subtartareus, ochraceo-cervinus vel cervinus, ad marginem irregulariter et anguste albidus, opacus, KHO—, $CaCl_2O_2$—, KHO + $CaCl_2O_2$—, areolatus, areolis parvis, 0,2—0,6 mm latis, angulosis, fissuris tenuissimis separatis, concaviusculis planisve, tenuissime albido-limitatis, continuis, sorediis et isidiis destitutus: gonidia cystococcoidea, plus minus globosa, rare ovali-ellipsoidea et usque 18 μ longa: medulla alba, J—.

Apothecia immersa vel demum adpressa, parva, usque 0,6 mm lata, rotunda vel plus minus angulosa, rarius oblongata, in areolis singula, lecanorina, sicca atra, madefacta fuscescentia; margo thallinus tenuis, albescens, integer, prominulus et persistens, strato corticali ad ambitum obscurato et pulverulento, ex hyphis intricatis formato, medullam et gonidia includente obductus: excipulum parum distinctum: hymenium superne latiuscule umbrino-fuscescens, pulverulentum, KHO—, NO_5—, caeterum decolor, purum, pellucidum, usque 300 μ altum, J e coerulescentia praecedente cupreo-rufescens; hypothecium angustum, decolor; paraphyses capillari-filiformes, strictae, simplices vel increbre ramosae, eseptatae, ad apicem haud latiores, contextae; asci ampli, ovali-clavati, superne rotundati et membrana bene incrassata cincti, 8spori; sporae biseriales, decolores, simplices, late ovales vel late ellipsoideae, utrinque bene rotundatae, rarius subglobosae vel difformes, rectae, membrana tenui cinctae, contentu aequaliter oleoso, 28—36 μ longae et 18—21 μ latae.

Conceptacula pycnoconidiorum immersa et vertice minuto, nigro, convexo emergentia; perifulcrium superne obscuratum, caeterum pallidum; fulcra exobasidialia: basidia densa, subfiliformia, pycnoconidiis longiora, ad 30 μ longa:

pycnoconidia bacillari-capillaria, recta vel subrecta, 9—10 μ longa et vix 1 μ lata.

S.: Phyllit- und Sandsteinfelsen in der str. St. bei Datjiaoku am Yalung n von Yenyüen, 2125 m, 29. V. 1914 (2703).

A *Lecanora cupreoatra* distat medulla J non reagente, sporis distincte majoribus et pycnoconidiis gracilioribus, multum longioribus.

3. L. corrugatula NYL. (Cat. Lich., V, 301). Schenhsi: Felsen des Hwangtou-schan (GIRALDI nach JATTA I, 476).

4. L. Hoffmannii (ACH.) MÜLL. Arg. (Cat. Lich., V, 318). (*L. calcarea* var. *Hoffmannii* SOMRFT. JATTA I, 476). Schenhsi: Quarzführende Felsen bei Dsulu (GIRALDI).

5. **L. cinerea** (L.) RÖHL. (Cat. Lich., V, 279). S.: Melaphyrfelsen der wtp. St. unter Djiuba-se zwischen Yalung und Nganning-ho, 27° 43′, 1900 m (2004). Schenhsi: Felsen des Laoyi-schan und Duidjio-schan (GIRALDI nach JATTA I, 476). Schöndjing: Hügel bei Ninghai (MAINGAY nach CROMBIE I, 64).

6. L. caesiocinerea NYL. (Cat. Lich., V, 267). Schenhsi: Silikatfelsen auf dem Hwangtou-schan (GIRALDI nach JATTA I, 476).

7. ** **L. caesiororida** A. ZAHLBR.

Thallus epilithicus, crustaceus, uniformis, expansus, substrato adhaerens, crassiusculus, ad 1 mm altus, subtartareus, cinereo-albidus, opacus, KHO sanguineus et crystallos aciculares, breves, substellatim aggregatos effundens, $CaCl_2O_2$—, areolatus, areolis continuis, fissuris hiantibus separatis, angulosis, usque 2 mm latis, superne planatis, laevigatis vel inaequalibus, passim tenuissime areolatim fissis, sorediis et isidiis nullis, in margine linea obscuriore non cinctus; stratum corticale usque 32 μ crassum, extus anguste obscuratum et pulverulentum, intus albidum, ex hyphis intricatis, non moniliformibus formatum; gonidia cystococcoidea, globosa, ad 15 μ lata; medulla alba, J non tincta.

Apothecia sat crebra, immersa et demum leviter emergentia, lecanorina, rotunda vel rotundata, rarius subangulosa, in areolis singula vel rarius plura, ad 1 mm lata; discus fusco-nigricans, caesiopruinosus, detritus fuscus; margo thallinus cum thallo concolor, angustus, integer, prominulus, demum minus distinctus, strato corticali tenui, pulverulento cinctus, KHO sanguineus, gonidia crebra includens; excipulum tantum infra hymenium distincte evolutum, carneolutescens, subchondroideum: hymenium superne sordidescens, pulverulentum, KHO dilute rubescens, NO_5—, caeterum fere decolor, inspersulum, 220—250 μ altum, J e praecedente coerulescentia cupreo-rufescens; hypothecium angustum, decolor; paraphyses filiformes, densae, strictae, conglutinatae, simplices vel parce ramosae, eseptatae, ad apicem haud latiores; asci oblongo-clavati, superne rotundati et membrana incrassata cincti, ad basin bene angustati, 8spori; sporae in parte superiore asci bi-, in parte inferiore uniseriales, decolores, simplices, ellipsoideae vel ovales, utrinque bene rotundatae, rectae, membrana tenui cinctae, 24—29 μ longae et 12—17 μ latae. Pycnoconidia non visa.

S.: Phyllitfelsen der wtp. St. unterhalb Dseia bei Muli n von Yungning, 2650 m, 26. VII. 1915 (7262).

— — ** **f. oxydascens** A. ZAHLBR. Thallus ferruginascens.

S.: Phyllitfelsen in Föhrenwäldern der tp. St. bei Hosö w von Yungning im Bezirke von Muli, 2950 m, 8. VIII. 1915 (7557).

8. L. amphibola (ACH.) WAIN. (Cat. Lich., V, 261). (*L. aquatica* JATTA I, 476). Schenhsi: Silikatfelsen bei Dsulu, auf dem Duidjio-schan, bei Indjiapu und Daschi-tsun (GIRALDI).

9. ** ***L. cinereopolita*** A. ZAHLBR.

Thallus epilithicus, crustaceus, uniformis, substratum arcte obducens, sat late expansus, tenuis, 0,15—0,2 mm altus, subtartareus, cinereus, opacus, madefactus rosaceo-cinerascens, KHO olivaceo-lutescens, $CaCl_2O_2$—, KHO + $CaCl_2O_2$ subsanguineus, areolato-rimosus vel areolatus, areolis quoad magnitudinem variantibus, inaequalibus, crustam continuam formantibus politam, superne laevibus, sorediis et isidiis non praeditus, ad ambitum linea obscuriorius cinerea limitatus et passim lineis nigricantibus percursus: stratum corticale 30—35 μ crassum, ad marginem umbrino-fuscescens, intus albidum paraplectenchymaticum, cellulis plus minus globosis, leptodermaticis, subverticaliter dispositis; stratum gonidiale crassum, continuum, gonidiis cystococcoideis, laete viridibus, 10—12 μ latis; medulla rosaceo-albida, tenuis, J rubescenti-obscurata.

Apothecia aspicilioidea, immersa, rotunda, rarius irregularia, nigra, madefacta non mutata, opaca, primum pruinosula, usque 0,6 mm lata, vulgo tamen minora, e concaviusculo subplana; margo thallinus primum pertenuis, integer, albicans, vix prominulus, demum fere evanescens et tantum a thallo areolarum marginatim circumdatus; discus integer vel passim in disculos 2—3 dissolutus; excipulum haud distinctum; hymenium superne umbrino-fuscescens, KHO—, NO_5—, caeterum decolor et purum, 180—190 μ altum, J primum coeruleum, dein lutescens; hypothecium crassum, umbrino-fuscum, mollescens, KHO rufescens, NO_5 lutescenti-fuscescens, ex hyphis intricatis formatum; paraphyses filiformes, strictae, modice conglutinatae, simplices vel pauciramosae, ad apicem breviter moniliformes, cellulis subglobosis; asci ovali-clavati, superne rotundati et membrana bene incrassata cincti, 8spori; sporae biseriales, decolores, simplices, ellipsoideae vel ovales, utrinque bene rotundatae, rectae, membrana tenui cinctae, 29—31 μ longae et 15—16 μ latae. Pycnoconidia non visa.

NW-Y.: An meist von Schneewässern überrieseltem Quarzit in der Hg. St. des birm. Mons. auf dem Si-la zwischen Mekong und Salwin, 28°, 4200 bis 4400 m, 27. VIII. 1916 (9999).

— — ** **f. *major*** A. ZAHLBR.

Thallus cinerascenti-albidus: apothecia majora, usque 1 mm lata, disco persistenter et distincte caesio-pruinoso. In typum transiens.

NW-Y.: Mit dem Typus (9993).

— — ** **f. *albidior*** A. ZAHLBR.

Apothecia ut in typo ad 0,6 mm lata, disco nigro et fere vel in toto epruinoso; thallus alutaceo-cinerascens, KHO minus distincte lutescens.

NW-Y.: Tonschieferfelsen im Bächlein in der Hg. St. des Yülung-schan bei Lidjiang über der Wiese Ndwolo, 3900 m, 20. VII. 1914 (4296).

10. L. complanata KÖRB. (Cat. Lich., V, 294). Schenhsi: Silikatfelsen auf dem Hwangtou-schan (GIRALDI nach JATTA I, 475).

11. L. gibbosa (ACH.) NYL. (Cat. Lich., V, 311). Schenhsi: Silikatfelsen auf dem Duidjio-schan und Hwangtou-schan (GIRALDI nach JATTA I, 476).

12. ** ***L. albocretacea*** A. ZAHLBR.

Thallus epilithicus, crustaceus, uniformis, bene expansus, plagas irregulares et bene limitatas formans, substrato adhaerens, crassiusculus, 0,8—1,1 mm altus, cretaceus, cretaceo-albus, opacus, KHO—, $CaCl_2O_2$—, KHO + $CaCl_2O_2$—, farinulentus, continuus, rare versus ambitum thalli paulum rimulosus, laevigatus, sorediis et isidiis destitutus, in margine passim linea tenuissima cinerea cinctus: gonidia cystococcoidea, laete viridia, 11—13 μ lata; medulla crassa, alba, KHO—, $CaCl_2O_2$—, ex hyphis non amyloideis, inspersis et intricatis formata.

Apothecia vulgo aggregata, rare dispersa, adpressa, lecanorina, saepe confluentia et hymenia plura (usque 4) amplectentia, usque 1,2 mm lata, ad basin non constricta; discus concavus, niger, opacus, madefactus in fuscum vergens, epruinosus: margo thallinus crassus, cretaceo-albus, integer, superne deplanatus, prominulus, in sectione transversali ad ambitum anguste obscuratus, caeterum cinereus et impellucidus, ex hyphis intricatis et inspersus formatus, gonidia includens, strato corticali sat angusto, ad 60 μ crasso, non paraplectenchymatico obductus: excipulum angustum, decolor, infra hymenium distinctum, superne ad latera hymenii plus minus evanescens; hymenium, superne fuscum, pulverulentum, KHO—, NO_5 pallidius fuscum, caeterum decolor et purum, 120—140 μ altum, J cupreo-lutescens; paraphyses filiformes, conglutinatae, parum distincte limitatae, eseptatae, ad apicem non latiores, guttulis oleosis vel subcylindricis saepe impletae; asci late ovali-clavati, superne rotundati et membrana incrassata cincti, 8spori: sporae in ascis triseriales, simplices, decolores vel dilute sordidescentes, late ellipsoideae vel subovales, passim fere subglobosae, utrinque late rotundatae, rectae, membrana tenui cinctae, contentu aequaliter grumuloso-oleoso, 19—23 μ longae et 10—18 μ latae, J rufescenti-cupreae.

S.: Marmorfelsen der Hg. St. auf dem Gipfel Gonschiga sw von Muli gegen Dschungdien, 4750 m, 6. VIII. 1915 (7459).

13. ** ***L. ochromelaena*** A. Zahlbr.

Thallus epilithicus, crustaceus, uniformis, late expansus, substrato adhaerens, tenuis, 0,2—0,3 mm crassus, subtartareus, alutaceo-cinerascens, opacus, KHO e flavo sanguineus, $CaCl_2O_2$—, verruculoso-inaequalis, demum irregulariter vel subareolatim fissus, areolis verruciformibus, 0,2—0,3 mm latis, sorediis et isidiis non praeditus, in margine linea tenui et nigricante cinctus; stratum corticale angustum, sordidescens, plectenchymaticum; medulla alba, ex hyphis non amyloideis formata; gonidia palmellacea, globosa, usque 20 μ lata.

Apothecia lecanorina, adpressa, dispersa vel approximata, rotunda vel pressione mutua angulosa, usque 1,2 mm lata, ad basin tenuiter constricta, e concaviusculo planata vel demum convexula; discus niger, opacus, pruinosulus, madefactus sanguineo-fuscus; margo thallinus tenuis, cinerascens, integer, prominulus et demum depressus vel persistens; excipulum distinctum non visibile; hymenium superne sat latiuscule olivaceo-fuscum, pulverulentum, KHO—, NO_5 aeruginoso-olivascens, caeterum decolor, purum, J cupreo-rufescens; hypothecium angustum, decolor, J coerulescens; paraphyses densae, strictae, filiformes, simplices vel parce ramosae, eseptatae, ad apicem parum latiores, conglutinatae, guttulis oleosis seriatim impletae; asci oblongo- vel ellipsoideo-clavati, superne rotundati et membrana bene incrassata cincti, 8spori; sporae biseriales, decolores, simplices, ellipsoideae vel subovales, utrinque rotundatae, rectae, membrana tenui cinctae, 15—20 μ longae et 9—12 μ latae.

Conceptacula pycnoconidiorum ad ambitum thalli disposita, immersa, vertice nigro, convexo, minuto emergentia; perifulcrium circa ostiolum obscuratum, caeterum fere decolor; fulcra exobasidialia; basidia densa, subfiliformia, pycnoconidiis breviora; pycnoconidia filiformia, subrecta, utrinque retusata, 26—30 μ longa et ad 1 μ lata.

Y.: Sandsteine der tp. St. auf dem Sattel Gwamaoschan zwischen Yungning und Yungbei, 3075 m, 29. VI. 1914 (3320).

14. ** **L. disjecta** A. Zahlbr.

Thallus epilithicus, sat late expansus, cinerascenti-albidus, opacus, KHO—, $CaCl_2O_2$—, KHO + $CaCl_2O_2$—, madefactus pallide persicino-fuscescens, verrucosus, verrucis 0,8—1,8 mm latis, convexis, dispersis vel approximatis, passim continuis et demum crustam parvam, subareolatam formantibus, rotundatis vel rarius oblongatis vel irregularibus, 0,6—0,9 mm altis, in superficie laevigatis vel paulum inaequalibus, sorediis et isidiis nullis; stratum corticale sat angustum; medulla crassiuscula, alba, ex hyphis non amyloideis formata; gonidia cystococcoidea, globosa, 12—14 μ lata.

Apothecia primum immersa, demum adpressa, lecanorina, usque 1,5 mm lata, e rotundo rotundata vel subangulosa, dispersa vel approximata, in verrucis thallinis 1—3; discus e concaviusculo planiusculus, niger, opacus, epruinosus vel passim glaucescenti-suffusus; margo thallinus cum thallo concolor, persistenter discum superans, integer, mediocris, extus corticatus, cortice ad ambitum pallide fuscescente, intus decolore, 15—18 μ crasso, ex hyphis intricatis formato, medullam aërigeram et gonidia copiosa includens; excipulum decolor, dilucidum, infra hymenium bene evolutum, ad latera hymenii evanescens vel perangustum, J dilute coerulescens; hymenium superne obscure olivaceum, non pulverulentum, KHO in lutescens vergens, NO_5 non mutatum, caeterum decolor et purum, 120—130 μ altum, J intense coeruleum; hypothecium bene evolutum, fere decolor, mollescens, ex hyphis intricatis formatum; paraphyses densae, capillari-filiformes, strictae, simplices vel increbre ramosae, eseptatae, ad apicem paulum latiores, contextae; asci ovali-clavati, superne late rotundati vel subcalyptratim rotundati et membrana bene incrassata cincti, 8spori; sporae biseriales, decolores, simplices, ellipsoideo-ovales vel ovales, utrinque bene rotundatae, rectae, membrana tenui cinctae, contentu granuloso, 15—17 μ longae et 9—10 μ latae.

Conceptacula pycnoconidiorum immersa, vertice punctiformi, nigro et nitido emergentia; fulcra exobasidialia; pycnoconidia bacillari-filiformia, recta vel subrecta, utrinque obtusata, 9—10 μ longa et vix 1 μ lata.

Y.: Mit voriger (3319).

Affinis est *L. complanatae*, thallo non cinereo-rufescente et verrucis non applanatis ab ea differens.

15. ** **L. superposita** A. Zahlbr.

Thallus epilithicus, crustaceus, uniformis, modice expansus, substrato arcte adhaerens, tenuis, 0,1—0,2 mm crassus, subtartareus, fumoso-cinereus, opacus, KHO demum sanguineo-lutescens, $CaCl_2O_2$—, areolatus, areolis continuis, oblongo-angulosis, parvis, 0,2—0,4 mm latis, fissuris tenuissimis separatis, planiusculis vel convexulis, superne laevigatis, sorediis et isidiis nullis, in margine linea tenui nigraque cinctus; gonidia palmellacea, virentia, globosa vel late ellipsoidea, usque 24 μ longa; medulla albida, J—.

Apothecia ex immerso adpressa, lecanorina, dispersa vel plus minus approximata et dein minus rotundata, in areolis 1—2, minuta, vix 0,5 mm lata; discus niger, nudus, madefactus non mutatus, epruinosus: margo thallinus thallo parum obscurior, tenuis, integer, prominulus, in sectione transversali superne et ad latera nigrescens, intus sordide pallens, gonidia sat copiosa includens, plectenchymaticus; excipulum angustum, integrum, fusco-nigricans, ad latera hymenii angustius: hymenium superne late et bene limitate nigricans, pulverulentum, KHO olivaceo-fuscum, NO_5 in aeruginosum vergens, caeterum dilute fuscescens, spumuloso-inspersum, ad 130 μ altum, J cupreo-rufescens e praecedente coerulescentia: hypothecium angustum, dilute fuscescens, mollescens, ex hyphis intricatis formatum: paraphyses filiformes, ad 3 μ crassae, strictae, conglutinatae, simplices vel pauciramosae, eseptatae, ad apicem clavato-capitatae, guttulis oleosis minutis impletae: asci oblongo- vel ovali-clavati, superne rotundati et membrana modice incrassata cincti, 8spori; sporae biseriales, decolores, simplices, ovales, rectae, membrana tenui cinctae, 16—18 μ longae et 9—10 μ latae. Pycnoconidia non visa.

S.: Granitfelsen der wtp. St. bei Gobankou am Houdsengai nächst Dötschang („Tetschang") im Djientschang („Kientschang"), 2100 m, 5. IV. 1914 (1736).

16. ** ***L. disculifera*** A. Zahlbr.

Thallus epilithicus, crustaceus, uniformis, sat late expansus, substrato adnatus, tartareus, usque 0,8 mm crassus, cinereus, opacus, KHO—, $CaCl_2O_2$—, KHO + $CaCl_2O_2$—, areolatus, areolis continuis, angulosis, usque 1,4 mm latis, fissuris tenuissimis separatis, superne laevigatis, planis, planiusculis et rare convexulis, sorediis et isidiis non praeditus, in margine linea obscuriore non cinctus; gonidia cystococcoidea: medulla pallida, in parte inferiore isabellino-subochracea vel isabellino-ferruginascens, KHO parum flavens, KHO + $CaCl_2O_2$ vix mutata vel rosacea, J—.

Apothecia crebra, in areolis normaliter singula, immersa, rotundata vel mutua pressione plus minus angulosa, dispersa vel approximata, 0,8—1,9 mm lata: margo thallinus cum thallo concolor, integer, parum prominulus: discus niger, opacus, epruinosus, madefactus non mutatus, concaviusculus vel planus; excipulum parum evolutum, incolor; hymenium superne late et obscure fuscum, non pulverulentum, KHO—, NO_5 aeruginosum, passim strato tenui, decolore et amorpho supertectum, caeterum decolor et spumuloso-inspersum, usque 150 μ altum, J violaceo-coeruleum: hypothecium pallidum, lutescens, ex hyphis intricatis formatum: paraphyses filiformes, ad 3 μ crassae, strictae, simplices vel parce ramosae, eseptatae, ad apicem clavatae, protoplasmate interrupto impletae; asci ellipsoideo-clavati, superne rotundati et membrana bene incrassata cincti, 8spori: sporae in ascis 2—3 seriales, decolores, simplices, ellipsoideae vel oblongo-ovales, utrinque rotundatae, rectae, membrana tenui cinctae, guttula unica majuscula impletae, 20—22 μ longae et 8—14 μ latae. Pycnoconidia non visa.

S.: Diabasfelsen der tp. St. des Lungdschu-schan bei Huili, 3000—3675 m 26. III. 1914 (1015). **NW-Y.**: Ebenso an windgeschützten Stellen der Hg. St. auf dem höchsten Kamme zwischen Haba und Dugwantsun se von Dschungdien („Chungtien"), 4350—4450 m, 23. VI. 1915 (6378).

— — ** var. ***dealbata*** A. ZAHLBR.

A typo differt thallo cinerascenti-albido, opaco et areolis thalli superne non laevigatis, sed inaequalibus.

S.: Eisenschüssiger Sandstein der tp. St. um den Paß Dsiliba im Daliangschan (Lolo-Lande) e von Ningyüen (Lingyüen), ±3000 m, 26. IV. 1914 (1769).

17. ** ***L. tesselans*** A. ZAHLBR.

Thallus epilithicus, crustaceus, uniformis, modice expansus, substratum arcte obducens, tenuis, ad 0,2 mm crassus, tartareus, glaucescenti- vel subochraceo-albidus, opacus, KHO non coloratus, sed primum parum sordidescens, $CaCl_2O_2$—, KHO + $CaCl_2O_2$—, areolatus, areolis angulosis, usque 1 mm latis, planis, fissuris tenuibus separatis, crustam continuam et sat laevigatam formantibus, sorediis et isidiis destitutus, in margine linea nigra non cinctus; gonidia cystococcoidea, globosa, laete viridia, 12—16 μ lata; medulla alba, J coerulescens.

Apothecia crebra, in areolis 1—3, primum immersa, demum leviter prominula vel adpressa, habitu lecideina, non confluentia, rotunda vel rotundata, parva, ad 0,4 mm lata; discus primum leviter caesio-pruinosus, demum nudus, niger, madefactus non mutatus, opacus vel nitidulus, e concaviusculo demum parum convexus; margo thallinus primum cineracens, valde tenuis, integer et prominulus, demum nigrescens et depressus, gonidia sat crebra includens, ex hyphis strictulis et conglutinatis nec septatis formatus; excipulum distinctum non evolutum; hymenium superne olivaceo-fuscum, KHO obscure aeruginascens, NO_5—, grumoso-pulverulentum, caeterum fere decolor et passim fasciis verticalibus olivascentibus percursum, spumuloso-inspersum vel fere purum, J in parte superiore coeruleum, in parte inferiore rufescenti-cupreum; hypothecium subdecolor vel in parte basali fuscescens, inspersum: paraphyses filiformes, crebrae, gelatinoso-conglutinatae, simplices vel subramosae, eseptatae, ad apicem parum clavatae; asci ellipsoideo-clavati, superne rotundati et membrana bene incrassata cincti; sporae evolutae non visae.

S.: Phyllitfelsen der wtp. St. unterhalb Dseia bei Muli, 2650 m, 26. VII. 1915 (7259).

Habituell nähert sich diese wegen der fehlenden Sporen nicht vollkommen beschriebene Flechte der *L. disculifera*, aber die Apothezien sind kleiner und einfach, nicht aus zusammenfließenden Scheiben gebildet; sie kann nicht als das Jugendstadium der vorhergenannten angesehen werden. *L. cinereopolita* weicht schon mehr durch das dickere mehr rissige Lager und durch die gänzlich eingesenkten, weißberandeten Apothezien ab.

18. ** ***L. galactotera*** A. ZAHLBR.

Thallus epilithicus, crustaceus, uniformis, late expansus, substrato adhaerens, tenuis, usque 1 mm altus, subtartareus, lacteo-albidus, opacus, KHO leviter lutescens, $CaCl_2O_2$—, KHO + $CaCl_2O_2$ bene flavens, areolatus, areolis continuis, angulosis, parvis, 0,3—1 mm latis, planis, laevigatis, fissuris demum modice hiantibus separatis, sorediis et isidiis destitutus, in margine linea obscuriore non cinctus: stratum corticale tenue, 16—18 μ crassum, obscurum, ex hyphis intricatis formatum; gonidia laete viridia, cystococcoidea, globosa, 12—16 μ lata, stratum continuum formantia; medulla alba, J—.

Apothecia aspicilioidea, immersa, in areolis 1—3, demum confluentia, rotunda vel pressione mutua angulosa, sat crebra, parva; discus niger, opacus, madefactus non mutatus, epruinosus, concavus: margo thallinus discum persistenter superans, tenuis, integer, obscure cinereus, in sectione transversali ad ambitum anguste et bene limitate nigrescens, intus fere decolor, plectenchymaticus, gonidia increbra includens: excipulum distinctum non evolutum; hymenium superne obscure olivaceum, KHO fuscescens, NO_5 aeruginosum, caeterum decolor, spumuloso-inspersum, 150—170 μ altum, J e coeruleo rufo-cupreum; hypothecium pallidum, dilute lutescens, ex hyphis intricatis formatum; paraphyses crebrae, filiformes, parce ramosae, eseptatae, ad apicem modice clavatae vel submoniliformes, guttulis minutis et seriatis impletae, conglutinatae: asci ellipsoideo-clavati, superne rotundati et membrana incrassata cincti, 8 spori; sporae bi- vel triseriales, decolores, simplices, oblongo- vel ovali-ellipsoideae, utrinque rotundatae, rectae, membrana tenui cinctae, primum guttula oleosa unica et majuscula impletae, demum contentu aequaliter oleoso, 21—28 μ longae et 9—14 μ latae.

Conceptacula pycnoconidiorum in ambitu thalli sat numerosa, immersa, globosa, vertice punctiformi, convexo nigroque emergentia; perifulcrium circa ostiolum olivaceo-fuscum, caeterum decolor; fulcra exobasidialia; basidia densa, subfiliformia: pycnoconidia bacillari-filiformia, recta vel subrecta, utrinque retusata, 10—12 μ longa et ad 1 μ lata.

NW-Y.: Diabasfelsen der Hg. St. unter dem Kare Schitako am Yülungschan bei Lidjiang („Likiang"), 3800—4000 m, 16. VII. 1914 (3555).

A *L. disculifera* thallo lacteo et sporis distincte majoribus, a *L. dschungdienensi* apotheciis minoribus, persistenter immersis, sporis majoribus et areolis thallinis aliter formatis discrepat.

19. ** **L. dschungdienensis** A. Zahlbr.

Thallus crustaceus, epilithicus, uniformis, expansus, substrato adhaerens, crassiusculus, 1—1,3 mm altus, cretaceo-tartareus, pallide cinereus, albidus vel passim subcarneo-albidus, opacus, KHO et KHO + $CaCl_2O_2$ flavens, $CaCl_2O_2$—, areolatus, areolis continuis et crustam latam formantibus, angulosis, usque 2 mm latis, fissuris tenuibus et plus minus flexuosis separatis, planiusculis vel leviter convexis, superne laevigatus, sorediis et isidiis non instructus; stratum corticale angustum, fuscescens, ex hyphis intricatis et inspersis formatum; gonidia cystococcoidea, globosa, 9—12 μ lata; medulla crassa, alba, KHO et KHO + $CaCl_2O_2$ vix flavens, $CaCl_2O_2$—, J—.

Apothecia crebra, dispersa, primum immersa, demum adpressa vel fere sessilia, 0,8—1,2 mm lata, ad basin leviter constricta, e rotundo mutua pressione plus minus angulosa vel flexuosa; discus niger, madefactus non mutatus, opacus, epruinosus, planus vel subplanus; margo thallinus cinerascens, tenuis, primum discum paulum superans et integer, demum depressus; excipulum distinctum non evolutum; hymenium superne latiuscule sordidescenti-nigricans, pulverulentum, KHO—, NO_5 in aeruginosum vergens, caeterum decolor, spumuloso-inspersum, 120—140 μ altum, J violaceo-coeruleum; paraphyses filiformes, 2—3 μ crassae, strictiusculae, simplices vel increbre ramosae, eseptatae, ad apicem septato-clavatae et obscuratae: asci ovali-clavati, superne late rotundati et membrana bene incrassata cincti, 8spori: sporae in ascis bi- vel subuniseriales, decolores, simplices, subglobosae vel late ovales, membrana tenui cinctae, guttula oleosa unica, demum majuscula impletae, 14—17 μ longae et 12—15 μ latae. Pycnoconidia non visa.

NW-**Y.**: Diabasfelsen an windgeschützten Stellen der Hg. St. auf dem höchsten Kamme zwischen Haba und Dugwantsun se von Dschungdien, 4350 bis 4450 m, 23. VI. 1915 (6948).

20. L. cinereorufescens (Ach.) Hepp. (Cat. Lich., V, 288). Schenhsi: Silikatfelsen des Hwangtou-schan (Giraldi nach Jatta I, 476).

21. * ***L. subimmersa*** (Fée) Wain. (Cat. Lich., V, 352) ** **subsp. *asiatica*** A. Zahlbr.

Thallus epilithicus, crustaceus, uniformis, sat late expansus et substratum arcte obducens, tenuis, 0,3—0,5 mm crassus, subtartareus, albidus, paulum in lutescens vergens, nitidulus, KHO flavens, $CaCl_2O_2$—, areolatus, areolis parvis, usque 1,4 mm latis, vulgo tamen minoribus, subangulosis, fissuris tenuissimis separatis, planiusculis, inaequalibus vel convexulis, sorediis et isidiis nullis, in margine linea tenui nigricante cinctus; medulla alba, ex hyphis non amyloideis formata.

Apothecia immersa, thallum non superantia, in areolis utplurimum solitaria, rotunda vel subirregularia, 0,2—0,8 (1) mm lata, nigra, opaca, epruinosa, immarginata; discus e concaviusculo planatus vel leviter convexus; hymenium superne aeruginose obscuratum, KHO—, NO_5 coerulescens, non pulverulentum et strato angusto amorpho et decolore supertectum, caeterum sat dilute aeruginascens aut decolor, purum, 120—130 μ altum, J intense coeruleum; hypothecium pallidum, dilute lutescens vel fere decolor; paraphyses densae, strictae, filiformes, contextae, simplices, eseptatae, ad apicem non clavatae; asci oblongo-clavati, superne rotundati et membrana modice incrassata cincti, 8spori; sporae plus minus distichae, simplices, decolores, late ellipsoideae vel ovales, utrinque rotundatae, rectae, membrana tenui cinctae, 11—13 μ longae et 6—6,5 μ latae. Pycnoconidia non visa.

Y.: Dürre Quarzitfelsen in der wtp. St. bei Schilungba nächst Yünnanfu, 1900 m, 20. II. 1914 (128). **F.**: Kalkfreie Felsen des Gu-schan bei Fudschou (Chung 609 p. p.).

A typo (Glaziou, Lich. Brasil. exsicc. 1204) discrepat colore epithecii (in typo rufescenti-fusci) NO_5 distincte coerulee colorati.

— — ** **ssp. *umbrinascens*** A. Zahlbr.

Thallus epilithicus, crustaceus, uniformis, substrato adhaerens, maculas minores, irregulares et bene limitatas formans, subtartareus, crassiusculus, vulgo ad 1 mm altus, osseo-albidus, opacus, KHO flavens et demum sordidescens, $CaCl_2O_2$—, tenuissime irregulariter vel subareolatim fissus, continuus, laevigatus, sorediis et isidiis destitutus, in margine passim linea tenui, nigra cinctus; stratum gonidiale angustum, continuum, gonidiis cystococcoideis, globosis, laete viridibus, 12—15 μ latis; medulla alba, crassa, KHO olivaceo-lutescens, $CaCl_2O_2$—, J —, ex hyphis intricatis et pulverulento-inspersis formata, elementa substrati, particulas quartzosas, includens.

Apothecia crebra, gregatim approximata, immersa, minuta, 0,2—0,3 mm lata, rotunda, nigra, opaca, madefacta obscure fusca, e plano rare paululum convexa, margine tenuissimo; integro, vix prominulo cincta, passim thallo anguste annulatim cincta, excipulum dimidiatum, tantum ad latera hymenii evolutum, dilute lutescens vel fere decolor, J —; hymenium superne anguste umbrinum, KHO—, NO_5—, superne strato amorpho tenui et decolore obductum, caeterum decolor, purum, ad 150 μ altum, ab hypothecio non bene limitatum, J intense coeruleum, demum sordide obscuratum; hypothecium pallidum, dilute lutescens, mollescens; paraphyses crebrae, strictae, filiformes, conglutinatae, simplices, eseptatae, ad apicem capitatae et fuscatae; asci paraphysibus paulum breviores, oblongo-clavati, superne rotundati et membrana modice incrassata cincti, 8 spori; sporae in ascis biseriales et obliquae, decolores, simplices, oblongae vel subellipsoideae, utrinque rotundatae, rectae, membrana tenui cinctae, contentu primum aequaliter oleoso et demum guttulis majusculis binis impletae, 15—18 μ longae et 5—6 μ latae. Pycnoconidia non visa.

Y.: Zeitweise überflutete Quarzitfelsen im tr. Regenwalde unter Yaotou zwischen Möngdse und Manhao, 650 m, 6. III. 1915 (5968).

A *L. subimmersa* (FÉE) WAIN. praeter alias notas distat apotheciis parvis, epithecio umbrino, NO_5 non coerulescente et sporis distincte majoribus.

22. **L. lacustris** (WITH.) NYL. (Cat. Lich., V, 322) **var. *ochraceoferruginea*** (SCHAER.) A. ZAHLBR.

Syn.: *Gyalecta Acharii* var. *ochraceoferruginea* SCHAER., Enum. Critic. Lich. Europ., 94 (1850).

Aspicilia A. var. *o* KRPH. in Flora, LVI, 471 (1873).

Thallus epilithicus, crustaceus, uniformis, substratum arcte obducens, non late expansus, tenuis, 0,1—0,15 mm crassus, subtartareus, aurantiaco-ferrugineus, opacus, KHO—, $CaCl_2O_2$—, areolatus, areolis vulgo parvis, 0,2—1,2 mm latis, angulosis, continuis, planiusculis vel leviter convexis, superne laevigatis, fissuris tenuibus separatis, rarius demum subsquamiformibus, usque 2 mm latis, isidiis et sorediis non instructus, in margine linea obscuriore non cinctus; stratum corticale angustum, in ambitu rufum et pulverulentum, intus decolor, ex hyphis intricatis formatum; gonidia palmellacea, glomerata, dilute viridia, globosa, 12—15 μ lata; medulla albida, J—.

Apothecia ex immerso adpressa, dispersa, rotunda vel rotundata, 0,4—0,8 mm lata, ad basin constricta, convexa; discus cum thallo concolor vel parum in fuscum vergens, epruinosus; margo cum thallo concolor, tenuis, integer, discum parum superans, intus decolor, ad latera hymenii incrassatus, ad ambitum rufescens, plectenchymaticus, gonidia increbra continens; excipulum parum distinctum; hymenium superne rufum, granuloso-pulverulentum, KHO—, $CaCl_2O_2$—, caeterum decolor et purum, 150—180 μ altum, J sordide aeruginoso-coerulescens; hypothecium pallidum; paraphyses filiformes, gelatinose conglutinatae, simplices vel increbre passim ramosae, eseptatae, ad apicem non clavatae; asci subovales, hymenio paulum breviores, superne rotundati et membrana incrassata cincti, 8 spori; sporae in ascis biseriales, decolores, simplices, ellipsoideae, utrinque rotundatae, rectae, membrana tenui cinctae, 13—15 μ longae et 8—9 μ latae. Pycnoconidia non visa.

S.: Dürre Diabasfelsen auf dem Gipfel des Lungdschu-schan bei Huili, tp. St., 3550—3675 m, 26. III. 1914 (1013).

Sect. *Eulecanora* TH. FR.

A. Species saxicolae.

a) Hymenium in toto violaceo-cinnamomum *52. atra.*

b) Hymenium excepta parte angusta suprema decolor vel subdecolor.

I. Thallus cinereus, albidus vel glaucescens.
1. Apothecia verrucis thallinis immersa *24. Bockii.*
2. Apothecia ad thallum sessilia vel ei adpressa.
α) Thallus in margine byssulino-limitatus *36. byssulina.*
β) Thallus in margine aliter formatus, uniformis.
○ Thallus grosse granulosus *33. carnulenta.*
○○ Thallus aliter formatus, continuus vel areolatus.
+ Hymenium superne coerulescens *32. lemokensis.*
++ Hymenium superne umbrinum, fuscum vel rufescens.
§ Hypothecium crassum, luteum, KHO rufescens *35. chrysocardia.*
§§ Hypothecium aliter coloratum et KHO non reagens.
∨ Hypothecium dilute lutescens *34. griseomurina.*
∨∨ Hypothecium decolor.
⌒ Discus niger *47. gangaleoides.*
⌒⌒ Discus plus minus fuscus.
∧ Discus fuscus, epruinosus *46. campestris.*
∧∧ Discus lividescens, pruinosus *40. atrynea.*

II. Thallus flavidus, stramineus, alutaceus vel ochraceus.
1. Thallus globoso-verrucosus vel granosus *62. frustulosa* var. *argopholis.*
2. Thallus areolatus vel continuus, plus minus laevigatus.
α) Apothecia exigua, subpunctiformia *31. chinensis.*
β) Apothecia distincte majora, disciformia.
§ Apothecia obscura.
○ Apothecia nigra *59. heterocarpina.*
○○ Apothecia sordide vel livido-nigricantia.
× Hypothecium fuscum; apothecia habitu lecanorina, plana *54. flavoviridis.*
×× Hypothecium flavescens; apothecia habitu biatorina, convexa *63. irridens.*
§§ Apothecia laetius colorata.
○ Apothecia majuscula, usque 3,5 mm lata *61. distracta.*
○○ Apothecia multum minora, latitudinem 2 mm nunquam superantia.
× Apothecia pallide rufa; sporae 15—20 × 11—13 μ *60. flavidorufa.*
×× Apothecia carneo-lutescentia vel flavescentia; sporae 10—12 × 4,5—6 μ *62. polytropa.*

B. Species corticolae.
a) Hymenium in toto violaceo-cinnamomeum *52. atra* f. *americana.*
b) Hymenium excepta parte suprema decolor.
I. Thallus plus minus lutescens vel subochraceus.
α) Sporae magnae, 24—28 × 12—15 μ *50. megalospora.*

β) Sporae distincte minores.

§ Apothecia minuta, 0,6—0,8 mm lata; discus plus minus carneus *58. setschwana.*

§§ Apothecia distincte majora; discus aliter coloratus.

○ Thallus verruculosus; hypothecium fulvo-rufescens *55. flavovirescens.*

○○ Thallus non verruculosus; hypothecium decolor.

∧ Thallus granulosus vel verrucoso-granulosus.

◡ Pycnoconidia acicularia, longa *56. intricata.*

◡◡ Pycnoconidia oblonga, ± curvula *57. saligna.*

∧∧ Thallus subleproso-laevigatus *53. hyaliza.*

II. Thallus albus, albidus, cinerascens vel cinereus.

1. Sporae membrana crassa, ad 2 μ lata cinctae *49. pachysperma.*
2. Sporae membrana tenui cinctae.

α) Hypothecium rufescens *48. endophaeoides.*

β) Hypothecium decolor.

§ Thallus frustulosus, turgidus; apothecia carneo-rufa *51. compendiosa.*

§§ Thallus crustaceus.

○ Discus apotheciorum distincte et persistenter pruinosus.

∧ Apothecia majora, usque 2 mm lata.

⌒ Sporae minores, 10—12 × 7 μ; asci non turgiduli *29. cancriformis.*

⌒⌒ Sporae majores, 26—30 × 15—18 μ; asci turgidi *30. cancriformoides.*

∧∧ Apothecia distincte minora *28. pallida.*

○○ Discus apotheciorum vulgo nudus, rare et in apotheciis juvenilibus fugaciter pruinosus.

× Apothecia stramineo-pallida vel rarius testacea *27. leprosa.*

×× Apothecia rufescentia, fusca vel nigricantia.

∧ Margo apotheciorum crassiusculus, integer *41. intumescens.*

∧∧ Margo apotheciorum tenuis, crenulatus vel subcrenulatus.

⌒ Thallus bene evolutus, expansus; apothecia majora.

) Apothecia fusco-nigricantia; paraphyses capitatae.

∼ Thallus laevigatus *43. coilocarpa.*

∼∼ Thallus verruculoso-granulosus *39. cathayensis.*

)) Apothecia fusca vel rufo-fusca.

∼ Margo apotheciorum granulato-crenulatus.

(Apothecia humilia, adpressa, ad basin non constricta *38. yenpingensis.*

((Apothecia sat alta, sessilia, ad basin constricta *42. chlarona.*

∼∼ Margo apotheciorum non granulosus.

(Hymenium superne strato tenui amorpho decoloreque supertectum *44. allophana.*

((Hymenium superne sine strato amorpho, plus minus pulverulentum.

◡ Paraphyses non clavatae *45. subfusca.*

◡◡ Paraphyses clavatae *31. chinensis.*

⌒⌒ Thallus minus bene evolutus, tenuissimus vel fere evanescens.

) Apothecia ad 0,5 mm lata *25. umbrina.*

)) Apothecia ad 1 mm lata *26. crenulata.*

C. Thallus epiphyllus *37. microphaea.*

24. * ***L. Bockii*** RODIG. (Cat. Lich., V, 264). NW-**Y.**: Tonschiefer bei Lidjiang, von Einheimischen (3577).

25. L. umbrina (EHRH.) RÖHLG. var. *paupercula* JATTA (Cat. Lich., V, 592). Schenhsi: Glatte Stämme auf dem Hwangtou-schan (GIRALDI nach JATTA I, 475).

26. L. crenulata (DICKS.) HOOK. (Cat. Lich., V, 436). Schenhsi: Talkschieferfelsen auf dem Hwangtou-schan (GIRALDI nach JATTA I, 475).

27. L. leprosa FÉE (Cat. Lich., V, 481). (*L. achroa* NYL. CROMB. I, 63). **F.**: Buongkang bei Yenping, an Eichenästen, 700 m (CHUNG 172). Kiangsu: Schanghai, Rinden (MAINGAY).

— — var. *phaeochroa* (NYL.) A. ZAHLBR. (Cat. Lich., V, 481). (*L. achroa* var. *phaeochroa* NYL.). Kiangsu, Schanghai, mit dem Typus (MAINGAY nach CROMBIE I, 63).

28. ***L. pallida*** (HFFM.) RABH. (Cat. Lich., V, 496). (*L. albella* ACH. HUE II, 171). **Y.**: Rinden im Walde Fangyangtschang ober Mosoying, 3000 m (DELAVAY nach HUE l. c.).

— — **var. *cinerella*** (FLK.) RABH. (Cat. Lich., V, 501). Rinde der verschiedensten Nadel- und Laubbäume und Sträucher von der str. bis an die tp. St., 100—2800 m. **Y.**: Vielfach in und um Yünnanfu (152, 154, 269, 271, 276, 301, 372). N von hier bei Jöschuitang, 25° 26′ (971) und Hsiaodsang, 25° 40′ (565). Im NW im birm. Mons. im Tale von Londjre zum Schöndsu-la in der Mekong—Salwin-Kette, 28° 6′ (8208). **S.**: Oberhalb Helugö bei Kwapi im Yalunggebiete n von Yenyüen (2452). **H.**: Tschangscha, hinter der Stadt (11396) und auf den Hügeln im SW (11408).

29. ***L. cancriformis*** (HFFM.) WAIN. (Cat. Lich., V, 401). (*L. caesiorubella* ACH. HUE, II, 172). Rinden lebender Bäume in der wtp. und tp. St., 1800 bis 3400 m. **Y.**: *Ternstroemia japonica* auf dem Hsi-schan (5726) und *Lithocarpus dealbata* bei Sugö (1998) nächst Yünnanfu. *Photinia loriformis* bei Jöschuitang n von da (472). Eichen ober Hsiangschuiho, 26° 15′, zwischen Dali (Talifu) und

Hodjing („Hokin") (6519). Gutui ober Mosoying (DELAVAY 3000). Yendsehai (D.). **S.**: *Rhododendron* (2225) und *Juniperus formosana* (2427) bei Kwapi n von Yenyüen, 27° 53'.

30. ** **L. cancriformoides** A. ZAHLBR.

Thallus epilithicus, crustaceus, uniformis, substrato adhaerens, sat expansus, tenuis, ad 0,1 mm crassus, tartareus, albidus, fere opacus, KHO flavens, $CaCl_2O_2$—, continuus, inaequalis vel passim minute granulosus, sorediis et isidiis destitutus, in margine linea obscuriore non cinctus; gonidia cystococcoidea; medulla alba, J—.

Apothecia sat crebra, lecanorina, dispersa vel approximata, sessilia, ad basin leviter constricta, e rotundo subundulata, irregularia vel subangulosa, usque 2 mm lata, e concaviusculo leviter convexa vel subtuberculata; discus sub pruina albida sat densa carneus vel rufescenti-fuscus; $CaCl_2O_2$—; margo thallinus albidus, sat tenuis, integer, demum crenulatus, discum superans, modice inflexus, persistens; excipulum ad latera hymenii tantum evolutum, infra hymenium breviter inflexum, decolor, ex hyphis tenuibus, dense contextis formatum; hymenium superne obscure sordidescenti-fuscum, dense pulverulentum, KHO olivaceo-lutescens, $CaCl_2O_2$—, caeterum decolor, purum, 220—240 μ altum, J intense coeruleum; hypothecium pallidum, dilute lutescenti-fuscescens, ex hyphis intricatis formatum, strato gonidiali superpositum; paraphyses capillari-filiformes, densae, strictae, conglutinatae, simplices vel passim increbre ramosae, eseptatae, ad apicem haud latiores; asci oblongo- vel ellipsoideo-clavati, superne rotundati et membrana incrassata cincti, 6-, rarius 8 spori; sporae mono- vel distichae, decolores, simplices, late ellipsoideae vel ovales, utrinque rotundatae datae, rectae, membrana tenui cinctae, contentu aequaliter oleoso, 26—30 μ longae et 15—18 μ latae. Pycnoconidia non visa.

NW-Y.: Rinde lebender Tannen in der ktp. St. am Westhange des Rückens zwischen Haba und Dugwantsun se von Dschungdien („Chungtien"), 4050 m, 22. VI. 1915 (6866).

31. *L. chinensis* A. ZAHLBR. (Cat. Lich., V, 413). (*L. microcarpa* JATTA I, 475 non FÉE). Schenhsi: Silikatfelsen bei Fudjio (GIRALDI).

32. ** **L. lemokensis** A. ZAHLBR.

Thallus epilithicus, crustaceus, uniformis, sat late expansus et plagas bene limitatas, crassiusculas, in centro thalli usque 2,3 mm altas formans, tartareus, demum a substrato plus minus secedens, albido- vel alutaceo-cinerascens, fere opacus, KHO e flavo olivascens vel impure subaurantiacus, $CaCl_2O_2$—, areolato-verruculosus, verruculis parvis, 0,2—0,3 mm latis et crustam continuam subinaequalemque formantibus, passim areolatus vel subareolatim diffractus, areolis dein e plano leviter convexis, angulosis, ad 0,2 mm latis, fissuris hiantibus demum separatis, sorediis et isidiis non instructus, in margine linea obscuriore non cinctus; stratum corticale angustum, 30—40 μ crassum, superne pulverulentum, plectenchymaticum; stratum gonidiale angustum, continuum, gonidiis cystococcoideis, globosis, 9—16 μ latis; medulla crassa, sordidulenti-albida, KHO et KHO + $CaCl_2O_2$ plus minus rubens, J—, elementa substrati subcrystallina includens.

Apothecia lecanorina, crebra, plus minus approximata, adpressa vel sessilia, rotunda, ad basin leviter constricta, 1,2—1,4 mm lata, e concaviusculo subplana vel hinc inde etiam convexiuscula; discus niger, opacus, madefactus non mutatus, epruinosus, demum nitidulus; margo cum thallo concolor, primum tenuis et subcrenulatus, discum fere aequans, demum modice dilatatus, crenulatus, prominulus et persistens, in sectione ad ambitum fuscus, intus decolor, extus strato amorpho, decolore, usque 15 μ crasso obductus, plectenchymaticus, gonidia copiosa continens; hymenium superne latiuscule coeruleo-nigricans, pulverulentum, KHO—, NO_5 lilacino-coerulescens vel rosaceo-violascens, caeterum decolor vel dilute coerulescens, purum, usque 150 μ altum, J demum aeruginoso-coerulescens (imprimis asci); excipulum dimidiatum, decolor, ex hyphis tangentialibus, tenuibus et dense contextis formatum; hypothecium crassiusculum, rufofuscum, versus hymenium dilutius, strato gonidiali superpositum; paraphyses crebrae, filiformes, strictae, simplices (plasmate cylindrico-interrupto), conglutinatae, ad apicem vix latiores; asci hymenio paulum breviores, oblongo- vel ellipsoideo-clavati, superne rotundati et membrana incrassata cincti, 8 spori; sporae biseriales, decolores, simplices, oblongae, ellipsoideae, rarius subovales, rectae, utrinque rotundatae, membrana tenui cinctae, contentu aequaliter oleoso, 10—16 μ longae et 6—9 μ latae.

Conceptacula pycnoconidiorum immersa, globosa, vertice punctiformi, nigro et convexulo emergentia; perifulcrium circa ostiolum obscuratum, fere nigrescens, caeterum pallidum; fulcra exobasidialia; basidia ampullaceo-filiformia, densa, pycnoconidiis parum longiora; pycnoconidia bacillaria, utrinque retusata, recta vel subrecta, 10—12 μ longa et ad 1 μ lata.

S.: Sandsteine in der wtp. St. auf dem Sattel zwischen Tjiaodjio und Lemoka im Lolo-Lande e von Ningyüen, 2250 m, 23. IV. 1914 (1583).

Habitu cum *L. atra* congruit, structura apotheciorum interna bene distat.

— — ** **f. *infumata*** A. ZAHLBR.

Thallus fumoso-cinerascens.

NW-Y.: Diabasblöcke in der tp. St. bei Ngulukö nächst Lidjiang („Likiang"), 3000 m, 5. X. 1916 (12978).

33. L. carnulenta NYL. (Cat. Lich., V, 402). Schöndjing: Ninghai, Felsen bei einem Wasserfall, sehr spärlich (MAINGAY nach CROMB. I, 63).

34. ** ***L. griseomurina*** A. ZAHLBR.

Thallus epilithicus, crustaceus, uniformis, tartareus, crassiusculus, usque 1 mm altus, maculas minores, in specimine viso usque 3 cm latas formans, substrato adhaerens, caesio-cinerascens vel passim subalutaceo-cinerascens, opacus, KHO flavens, $CaCl_2O_2$—, versus marginem plus minus areolatus, in centro continuus, laevigatus, sorediis et isidiis destitutus, in ambitu bene limitatus et anguste nigricanti-obscuratus; gonidia cystococcoidea; medulla crassiuscula, alba, J—.

Apothecia lecanorina, sessilia, dispersa vel approximata, rotunda vel rotundata, ad basin bene constricta, majuscula, usque 1,6 mm lata; discus rufo-fuscus, opacus, epruinosus, e concaviusculo subplanus vel demum convexulus; margo thallinus albidus, pertenuis, acutiusculus, integer, undulatus, discum fere aequans, persistens, in sectione extus fusco-obscuratus, plectenchymaticus, ex hyphis inspersis formatus, gonidia copiosa, ad 12 μ lata et elementa substrati includens; excpiulum tantum infra hymenium bene evolutum, ad latera hymenii evanescens, decolor; hymenium superne rufescenti-fuscum, inspersum, KHO—, NO_5—, caeterum decolor et purum, ad 120 μ altum, J intense coeruleo-violaceum: hypothecium crassum, in hymenium abiens, lutescens, ex hyphis intricatis formatum; paraphyses arcte conglutinatae, crassiores, 3—4 μ latae, simplices, eseptatae, ad apicem sensim clavatae et obscuratae; asci hymenio subaequilongi, ovali-clavati, superne late rotundati et membrana bene incrassata cincti, 8spori; sporae in ascis triseriales, decolores, simplices, late ovales vel ovali-ellipsoideae, utrinque rotundatae, rectae, membrana tenui et distincta cinctae, contentu aequaliter oleoso, 10—13 μ longae et 6—8 μ latae. Pycnoconidia non visa.

Y.: Meist überflutete Quarzitfelsen in der wtp. St. am Bache in der Waldschlucht unter Hsinlung jenseits des Pudu-ho n von Yünnanfu, 25° 34′, 2000 m, 10. III. 1914 (541).

35. ** ***L. chrysocardia*** A. ZAHLBR.

Thallus epilithicus, crustaceus, uniformis, effusus, substrato adhaerens, tenuis, subtartareus, albido- vel plumbeo-cinerascens, passim variegatus, opacus, KHO aurantiaco-lutescens, $CaCl_2O_2$—, subareolato-inaequalis, areolis convexiusculis vel subplanis, continuis, rimis parum perspicuis, plagas irregulares et plus minus confluentes, hypothallo cinereo-nigricanti insidentes, bene limitatas formans, sorediis et isidiis nullis; gonidia cystococcoidea; medulla alba, KHO aurantiaca, J—.

Apothecia lecanorina, dispersa vel approximata, sessilia, ad basin constricta, 1—1,8 mm lata, rotunda vel demum subangulosa subirregulariave; discus e planiusculo leviter convexus, rufus vel rufo-fuscus, opacus, epruinosus; margo thallinus tenuis, cum thallo concolor, vix prominulus, subtiliter crenulatus, extus strato corticali obductus, medullam et gonidia includens, omnino plectenchymaticus; excipulum integrum, tamen ad latera hymenii melius evolutum, ex hyphis tangentialibus et conglutinatis formatum, lutescens, J—; hymenium superne anguste umbrino-nigricans, parum pulverulentum, KHO—, NO_5 lutescenti-fuscescens, a strato amorpho, decolore non supertectum, caeterum decolor et inspersulum, 85—95 μ altum, J violaceo-coeruleum; hypothecium crassiusculum, obconico-convexum, lutescens, KHO rufescens; paraphyses filiformes, strictae, ad 2 μ crassae, contextae, simplices, eseptatae, ad apicem septato-clavatae et infuscatae; asci oblongo- vel ellipsoideo-clavati, superne rotundati et membrana bene incrassata cincti, 8spori; sporae in ascis biseriales, decolores, simplices, subovales vel ovales, membrana tenui cinctae, rectae, contentu aequaliter oleoso, 12—14 μ longae et 7—8 μ latae. Pycnoconidia non visa.

S.: Granitfelsen der wtp. St. bei Gobankou am Houdsengai nächst Dötschang („Tetschang"), 2100 m, 5. IV. 1914 (1800).

36. ** ***L. byssulina*** A. ZAHLBR.

Thallus epilithicus, crustaceus, plagas irregulariter rotundatas, 20—30 mm latas et plus minus confluentes formans, substrato adhaerens, tartareus, tenuis, alutaceo- vel ochraceo-albidus, opacus, KHO flavens, $CaCl_2O_2$—, minute areolato-rimulosus, granulis minutis, 0,1—0,2 mm latis, convexiusculis et confertis instructus, sat inaequalis, sorediis et isidiis destitutus, in margine linea tenui alba vel albida et subbyssina cinctus, in locis umbrosis thallus vix evolutus, tantum circa apothecia, caeterum hypothallus albidus, ramosus et ad marginem byssoideus et flabellatus remanet; gonidia cystococcoidea, globosa, usque 14 μ lata; medulla alba, J—.

Apothecia lecanorina, sessilia, dispersa vel congesta, rotunda vel subangulosa,

0,5—0,8 mm lata, ad basin leviter constricta; discus e concaviusculo modice convexus, carneus, rosaceo- vel fulvescenti-carneus, primum pruinosulus, demum nudus, $CaCl_2O_2$—; margo cum thallo concolor, tenuis, crenulatus, demum depressus et subinteger, plectenchymaticus, gonidia continens; excipulum integrum, decolor vel lutescens, J—; hymenium superne ochraceo-fuscescens, inspersum, KHO—, NO_5—, caeterum decolor et purum, 75—90 μ altum, J violaceo-coeruleum; hypothecium pallidum, lutescens; paraphyses filiformes, strictae, conglutinatae, simplices, eseptatae, ad apicem non latiores; asci oblongo-clavati, superne rotundati vel obtusato-rotundati et membrana bene incrassata cincti, 8 spori; sporae in ascis subbiseriales, decolores, simplices, ellipsoideae vel fere ovales, utrinque rotundatae, rectae, membrana tenui cinctae, contentu aequaliter oleoso, 7,5—8 μ longae et 3,5—4 μ latae. Pycnoconidia non visa.

S.: Phyllitfelsen der str. St. bei Schangliangdse nächst Dötschang im Djientschang („Kientschang"), 1770 m, 5. IV. 1914 (1806).

37. ** ***L. microphaea*** A. ZAHLBR. spec. nov.

Thallus epiphloeodes, crustaceus, uniformis, substrato arcte adpressus, maculas minores formans, tenuis, ad 0,1 mm crassus, subtartareus, cinereus, fere opacus, KHO flavens, $CaCl_2O_2$—, continuus, laevigatus, passim subinaequalis vel subverruculosus, sorediis et isidiis non instructus, in margine linea tenui nigricanteque cinctus; gonidia cystococcoidea; medulla alba, J—.

Apothecia crebra, plus minus congesta, rotunda et e pressione mutua subangulosa, sessilia, ad basin leviter constricta, plana vel planiuscula, parva, usque 0,7 mm lata; discus primum ochraceo-fuscus, demum fuscus, opacus, epruinosus; margo thallinus albidus, tenuis, discum leviter et persistenter superans, integer vel subinteger, gonidia includens, plectenchymaticus; excipulum dimidiatum, angustum, decolor; hymenium superne fuscescens, non pulverulentum, KHO—, NO_5—, caeterum fere decolor vel dilute fuscescens, purum, 70—80 μ altum, J coeruleo-violaceum; hypothecium dilute lutescens, J—; paraphyses filiformes, densae, strictae, conglutinatae, simplices, eseptatae, ad apicem clavatulae; asci oblongo-clavati, superne bene rotundati et membrana incrassata cincti, inferne sensim et sat longiuscule angustati, 8spori; sporae in parte superiore ascorum bi-, in parte inferiore uniseriales, decolores, simplices, oblongo-ellipsoideae vel subovales, utrinque rotundatae, rectae, membrana tenui cinctae, 8—10 μ longae et 4—6 μ latae. Pycnoconidia ignota.

Kw.: Lebende Äste von *Schizophragma integrifolium* und *Xylosma racemosum* in der wtp. St. auf dem Nanyo-schan bei Guiyang (Kweiyang), 1250—1300 m, 4. VII. 1917 (10544).

38. ** *L. yenpingensis* A. ZAHLBR.

Thallus epilithicus, crustaceus, uniformis, modice expansus, substrato adhaerens, tenuis, ad 0,1 mm crassus, subtartareus, cinereus, opacus, KHO flavens, $CaCl_2O_2$—, continuus, sublaevigatus vel minute granulosus, sorediis et isidiis nullis, in margine passim linea tenui, cinereo-nigricante cinctus; gonidia cystococcoidea, globosa, 8—10 μ lata, laete viridia; medulla alba, J—.

Apothecia lecanorina, adpressa, dispersa vel conferta, rotunda vel rotundata, 1—1,2 mm lata, humilia, ad basin leviter constricta; discus subochraceo- vel rufescenti-fuscus, opacus, epruinosus, planus vel convexiusculus; margo thallinus albus, discum non vel vix superans, tenuiter granulato-crenulatus, plectenchymaticus, strato corticali pertenui, gonidia includens; excipulum distinctum non evolutum; hymenium superne fuscescens, non pulverulentum, KHO—, NO_5—, caeterum decolor et purum, passim dilute fuscescens, 90—100 μ altum, J e coeruleo sordide obscuratum; hypothecium angustum, decolor, strato gonidiali superpositum; paraphyses filiformes, densae, strictae, contextae, simplices, eseptatae, non clavatae; asci ellipsoideo-clavati, superne rotundati et membrana modice incrassata cincti, 8spori; sporae in ascis plus minus biseriales, decolores, simplices, late ellipsoideae vel ovales, utrinque bene rotundatae, rectae, membrana tenui cinctae, contentu aequaliter oleoso, 11—13 μ longae et 8—10 μ latae. Pycnoconidia non visa.

F.: Buongkang bei Yenping, Baumrinden in Bambusbeständen, c. 1000 m (CHUNG 162).

39. L. cathayensis A. ZAHLBR. (*L. sinensis* A. ZAHLBR., Cat. Lich., V, 545 [1928]. — *L. polycarpa* JATTA, I, 475, non ANZI). Schenhsi: Sand des Lungschanho (GIRALDI).

Da der Name *sinensis* wegen dauernder Gelegenheit zu Verwirrungen und Irrtümern nicht neben *chinensis* bestehen kann, muß er als der jüngere geändert werden.

40. ***L. atrynea*** (ACH.) RÖHL. (Cat. Lich., V, 390). **S.**: Sandsteinfelsen in der dürren str. St. bei Datjiaoku unter Kwapi n von Yenyüen, 2125 m (2698). Eisenschüssige Sandsteine um den Paß Dsiliba im Daliang-schan e von Ningyüen, ± 3000 m (1573). **Y.**: Gutui ober Mosoying, Holz in Wäldern (DELAVAY nach HUE II, 171).

41. * ***L. intumescens*** (REBENT.) RABH. (Cat. Lich., V, 477). **NW-Y.**: Weidenstämme am Beschui bei Lidjiang („Likiang“), tp. St., 2950 m (4193).

42. ***L. chlarona*** (ACH.) NYL. (Cat. Lich., V, 413). Rinden verschiedenster Laub- und Nadelbäume von der tr. bis zur ktp. St., 100—4050 m. **Y.**: Schuidien zwischen Möngdse und Manhao (6031). Dulutschang (151, 532) und Sugö (2000) bei Yünnanfu. Im NW im Moränenzirkus Saba bei Lidjiang (6789) und am Westhange des Rückens zwischen Haba und Dugwan-tsun se von Dschungdien (6873). Gudui ober Dapingdse, Wälder (DELAVAY nach HUE II, 171). **S.**: Sandjiatsun am Zuflusse des Wolo-ho zwischen Yenyüen und Yungning (3077). Kwapi n von Yenyüen (2419). Döm bei Tjiaodjio im Lolo-Lande e von Ningyüen (1633, 1635). **Kw.**: Im SW bei Hwangtsaoba (10296) und im SE bei Gudschou, Tempelhain Yanggu-miao (10873). **H.**: Yün-schan bei Wukang (12168, 12340, 12364). Tschangscha (11395), auf den Hügeln im SW von da (11406, 11409, 11407 ?, zu jung).

— — * **f. *geographica*** (MASS.) NYL. (Cat. Lich., V, 415). **E-Y.**: Lebende Rinde von *Schoepfia jasminodora* auf dem Hügel bei Djindjischan nächst Loping, wtp. St., 1600 m (10167).

— — * **var. *chlarotera*** (NYL.) OLIV. Lebende Rinden in der str. und wtp. St., 50—2750 m. **S.**: *Juniperus formosana* (2429) und *Acer Paxii* (2477) bei Kwapi n von Yenyüen. **Kw.**: *Thea sinensis* bei Gwanyinschan e von Guiyang („Kweiyang“) (10595). **H.**: *Citrus* auf der Insel Niutou-tschou bei Tschangscha (12792). **F.**: Gu-schan bei Fudschou, 500—600 m (CHUNG 399b).

43. * ***L. coilocarpa*** (ACH.) NYL. (Cat. Lich., V, 428). **S.**: Lebende Stämme von *Euphorbia Royleana* in der str. St. im s Seitentale des Djientschang am Wege nach Huili, 1600 m (1079).

44. **L. allophana** (ACH.) RÖHL. (Cat. Lich., V, 371). (*L. subfusca* var. *allophana* ACH. JATTA I, 474). **S.**: Lebende *Rhododendron*-Zweige im wtp. Walde bei Kwapi n von Yenyüen, 27⁰ 53′, 2750 m (2417). Schenhsi: Stämme auf dem Duidjioschan und Gwanyin-schan (GIRALDI).

— — var. *parisiensis* STNR. (Cat. Lich., V, 375). (*L. subfusca* var. *horiza* ACH. ?. JATTA I, 474). Schenhsi: Stämme auf dem Gwanyin-schan (GIRALDI).

45. **L. subfusca** (L.) ACH. (Cat. Lich., V, 551). SW-**H.**: Lebende Rinde von *Sapium japonicum* ober dem Tempel Gwanyin-go in der wtp. St. des Yün-schan bei Wukang, 1250 m (12442). Kiangsu: Schanghai, an Rinden (MAINGAY nach KREMPLHBR. I, 470). Kwangtung: Wampu und bei Hongkong, Felsen (R. RABENHORST, f. *microcarpa* KRPLHBR. in Flora, LVI, 470 [1873], nom. nud.).

— — var. *rugosa* NYL. (Cat. Lich., V, 566). Schenhsi: Stämme auf dem Hwangtou-schan (GIRALDI nach JATTA I, 474).

— — var. *subgranulata* NYL. (Cat. Lich., V, 567). **Y.**: Gutui ober Mosoying, Rinden in Wäldern (DELAVAY nach HUE II, 171).

46. *L. campestris* (SCHAER.) HUE in Bull. Soc. Bot. France, XXXV, 47 (1888). (*L. subfusca* var. *campestris* RABH. Cat. Lich. V, 560). Schenhsi: Schieferfelsen bei Indjiapu (GIRALDI nach JATTA, I, 474).

47. *L. gangaleoides* NYL. (Cat. Lich., V, 459). Schenhsi: Silikatfelsen des Laoyi-schan und Hwangtou-schan (GIRALDI nach JATTA I, 475).

48. *L. endophaeoides* NYL. (Cat. Lich., V, 447). **Y.**: Rinden in Wäldern, Dulungtan bei Dapingdse (DELAVAY nach HUE, II, 172).

49. *L. pachysperma* HUE. (Cat. Lich., V, 496). **Y.**: Wie vorige (DELAVAY nach HUE in Annal. mycol., XIII, 97).

50. *L. megalospora* HUE. (Cat. Lich., V, 485). **Y.**: Dulungtan bei Dapingdse, auf Rinden (DELAVAY 21 nach HUE in Annal. mycol., XIII, 88).

51. *L. compendiosa* NYL. (Cat. Lich., V, 610). Schöndjing: Hügel bei Ninghai, an Felsen (MAINGAY nach CROMB. I, 63).

52. * **L. atra** (HUDS.) ACH. (Cat. Lich., V, 378). **S.**: Felsen der tp. St. 2950 bis 3675 m. Diabas des Lungdschu-schan bei Huili, ober Dindjia-tsun (1018) und am Gipfel (1009). Eisenschüssiger Sandstein um den Paß Dsiliba e von Ningyüen (1768). Phyllit im Kiefernwalde bei Hosö im Tale nw von Yungning im Bezirke von Muli (7556).

— — * **f. americana** FÉE (Cat. Lich., V, 384). Lebende Rinden. **S.**: tp. und ktp. St. 3000—3800 m. Araliaceen auf dem Lungdschu-schan bei Huili (999). *Spiraea* auf dem Hwang-liangdse (5540) und *Prunus* auf dem Linbinkou (2855) zwischen Yenyüen und Kwapi, 27⁰ 46′ bzw. 48′. SW-**H.**: *Corylopsis* im Walde des Yün-schan bei Wukang, wtp. St., 1180 m (12346).

53. ** **L. hyaliza** A. ZAHLBR.

Thallus epiphloeodes, crustaceus, uniformis, tenuissimus, vix 0,1 mm crassus, substratum arcte obducens, maculas irregulariter rotundatas vel oblongatas formans, bene determinatus, ochraceo-isabellinus, opacus, KHO flavens, $CaCl_2O_2$—, continuus, subleproso-laevigatus, sorediis et isidiis destitutus, in margine linea tenui nigricante semper circumdatus; gonidia cystococcoidea; medulla albida, J—.

Apothecia lecanorina, adpresse sessilia, dispersa vel approximata, rotunda, usque 1 mm lata, basi lata sessilia et tantum leviter constricta; discus e plano convexus, ochraceo-fuscus, verniceo-nitens, epruinosus; margo thallinus cum thallo concolor, tenuis, subinteger, prominulus et persistens; excipulum integrum, decolor, pellucidum, subchondroideum strato gonidiali crassiusculo superpositum; hymenium superne anguste umbrinum, non pulverulentum, KHO—, NO_5—, caeterum decolor et purum, 80—90 μ altum, J e caeruleo sordide obscuratum; hypothecium angustum, decolor; paraphyses filiformes, strictae, conglutinatae, simplices, eseptatae, ad apicem non latiores; asci ellipsoideo-clavati, superne rotundati et membrana incrassata cincti, 8spori; sporae in ascis biseriales, decolores, simplices, late ellipsoideae vel ovales, membrana tenui cinctae, rectae, contentu aequaliter oleoso, 12—14 μ longae et 8—9 μ latae. Pycnoconidia ignota.

S.: Stämme von *Myrsine africana* in der wtp. St. beim Schlosse Kwapi n von Yenyüen, 27° 53′, 2750 m, 31. V. 1914 (2766).

54. L. flavoviridis KRPH. (Cat. Lich., V, 454). Hongkong: Porphyrfelsen (R. RABENHORST nach KRPH. I, 470).

55. * *L. flavovirescens* FÉE var. *subaeruginosa* (NYL.) WAIN. (Cat. Lich., V, 453). NW-Y.: Osthang des Yülung-schan bei Lidjiang („Likiang“), Rinden (ROCK 11767).

56. L. intricata ACH. (Cat. Lich., V, 474). NW-Y.: Westseite des Litiping bei Weihsi, 3300 m (GREGORY nach PAULSEN I, 317).

57. L. saligna (SCHRAD.) A. ZAHLBR. (Cat. Lich., V, 536). (*L. effusa* [PERS.] ACH. PAULS., I, 317). NW-Y.: Wie vorige (GREGORY).

58. ** ***L. setschwana*** A. ZAHLBR.

Thallus epiphloeodes, crustaceus, uniformis, substratum arcte obducens, tenuissimus, maculas minores formans, lutescenti-ochraceus, opacus, KHO et KHO + $CaCl_2O_2$ flavens, $CaCl_2O_2$—, continuus, minute subleproso-inaequalis, passim laevigatus, sorediis et isidiis destitutus, in margine linea tenui nigraque cinctus; gonidia cystococcoidea, 15—17 μ lata, laete viridia; medulla J—.

Apothecia lecanorina, plus minus dispersa, sessilia, rotunda, ad basin leviter constricta, 0,6—0,8 mm lata; discus e concaviusculo demum convexulus, primum carneus et opacus, demum rufescenti-carneus vel subaurantiaco-rufescens vel rufescens, nitidulus; margo cum thallo concolor, tenuis, integer, persistens et prominulus, strato corticali ex hyphis intricatis formato obductus, medullam et gonidia includens; excipulum distinctum non evolutum; hymenium superne dilute umbrinum, non pulverulentum, KHO—, NO_5—, caeterum decolor et purum, 90—95 μ altum, J e praecedente coerulescentia sordide aeruginoso-fuscescens; hypothecium luteo-fuscescens, mollescens, ex hyphis intricatis formatum, strato gonidiali superpositum; paraphyses capillari-filiformes, conglutinatae, simplices, eseptatae, ad apicem non latiores; asci cum hymenio subaequilongi, oblongo-clavati, superne rotundati et membrana modice incrassata cincti, 8spori; sporae bi- vel subuniseriales, decolores, simplices, ellipsoideae vel subovales, membrana tenui cinctae, contentu aequaliter oleoso, 12—14 μ longae et 6—7 μ latae. Pycnoconidia non visa.

S.: Rinde von *Alnus Ferdinandi-Coburgi* in der wtp. St. auf dem Passe Schaoschan se von Ningyüen (Lingyüen), 2700 m, 15. IV. 1914 (1373).

59. ** ***L. heterocarpina*** A. ZAHLBR.

Thallus epilithicus, crustaceus, uniformis, substrato adhaerens, usque 0,8 mm crassus, subtartareus, expansus, pallide limosus, opacus, KHO flavens, $CaCl_2O_2$

et KHO + $CaCl_2O_2$ parum in roseum vergens, areolato-rimosus vel areolatus, areolis quoad latidutinem valde variabilibus, 0,2—2 mm latis, subangulosis vel subirregularibus, continuis et rimis tenuissimis separatis, planatis vel paulum inaequalibus, sorediis et isidiis nullis, bene limitatus, sed linea obscuriore non cinctus; gonidia cystococcoidea; medulla albida, J—.

Apothecia habitu sublecideina, revera lecanorina, crebra, dispersa vel approximata, adpresso-sessilia, magnitudine variabilia, juvenilia et adulta mixta, 0,2—0,7 mm lata, demum leviter convexa, nigra, opaca, primum margine thallino, cum thallo concolore, tenui, integro, gonidia crebra continente, non prominulo cincta, demum fere immarginata; excipulum distinctum non evolutum; hymenium superne coerulescenti-nigricans, KHO in aeruginosum vergens, NO_5 coeruleum, caeterum decolor, purum, sat angustum, 60—70 μ altum, J intense violaceo-coeruleum; hypothecium lutescens, molliusculum, ex hyphis intricatis formatum; paraphyses crebrae, densae, strictae, filiformes, ad 2 μ crassae, contextae, simplices, eseptatae, ad apicem haud latiores; asci late obovales, superne rotundati et membrana modice incrassata instructi, 8 spori; sporae in ascis biseriales, decolores, simplices, subglobosae, 8—10 μ latae vel late ellipsoideae, 9—10 μ longae et 6—7 μ latae, omnes membrana tenui cinctae, contentu aequaliter oleoso. Pycnoconidia ignota.

Y.: Quarzitfelsen in der wtp. St. bei Schilungba nächst Yünnanfu, 1900 m, 20. II. 1914 (629).

60. L. flavidorufa HUE. (Cat. Lich., V, 452). **Y.**: Gutui ober Mosoying, Wälder (DELAVAY nach HUE II, 173).

61. ***L. distracta*** A. ZAHLBR.

Thallus epilithicus, crustaceus, uniformis, plagas parvas, usque 2 cm latas, rotundatas vel rotundato-irregulares, bene limitatas, convexulas, usque 1 mm altas, tenuissime et increbre fissas formans, tartareus, substrato adhaerens, stramineo-albescens vel passim albidus, opacus, reagentiis colorem non mutans, laevigatus, sorediis et isidiis non instructus, linea obscuriore non cinctus; gonidia cystococcoidea; medulla crassiuscula, in parte inferiore plus minus fuscescens, caeterum alba, J—.

Apothecia lecanorina, in areolis solitaria vel increbra et dein approximata, ex innato demum sessilia, rotundata, subirregularia vel inciso-crenata, ad basin constricta, demum majuscula, usque 3,5 mm lata, e planiusculo convexa; margo cum thallo concolor, persistens, etsi demum depressus et parum angustatus, subinteger vel undulatus; discus ochraceo-alutaceus, opacus, demum verruculoso-tuberculatus; excipulum decolor, integrum, ad latera hymenii minus bene evolutum, inferne strato gonidiifero superpositum; hymenium superne bene limitate ochraceo-fuscum, pulverulentum, KHO—, NO_5—, caeterum decolor, minute granuloso-inspersum, 100—120 μ altum, J intense, demum obscurato-coeruleum; hypothecium subdecolor; paraphyses filiformes, strictae, contextae, simplices, eseptatae, ad apicem clavulatae; asci ovali-clavati, superne bene rotundati et membrana incrassata cincti, 8 spori; sporae bi- — triseriales, decolores, simplices, ellipsoideae vel subovales, utrinque bene rotundatae, rectae, membrana tenui cinctae, contentu aequaliter oleoso, 9—14 μ longae et 5—6 μ latae. Pycnoconidia non visa.

NW-**Y.**: Kalksteine an windgeschützten Stellen der Hg. St. auf dem Kamme zwischen Haba und Dugwantsun se von Dschungdien, 4350—4450 m, 23. VI. 1915 (6947).

Quoad habitum sat similis est *L. polytropae*, a qua tamen structura interna omnino altera et notis aliis discrepat.

62. ***L. polytropa*** (HFFM.) RABH. (Cat. Lich., V, 511). S.: Phyllitfelsen in der tp. St. bei Hosö im nw von Yungning herabkommenden Tale im Bezirke von Muli, 2950 m (unter *Ionaspis sinensis* 7558). Schenhsi: Silikatfelsen des Hwangtou-schan (GIRALDI nach JATTA I, 475).

63. ** ***L. irridens*** A. ZAHLBR.

Thallus epilithicus, crustaceus, uniformis, sat late et irregulariter expansus, subtartareus, substrato adhaerens, tenuis, ochraceus, opacus, KHO flavens, $CaCl_2O_2$—, continuus, minute granulosus vel pulverulento-granulosus, ambitum versus minus continuus et subleprosus, sorediis et isidiis non praeditus, in margine linea obscura non cinctus; gonidia cystococcoidea, globosa, laete viridia, 9—12 μ lata; medulla alba, J—.

Apothecia in prima juventute habitum lecanorinum offerentia, mox in eo respectu biatorina, sat crebra, dispersa vel approximata, livido-nigricantia, rarius livido-fusca, madefacta magis livida, opaca, primum planiuscula, mox convexa, rotunda, ad basin vix constricta, 0,8—1,1 mm lata; margo cum thallo concolor, pertenuis, integer vel subinteger, mox depressus; excipulum distinctum non evolutum; hymenium superne anguste obscure livido-fuscum, pulverulento-inspersum, KHO—, NO_5—, caeterum decolor et purum, usque 240 μ altum, J intense coeruleum et demum aeruginoso-obscuratum, in hypothecium lutescens, ex hyphis verticalibus, dense contextis formatum sensim abiens, strato gonidiali superpositum; paraphyses densae et strictae, filiformes, simplices, eseptatae, ad apicem haud latiores, gelatinose conglutinatae; asci oblongo- vel ovali-clavati, inferne sensim et longiuscule angustati, superne rotundati et membrana modice incrassata cincti, 8spori; sporae subuni- vel biseriales, decolores, simplices, ovales vel late ellipsoideae, utrinque rotundatae, rectae, membrana tenui cinctae, contentu aequaliter oleoso, 9—11 μ longae et 6—7 μ latae. Pycnoconidia non visa.

S.: Phyllitfelsen in der str. St. bei Schangliangdse nächst Dötschang im Djientschang („Kientschang“), 1770 m, 6. IV. 1914 (1865).

64. *L. frustulosa* (DICKS.) ACH. var. *argopholis* (ACH.) LINK. (Cat. Lich., V, 455). (*L. argopholis* ACH. JATTA I, 475). Schenhsi: Silikatfelsen des Laoyi-schan (GIRALDI).

Sect. *Placodium* (ACH.) MANN.

A. Thallus olivascens, placodiali-squamosus *74. oleosa.*

B. Thallus aliter coloratus.

a) Thallus albidus, cinerascens vel cinereus.

I. Lobi thalli in margine summo reflexi; discus livido-rufus *65. coccocarpoides.*

II. Lobi thalli omnino adpressi; discus obscurus, fusco-nigricans.

1. Thallus cinereus, tenuior; apothecia nuda, convexa *66. melanaspis.*

2. Thallus albidus, crassior; apothecia planiuscula, caesiopruinosa *67. alphoplaca.*

b) Thallus stramineus vel flavens.

I. Thallus placodinus, in centro plus minus crustaceus, in margine lobatus vel laciniatus.

1. Thallus in toto substrato adpressus *68. muralis.*

2. Thallus peltatus *69. rubina.*

II. Thallus plus minus squamosus.

1. Apothecia aurantiaco-rubella *70. callichroa.*

2. Apothecia aliter colorata.

α) Apothecia subcarneo-alutacea, demum habitu biatorina, epruinosa; lobi thalli teretiusculi *71. teretiuscula.*

β) Apothecia obscuriora.

○ Apothecia rufa, caesio- vel glaucescenti-pruinosa *73. chondroderma.*

○○ Apothecia testaceo-rufa, epruinosa *72. L. crassa.*

65. L. coccocarpoides NYL. (Cat. Lich., V, 610). Schöndjing: Felsen der Hügel bei Ninghai (MAINGAY nach CROMB., I, 62).

66. L. melanaspis ACH. (Cat. Lich., V, 631). Schenhsi: Schieferfelsen bei Fudjio und Indjiapu (GIRALDI nach JATTA I, 474).

67. L. alphoplaca (WAHLBG.) ACH. (Cat. Lich., V, 605). Schenhsi: Talkschiefer bei Indjiapu, am Lungschan-ho und dem Laoyi-schan (GIRALDI nach JATTA I, 474).

68. ***L. muralis*** (SCHREB.) RABH. (Cat. Lich., V, 632). (*L. saxicola* ACH. CROMB. I, 62. JATTA I, 474). **Y.**: Kalkhaltige Breccie der wtp. St. bei Schilungba nächst Yünnanfu, 1900 m (121). Kiangsu: Schanghai, Felsen (MAINGAY). Schenhsi: Silikatschieferfelsen bei Indjiapu. Mauern in Dwenyüenfang (GIRALDI).

—— * **var. *versicolor*** (PERS.) TUCK. (Cat. Lich., V, 642). NW-**Y.**: Bei Lidjiang („Likiang"), von Einheimischen (3578).

69. L. rubina (VILL.) ACH. (Cat. Lich., V, 656). (*L. chrysoleuca* ACH. PAULSEN I, 317). **Y.**: Am Djinscha-djiang n von Schigu, 2000 m (GREGORY).

—— var. *subdiscrepans* (NYL.) A. ZAHLBR. (*Squamaria chrysoleuca* var. *subdiscrepans* NYL., Syn. Lich., II, 61 [1863]. JATTA I, 474). Schenhsi: Glimmerschieferfelsen auf dem Hwangtou-schan (GIRALDI).

70. ** ***L. callichroa*** A. ZAHLBR.

Thallus placodinus, non monophyllus, nec umbilicatus, plagas minores, usque 20 mm latas, irregulares formans, demum in centro emoriens, usque 1 mm crassus, pallide alutaceus vel lutescenti-alutaceus, fere opacus, epruinosus, KHO aurantiacus, $CaCl_2O_2$—, squamulosus, squamulis congestis, centralibus plus minus angulosis, marginalibus oblongatis, sinuatis, usque 3 mm longis et ad 2 mm latis, omnibus concavis, conchiformibus, marginibus elevatis et albicantibus, superne laevigatis, sorediis et isidiis destitutus, superne corticatus, strato corticali ad 45 μ crasso, ex hyphis plus minus verticalibus et leviter intricatis, eseptatis formato; stratum gonidiale angustum, continuum, gonidiis cystococcoideis, laete viridibus, globosis, 14—16 μ latis; medulla crassa, alba, maximam partem thalli occupans, dense inspersa, KHO—, $CaCl_2O_2$—, KHO + $CaCl_2O_2$—, hyphis non amyloideis.

Apothecia sat crebra, dispersa vel approximata, lecanorina, sessilia, ad basin constricta, rotunda, usque 1,2 mm lata, primum e concaviusculo plana, mox convexa et dein habitu fere biatorina; discus aurantiaco-rubellus, KHO ruber, demum nitidus, epruinosus; margo cum thallo concolor, primum prominulus, integer, sat tenuis, mox depressus, strato corticali angusto obductus, gonidia crebra includens; excipulum subchondroideum, decolor, pellucidum, integrum, inferne crassum, versus verticem hymenii angustatum; hymenium superne anguste sordide fuscescens, pulverulentum, KHO aurantiaco-fuscescens, caeterum decolor et purum, 90—100 μ altum, J intense coeruleum; hypothecium decolor, demum crassum, ex hyphis intricatis formatum; paraphyses strictae, filiformes, conglutinatae, simplices, eseptatae, ad apicem non latiores; asci ellipsoideo-clavati, superne rotundati et membrana bene incrassata cincti, 8spori; sporae distichae, decolores, simplices, ellipsoideae vel subovales, rectae, membrana tenui cinctae, 15—20 μ longae et 8—9 μ latae. Pycnoconidia non visa.

Y.: Quarzfelsen in der wtp. St. bei Schilungba nächst Yünnanfu, 2100 m, 20. II. 1914 (165).

Squamae thalli squamas *L. crassae* in memoriam revocant, sed apothecia parvula, laete colorata et mox habitu biatorina toto coelo distant.

71. ** **L. teretiuscula** A. ZAHLBR.

Thallus plagas format usque 4 cm latas, substrato adpressas, planas, subtartareus, stramineus, nitidulus, KHO—, $CaCl_2O_2$—, iteratim ramosus, lobis marginalibus subradiantibus, adpressis, digitatim divisis, sat brevibus, ad 3 mm longis et 0,2—0,7 mm latis, convexis, parum inaequaliter dilatatis vel linearibus, ad apicem rotundatis et incisis, subtus pallidis, lobis caeteris teretiusculis vel teretibus, ad 0,3 mm latis, increbre ramosulis, passim subtorulosis, confertis, decumbentibus vel paulum assurgentibus, sorediis et isidiis destitutus; stratum corticale subchondroideum, ad 30 μ crassum, fuscescenti-lutescens, non inspersum, plectenchymatium; stratum gonidiale continuum, angustum, infra corticem situm, gonidiis cystococcoideis, laete viridibus, globosis, 10—12 μ latis; medulla alba, ex hyphis dense contextis, pulverulento-inspersis formata, KHO—, $CaCl_2O_2$—, J—.

Apothecia lecanorina, crebra, habitu demum biatorina, approximata vel confluentia, 1,6—2 mm lata, ad basin angustata, rotunda; discus subcarneo-alutaceus, nitidus, epruinosus, e concavo demum convexus et inaequalis; margo cum thallo concolor, primum crassiusculus, ex integro crenulatus vel granulosus, bene prominulus, demum depressus, strato corticali obductus, medullam et gonidia crebra continens; excipulum angustum, decolor, pellucidum, integrum, J—, strato gonidiali superpositum; hymenium superne lutescenti-fuscescens, non pulverulentum, strato amorpho decolore et angusto supertectum, KHO—, caeterum decolor et purum, 60—70 μ altum, J coeruleum (imprimis asci); hypothecium crassiusculum, lutescens, mollescens, ex hyphis intricatis formatum, non pellucidum; paraphyses filiformes, crebrae, strictae, conglutinatae, simplices, eseptatae, ad apicem non latiores; asci oblongo-clavati, superne rotundati et membrana modice incrassata cincti, 8spori; sporae in ascis subuniseriales, decolores, simplices, ellipsoideae vel fere ovales, utrinque rotundatae, rectae, membrana tenui cinctae, 11—13 μ longae et 5—6,5 μ latae.

Conceptacula pycnoconidiorum immersa, globosa vel subglobosa, perifulcrio pallido, lutescente; fulcra exobasidialia; pycnoconidia filiformia, varie curvata, arcuata vel hamata, utrinque retusata, 20—26 μ longa et ad 1 μ lata.

NW-Y.: Gehängeschutt (Kalk) der Hg. St. an der Westseite des Gebirges Piepun se von Dschungdien („Chungtien“), 4450—4650 m, 11. VIII. 1914 (4719).

72. **L. crassa** (HUDS.) ACH. var. *livida* SCHAER. (Cat. Lich., V, 619). Schenhsi: Erde auf dem Hansunfu (GIRALDI nach JATTA I, 474).

— — var. **liparia** (ACH.) NYL. (Cat. Lich., V, 617). NW-Y.: Heidewiesen uud offene Föhrenwälder der tp. St. bei Ngulukö nächst Lidjiang, 2850 bis 3000 m (3494).

73. ** **L. chondroderma** A. ZAHLBR.

Thallus format pulvinos rigidos, madefactos tamen molles, in speciminibus visis usque 7 cm latos, planatos vel leviter convexos, tartareo-chondroideos, stramineus, opacus, KHO aurantiaco-lutescens, $CaCl_2O_2$—, squamulosus, squamulis 0,6—0,7 mm crassis, marginalibus plus minus adpressis, 2—3 mm longis et 1—3 mm latis, oblongatis vel oblongo-rotundatis, incisis, superne foveolato- vel ruguloso-canaliculatis, tumidulis, ad marginem non incrassatis nec dealbatis, squamis centralibus dense contextis, erectiusculis et subimbricatis, rarius subgyrosis, lobis marginalibus parum brevioribus et simplicioribus, subtus pallidis, plus minus rugulosis, rhizinis destitutis; soredia et isidia desunt; utrinque strato corticali obductus, strato corticali 9—12 μ crasso, decolore, non insperso, pellucido, ex hyphis subverticalibus, intricatis, pachydermaticis, eseptatis et conglutinatis formato, maculis rotundatis minutis; stratum gonidiale angustum, infra corticem situm, continuum, gonidiis cystococcoideis, laete viridibus, globosis, 8—10 μ latis; medulla alba, ampla, ex hyphis formata laxiusculis, non inspersis, non amyloideis, KHO et $CaCl_2O_2$ non reagens.

Apothecia sat crebra, lecanorina, dispersa vel approximata, rotunda, usque 2 mm lata (vulgo parum minora), ad basin bene constricta et basi angusta sessilia; discus sub pruina caesio-glaucescente rufescens, opacus, e concavo planatus vel rare convexiusculus; margo cum thallo concolor, crassiusculus, discum persistenter superans, ex integro inaequaliter crenulatus; receptaculum pallidum, plus minus transversim rugulosum, corticatum, cortice 45—50 μ crasso, ad marginem luteo-fuscescente, intus decolore, subchondroideo, plectenchymatico, infra corticem et infra hymenium gonidiorum strata continua et medullam amplam includens; excipulum integrum, infra hymenium melius evolutum, decolor et dilucidum; hypothecium angustum, dilute sordido-lutescens, non dilucidum, ex hyphis intricatis formatum; paraphyses capillari-filiformes, crebrae, strictae, conglutinatae, simplices, eseptatae, ad apicem non latiores; asci oblongo-clavati, superne rotundati et membrana modice incrassata cincti, 8spori; sporae subuniseriales, decolores, simplices, subglobosae vel late ellipsoideae, rectae, membrana tenui cinctae, contentu aequaliter oleoso, 8—10 μ longae et 6—7 μ latae.

S.: Auf Schiefersteinen in der ktp. St. des Tschahungnyotscha ober Ngaitschekou jenseits des Yalung n von Yenyüen, 28° 15′, 3600—3900 m, 27. V. 1914 (2643).

Accedit ad *L. cartilagineam* ab ea differens lobis rotundatis brevibusque et discis pruina obtectis.

—— ** var. ***placodizans*** A. Zahlbr.

Thallus plagas parvas, usque 2,5 mm latas, depressas, placodinas format, squamulis centralibus haud emergentibus. Apothecia primum caesio-pruinosa, demum denudata; sporae paulum majores, 13—15 μ longae et 6—7 μ latae.

S.: An nassen Schieferfelsen und Wurzeln in der Hg. St. des Gonschiga sw von Muli, 4650 m, 6. VIII. 1915 (7494).

Variatio videtur in regione alpina vigens, quoad thalli evolutionem depauperata.

74. ** ***L. oleosa*** A. Zahlbr.

Thallus epilithicus, cretaceo-tartareus, crassiusculus, usque 1 mm altus, lutescenti-olivaceus vel cervinus, oleoso-nitidus, KHO—, $CaCl_2O_2$—, placodinus, lobis marginalibus versus ambitum carneo-cinerascentibus et in ipso margine anguste albis, placodiali-squamosis, squamis substrato adpressis; squamis centralibus modice latioribus, usque 5 mm latis, grosse ruguloso-nervosis vel foveolato-rugosis; squamis marginalibus rotundatis, sinuatis vel incisis, minus distincte vel fere non nervosis; subtus ad marginem pallens, caeterum obscure fuscus, rhizinis non instructus; soredia et isidia desunt; stratum corticale superne et ad latera squamarum chondroideum, bene limitatum, 45—70 μ crassum, fuscescens, intus decolor, ex hyphis ramosis, sat pachydermaticis et conglutinatis formatum, superne passim strato amorpho tenui et decolore supertectum; medulla crassa, maximam partem thalli occupans, ex hyphis dense intricatis, pulverulento-inspersis formata, in parte inferiore obscurascens, KHO—, $CaCl_2O_2$—, hyphis non amyloideis; stratum gonidiale infra corticem situm, sat angustum, continuum, gonidiis cystococcoideis, globosis, laete, sed dilute viridibus, 12—15 μ latis.

Apothecia lecanorina, increbra, dispersa, majuscula, 4—5 mm lata, rotunda, rotundata vel leviter sinuata, ad basin bene constricta, convexa et superne parum inaequalia, carnea et tenuiter caesio-pruinosa; margo pertenuis, integer, depressus, extus cortice chondroideo, dilute fuscescente, non insperso, usque 150 μ crasso, ex hyphis intricatis et gelatinose conglutinatis formato obductus, medullam amplam et gonidia infra corticem continens; excipulum integrum, sat tenue, ad latera hymenii minus evolutum, dilute lutescens; hypothecium angustum, cinerascens, J—; hymenium superne sordide et obscure fuscum, pulverulentum, KHO—, NO_5—, caeterum decolor et purum, 110—120 μ altum, J aeruginoso-coeruleum; paraphyses crebrae, strictae, filiformes, gelatinose conglutinatae, sat bene limitatae, simplices, eseptatae, ad apicem non latiores; asci hymenio paulum breviores, oblongo-clavati, superne angustato-rotundatae et membrana bene incrassata cincti, 8spori; sporae distichae, decolores, simplices, oblongo-ellipsoideae vel subfusiformes, utrinque angustato-rotundatae, rectae, membrana tenui cinctae, contentu aequaliter oleoso, 14—17 μ longae et 6—7 μ atae.

NW-Y.: Lidjiang, auf Kalksteinen, 1914, von Einheimischen (3576).

***L.* spp.** (schlecht entwickelt). **Y.**: Rinde von *Quercus variabilis* in der wtp. St. im Becken Hsiaodsang jenseits des Pudu-ho n von Yünnanfu, 1800 m (566). **S.**: Diabasfelsen auf dem Gipfel des Lungdschu-schan bei Huili, tp. St., 3550—3675 m (1011). An Sträuchern in der str. St. ober Bentukan zwischen Ningyüen und Dötschang, 1600—1650 m (1904).

Ochrolechia MASS.

A. Thallus sorediosus — *2. androgyna.*
B. Thallus sorediis non instructus.
  a) Thallus KHO + $CaCl_2O_2$ rubens.
    I. Discus pruinosus; thallus tenuis — *4. pallescens.*
    II. Discus nudus; thallus crassus — *1. tartarea.*
  b) Thallus KHO + $CaCl_2O_2$ non mutatus.
    I. Discus in centro gibbo conico vel verruculis pluribus minutisque obsitus — *5. chondrocarpa.*
    II. Discus nec gibbosus nec verruculosus — *3. parella.*

1. * ***O. tartarea*** (L.) MASS. (Cat. Lich., V, 693) **var. *frigida*** KÖRB. (Cat. Lich., V, 698). **S.**: In festem Rasen (Jakweide) der Hg. St. auf dem Passe Döko sw von Muli, Tonschiefer, 4350 m (7401).

2. O. androgyna (HFFM.) ARN. (Cat. Lich., V, 677). (*Lecanora tartarea* var. *arborea* SCHAER. JATTA I, 474). NW-**Y.**: Osthang des Yülung-schan bei Lidjiang („Likiang"), an Rinden (ROCK 11758). Schenhsi: Baumstämme auf dem Hwangtou-schan (GIRALDI).

3. O. parella (L.) MASS. (Cat. Lich., V, 686). (*Lecanora parella* ACH. HUE 173). **Y.**: Rinden in Wäldern, Gutui ober Mosoying und Dalungtan bei Dapingdse (DELAVAY).

4. ***O. pallescens*** (L.) MASS. (Cat. Lich., V, 682). (*Lecanora pallescens* RÖHL. HUE II, 173). **H.**: Sandsteinfelsen in der str. St. auf dem Yolu-schan bei Tschangscha, 150 m (11506). **Y.**: Zweige der Wälder Yendsehai bei Langtjiung, 3000 m und Gutui bei Mosoying (DELAVAY).

— — **f. *corticola*** ARN. (Cat. Lich., V, 685). (*Lecanora pallescens* var. *corticola* MASS. JATTA I, 474). Auf Rinden, besonders von *Rhododendron* und *Abies*, von der str. bis zur ktp. St., 2325—4050 m. **Y.**: Sanyingpan n von Yünnanfu (642). Ober Hsiangschuiho zwischen Dali und Hodjing (6498). *Pinus tabulaeformis* im Moränenzirkus Saba im Yülung-schan (6790). Zwischen Sape und Haba (4404), an der Westseite des Rückens zwischen Haba und Dugwantsun (6874) und auf dem Passe Hsiao-Niutschang zwischen Bödö und Alo (4565) se von Dschungdien („Chungtien"). Wälder Yendsehai bei Langtjiung (DELAVAY) und Gutui bei Mosoying (DELAVAY). **S.**: Lose-schan bei Ningyüen (1420). Morsche Rinde von *Corylus tibetica* bei Döm nächst Tjiaodjio im Lolo-Lande e von da (1636). *Debregeasia edulis* bei Helugö unter Kwapi n von Yenyüen (2453). *Prunus* auf dem Passe Linbinkou zwischen Kwapi und Yenyüen (2852). Schenhsi: Hwangtou-schan (GIRALDI). **F.**: Gu-schan bei Fudschou, 500—600 m (CHUNG 378).

— — * **var. *rosella*** (TUCK.) A. ZAHLBR. (Cat. Lich., V, 686). NW-**Y.**: Lebende *Rhododendron*-Rinde in der ktp. St. auf dem Gipfel des Yao-schan ober Ganhaidse bei Lidjiang, 3825 m (6745).

5. ** *O. chondriocarpa* A. ZAHLBR.

Thallus epiphloeodes, crustaceus, uniformis, expansus, substrato arcte adhaerens, tenuis, ad 0,2 mm crassus, subtartareus, glaucescens, opacus, KHO—, $CaCl_2O_2$—, KHO + $CaCl_2O_2$—, continuus vel hinc inde rimulosus, rarius subareolatus, laevigatus, sorediis et isidiis destitutus; medulla alba, J—; gonidia cystococcoidea, laete viridia, globosa, usque 16 μ lata, glomerata et stratum continuum formantia.

Apothecia lecanorina, dispersa vel approximata, sessilia, rotunda vel rotundata, ad basin bene constricta, 1—1,6 mm lata; margo crassiusculus, integer, discum superans, cum thallo concolor, persistens, strato corticali fuscescente et pulverulento-insperso cinctus, intus decolor et gonidia numersa includens; discus carneus, opacus, epruinosus, e concaviusculo planatus, in centro gibbo unico parvulo vel verruculis pluribus, etiam minutis, instructus, demum omnino gibbosus; excipulum distinctum non evolutum; hymenium superne lutescenti-sordidescens et pulverulentum, caeterum decolor et purum, 240—260 μ altum, J coeruleo-obscuratum; paraphyses capillari-filiformes, densae, ramosae, eseptatae, ad apicem non latiores, contextae; asci oblongo-clavati, membrana in parte superiore bene incrassata cincti, ad apicem rotundati, 8spori; sporas optime evolutas non vidi, juniores decolores, simplices, ellipsoideae, rectae, ad 30 μ longae et ad 12 μ latae. Pycnoconidia non visa.

F.: Gu-schan bei Fudschou, 500—600 m, Sandsteinfelsen (Chung).

Icmadophila Trevis.

I. ericetorum (L.) A. Zahlbr. (Cat. Lich., V, 705). (*I. aeruginosa* Trevis. Hue III, 239). **Y.**: Morsches Holz auf dem Maörl-schan, 2800 m (Delavay).

Lecania Mass.

L. erysibopsis (Nyl.) A. Zahlbr. (Cat. Lich., V, 731). Kiangsu: Schanghai, Zementmauern (Maingay nach Crombie I, 63).

Haematomma Mass.

A. Species corticola; thallus albidus, tenuis; apothecia 0,8—1,5 mm lata *1. puniceum.*

B. Species saxicola; thallus flavovirescens, crassus; apothecia 2—3 mm lata *2. ventosum.*

1. * ***H. puniceum*** (Sw.) Mass. (Cat. Lich., V, 768). An Rinden verschiedenster Laubbäume und Sträucher, auch Bambushalmen und *Pinus Armandi*, von der wtp. bis zur ktp. St. **Y.**: 1600—4050 m. Döge bei Hsiao-Magai (409) und Laoling-schan bei Sanyingpan (671) n von Yünnanfu. Djindjischan bei Loping (10181). Yao-schan bei Ganhaidse nächst Lidjiang (6735). Westhang des Rückens zwischen Haba und Dugwan-tsun se von Dschungdien (6871). Westseite des Litiping bei Weihsi. Im birm. Mons. am Hange der Salwin—Schweli-Kette, 25° (beide Gregory nach Pauls. I, 317). **S.**: 3800—3950 m. Hwangliangdse zwischen Yenyüen und Kwapi (5543). Lose-schan bei Ningyüen (1423). **Kw.**: *Thea sinensis* bei Gwanyin-schan nächst Guiyang („Kweiyang"), 1250 m (10589).

2. * ***H. ventosum*** (L.) Mass. (Cat. Lich., V, 771). NW-**Y.**: Diabasfelsen in der Hg. St. an der windgeschützten Seite des höchsten Kammes zwischen Haba und Dugwan-tsun se von Dschungdien („Chungtien"), 4350—4450 m (6949).

Phlyctis Fw.

** ***P. schizospora*** A. ZAHLBR.

Thallus epiphloeodes, crustaceus, uniformis, sat late expansus et substrato arcte adhaerens, tenuis, vix 0,1 mm crassus, isabellino-albidus, fere opacus, KHO e flavo sanguinescens, $CaCl_2O_2$—, irregulariter et tenuissime diffractus, crustam laevigatam formans, sorediis et isidiis nullis, in margine passim linea sat tenui limitatus, fere homoeomericus, gonidiis palmellaceis, globosis, laete viridibus, 14—16 μ latis, glomeratis.

Apothecia thallum parum superantia, adpressa, parva, 0,2—0,8 mm lata, dispersa vel 2—4 confluentia, rotunda vel rotundata, ad basin haud constricta; discus carneus vel fuscescenti-carneus, opacus, pruinosulus, leviter concavus; margo thallinus albidus, opacus, latiusculus, deplanatus, integer, persistenter prominulus, tenuissime farinosus, non servediosus; hymenium superne vix obscurius, leviter pulverulentum, passim dilute umbrinum, caeterum decolor et purum, 150—160 μ altum, J aeruginoso-coeruleum: hypothecium angustum, sordidescens; paraphyses crebrae, filiformes, contextae, simplices, eseptatae, ad apicem non latiores; asci oblongo-clavati, superne rotundati et membrana parum incrassata cincti, monospori; sporae decolores, oblongo-ellipsoideae, subrectae vel curvulae, utrinque bene rotundatae, versus medium modice constrictae et ibidem mox secedentes et partes duas paulum inaequales formantes, murales, multiloculares, cellulis plus minus cubicis et leptodermaticis, 100—120 μ longae et 30—38 μ latae, J rufescentes. — Species distincta.

S.: Stämme von *Myrsine africana* in der wtp. St. beim Schloß Kwapi n von Yenyüen, 27° 53′, 2750 m, 31. V. 1914 (2767).

Candelariella MÜLL. Arg.

* ***C. vitellina*** (EHRH.) MÜLL. Arg. (Cat. Lich., V, 803). **Y.**: Sandsteine in der tp. St. auf dem Passe Gwamaoschan zwischen Yungbei („Yungpeh") und Yungning, 3075 m (3317).

— — **f. *athallina*** (WEDD.) A. ZAHLBR. (Cat. Lich., V, 808). **S.**: Sandsteinfelsen der Hg. St. auf dem Kamme des Tschahungnyotscha ober Ngaitschekou jenseits des Yalung n von Yenyüen, 28° 15′, 4150 bis 4300 m (3265).

Parmeliaceae.

Candelaria MASS.

A. Thalli laciniae et apothecia in margine eciliata *2. concolor.*
B. Thalli laciniae fibrillis tenuibus albis et similiter apothecia in marginibus vestita *1. fibrosa.*

1. C. fibrosa (FR.) MÜLL. Arg. f. *callopizodes* (NYL.) HUE. (Cat. Lich., VI, 9). (*Lecanora callopizodes* NYL. HUE II, 170.) **Y.**: Rinden in Wäldern, Moschetschin ober Dapingdse (DELAVAY nach HUE II, 170).

2. * ***C. concolor*** (DICKS.) ARN. **var. *substellata*** (ACH.) WAIN. (Cat. Lich., VI, 8). **Y.** oder **S.**: An einem Rindenstückchen, das aus der Sammlung herausgefallen war (1805).

Parmelia Ach. p. p., em. De Notrs.

A. Thallus fuscus vel olivaceus.

a) Thallus subtus usque ad marginem rhizinosus.

I. Thallus in superficie isidiosus, isidiis tenellis et brevibus *20. fuliginosa.*

II. Thallus superne non isidiosus.

1. Medulla $CaCl_2O_2$ erythrinosa *19. glabra.*

2. Medulla $CaCl_2O_2$ non reagens *18. olivacea.*

b) Thallus subtus ad marginem late nudus; medulla KHO e luteo sanguinea *21. acetabulum.*

B. Thallus cinereus, albidus, subcervinus vel flavus.

a) Thallus flavus vel stramineus.

I. Thallus in pagina inferiore usque ad marginem rhizinosus vel demum in toto denudatus.

1. Medulla KHO aurantiaca vel sanguinea.

α) Thallus superne sorediis albis vel albidis instructus *13. Mougeotii.*

β) Thallus esorediatus.

○ Thallus superne reticulatim albo-signatus *17. hypoleia.*

○○ Thallus unicolor et continuus.

§ Lobi thalli rotundati *14. conspersa.*

§§ Lobi thalli angustati, sublineares.

∨ Thallus substrato arcte adpressus *15. molliuscula.*

∨∨ Thallus imbricatus vel subadscendens.

(Thallus subtus rhizinosus *14. conspersa* var. *constrictans.*

((Thallus subtus nudus *14. conspersa* var. *eradicata.*

2. Medulla KHO non reagens *14. conspersa* var. *subconspersa.*

II. Thallus subtus in margine late nudus et erhizinosus.

1. Thallus major, spectabilis.

α) Thalli pagina superior lineis vel punctis albis instructa; medulla $CaCl_2O_2$ erythrinosa *16. Kernstockii.*

β) Thalli pagina superior non signata; medulla $CaCl_2O_2$ non reagens *45. caperata.*

2. Thallus parvulus *46. caperatula.*

b) Thallus albidus, cinerascens, glaucescens vel subcervino-cinerascens.

I. Thallus everniaeformis.

1. Thallus subtus rhizinoso-fibrillosus *59. kamtschadalis.*

2. Thallus subtus nudus, in margine tantum rhizinosus *60. cirrhata.*

II. Thallus parmelioides.

1. Thallus subtus versus marginem late nudus et tantum passim in ipso margine rhizinosus (*Amphigymnia*).

α) Thallus superne punctulis vel maculis parvis albidisque, cortex ita interruptus.

○ Medulla $CaCl_2O_2$ erythrina *41. olivaria.*

○○ Medulla $CaCl_2O_2$ non reagens.

§ Medulla KHO + $CaCl_2O_2$ rosacea *43. cetrarioides.*
§§ Medulla KHO + $CaCl_2O_2$ non reagens *42. monachorum.*

β) Thallus superne epunctulatus (tantum in specie unica subtilissime albosignatus) cortice non interrupto.

O Medulla alba.

§ Medulla KHO non tincta.

V Lobi thalli in margine ciliati.

(Medulla KHO + $CaCl_2O_2$— *40. yünnana.*

((Medulla KHO + $CaCl_2O_2$ plus minus rubens.

\+ Sporae majores, 26—28 × 14—16 μ, membrana crassiuscula cinctae; lobi thalli 15—20 mm lati *39. sinensis.*

++ Sporae minores, 14—22 × 9—12 μ, membrana tenui, lobi thalli 7—15 mm lati.

◡ Pycnoconidia 5—6 μ longa *38. proboscidea.*
◡◡ Pycnoconidia 7—10 μ longa *37. nilgherrensis.*

VV Lobi thalli in margine non ciliati.

(Thallus superne dense et tenuiter isidiosulus, esorediatus *35. tinctorum.*

((Thallus superne nudus.

\+ Lobi thalli lati, usque 2 cm lati, in margine capitato-sorediosi, subtus ad marginem castanei *47. mesotropa* f. *sorediosa.*

++ Lobi thalli distincte minores, 10—14 mm lati, in margine sorediosо-limbati, subtus versus marginem ochraceo-isabellini *44. austrosinensis.*

§§ Medulla KHO tincta.

V Medulla KHO flavens.

(Thalli lobi in margine ciliati.

\+ Thallus esorediatus *35. crinita.*
++ Thallus sorediatus *34. urceolata* var. *subcetrata.*

((Thalli lobi in margine non ciliati.

\+ Thalli pagina superior non isidiosa, sorediosa *51. perlata.*

++ Thallus superne dense et breviter isidiosus, esorediatus *50. subtinctoria.*

VV Medulla KHO rubens, sanguinea vel miniata.

(Lobi thalli in margine ciliis non instructi *49. latissima.*

((Lobi thalli in margine ciliati *48. perforata.*

OO Medulla sulphurea *1. homogenes.*

2\. Thallus subtus undique rhizinis (usque ad ambitum thalli) obsitus vel subtus in toto nudus.

α) Thallus subtus usque ad marginem rhizinosus.

O Lobi thalli rotundati, inaequaliter divisi.

§ Lobi thalli non adpressi, passim marginibus elevatis (*Irregulares*).

V Medulla in receptaculo apotheciorum flava, KHO aurantiaca, in thallo alba *25. xanthocarpa.*

V V Medulla et in thallo et in receptaculo alba.

(Medulla KHO non tincta.

\+ Planta saxicola *26. plumbeoatra.*

\+ + Planta corticola *27. fecunda.*

((Medulla KHO e flavo sanguinea vel ferruginascens.

◡ Cortex superior thalli non interruptus.

× Sporae majores, 16—20 μ longae *30. ricasolioides.*

× × Sporae minores, 7—10 μ longae.

) Thallus sordidescens, passim in flavens vergens *28. sublaevigata.*

)) Thallus albidus vel glaucescens *29. submutata.*

◡ ◡ Cortex thalli superior interruptus.

× Thallus superne reticulatim albo-signatus, signis scabriusculis; lobi thalli minores, 3—4 mm lati *32. saxatilis.*

× × Thallus superne reticulatim rimosus; lobi thalli 12—30 mm lati.

) Lobi thalli in margine ciliati *31. cetrata* f. *ciliosa.*

)) Lobi thalli in margine non ciliati *31. cetrata.*

§§ Thalli lobi adpressi (*Cyclocheila*).

V Medulla alba.

(Thallus isidiosus.

\+ Thallus sorediis nullis *8. scortea.*

\+ + Thallus in centro coralloideo-isidiosus et praeterea sorediis albis punctiformibus instructus *12. rudecta.*

((Thallus non isidiosus.

\+ Thallus sorediosus.

◡ Soredia superficialia, punctiformia *11. dubia.*

◡ ◡ Soredia marginalia, undulata *10. variata.*

\+ + Thallus non sorediosus.

◡ Thallus superne pseudocyphellis instructus *2. daliensis.*

◡ ◡ Thallus superne non cyphellatus.

× Medulla $CaCl_2O_2$ rubens *9. quercina.*

× × Medulla $CaCl_2O_2$ non reagens.

) Thallus late expansus; 12—15 cm latus; receptaculum demum serobiculatum; sporae 11—13 × 8—9 μ *7. insinuata.*

)) Thallus distincte minor: receptaculum laeve.

— Medulla KHO— vel vix flavens, nunquam sanguinea.

∧ Apothecia 0,5—2mm lata: sporae 7—9,5 × 6,5—7 μ *6. homalotera.*

∧∧ Apothecia 4—10 mm lata: sporae 10—11 × 8—9 μ *5. vicinior.*

—— Medulla e flavo sanguinea.

∧ Thallus superne furfuraceo-leprosus: sporae 6—8 × 3—4 μ: pycnoconidia lageniformia *4. meiophora.*

∧∧ Thallus superne nudus: sporae 12—18 × 6—10 μ; pycnoconidia filiformia *3. setschwanensis.*

OO Lobi thalli plus minus lineares, di- — trichotome divisi, ad apicem truncati (*Sublinearis*).

§ Thallus sorediosus.

∨ Medulla KHO—, $CaCl_2O_2$ rubens *33. revoluta.*

∨∨ Medulla KHO flavens, $CaCl_2O_2$ non tincta *23. hunanensis.*

§§ Thallus non sorediosus.

∨ Medulla KHO flavens *22. conspicua.*

∨∨ Medulla KHO sanguinea *24. Rhododendri.*

β) Thallus superne et inferne nudus, rhizinis nullis.

O Sporae minores.

§ Thallus esorediosus.

∨ Lobi thalli subtus non vel rare perforati.

(Pagina superior thalli lineis vel striis nigris non signata, inferior foraminibus sparsis *55. enteromorpha.*

((Pagina superior thalli lineis irregularibus, nigris vel fasciis signata, subtus foraminibus nullis *57. lugubris.*

∨∨ Lobi thalli subtus et imprimis ad dichotomias normaliter foraminibus instructi.

(Lobi thalli densi et breves: thallus cinereus *56. Delavayi.*

((Lobi thalli laxi, elongato, dichotome divisi; thallus flavido-brunnescens *55. hypotrypa.*

§§ Thallus sorediosus.

∨ Sat dense ramosa, subtus non perforata *54. physodes.*

∨∨ Laxe ramosa, cortex inferior perforatus *52. vittata.*

OO Sporae majusculae, 45—70 × 22—44 μ, 2—4 nae in ascis *58. pertusa.*

1. ***P. homogenes*** NYL. (Cat. Lich., VI, 168). (*P. subaurulenta* NYL.). (*P. sulphurata* HUE II, 163). SW-**H.**: Rinde von *Rhus verniciflua* in der wtp. St. auf dem Yünschan bei Wukang, 1200 m (12164). **F.**: Fudschou, Rinden in der Stadt (CHUNG 784). Gu-schan (CHUNG 245, 247, 374, 390). **Y.**: Rinden in Wäldern, Sungping ober Daping-dse (DELAVAY nach HUE l. c. und IV, 160). „Sonkiang" (MONTIGNY 3). Tschusan-Inseln (MONTIGNY).

— — ** **var. *vestita*** A. ZAHLBR.

Thallus superne imprimis versus centrum isidiis densis, cylindrico-filiformibus, subsimplicibus obsitus.

NW-**Y.**: Mekong-Tal, Felsen, 1900—2200 m (GEBAUER).

Die Flechte liegt nur in sterilen Stücken vor und als solche kann man eine Bewertung als Varietät gelten lassen. Das Auffinden von Apothezien wird vielleicht zu einem anderen Schluß führen.

2. ** ***P. daliensis*** A. ZAHLBR.

Thallus foliaceus, substrato adpressus, late expansus (in speciminibus visis usque 12 cm latus), rotundatus, submembranaceus, alutaceus, opacus, KHO e flavo sanguineus, iteratim di- et trichotome vel pinnatim laciniatus, lobis contiguis, sese tegentibus vel subimbricatis, plus minus rotundatis, ultimis crenato-incisis, sinubus angustato-rotundatis, sat profundis, 3—4 mm latis; lobi primarii 6—7 mm lati, superne versus marginem laevigati, centrum versus ruguloso-inaequales, sorediis et isidiis non instructi, superne maculis albis, increbris, cyphelliformibus, 0,2—0,3 mm latis, concavis et annulatim marginatis ornatus; inferne niger, usque ad marginem dense et subtomentose rhizinosus, passim in margine anguste nudus et castaneus, utrinque corticatus: cortex superior thalli ut in receptaculis formatus, cortex inferior niger: gonidia palmellacea, 8—12 μ lata, stratum continuum formantia; medulla alba, KHO sanguinea (imprimis in parte superiore), $CaCl_2O_2$—, KHO + $CaCl_2O_2$ sanguinea.

Apothecia crebra, demum congesta, usque 2 mm lata, parmelioidea, subpedicellata, e rotundo pressione mutua plus minus oblongata vel subirregularia, cupuliformia: discus alutaceo-rufescens, urceolatus, epruinosus, non perforatus; margo tenuis, prominulus, integer, demum passim fissus; receptaculum cum thallo concolor, laevigatum, nudum, corticatum, cortice chondroideo, ad 30 μ crasso, ad ambitum anguste fuscum et non pulverulentum, intus decolor, dilucidum, purum, ex hyphis perpendicularibus, modice intricatis, gelatinose conglutinatis, ramosis et pachydermaticis formatum, stratum gonidiale angustum et infra corticem et infra hymenium offerens; excipulum integrum, decolor, usque 30 μ crassum, ex hyphis tenuibus et dense contextis formatum, decolor, J—: hymenium superne dilute lutescenti-rufescens, strato amorpho tenui et decolore tectum, caeterum decolor et purum, vitreo-dilucidum, 90—100 μ altum, J asci coerulescentes, caeterum rufescenti-sordidescens; paraphyses filiformes, gelatinose conglutinatae, strictae, increbre ramosae, eseptatae, ad apicem vix latiores; asci ovali-clavati, superne rotundati et membrana bene incrassata cincti, hymenio paulum breviores, 8 spori; sporae distichae, decolores, simplices, late ellipsoideae vel ovales, rectae, membrana tenui cinctae, 20—22 μ longae et 12—17 μ latae. Pycnoconidia non visa.

Y.: Lebende Eichenstämme in der tp. St. des Passes Dsuningkou, 26° 24′, ober Dienso zwischen Dali (Talifu) und Hodjing, 3100—3400 m, 27. V. 1915 (6582).

Habituell stimmt die Flechte gut mit *P. rudecta* überein, doch ist sie von dieser, von anderen Merkmalen abgesehen, schon durch das Fehlen der Isidien leicht zu erkennen. Das Lager der *P. dubia* ist anders gefärbt und mit Soredien besetzt.

— — ** f. ***tardiva*** A. ZAHLBR.

A typo recedit medulla KHO pro maxima parte non et tantum infra corticem superiorem anguste sanguinescente et pagina superiore thalli pseudocyphellis increbris instructa.

S.: Lebende Eichenstämme in der ktp. St. unter der Alm Bädö ober Muli, 3600—3700 m, 31. VII. 1915 (7368).

3. ** ***P. setschwanensis*** A. ZAHLBR.

Thallus substrato arcte adnatus, in ramulis arborum late expansus, membranaceo-coriaceus, tenuis, 0,14—0,17 mm crassus, alutaceo- vel sordidescenti-cinerascens, fere opacus, KHO et KHO + $CaCl_2O_2$ flavens, $CaCl_2O_2$—, iteratim lobatus, lobis inaequaliter dilatatis, 3—5 mm latis, sinuato-lobulatis, lobulis ultimis crenatis vel rotundatis, superne laevigatus, in centro rugulosus, in marginibus non ciliatus, sorediis et isidiis destitutus, subtus niger, excepta parte angusta marginali castaneo-fusca, usque ad marginem rhizinosus; utrinque corticatus; cortex superior ad ambitum umbrino-sordidescens, caeterum fere decolor, 14—16 μ crassus, ex hyphis crassiusculis, plus minus perpendicularibus, parce ramosis formatus; cortex inferior 12—14 μ crassus, subchondroideus; medulla alba KHO e flavo sanguinea, imprimis in parte superiore, $CaCl_2O_2$—, KHO + $CaCl_2O_2$ cinnabarino-sanguinea; gonidia stratum angustum, subcontinuum formantia, cystococcoidea, 5—6 μ lata; rhizinae ex hyphis valde tenuibus, conglutinatis et eseptatis formatae, 30—34 μ crassae, sub lente pallescentes.

Apothecia crebra, dispersa vel approximata, sessilia, ad basin constricta, rotunda vel rotundata, usque 4 mm lata, primum bene, dein minus concava; receptaculum cum thallo concolor vel parum pallidius, laevigatum vel parum lacunoso-rugulosum, sorediis non instructum, corticatum, cortice chondroideo, ex hyphis tenuibus, intricatis, crassiusculis cinctum, stratum gonidiale continuum, infra corticem et glomerulos gonidiorum dispersos infra hymenium includens; margo thallinus primum bene inflexus, subinteger, increbre crenulatus; discus rufescenti-fuscus, nitidulus, epruinosus, non perforatus; excipulum integrum, lutescens, ex hyphis tangentialibus, tenuibus formatum, J—; hymenium superne rufum et strato amorpho tenui decoloreque tectum, caeterum decolor et purum, 60—70 μ altum, J tantum asci coerulescentes et demum aeruginascentes; paraphyses parum distinctae, gelatinoso-conglutinatae, subsimplices, eseptatae, ad apicem capitato-clavatae; asci oblongo- vel ellipsoideo-clavati, superne rotundati et membrana incrassata cincti, 8spori; sporae biseriales, decolores, simplices, ellipsoideae vel subovales, membrana tenui cinctae, rectae, 12—18 μ longae et 6—10 μ latae.

Conceptacula pycnoconidiorum immersa, subglobosa, vertice minuto, punctiformi, nigro emergentia; perifulcrium pallidum; fulcra endobasidialia, parmelioidea; pycnoconidia filiformi-bacillaria, ad apices retusata, recta, 6—8,5 μ longa et ad 1 μ lata.

S.: Laubbaumrinden in der trockenen str. und wtp. St., 2100—2500 m.

Unterhalb Djiuba-se zwischen Yalung und Nganning-ho, 27° 43′, 7. V. 1914 (2017). *Pistacia weinmannifolia* oberhalb Otang bei Kwapi über dem Yalung n von Yenyüen, 30. V. 1914 (2739).

Von der im Wachstum ähnlichen *P. tiliacea* durch die Größe der Sporen und durch andere Reaktionen des Lagers verschieden.

4. **P. meiophora** NYL. (Cat. Lich., VI, 175). Rinden der wtp. und tp. St., 2400—3000 m. **Y.**: Eichen bei Sanyingpan n von Yünnanfu, 26° (588). Wälder Sungping ober Dapingdse und Gutui ober Mosoying (DELAVAY nach HUE II, 164: IV, 159). **S.**: *Prunus* auf dem Passe Linbinkou zwischen Yenyüen und Kwapi (2856).

5. P. vicinior HUE. (Cat. Lich., VI, 222). **Y.**: Gutui ober Mosoying, Rinden in Wäldern (DELAVAY nach HUE IV, 156).

6. **P. homalotera** HUE. (Cat. Lich., VI, 168). **S.**: Stämmchen von *Rhododendron racemosum* in der wtp. St. bei Kwapi n von Yenyüen, 27° 53′, 2750 m (2450). **Y.**: Yendsehai und Fangyangtschang ober Mosoying, Rinden in Wäldern, 3000 m (DELAVAY 2897 nach HUE IV, 159).

7. **P. insinuata** HUE. (Cat. Lich., VI, 169). **Y.**: Eichenrinden in der wtp. St. bei Sanyingpan, 26°, n von Yünnanfu 2400 m (586) und *Pinus Armandi* auf dem Laoling-schan dort, 2600 m (673). Felsen in Wäldern ober Dapingdse (DELAVAY 3008 nach HUE IV, 158).

8. P. scortea ACH. (Cat. Lich., VI, 207). (*Imbricaria s.* JATTA I, 469). Schenhsi: Baumstämme auf dem Ngo-schan (GIRALDI).

Bezüglich der Begrenzung und Nomenklatur dieser Art vgl.: A. ZAHLBR. in Annal. Naturh. Museum Wien, XLII 63 (1928).

9. P. quercina (WILLD.) WAIN. (Cat. Lich., VI, 186). (*P. tiliacea* ACH. HUE I, 21. — *Imbricaria t.* KÖRB. JATTA I, 469). **Y.**: Kualapo bei Hodjing, im Walde, 3000 m (DELAVAY 1591). Schenhsi: Stämme auf dem Lungschanho, Ngo-schan und Gwayin-schan (GIRALDI).

— — *f. furfuracea* (SCHAER.) A. ZAHLBR. (Cat. Lich. VI, 190). (*Imbricaria tiliacea* var. *rugulosa* [LEIGHT.] JATTA I, 469). Schenhsi: Baumstämme auf dem Taipei-schan und Lungschanho (GIRALDI).

10. P. variata HUE. (Cat. Lich., VI, 221). **Y.**: Felsen auf dem Yangyin-schan (DELAVAY nach HUE IV, 154).

11. **P. dubia** (WULF.) SCHAER. (Cat. Lich., VI, 153). (*P. Borreri* TURN. HUE II, 165. — *Imbricaria B.* KÖRB. JATTA I, 469). **H.**: An *Rhus verniciflua* in der wtp. St. des Yün-schan bei Wukang, 1200 m (12172). **S.**: Weidenstämme der wtp. St. bei Huili, 1960 m (10068). **Y.**: Wälder des Yangyin-schan ober Mosoying, ster. (DELAVAY nach HUE l. c. und IV, 1). Schenhsi: Stämme und über Moosen an vielen Fundorten (GIRALDI).

— — var. *ulophylla* (ACH.) HARM. (Cat. Lich., VI, 156). (*Imbricaria Borreri* var. *ulophylla* JATTA I, 470). **Y.**: Föhren auf dem Heischanmen, ster. (DELAVAY nach HUE IV, 152). Schenhsi: Stämme und moosige Felsen mehrfach (GIRALDI).

— — var. *coralloidea* (MÜLL. Arg.) A. ZAHLBR. (Cat. Lich., VI, 155). (*Imbricaria Borreri* var. *coralloidea* JATTA I, 470). Schenhsi: Erde und Felsen zwischen Moosen am Lungschan-ho, Duidjio-schan, Sigutsiu-schan und bei Indjiapu (GIRALDI).

12. P. rudecta ACH. (Cat. Lich., VI, 197). (*Imbricaria rudecta* JATTA I, 470).

Schenhsi: Felsen und zwischen Moosen an mehreren Stellen (Giraldi). Tschili: Sangha, Feiniuseng-Berge (M. Strong Clemens 4016).

13. P. Mougeotii Schaer (Cat. Lich., VI, 142). Hongkong: Felsen, ster. (R. Rabenhorst nach Krplhbr. I, 471).

14. **P. conspersa** (Ehrh.) Ach. (Cat. Lich., VI, 125). (*Imbricaria c.* Körb. Jatta I, 470). Schenhsi: Felsen an mehreren Fundorten (Giraldi nach Jatta l. c. und Baroni I, 48). Kwangtung: Wampu, Felsen (R. Rabenhorst nach Krphbr. I, 471).

—— var. *polyphylloides* Müll. Arg. (Cat. Lich., VI, 133). (*Imbricaria conspersa* var. *p.* Jatta I, 470). Schenhsi: Felsen beim Fungyu-ho (Giraldi).

—— var. *incisa* (Tayl.) A. Zahlbr. (var. *laxa* Müll. Arg. [Cat. Lich., VI, 132]. — *Imbricaria conspersa* var. *laxa* Jatta I, 470). Schenhsi: Felsen auf dem Laoyi-schan (Giraldi).

—— var. *hypoclysta* Nyl. (Cat. Lich., VI, 132). (*Imbricaria conspersa* var. *h.* Jatta I, 470). Schenhsi: Felsen an mehreren Fundorten (Giraldi).

———— f. *isidiosa* Müll. Arg. (Cat. Lich., VI, 132). (*Imbricaria conspersa* var. *hypoclysta* * *i.* Jatta I, 470). Schenhsi: Felsen und zwischen Moosen an mehreren Fundorten (Giraldi).

—— var. *constrictans* (Nyl.) Müll. Arg. (Cat. Lich., VI, 131). (*Imbricaria c.* Jatta I, 470). Schenhsi: Erde und Felsen zwischen Moosen auf dem Taipei-schan, Hwangtou-schan und Duidjio-schan (Giraldi).

—— var. *eradicata* (Nyl.) Müll. Arg. (Cat. Lich., VI, 131). (*Imbricaria constrictans* var. *eradicata* Jatta I, 470). Schenhsi: Zwischen Moosen am Lungschan-ho und auf dem Taipei-schan (Giraldi). Dort auch f. *isidiophora* Müll. Arg. in Flora, LXVI., 48 (1883), nom. nud. (*Imbricaria constrictans* var. e. f. *i.* Jatta I, 470).

—— **var. subconspersa** (Nyl.) Stnr. (Cat. Lich., VI, 134). (*Imbricaria subconspersa* Jatta I, 470). NW.-Y.: Bei Lidjiang („Likiang"), von Einheimischen (5689). Schenhsi: Zwischen Moosen auf den Felsen des Hwangtou-schan (Giraldi).

15. * *P. molliuscula* Ach. (Cat. Lich., VI, 71). F.: Gu-schan bei Fudschou, bemooste Felsen, ster. (Chung 265).

16. P. Kernstockii Lynge et A. Zahlbr. (Cat. Lich., VI, 141). S.: Dungngan s von Huili, auf *Opuntia*, 1900 m (H. Smith). Tschili: Tielin-se auf dem Hsiao-Wutai-schan (H. Smith nach Du Rietz in Bot. Notiser 1925, 4).

17. P. hypoleia Nyl. (Cat. Lich., VI, 138). (*P. mutabilis* Tayl. Krempelhbr. I, 471). Hongkong: Felsen (R. Rabenhorst).

18. P. olivacea (L.) Ach. (Cat. Lich. VI, 96). (*Imbricaria o.* DC. Jatta I, 470). Schenhsi: Baumstämme auf mehreren Bergen (Giraldi).

19. P. glabra (Schaer.) Nyl. (Cat. Lich., VI, 90). (*Imbricaria g.* Jatta I, 471). Schenhsi: Stämme auf dem Hwangtou-schan (Giraldi 209), Duidjio-schan, Sigutsiu-schan und bei Indjiapu (Giraldi).

20. P. fuliginosa Nyl. (Cat. Lich., VI, 87). (*Imbricaria f.* Arn. Jatta I, 471). Schenhsi: Baumstämme auf dem Duidjio-schan, Laoyi-schan und Sigutsiu-schan (Giraldi).

21. P. acetabulum (Neck.) Duby. (Cat. Lich., VI, 75). (*Imbricaria a.* Körb. Jatta I, 470). Schenhsi: Baumstämme am Lungschan-ho (Giraldi).

22. **P. conspicua** HUE. (Cat. Lich., VI, 163). **Y.**: Kork von *Keteleeria Davidiana* in der wtp. St. in Wäldern zwischen Hsiangschuiho und Sunggwe s von Hodjing, 26° 17′, 2400 m (6547). Tjiaoschidung ober Djiangyin, 2500 m (DELAVAY nach HUE IV, 145).

23. ** **P. hunanensis** A. ZAHLBR.

Thallus expansus, substrato adpressus, tenuis, 0,15—0,2 mm crassus, mollescens, alutaceo-cinerascens, nitidulus, KHO flavens, $CaCl_2O_2$—, radiatim iteratim divisus, lobis versus centrum thalli approximatis vel subconfluentibus, in margine crenatis vel sinuatis, 4—7 mm latis, convexis, lobis marginalibus eciliatis, ad apicem magis divisis, rotundis, rotundato-retusis, rarius dentatis, superne sorediosus, sorediis versus marginem thalli minoribus, convexis, in centro thalli fere semiglobosis, omnibus thallo parum pallidioribus, albescentibus, pulverulentis: isidiis non obsitus, subtus niger, excepta parte marginali angusta castanea, usque ad ambitum rhizinis vestitus; cortex superior subchondroideus, ad ambitum sordidescens, intus fuscescenti-pallens, 17—20 μ crassus, ex hyphis subperpendicularibus, parum ramosis et intricatis, gelatinose conglutinatis formatus: cortex inferior niger, 10—12 μ crassus: medulla alba, KHO et KHO + $CaCl_2O_2$ dilute flavens, $CaCl_2O_2$—, ex hyphis intricatis et inspersis formata; gonidia stratum subcontinuum formantia, cystococcoidea, 6—8 μ lata.

Apothecia superficialia, basi angusta sessilia, primum concava, demum plus minus planata, rotunda, usque 6 mm lata: discus alutaceus vel demum rufescenti-fuscus, nitidus, demum passim rugulosus, imperforatus; margo angustus, primum integer, mox sorediosо-dissolutus, persistens: receptaculum extus lutescenti-cinereum, laevigatum, nitidum, nudum, extus cortice chondroideo, fere decolore, ad 50 μ crasso, non insperso, ex hyphis tenuibus, intricatis et conglutinatis formato obductum, medullam gonidiaque et infra corticem et infra hymenium includens: excipulum integrum, ad latera hymenii subflabellatum, subchondroideum, decolor et dilucidum, J—; hymenium superne rufofuscum, non pulverulentum, caeterum decolor et purum, 55—60 μ altum, J paraphyses dilute, asci intense coerulei; paraphyses filiformes, strictae, conglutinatae, simplices, eseptatae, ad apicem vix latiores: asci hymenio subaequilongi, ellipsoideo-clavati, superne rotundati et membrana incrassata obducti, 8spori: sporae biseriales, decolores, simplices, late ellipsoideae vel ovales, rectae, membrana tenui, distincta cinctae, parvulae, 6—8 μ longae et ad 5 μ latae. Pycnoconidia non visa.

H.: Lebende Rinde von *Liquidambar formosana* in der str. St. des Yoluschan bei Tschangscha, 150 m, 16. II. 1918 (11454).

Steht der *P. conspicua* zunächst, von der sie wegen des sorediösen Fruchtrandes, der kleinen Sporen und dann auch wegen der abweichenden Reaktionen der Markschicht zu trennen ist.

24. ** **P. Rhododendri** A. ZAHLBR.

Thallus substrato adhaerens, late expansus (in speciminibus visis 12—14 cm latus), membranaceus, tenuis, 0,2—0,3 mm crassus, dilute alutaceus, opacus, KHO flavens, $CaCl_2O_2$—, iteratim laciniatus, laciniis sublinearibus, elongatis, subimbricatis, irregulariter dilatatis, 4—10 mm latis, superne laevigatis, in margine sinuatis, eciliatis, pinnatim lacinulatis, lacinulis ultimis linearibus, ad apicem emarginatis vel retusatis, sinubus axillaribus rotundato-ovatis, subtus niger, nitidus, usque ad marginem rhizinosus, rhizinis nigris, brevibus, crassiusculis, in apice dendroideo-ramosis, ex hyphis longitudinalibus, dense contextis et eseptatis formatis; soredia et isidia desunt; cortex superior ad ambitum flavescenti-fuscescens, non inspersus, subchondroideus, 24—30 μ crassus, ex hyphis perpendicularibus et intricatis formatus, crassiusculis et constricto-septatis; cortex inferior niger, usque 30 μ crassus; stratum gonidiale angustum, subcontinuum, gonidiis globosis, 9—13 μ latis; medulla alba, KHO sanguinea, $CaCl_2O_2$—, crassa, ex hyphis inspersis formata.

Apothecia dispersa vel approximata, utplurimum demum congesta, cupuliformia, basi angusta sessilia, demum applanata, 5 10 mm lata; discus alutacco-fuscescens vel rufescens, opacus, imperforatus; margo valde tenuis, cum thallo concolor, subinteger, tenuissime fissus vel subcrenulatus; receptaculum cum thallo concolor, nudum, demum subverruculoso-inaequale, cortice chondroideo, ad ambitum fusco-flavescente, intus decolore, usque 90 μ crasso, ex hyphis perpendicularibus et intricatis, dense contextis, sat pachydermaticis formato, medullam amplam, gonidia et infra corticem et infra excipulum includens; excipulum integrum, dilute flavescens, ex hyphis tangentialibus, tenuibus et dense contextis formatum; hypothecium decolor; hymenium superne rufescens, caeterum decolor et purum, 75—80 μ crassum, J tantum asci coerulei; paraphyses filiformes, densae, strictae, simplices, eseptatae, ad apicem clavatae; asci sat anguste oblongo-clavati, superne rotundati et membrana incrassata cincti, 8spori; sporae plus minus biseriales, decolores, simplices, ovales vel subellipsoideae, rectae, membrana tenui cinctae, parvulae, 6—8 μ longae et ad 3 μ latae.

Conceptacula pycnoconidiorum vertice punctiformi, nigricante, primum anguste albo-annulato emergentia, versus apicem laciniarum plus minus congesta; perifulcrium pallidum; fulcra parmelioidea; pycnoconidia cylindrico-bacillaria, recta vel subrecta, 6—8 μ longa et ad 1 μ lata.

Y.: Lebende *Rhododendron*-Stämme in der tp. St. im Walde ober Hsiangschuiho, 26° 15′, zwischen Dali und Hodjing, 3400 m, 25. V. 1915 (6518).

Die vorliegende Flechte erinnert sehr an Stücke, welche später von NYLANDER als „*Parmelia sublaevigata*“ (LINDIG, Lich. Nov. Granat. no. 736 und SAVÈS, Lich. Nov.-Caledon. no. 18) bestimmt wurden, und stimmt mit diesen soweit es die Sporen, Pyknokonidien und die Reaktionen betrifft, überein. Indes gehört die ursprüngliche, von BONPLAND gesammelte *P. sublaevigata* zu den *Irregulares*, wie dies VAINIO gezeigt und HUE bestätigt hat. Die beiden zum Vergleiche herangezogenen Arten sind aber typische *Sublineares* (ebenso die chinesische Flechte), können also nicht zur ursprünglichen *P. sublaevigata* gehören. Unsere Flechte ist aber auch mit den beiden früher genannten nicht vollkommen übereinstimmend, denn sie besitzt breitere Lagerabschnitte und eine matte Lageroberseite. Die von LINDIG und SAVÈS gesammelten Stücke dürften zu *P. meizospora* NYL. gehören und eine Abänderung mit etwas größeren Sporen darstellen.

25. P. xanthocarpa HUE. (Cat. Lich., VI, 222). **Y.**: Rinden bei Dalungtan nächst Dapingdse (DELAVAY nach HUE IV, 198).

26. ** ***P. plumbeata*** A. ZAHLBR.

Thallus foliaceus, substrato non arcte adhaerens, submembranaceus, tenuis, in margine albidus vel parum in ochraceum vergens, nitidulus, versus centrum subchalybaeus vel sordide cinerascens et opacus, KHO sordide flavescens, $CaCl_2O_2$—, iteratim laciniatus, laciniis continuis, convexis, subcerebrino-contextis, convolutis vel subimbricatis, usque 8 mm latis, marginalibus magis substrato adpressis et planatis, rotundatis, rarius oblongatis, in margine sinuatis, laevigatis, sorediis et isidiis non praeditus, subtus niger et ad ambitum anguste castaneus, usque ad marginem rhizinis nigris obsitus: medulla alba, KHO, $CaCl_2O_2$ et KHO + $CaCl_2O_2$ non reagens: gonidia cystococcoidea, globosa, 11—16 μ lata, stratum continuum infra corticem superiorem formant.

Apothecia parmelioidea, haud crebra, ad basin bene constricta et basi angusta sessilia, dispersa vel approximata, usque 3 mm lata, primum cupuliformia, demum parum applanata, rotunda vel rotundata; discus obscure fuscus, opacus, epruinosus, non perforatus, plus minus concavus: margo cum thallo concolor, inflexus, latiuscule transversim fissus vel undulato-crenatus; receptaculum cum thallo concolor vel paulum lutescens, laevigatum vel paulum inaequale, non sorediosum, extus corticatum, cortice decolore, ex hyphis verticalibus, intricatis, gelatinose conglutinatis, tenuibus et eseptatis, parum distincte limitatis formato, 30—50 μ crasso, medullam et gonidia includens; hymenium bene evolutum non visum, superne umbrinum, strato amorpho tenui et decolore supertectum, caeterum decolor et purum; paraphyses filiformes, contextae, simplices, eseptatae, capitato-clavatae; asci evoluti non visi; sporae parvulae videntur.

Conceptacula pycnoconidiorum immersa, demum verruculas minutas formantia, vertice punctiformi, nigro, a thallo annulatim cincto; perifulcrium circa ostiolum nigrescens, caeterum decolor, globosum; fulcra parmelioidea; pycnoconidia bifusiformi-subcylindrica, ad apices angustato-rotundata, recta vel curvula, 6—6,5 μ longa et ad 1 μ lata.

Y.: Diabasblöcke auf dem Schwemmkegel ober Ngulukö bei Lidjiang („Likiang"), tp. St., 3000 m, 5. X. 1916 (12977).

27. **P. fecunda** Hue. (Cat. Lich., VI, 166). **Y.**: Rinde von *Keteleeria Davidiana* in der wtp. St. beim Tempel Djindien-se nächst Yünnanfu, 2050 m (89). Rinden im Walde, Hwanglipin ober Dapingdse (Delavay nach Hue, IV, 169).

28. *P. sublaevigata* Nyl. (Cat. Lich., VI, 213). (*Imbricaria s.* Jatta I, 469). Schenhsi: Baumstämme auf dem Hwangtou-schan (Giraldi).

29. *P. submutata* Hue. (Cat. Lich., VI, 215). **Y.**: Rinden in Wäldern Santschang„kiou" (Delavay nach Hue IV, 172).

30. **P. ricasolioides** Nyl. (Cat. Lich., VI, 197). **S.**: *Prunus*-Rinde auf dem Passe Linbinkou, 27° 46′, zwischen Yenyüen und Kwapi, tp. St., 3000 m (2845). **Y.**: Im E an Laubbäumen bei Tschaörl ober Loping, 2050 m (10200 ?, mangelhaft). Waldbäume auf dem Kualapo, 3000 m (Delavay 1594), Dungschan und Santschang„kiou" bei Hodjing. Yendsehai und Loping-schan ober Langtjiung (alle Delavay nach Hue I, 20: IV, 173).

31. **P. cetrata** Ach. (Cat. Lich. VI, 160). **Y.** Rinde von *Schoepfia jasminodora* in der wtp. St. des mittelchin. Fl. bei Djindjischan nächst Loping, 1600 m (10180). Rinden in Wäldern bei Mosoying (Langtjiung), ster. (Delavay nach Hue, IV, 173).

—— **f. ciliosa** V.-Gr.-Mar. (Cat. Lich., VI, 160). (*P. crinita* Hue II, 164, non Ach.). SW-**H.**: Rinde von *Sapium japonicum* in der wtp. St. des Yün-schan bei Wukang, 1270 m (5700). **Y.**: Felsen bei Djipinghai nächst Dali (Talifu) (Delavay 2239 nach Hue l. c. und IV, 175).

— — **f. sorediifera** Wain. Étud. Lich. Brésil, I, 40 (1890). (*P. perforata* Hue II, 164, non alior.). **Y.**: In der wtp. St., 2000—2400 m. *Keteleeria*-Kork beim Tempel Djindien-se (83) und Erdabrisse (Sandstein) auf dem Tschangtschung-schan bei Yünnanfu (5714). Eichenrinden bei Sanyingpan n von hier (981). *Phyllanthus*-Zweige zwischen Schadschou und Dschennan an der Straße nach Dali (8587). Felsen auf dem Dsang-schan, ober Piendjio, ster. (Delavay) und ober Tjiudjio (D. 4527). Schlucht Lopingschan und Rinden im Walde Gutui (D., alle nach Hue l. c. und IV, 174). **S.**: Sandsteinfelsen in der str. St. bei Dötschang im Djientschang („Kientschang"), 1450 m (1175). **Kw.**: Zweige von *Thea sinensis* in der wtp. St. bei Gwanyinschan nächst Guiyang („Kweiyang"), 1250 m (10596). **H.**: Rinden auf dem Yün-schan bei Wukang, wtp. St., 1270 m (5700).

32. P. saxatilis (L.) Ach. (Cat. Lich. VI, 198). (*Imbricaria s.* Körb. Jatta I, 469 p. p.). **Y.**: Rinden in Wäldern des Yangyin-schan ober Mosoying (Delavay nach Hue II, 166 und IV, 162). Schenhsi: Baumstämme und zwischen Moosen auf dem Taipei-schan (Giraldi).

— — var. *signifera* (Nyl.) Müll. Arg. (*Parmelia s.* Nyl. Cat. Lich., VI, 210. — *Imbricaria saxatilis* var. *signifera* Jatta I, 469). Schenhsi: Zwischen Moosen auf dem Hwangtou-schan (Giraldi).

— — ** var. *subomphalodes* A. Zahlbr.

Thallus fumoso- vel fuscescenti-cinerascens, laciniatus, laciniis plus minus elongatis, linearibus, inaequaliter dilatatis, iteratim dichotome vel subdichotome divisis, planis, usque 2 mm latis, superne laevigatis et nudis, non signatis, ad ambitum utplurimum valde anguste nigratis, sorediis et isidiis destitutus, subtus rufescenti-fuscus, pro maxima parte nudus vel passim rhizinis densis insulatim instructus. Medulla KHO sanguinea.

Schenhsi: Auf dem Hwangtou-schan (Giraldi).

Accedit quoad habitum ad var. *divaricatam* Del., *angustifoliam* Nyl. et *omphalodem* Fr., ab omnibus thallo superne laevi, subtus insulatim tantum rhizinoso recognoscitur.

33. P. revoluta Flk. (Cat. Lich., VI, 193). (*Imbricaria r.* Arn. Jatta I, 469). Schenhsi: Baumstämme bei Lungschanho (Giraldi).

34. * **P. urceolata** Eschw. **var. subcetrata** Müll. Arg. (Cat. Lich., VI, 270). **Y.**: Dürre Erdabrisse auf Sandstein in der wtp. St. beim Tempel Djindien-se nächst Yünnanfu, 2000 m, 16. II. 1914 (66).

Es liegen nur sterile Stücke dieser Flechte vor; diese passen, soweit es den Thallus betrifft, vollkommen zu dem Urstücke Müllers. Ob in den Apothecien nicht doch vielleicht Merkmale liegen, welche eine artliche Trennung bedingen würden, läßt sich zurzeit nicht sagen.

35. P. crinita Ach. (Cat. Lich. VI, 236). (*Imbricaria c.* Jatta I, 469). **Y.**: Steine in Wäldern bei Djiping (Delavay 39 nach Hue II, 164). Schenhsi: Stämme bei Dsulu auf dem Laoyi-schan und Lungschan-ho (Giraldi).

36. **P. tinctorum** Despr. (Cat. Lich., VI, 268). (*Imbricaria praetervisa* Jatta I, 469). **Y.**: Kalkfelsen der wtp. St. bei Schilungba nächst Yünnanfu, 2100 m (206). Felsen des Dsang-schan ober Dali, 3000 m (Delavay 1583). Rinden in Wäldern, Gutui ober Dapingdse und beim Passe Yendsehai (D. nach Hue I,

20; II, 164; IV, 200). Im NW an Steinen am Flüßchen unter Weihsi (GEBAUER). Felsen im Mekong-Tale, 27° 30′ — 28° 20′, 1900—2200 m (GEBAUER). Jugoschan se von Atendse (GREGORY nach PAULS. I, 317). Im birm. Mons. bei Maodschou am Salwin, 1600 m, ster. (GEBAUER) und mehrfach bis w von Tengyüe unter 1000 m (GREGORY nach PAULS. l. c.). Schenhsi: Stämme auf dem Lungschanho (GIRALDI).

37. **P. nilgherrensis** NYL. (Cat. Lich. VI, 246). (*Imbricaria n.* JATTA I, 469, non ARN.). **Y.**: Äste von *Rhamnus* u. a. xerophilen Sträuchern in der wtp. St. bei Schilungba nächst Yünnanfu, 1950 m (255). **F.**: Gu-schan bei Fudschou, 500 bis 600 m, Rinden (CHUNG 217x, 271y). Schenhsi: Stämme auf dem Hwangtou-schan und Taipei-schan (GIRALDI).

38. **P. proboscidea** TAYL. (Cat. Lich., VI, 262). (*Imbricaria p.* JATTA I, 469). NW-**Y.**: Fichtenäste bei Lidjiang („Likiang") am Wege zum Beschui, tp. St., 2950—3100 m, ster. (4184). Schenhsi: Baumstämme am Lungschanho und zwischen Moosen bei Schidjin-tsun (GIRALDI).

— — var. *sorediifera* MÜLL. Arg. (Cat. Lich., VI, 263). (*Imbricaria perlata* var. *s.* JATTA I, 468). Schenhsi: Stämme am Lungschan-ho (GIRALDI).

39. **P. sinensis** HUE. (Cat. Lich., VI, 265). (*P. ciliata* HUE I, 20, non DC. — *P. latissima* HUE II, 164, non alior.). **Y.**: An Stämmen besonders von *Cotoneaster* in der wtp. St. bei Sanyingpan, 26°, n von Yünnanfu, 2400 m fert. (640). In Wäldern von 1800 m aufwärts mehrfach (DELAVAY). Ostseite des Yülung-schan bei Lidjiang (ROCK 11753).

Die von HANDEL-MAZZETTI gesammelten Stücke stimmen in jeder Beziehung mit denjenigen HUEs überein, nur sind seine Exemplare größer und bilden bis 15 cm breite Thalli.

40. P. *yunnana* HUE. (Cat. Lich., VI, 271). **Y.**: Wälder der Schluchten des Loping-schan, 3200 m (DELAVAY nach HUE IV, 186).

41. **P. olivaria** (ACH.) HUE. (Cat. Lich., VI, 246). (*P. olivetorum* NYL. HUE II, 164. — *Imbricaria olivetorum* ARN. JATTA I, 468). **S.**: Stämme von *Rhododendron racemosum* im Walde der wtp. St. beim Schlosse Kwapi, 27° 53′, n von Yenyüen, 2750 m (5738). **Y.**: Rinden in Wäldern, Sungping ober Dapingdse (DELAVAY). Schenhsi: Stämme auf dem Ngo-schan und Gwanyin-schan (GIRALDI).

42. ** **P. monachorum** A. ZAHLBR.

Thallus caespitose crescens, decumbens, iteratim lobatus, rigidulo-membranaceus, subochraceus, nitidulus, ad oras loborum castaneo-fuscescens, KHO flavescens, $CaCl_2O_2$—; lobi usque 10 mm lati, eciliati, ultimi passim increbre lobuliferi, modice elongati, caeteri rotundati, incisi vel sinuati, superne laevigati, punctis vel striis, passim lineis parum elongatis, albidis, impressis vel prominulis signati, nec sorediosus, nec isidiosus, subtus late nudus, ad ambitum rufo-castaneus, nitidulus et papillosus, caeterum nigricans, opacus et tenuiter rugulosus; medulla alba, KHO, $CaCl_2O_2$ et KHO + $CaCl_2O_2$ non reagens. Apothecia et pycnoconidia non visa.

S.: In festem Rasen (Jakweide) der Hg. St. auf Tonschiefer auf dem Passe Döko sw von Muli, 4350 m, 4. VIII. 1915 (7399).

Die Art, von welcher nur eine unvollständige Beschreibung gegeben werden kann, ist eine *Amphigymnia* aus der Artengruppe der *P. cetrarioides* DEL., erinnert aber im Habitus eher an *P. saxatilis*, mit welcher sie aber in keinem verwandtschaftlichen Verhältnis steht. Von der erstgenannten unterscheidet sie sich nicht nur durch die Wachstumsweise, sondern auch durch das weniger weiche Lager und durch die chemischen Reaktionen.

43. * ***P. cetrarioides*** Del. (Cat. Lich., VI, 233). **S.**: Häufig an Bambushalmen und Strauchzweigen zwischen Alami und Sikwai in der tp. St. des Daliangschan (Lolo-Landes) e von Ningyüen, 2500 bis 3300 m (1496).

44. ** ***P. austrosinensis*** A. Zahlbr.

Thallus foliaceus, substrato adpressus, mollescenti-membranaceus, tenuis, 0,18—0,2 mm crassus, expansus, dilute alutaceus vel alutaceo-cinerascens, nitidulus, KHO lutescens, $CaCl_2O_2$—, irregulariter lobatus, lobi rotundati, 10—14 mm lati, integri vel incisi, eciliati, concavi vel passim subconvoluti, superne laevigati, cortice continuo obducti, centrum thalli versus hinc inde ruguloso-inaequales, in margine tenuiter soredioso- et albolimbati, isidiis nullis, subtus in ambitu late nudus, ochraceo-isabellinus, nitidus, laevigatus, centrum versus fusco-nigricans, minus nitidus et rhizinis brevibus, nigris, utplurimum increbris instructus; cortex superior pallidus, ad ambitum ochraceo-fuscescens, 20—24 μ crassus, ex hyphis sat pachydermaticis, subperpendicularibus, modice intricatis, dense conglutinatis formatus; stratum gonidiale subcontinuum, cellulis 5—7 μ latis, laete viridibus, globosis; medulla alba, KHO—, $CaCl_2O_2$ erythrinosa, ex hyphis plus minus longitudinalibus, 3—5 μ crassis, sat pachydermaticis formata; cortex inferior superiori similis, sed parum angustior.

Apothecia et pycnoconidia ignota.

Kw.: Lebende Äste von *Thea sinensis* in der wtp. St. bei Gwanyinschan unweit Guiyang („Kweiyang"), 1250 m, 6. VII. 1917 (10580). **NW-Y.**: Rinde lebender *Pseudotsuga Wilsoniana* im tp. Walde des birm. Mons. im Tale von Londjre zum Schöndsu-la in der Mekong—Salwin-Scheidekette, 28° 6′, 2800 m, 21. IX. 1915 (8209).

Habituell gleicht diese Flechte am meisten der *P. Menyhártii* Stnr., doch dürfte sie mit dieser nicht identisch sein. Ob sie überhaupt zu dieser in näherer Beziehung steht, wird sich erst feststellen lassen, bis die Apothecien und die Pyknokonidien gefunden werden.

45. ***P. caperata*** (Hoffm.) Ach. (Cat. Lich., VI, 226). (*Imbricaria c.* DC. Jatta I, 468). **SE-Ki.**: Hwangpo bei Ningdu, Koniferenstamm am Wege (Plt. sin. 470). **Y.**: Rinden in Wäldern und Felsen mehrfach (Delavay 2996, 3005 nach Hue II, 163; IV, 180). Schenhsi: Stämme vielfach (Giraldi).

46. *P. caperatula* Nyl. (Cat. Lich. VI, 232). (*Imbricaria c.* Jatta I, 468). Schenhsi: Zwischen Moosen (Giraldi).

47. * ***P. mesotropa*** Müll. Arg. **f. sorediosa** Müll. Arg. (Cat. Lich., VI, 244). **Y.**: Laubbaumrinden in der wtp. St., 1800—2400 m beim Tempel Djindien-se nächst Yünnanfu (369). Jöschuitang, 25° 26′ (477) und Sanyingpan, 26° (591) n von hier.

— — ** **var. compactior** A. Zahlbr.

Thallus magis cinerascens, substrato adpressus, parum rigidior, lobi marginales continui, 10—12 mm lati, lobi centrales marginibus sorediosis et cinerascentibus limbati. Apothecia et pycnoconidia cum typo conveniunt.

Y.: Auf lebendem Stamme von *Pinus yunnanensis* in der wtp. St. bei Sanyingpan n von Yünnanfu, 26°, 2400 m, 13. III. 1914 (581).

48. P. perforata (WULF.) ACH. (Cat. Lich., VI, 249). (*Imbricaria p.* JATTA I, 469 pr. p.). Schenhsi: Stämme auf dem Lungschanho und Hwangtou-schan (GIRALDI).

49. P. latissima FÉE. (Cat. Lich., VI, 241). (*Imbricaria l.* JATTA I, 469). Schenhsi: Stämme auf dem Lungschanho und Wangschanpin (GIRALDI).

50. ** ***P. subtinctoria*** A. ZAHLBR.

Thallus foliaceus, sat late expansus, mollescens, substrato laxiuscule adhaerens, tenuis, 0,7—0,8 mm crassus, ochraceus, ad ambitum nitidulus, caeterum opacus, KHO e flavo demum sanguineus, $CaCl_2O_2$—, iteratim subdichotome divisus, lobi confluentes et ad marginem valide rugosi, caeterum concavi, 10—15 mm lati, rotundati, sinuato-incisi et crenati, ad ambitum leviter adscendentes, superne dense isidiosus, isidiis subcorallinis, brevibus, tenuibus, cum thallo concoloribus; soredia desunt; subtus ad marginem late nudus, castaneus, nitidus, caeterum nigricans, opacus et rhizinosus; cortex superior thalli ad ambitum sordidescens, caeterum decolor, ad 30 μ crassus, ex hyphis ramosis et conglutinatus formatus; medulla alba, stuppea, KHO flava, demum subsanguinea, $CaCl_2O_2$—, KHO + $CaCl_2O_2$ optime sanguinea, hyphis inspersis; cortex inferior fusco-niger, usque 15 μ crassus, versus medullam undulatus; gonidia cystococcoidea, glomerata, glomerulis subcontinuis vel plus minus dispersis.

Apothecia et pycnoconidia non visa.

Y.: Eichenrinde in der wtp. St. bei Sanyingpan, 26°, n von Yünnanfu, 2400 m, 14. III. 1914 (5645).

51. ***P. perlata*** ACH. (Cat. Lich., VI, 253). (*Imbricaria p.* JATTA I, 468. — *Parmelia p.* f. *sorediata* BARONI I, 48.) **Y.**: Rinde von *Quercus variabilis* in der wtp. St. beim Tempel Djindien-se nächst Yünnanfu, 2050 m (5445). Am Djinschadjiang ober Schigu und im birm. Mons. am Hange der Schweli—Salwin-Kette, 25°, 2000—2400 m (GREGORY nach PAULS. I, 317). Schenhsi: Baumstämme mehrfach (GIRALDI). Kwangtung: Wampu, Rinden (R. RABENHORST nach KRPLHBR. I, 471).

52. P. vittata (ACH.) NYL. (Cat. Lich., VI, 49). (*Imbricaria v.* ARN. JATTA I, 471). **Y.**: Erde an schattigen Orten auf dem Hwangse-yakou, 1800 m (DELAVAY 1576). Schattige Stämme am Passe Kualapo bei Hodjing und in Wäldern beim Yendsehai bei Langtjiung, ster. (D. nach HUE, I, 166 und IV, 125). Schenhsi: Stämme auf dem Laoyi-schan, Duidjio-schan, Hwangtou-schan und Taipei-schan (GIRALDI).

53. P. hypotrypodes NYL. (Cat. Lich., VI, 33). (*P. vittata* var. *h.* NYL IV, 125. — *Imbricaria h.* JATTA I, 471). **Y.**: Wälder Yendsehai bei Langtjiung, Fangyangtschang, Yangyin-schan und beim Passe Loping-schan (DELAVAY nach HUE, I, 21; II, 166). Alte Bäume in Wäldern des Kualapo bei Hodjing, 3000 m (D. 1595). Im NW am Osthange des Yülung-schan bei Lidjiang, Rinden, fert. (ROCK 11757 p. p.). Schenhsi: Stämme und zwischen Moosen am Duidjioschan, Djitou-schan und Hwangtou-schan (GIRALDI).

54. ***P. physodes*** (L.) ACH. (Cat. Lich., VI, 36). (*Imbricaria p.* DC. JATTA I, 471). **Y.**: Eichen auf dem Hwangse-yakou ober Dapingdse, 1800 m (DELAVAY

1609). Rinden am Yendsehai (D. nach HUE I, 21; IV, 123). Im NW am Osthang des Si-la, 3940 m (GREGORY nach PAULS. I, 317). Schenhsi: Stämme auf dem Ngo-schan und Duidjio-schan (GIRALDI).

— — var. *labrosa* ACH. (Cat. Lich., VI, 44). (*Imbricaria physodes* var. *labrosa* ARN. JATTA I, 471). Schenhsi: Baumstämme auf dem Lungschanho (GIRALDI).

— — var. ***enteromorpha*** (ACH.) TUCK. (Cat. Lich., VI, 32). (*Imbricaria e.* JATTA 471). NW-**Y.**: Tannenstämme in der ktp. St. unter der Alm Maoniubi auf dem Waha bei Yungning, 3800—4030 m (7134). Schenhsi: Zweige auf dem Duidjio-schan (GIRALDI).

55. ***P. hypotrypa*** NYL. (Cat. Lich., VI, 33). (*Imbricaria h.* JATTA I, 471). **Y.**: Tannenstämme und Schieferfelsen der tp. und ktp. St., 3250—4050 m. Bei Lidjiang, von Einheimischen (3611). Auf dem Rücken zwischen Haba und Dugwan-tsun se von Dschungdien (6880). Im birm. Mons. im Doyon-lumba zwischen Mekong und Salwin, 28° 2′ (8330) und an der Westseite des Passes Pangblanglong gegen den Irrawadi, 27° 58′ (9516). Rinden und Erde in Wäldern mehrfach (DELAVAY 2660 u. a. nach HUE II, 166; IV, 126). **S.**: An Sträuchern in der str. St. bei Bentukan zwischen Dötschang und Ningyüen, 1600—1650 m (1907). Hubei (HENRY 6939, 6975 nach MÜLLER I, 236). Schenhsi: Erde und bemooste Stämme auf dem Taipei-schan, Hwangtou-schan, Laoyi-schan und Ngo-schan (GIRALDI).

— — **f. *balteata*** NYL. (Cat. Lich., VI, 33). **Y.**: Im NW an Eichenstämmen in der tp. St. des Yülung-schan bei Lidjiang („Likiang") um die Wiese Ndwolo, 3450—3500 m fert. (3561) und Tannenstämmen in der ktp. St. am Westhange des Rückens zwischen Haba und Dugwan-tsun fert. (6881). Erde, Bäume und Sträucher in Wäldern beim Passe Yendsehai, auf dem Dsang-schan und Maörl-schan (DELAVAY nach HUE IV, 127). **S.**: Verschiedene Bäume in der ktp. St. des Tschahungnyotscha ober Ngaitschekou jenseits des Yalung n von Yenyüen, 28° 15′, 3600—3900 m (2639). Sträucher in der str. St. des Djientschang bei Bentukan, mit dem Typus (1906, jung).

Das einzige Merkmal für diese Form sind die breiteren und etwas lockeren Lagerlappen; zu Querstreifen angeordnete Gehäuse der Pyknokonidien lassen sich auch beim Typus beobachten.

56. ***P. Delavayi*** HUE. (Cat. Lich., VI, 28). W-**Y.**: Im birm. Mons. in Wäldern der Schweli—Salwin-Kette, 26° 10′ (GEBAUER). Mekong—Salwin-Scheidekette, Wälder auf Rinde, fert. (GEBAUER). Bäume im Walde Maogu-tschang ober Dapingdse, 2000 m (DELAVAY 1599). Wälder des Passes Heischan-men und beim Yendsehai (D. nach HUE I, 21; IV, 127).

57. P. lugubris PERS. (Cat. Lich., VI, 243). (*Imbricaria l.* JATTA I, 471). Schenhsi: Baumstämme und auf Moosen zwischen Felsblöcken auf dem Gipfel des Taipei-schan (GIRALDI).

58. ***P. pertusa*** (SCHRANK) SCHAER. (Cat. Lich., VI, 53). **Y.**: Im NW auf Rinde von *Pseudotsuga Wilsoniana* in der tp. St. des birm. Mons. im Tale vom Schöndsu-la nach Londjre am Mekong, 28° 6′, 2800 m (8214). Rinden in Wäldern vielfach (DELAVAY nach HUE II, 166; IV, 128). **S.**: *Rhododendron racemosum*-Stämmchen im wtp. Walde bei Kwapi n von Yenyüen, 27° 53′, 2750 m (5737). SW-**H.**: Tonschieferfelsen (11124) und morsches Holz (Plt. sin. 21) in der wtp. St.

des Yün-schan bei Wukang 950—1250 m. **F.**: Gu-schan (CHUNG 261) und Gulang (CHUNG 570, 600c) bei Fudschou, auf Rinden.

— — f. *ventricosa* HUE (Cat. Lich., VI, 56). **Y.**: Rinden in Wäldern des Passes Loping-schan (DELAVAY nach HUE IV, 129).

59. ***P. kamtschadalis*** ESCHW. ap. MART., Fl. Brasil., I., 202 (1833). Verschiedene Zweige und Bambushalme in der wtp. und tp. St., 2400—3675 m. **Y.**: Sanyingpan n von Yünnanfu, 26° (592, 636). Taohwa-schan bei Beyendjing halbwegs zwischen Tschuhsiung und Yungbei (6270). Ober Hsiangschuiho zwischen Dali und Hodjing (6499). Bei Lidjiang („Likiang") von Einheimischen (4488). Viele Fundorte von 2000 m aufwärts (DELAVAY 1598, 1568 u. a. nach HUE I, 21; II, 165; IV, 136) und im birm. Mons. w Tengyüe bis gegen 1500 m herab (GREGORY nach PAULS. I, 317). **S.**: Lungdschu-schan bei Huili (930, 982).

60. ***P. cirrhata*** FRIES. (Cat. Lich., VI, 59 p. p.). (*P. camtschadalis* f. *americana* NYL. HUE IV, 157. — *P. c.* var. *subamericana* HUE II, 165. — *Imbricaria c.* var. *americana* JATTA I, 469). NW-**Y.**: *Caragana*-Zweige in der tp. St. bei Ngulukö nächst Lidjiang, 2950 m (6669). Sträucher in der ktp. St. auf der Wiese Ndwolo dort, 3600 m (4251). Bergwälder zwischen Dali und Yungtschang, über 2000 m (GEBAUER). Im birm. Mons. in Wäldern der Schweli—Salwin-Kette, 25° 45′ und der Mekong—Salwin-Kette, 26° 10′ (GEBAUER). Sungping bei Dapingdse. Gudui. Yangyin-schan. Heischanmen. Loping-schan ober Langtjiung (alle DELAVAY). **S.**: Holz in der tp. St. im Walde des Soso-liangdse im Daliangschan e von Ningyüen, 2600—2800 m (1704). Schenhsi: Stämme auf dem Taipei-schan und Hwangtou-schan (GIRALDI).

***P.* spp. Y.**: Quarzitsteine in der tr. St. bei Manhao nahe der Grenze von Tonkin, 200—400 m (5789). Lebende Rinde von *Photinia loriformis* in der wtp. St. bei Jöschuitang n von Yünnanfu, 1800 (538, ster.).

Pannoparmelia (MÜLL. Arg.) DARB.

Das Studium chinesischer und japanischer Flechten hat mich zur Überzeugung geführt, daß die Umgrenzung der Gattung *Anzia* im Sinne MÜLLERS, die ich auch in ENGLERS Natürl. Pflanzenfamil., 2. Aufl., übernahm, sich als unhaltbar erweist. Die Sporenform der dort angenommenen Sektionen *Pannoparmelia* und *Euanzia* ist grundverschieden und nur der Bau des Lagers zeigt eine auffallende Konvergenz. Der stammesgeschichtliche Zusammenhang der Gattungen *Parmelia* und *Pannoparmelia* läßt sich (theoretisch) leicht konstruieren. Hingegen besteht eine unüberbrückbare Kluft zu „*Euanzia*" mit ihren vielsporigen Schläuchen und der eigenartigen, bei den Flechten so seltenen Sporenform. Ein sprunghafter Übergang der kugeligen Spore zu den Formen, wie wir sie bei „*Euanzia*" finden, läßt sich schwer vorstellen und läßt die Vermutung aufkommen, daß die enger gefaßte Gattung *Anzia* (= *Euanzia* MÜLL. Arg.) phylogenetisch mit *Pannoparmelia* nicht zusammenhängt. Allerdings bin ich derzeit nicht in der Lage, mich über den Ausgangspunkt der enger gefaßten Gattung *Anzia* aussprechen zu können.

* ***P. angustata*** (PERS.) A. ZAHLBR. nov. comb. (*Parmelia a.* PERS. in GAUDICH., Voyage Uranie, Botan. 105 [1826]. HUE in Nouv. Archiv du Muséum,

ser. 4, I, 131 [1899]. — *Anzia a.* Müll. Arg. in Flora, LXXI, 507, [1889]. Cat. Lich., VI, 275). S.: Rinde von *Juniperus formosana* im wtp. Walde bei Kwapi n von Yenyüen, 27⁰ 53′, 2750 m, (2421).

Anzia (Müll. Arg.) A. Zahlbr. (emend.).

A. leucobatoides (Nyl.) A. Zahlbr. (Cat. Lich., VI, 278). (*Parmelia l.* Nyl. Hue II, 166; IV. 134). Y.: Lebender *Rhododendron*-Stamm im tp. Walde ober Hsiangschuiho, 26⁰ 15′, zwischen Dali und Hodjing, 3400 m (6500). Bei Lidjiang, von Einheimischen (3609). Dort am Hange des Yülung-schan (Rock 11749, 11769). Wälder im Mekong—Salwin-Scheidegebirge, 26⁰ 10′ (Gebauer). Eichen auf dem Hwangse-yakou bei Dapingdse, 1800 m (Delavay 1608, 1609 p. p.) und an Rinden und Felsen in Wäldern mehrfach (Delavay).

— — ** **f. *hypomelaena*** A. Zahlbr.

Thallus subtus fusco-niger.

Y.: Mekong—Salwin-Scheidekette, 26⁰ 10′, Wälder (Gebauer). Yülung-schan bei Lidjiang (Rock 11757, 11778).

Die Farbe der Lagerunterseite wechselt bei dieser Art stark. Hat man ein reichlicheres Material vor sich, dann kann man Stücke mit ganz heller, weißlicher, von hell- bis dunkelbrauner bis schwärzlicher Thallusunterseite herausfinden. Demnach ist die Farbe der Unterseite des Lagers zu einer Gruppierung der Anzien nicht geeignet.

Cetraria Ach.

A. Thallus foliaceus, plus minus decumbens, lobis rotundatis (Sect. *Platysma*).
- a) Thallus superne maculis vel punctis albis instructus.
  - I. Apothecia magna, usque 25 mm lata; lobi thalli magni *3. sanguinea.*
  - II. Apothecia minora, usque 14 mm lata; lobi thalli mediocres *1. collata.*
- b) Thallus superne maculis non instructus.
  - I. Thallus flavescens, stramineus vel viridi-flavescens.
    - 1. Medulla citrina, KHO rubens *6. globulans.*
    - 2. Medulla alba, KHO—.
      - α) Thallus superne tuberculis destitutus.
        - ○ Sporae majores, 24—26 × 15—17 μ *7. pachysperma.*
        - ○○ Sporae minores, 7—9 × 4—5 μ.
          - ∨ Thallus subtus pseudocyphellis non ornatus *4. Wallichiana.*
          - ∨∨ Thallus subtus pseudocyphellis vel tuberculis albidis praeditus *5. Laureri.*
      - β) Thallus superne ad rugas et costas tuberculatus, tuberculis cum thallo concoloribus et ad apicem albidis ornatus *8. yünnanensis.*
  - II. Thallus albidus, glaucus vel passim plus minus fuscescens *2. glauca.*

B. Thallus plus minus fruticulosus, lobis elongatis (sect. *Eucetraria*).

a) Thallus pallide castaneus vel castaneo-fuscescens *9. islandica.*

b) Thallus pallidus, ochroleucus.

I. Apothecia pallida.

1. Thallus ad basin intense rubricosus; lobi marginibus conniventibus, undulatis, superne nec nigratis, nec nigro-ciliatis *13. cucullata.*

2. Thallus inferne non aliter coloratus, superne ad apices in margine nigricans vel nigro-ciliatus *11. melaloma.*

II. Apothecia castanea; lobi thalli lineares vel teretes.

1. Thalli lobi tuberculis non instructi *11. everniella.*

2. Lobi thalli in apice dentati et in margine tuberculato-dentati, tuberculis in vertice albicantibus *12. denticulata.*

1. ***C. collata*** (NYL.) MÜLL. Arg. (Cat. Lich. VI, 284). (*Platysma collatum* NYL. HUE I, 19; II, 163). **Y.**: Rinden, 2000—3000 m, mehrfach (DELAVAY 1590, 3009 u. a.; GREGORY nach PAULS., I, 317). Schenhsi: Zwischen Moosen auf dem Hwangtou-schan und Lungschanho (GIRALDI nach JATTA I, 467).

—— **f.** ***nuda*** (HUE) A. ZAHLBR. (Cat. Lich., VI, 285). (*Platysma collatum* f. *nudum* HUE IV, 208. — *Pl. glaucum* HUE I, 19; II, 163, non NYL.). **Y.**: Lebende *Rhododendron*-Stämme im tp. Walde ober Hsiangschuiho, 26° 15′, zwischen Dali und Hodjing, 3400 m (7398). Mekong—Salwin-Scheidegebirge, 26° 10′, Wälder (GEBAUER). Schweli—Salwin-Scheide, 2000—2800 m, Bäume (G.). *Rhododendron* auf dem Dsang-schan bei Dali, 4000 m (DELAVAY 1656). Rinden und Felsen mehrfach (D.). **S.**: In der Hg. St. des Passes Döko sw von Muli, 4350 m (7399).

—— f. *microphyllina* (HUE) A. ZAHLBR. (Cat. Lich., VI, 285). (*Platysma collatum* f. *microphyllinum* HUE IV, 209). **Y.**: Felsen und Rinden 3200—4000 m (DELAVAY 1595 p. p. und mehrfach). **W-S.**: Muping (DAVID).

2. C. glauca (L.) ACH. (Cat. Lich., VI, 291). Schenhsi: N, ohne Standortsangabe (GIRALDI nach JATTA I, 467).

Diese Angabe dürfte sich auf *C. collata* beziehen; JATTA dürfte sie, wie vorher auch HUE mit dieser verwechselt haben. Unter dem reichen Material, welches HUE und mir zur Verfügung stand, war die echte *C. glauca* nicht zu finden.

3. ***C. sanguinea*** SCHAER. (Cat. Lich. VI, 316). (*Imbricaria megaleia* [NYL.] JATTA I, 469). Bäume und *Rhododendron*-Stämme der tp. und wtp. St., 3300 bis 3950 m. **Y.**: Um die Wiese Ndwolo im Yülung-schan bei Lidjiang (4254). **S.**: Auf den Rücken ober Fumadi am Wolo-ho zwischen Yenyüen und Yungning (3039). Lose-schan bei Ningyüen (Lingyüen), (1441). Schenhsi (GIRALDI).

—— ** **var.** ***inactiva*** A. ZAHLBR.

Medulla thalli Ca Cl_2O_2 nullo modo reagens; lobi minores, usque 16 mm lati. **W-Y.**: Wälder im Mekong—Salwin-Scheidegebirge am 26° 10′ und auf dem Passe Lenago zwischen Mekong und Djinscha-djiang, 27° 43′ (GEBAUER).

4. ***C. Wallichiana*** (TAYL.) MÜLL. Arg. (Cat. Lich., VI, 319). (*Platysma Wallichianum* NYL. HUE I, 18; II, 163; IV, 211). Rinden insbesondere an Zweigen in der oberen wtp. und der tp. St. **Y.**: 2400—2800 m. Besonders an *Cotoneaster* bei Sanyingpan, 26°, n von Yünnanfu (641). Eichen auf dem Laoling-schan dort (651). Ebenso auf dem Taohwa-schan bei Beyendjing halbwegs zwischen Tschuhsiung und Yungbei (6271). Von 2000 m aufwärts (DELAVAY 1602 und mehrfach). Im birm. Mons. an *Pseudotsuga Wilsoniana* im Tale von Londjre am Mekong zum Schöndsu-la, 28° 6′ (8211). Paß Lenago zwischen Mekong und Djinscha-djiang. Mekong—Salwin-Scheidegebirge. Schweli—Salwin-Scheide, 25° 45′. Dadschuba am Schweli (alle GEBAUER). W von Tengyüe, 1500—1730 m (GREGORY nach PAULS. I, 317). **S.**: Bambusdschungel am Nordhang des Dadjin zwischen Yenyüen und dem Yalung, an einem morschen Zweig, tp. St., 3200—3400 m (2172).

5. C. Laureri KRPLHBR. (Cat. Lich., VI, 306). (*Platysma complicatum* NYL. HUE II, 162; IV, 213). **Y.**: Rinden in Wäldern, Yendschai bei Langtjiung (DELAVAY).

6. C. globulans (NYL.) A. ZAHLBR. (Cat. Lich., VI, 301). (*Platysma g.* NYL. apud HUE I, 19; IV, 213). **Y.**: Baumrinden auf dem Dsang-schan bei Dali, 4000 m (DELAVAY 1570, 1571). Rinden um Yendsehai, 3200 m (D.).

7. C. pachysperma (HUE) A. ZAHLBR. (Cat. Lich., VI, 309). (*Platysma pachyspermum* HUE IV, 215). **Y.**: Rinden in Wäldern, Yendsehai und Loping-schan (DELAVAY).

8. C. yünnanensis A. ZAHLBR. (Cat. Lich., VI, 319). (*Platysma yünnanense* NYL. apud HUE I, 162; IV, 212, Tab. I, Fig. 5). **Y.**: Eichenrinden in den Wäldern des Hwangse-yakou, 1800 m, und Sungping ober Dapingdse (DELAVAY).

9. C. islandica (L.) ACH. f. *thyrsophora* ACH. (status fungillo deformatus). (Cat. Lich., VI, 332). (f. *armata* HUE IV, 84). **Y.**: Auf dem Dsang-schan bei Dali, 4000 m (DELAVAY 1560 p. p.).

—— var. *tenuifolia* (RETZ.) WAIN. (Cat. Lich., VI, 325). (var. *crispa* ACH. HUE IV, 84. — f. *angustifolia* JATTA I, 46). **Y.**: Erde an feuchten, schattigen Stellen des Dsang-schan bei Dali (Talifu), 4000 m (DELAVAY 1560 p. p.). Schlucht Yendsehai, 3200 m (D. nach HUE l. c. und IV, 84). Fichtenwald im Isusu-Tale bei Atendse, 4300 m (GREGORY nach PAULS. I, 317). Schenhsi: Erde auf dem Hwangtou-schan, Taipei-schan und Djitou-schan (GIRALDI).

10. * ***C. everniella*** (NYL.) A. ZAHLBR. (Cat. Lich., VI, 323). NW-**Y.**: Atendse am Mekong, 28° 28′ (GEBAUER).

Die chinesischen Stücke stimmen mit dem Exsikkat HOOK. et THOMS., Lich. Himalay. exs. 2061 vollkommen überein. Die Flechte wurde im Himalaya, dem einzig bisher bekannt gewordenen Fundort, ebenso wie nun in Yünnan nur in sterilen Exemplaren, ohne Apothezien und Pykniden, gesammelt. Die unsichere systematische Stellung konnte daher auch durch die chinesischen Stücke nicht klargelegt werden.

11. C. melaloma (NYL.) JATTA (Cat. Lich. VI, 337). Schenhsi: Felsen auf dem Taipei-schan (GIRALDI nach JATTA I, 464).

12. C. denticulata HUE. (Cat. Lich., VI, 323). **Y.**: Erde in der Schlucht Yendsehai (DELAVAY nach HUE IV, 55).

13. C. cucullata (BELL.). ACH. (Cat. Lich., VI, 320). NW-**Y.**: Dsuna-See e von Atendse, 4640 m (GREGORY nach PAULS. I, 317).

Nephromopsis MÜLL. Arg.

A. Lobi thalli in margine spinulis obsiti; medulla KHO + $CaCl_2O_2$— 3. *Delavayi*.

B. Lobi thalli in margine nudi; medulla KHO + $CaCl_2O_2$ erythrinosa.

a. Lobi thalli ampli, 1—6 cm lati — 2. *Stracheyi.*
b. Lobi thalli distincte minores, 6—10 mm lati — 1. *ciliaris.*

1. *N. ciliaris* (ACH.) HUE (Cat. Lich., VI, 342). **Y.**: Rinden in Wäldern des Yendsehai (DELAVAY nach HUE IV, 216). Jugo-schan in der Mekong—Yangdse-Kette, 28° 13′ (GREGORY nach PAULS. I, 317).

2. *N. Stracheyi* (BAB.) MÜLL. Arg. (Cat. Lich., VI, 344). **Y.**: Waldbäume auf dem Hwangliping ober Dapingdse, 2000 m (DELAVAY 1593 nach HUE IV, 217).

—— var. *ectocarpisma* HUE. (Cat. Lich., VI, 344). (*Cetraria nephromoides* NYL. in Mémoir. Soc. Scienc. Natur. Cherbourg, 1857, 100, nomen nudum! JATTA I, 467). Schenhsi: Stämme auf dem Taipei-schan, Hansunfu und Hwangtou-schan (GIRALDI).

3. ***N. Delavayi*** HUE. (Cat. Lich., VI, 343). Zweige, selten Felsen von der wtp. bis über die ktp. St., 1950—4200 m. **Y.**: *Rhamnus* u. a. bei Schilungba nächst Yünnanfu (253). Wälder der Schlucht Loping-schan ober Langtjiung (DELAVAY nach HUE IV, 219). Im NW am Yülung-schan bei Lidjiang (ROCK 11773, 11775, 11776, 11777). Eichen um die Wiese Ndwolo dort (3563). *Rhododendron adenogynum* an der Baumgrenze des Rückens zwischen Haba und Dugwan-tsun se von Dschungdien („Chungtien") (6976). **S.**: Phyllitfelsen unter Föhren bei Hosö im Bezirke von Muli nw von Yungning (7554). Lungdschu-schan bei Huili, an Bambushalmen (983) und Waldbaumstämmen (933).

Usneaceae.

Evernia ACH.

A. Thallus foliaceus, substrato adcumbens — 1. *thamnodes.*
B. Thallus fruticulosus, pendulus — 2. *divaricata.*

1. ***E. thamnodes*** (FW.) ARN. (Cat. Lich., VI, 361). (*Letharia* th. HUE. PAULS. I, 318. — *Evernia mesomorpha* NYL. JATTA I, 462). NW-**Y.**: Bei Lidjiang, von Einheimischen (3599). Paß Lenago zwischen Djinscha-djiang („Yangtse") und Mekong, 27° 43′ (GEBAUER). W-Seite des Litiping bei Weihsi 3550 m (GREGORY). See Dsuna e von Atendse, 4640 m (G.). Schenhsi: Baumstämme auf dem Hwangtou-schan und Taipei-schan (GIRALDI).

2. *E. divaricata* ACH. (Cat. Lich., VI, 348). Schenhsi: Baumrinden auf dem Taipei-schan, Djitou-schan und Hwangtou-schan (GIRALDI nach BARONI I, 47 und JATTA I, 462).

Letharia A. ZAHLBR.

A. Thallus aurantiacus.
 a. Thallus elongatus, pendulus et flaccidus — 3. *Zahlbruckneri.*
 b. Thallus brevis, rigidus, erectus vel adscendens.
  I. Thallus non servediosus, reticulato-costatus — 1. *reticulata.*
  II. Thallus apicem versus sorediis punctiformibus, ± confluentibus ornatus — 4. *cladonioides.*
B. Thallus cinerascens vel cinerascenti-fuscescens — 2. *Smithii.*

1. ***L. reticulata*** (DU RIETZ) A. ZAHLBR.

Syn.: *Usnea reticulata* DU RIETZ in Svensk. Bot. Tidskr. XX., 93 (1926). ZAHLBR., Cat. Lich., VI, 601, non WAIN.

Letharia flexuosa PAULS. I, 318, Tab. 587, Fig. C (1928), non NYL.

NW-**Y.**: Lidjiang, von Einheimischen (3600). Kette zwischen Yungning und dem Djinscha-djiang 12000′ (FORREST 20807). Dschoni-Tal, 13500′ und Südseite des Jugo-schan-Passes, 8000—12000′ am Beima-schan zwischen Djinscha-djiang und Mekong (GREGORY). Im birm. Mons. an Kalkfelsen in der Salwin—Djioudjiang-Kette, 14000—15000′ (FORREST 19879). N-**S.**: Zwischen Tsago-gomba und Tamba, Baumäste, 4000 m (H. SMITH 5007).

DU RIETZ (a. o. a. O.) hat diese und die drei folgenden Arten bei der Gattung *Usnea* untergebracht und begründet diesen Vorgang damit, daß sie einen zentralen, soliden Markstrang besitzen, während dieser bei der Gattung *Letharia* in Stränge aufgelöst ist. Anatomisch verhalten sich die Arten tatsächlich in dieser Weise. Wenn ich nun einen anderen Vorgang einschlage und die genannten Flechten bei der Gattung *Letharia* provisorisch unterbringe, so muß ich denselben begründen. In erster Linie ist mir dafür maßgebend der Bau der Gonidienschicht („stratum myelohyphicum“), welche bei der Gattung *Usnea* stets locker ist und sich als reichlich luftführende Schicht zwischen die Rinde und den zentralen Markstrang schiebt. Eine solche Schicht fehlt nun bei unseren Arten; Rinde und Zentralstrang berühren sich fast und das dichte Hyphengewebe einer schmalen Schicht umgibt die Gonidien. Daß der zentrale Markstrang nicht immer ein einheitliches Verhalten innerhalb einer Gattung aufweist, sieht man bei der Gattung *Ramalina*, bei welcher die solide Markschicht in Bändern oder Leisten der Rinde fest anliegt oder in die Gonidienschicht dringt, dort mehr weniger verzweigte Stränge aufweist, die mitunter an einigen Stellen des Lagers in dessen Mitte einen kürzeren oder längeren Zentralstrang bilden. Ich will damit sagen, daß ich auf das Verhalten des soliden Markstranges, ob er sich in Bänder teilt oder nicht, allein gerade bei der Familie der *Usneaceae* nicht zu großes Gewicht lege, wenn es sich um generische Abtrennung handelt. Ein weiterer Grund ist für mich auch der Habitus, der besser zu *Letharia* paßt. Betonen möchte ich aber gleich, daß die Einreihung dieser Arten bei *Letharia* nur als eine provisorische betrachtet werden kann. Von keiner dieser Arten sind noch Apothezien beschrieben worden und ohne diese zu kennen, ist ein abschließendes Urteil kaum möglich.

2. L. Smithii (DU RIETZ) A. ZAHLBR. (*Usnea Smithii* DU RIETZ in Svensk. Bot. Tidskr., XX, 92 [1926]. Cat. Lich., VI, 601). N-**S.**: Zwischen Merge und Sankar, 4000 m, Lärchenrinde (H. SMITH 5017).

3. L. Zahlbruckneri A. ZAHLBR. (*Usnea Z.* DU RIETZ in Svensk. Bot. Tidskr., XX, 92 [1926]. Cat. Lich., VI, 604). N-**S.**: Rinden zwischen Tsago-gomba und Tamba, 4000 m (H. SMITH 5014).

4. L. cladonioides (NYL.) HUE. (*Usnea cladonioides* DU RIETZ. Cat. Lich., VI, 599). **Y.**, **S.**: nach DU RIETZ, l. c. ohne Standortsangaben.

Dufourea ACH.

D. madreporiformis (WULF.) ACH. (Cat. Lich., VI, 369). NW-**Y.**: Erde an schattigen Stellen des Yülung-schan bei Lidjiang, 4000 m (DELAVAY 2187 nach HUE IV, 60).

Alectoria Ach.

A. Thallus elongatus, pendulus.
  a. Thallus virens vel virenti-citrinus — *6. virens.*
  b. Thallus fuscus.
    I. Thallus non vel parcissime divaricato-ramosus — *7. jubata.*
    II. Thallus sat dense ramulis brevibus et divaricatis praeditus — *8. asiatica.*

B. Thallus erectus, fruticulosus.
  a. Thallus teres vel subteres.
    I. Thallus sorediosus, sorediis isidiosis — *4. Smithii.*
    II. Thallus esorediosus.
      1. Apothecia lateralia — *3. bicolor.*
      2. Apothecia pseudoterminalia — *1. acanthodes.*
  b. Thallus compressus vel angulosus, imprimis in parte inferiore.
      1. Thallus albidus vel passim citrinus, cortice longitudinaliter fisso; apothecia ciliata — *5. sulcata.*
      2. Thallus fuscus, cortice non fisso; apothecia eciliata — *2. divergescens.*

1. **A. acanthodes** Hue. (Cat. Lich., VI, 376). Zweige von Sträuchern, auch von Bambus, von der str. bis in die Hg. St., 1600—4300 m. **Y.**: Sanyingpan n von Yünnanfu, 26°, fert. (638). Schlucht Yendsehai bei Langtjiung (Delavay). Im NW bei Lidjiang, von Einheimischen, fert. (3605). Baumgrenze ober Dugwantsun se von Dschungdien, phot. Paß Lenago zwischen Djinscha-djiang und Mekong, 27° 43′ (Gebauer). Im birm. Mons. im Mekong—Salwin-Scheidegebirge, 26° 10′ und Salwin—Schweli-Gebirge, 25° 45′ (Gebauer). **S.**: Paß Daörlbi halbwegs zwischen Yenyüen und Yungning fert. (2911). Tschahungnyotscha ober Ngaitschekou jenseits des Yalung n von Yenyüen (2656). Lungdschu-schan bei Huili (932). Ober Bendukan zwischen Dötschang und Ningyüen im Djientschang fert. (1905). Lose-schan se von Ningyüen, unter dem Gipfel. Häufig zwischen Sikwai und Alami im Lolo-Lande e von hier (1495).

2. A. divergescens Nyl. (Cat. Lich., VI, 383). **Y.**: Zweige von Sträuchern auf dem Dsang-schan bei Dali, 4000 m (Delavay 1575 nach Hue I, 20 und IV, 90). Westseite des Litiping bei Weihsi, 10800′ (Gregory nach Pauls. I, 318).

3. A. bicolor (Ehrh.) Nyl. (Cat. Lich., VI, 376). (*Bryopogon b.* Arn. Baroni I, 47). **Y.**: Rinden auf dem Dsang-schan. Bäume auf dem Gipfel des Loping-schan ober Langtjiung, 3000 m. Pass Yendsehai, 3200 m. Maörl-schan (alle Delavay nach Hue IV, 88). Westseite des Litiping bei Weihsi, 10800′ (Gregory nach Pauls. I, 318). Schenhsi: Rinden auf dem Taipei-schan (Giraldi nach Jatta I, 462 und Baroni l. c.).

— — f. *melaneira* Ach. (Cat. Lich., VI, 379). **Y.**: Rinden im Passe Yendsehai, 3200 m (Delavay nach Hue IV, 89).

4. A. Smithii Du Rietz. (Cat. Lich., VI, 397). N-**S.**: Zwischen Tsagogomba und Tamba, 4000 m, Rinden (H. Smith 5025). Zwischen Merge und Sankar, 4000 m, auf *Larix* (S. 5031). Karlong, auf *Prunus* sp. in moosreichem Fichtenwalde (S. 5024, alle nach Du Rietz in Ark. f. Bot. XX A No. 11, 14).

5. ***A. sulcata*** (Lév.) Nyl. (Cat. Lich., VI, 397). Baum- und Sträucherstämme in der tp. und ktp. St., 2600—3600 m. **Y.**: Ober Hsiangschuiho zwischen Dali und Hodjing, fert. (6507). Ober der Wiese Ndwolo im Yülung-schan bei Lidjiang (4252). Mekong—Salwin-Scheidekette, 26° 10′ fert. (Gebauer). Maogutschang und Loping-schan ober Langtjiung (Delavay nach Hue I, 20; IV, 91). Kualapo bei Hodjing (D. 1597). **S.**: Rücken ober Fumadi über dem Wolo-ho zwischen Yenyüen und Yungning (5754). Lungdschu-schan bei Huili (936). Schenhsi: Hwangtou-schan und Gwanyin-schan (Giraldi nach Jatta I, 462).

— — ** **f. *vulpinoides*** A. Zahlbr.

Thallus pro maxima parte citrino-virens, ut in *Letharia vulpina*, caeterum cum typo quadrans.

NW-**Y.**: Bei Lidjiang, von Einheimischen (3606).

6. ***A. virens*** Tayl. (Cat. Lich., VI, 398). **Y.**: Lebende *Rhododendron*-Stämme in der tp. St. des Passes Dsuningkou ober Dienso, 26° 24′, zwischen Dali und Hodjing, 3400 m (6575). Besonders an *Rhododendren* in den Wäldern des Kualapo bei Hodjing, 3500 m (Delavay 201 bis). Dsang-schan bei Dali und Maörl-schan (D. nach Hue IV, 96). Im birm. Mons. im Mekong—Salwin-Scheidegebirge, 26° 10′ und Schweli—Salwin-Scheide, 25° 45′, an Bäumen 2000—2800 m (Gebauer).

7. ***A. jubata*** (L.) Arn. (Cat. Lich., VI, 389). NW-**Y.**: Atendse am Mekong, 4000 m (Gebauer). Dschoni-Tal am Beima-schan, 13500′ (Gregory nach Pauls. I, 318).

— — **var. *prolixa*** (L.) Th. Fr. (Cat. Lich., VI, 394). **Y.**: Rinden in der Schlucht Yendsehai (Delavay). Atendse am Mekong (Gebauer). Schenhsi: Taipei-schan und Gwanyin-schan (Giraldi).

8. A. asiatica Du Rietz. (Cat. Lich., VI, 376). N-**S.**: Auf Koniferen und Laubbäumen mehrfach, 3500—4200 m (H. Smith 5019, 5020, 5021, 5022, 5029 nach Du Rietz in Ark. f. Botan. XX A, No. 11, 18).

Cornicularia Ach.

C. tenuissima (L.) A. Zahlbr. (*C. aculeata* [Schreb.] Ach. Cat. Lich., VI, 420). N-**S.**: Berge n von Matang, auf einer steinigen Bergwiese, 4800 m (H. Smith nach Du Rietz in Ark. f. Bot. XX A, No. 11, 34).

Oropogon Th. Fr.

O. loxensis (Fée) Th. Fr. (Cat. Lich., VI, 431). (*Alectoria l.* Nyl. Hue I, 20; II, 163; IV, 95). NW-**Y.**: Yülung-schan bei Lidjiang, an Bäumen in der ktp. St. um die Wiese Ndwolo, 3600 m, fert. (4252). Osthang des Yülung-schan, fert. (Rock 11756). Eichen auf dem Hwangse-yakou (Delavay) und an Waldbäumen auf dem Sungping (D.) und Hwangliping, 2000 m (D. 1604) ober Dapingdse. Rinden auf dem Kualapo bei Hodjing (D.). W- und N-**S.**: Dadjienlou (Tatsienlu), trockene bebuschte Berge w der Stadt, 3000 m (H. Smith 5038). Nw von Rumi-tschango, Laubbäume (Sm. 5035). Zwischen Bäör und Tha, in kräuterreichem Mischwalde (Sm. 5036). Zwischen Somo und Drogotschi, 2500 m, auf *Acer* (Sm. 5037).

— — ** **f. *endoxanthus*** A. ZAHLBR.
Medulla thalli et receptaculi flava, KHO aurantiaca vel subsanguinea.
S.: Bäume in der tp. St. der Rücken ober Fumadi am Wolo-ho zwischen Yenyüen und Yungning, 3300 m, fert. (3038).

Ramalina ACH.

A. Thallus laciniato-divisus, plus minus fruticulosus.
 a. Thallus fistulosus *17. inflata* var. *subgeniculata.*
 b. Thallus solidus.
  I. Medulla KHO rubens.
   1. Thallus teres, non papillosus *13. attenuata.*
   2. Thallus compressus, papillosus *14. denticulata.*
  II. Medulla KHO non tincta.
   1. Thallus eroso-perforatus vel foraminiferus.
    α) Thallus laxus, lobis complanatis, eroso-perforatis *10. sinensis.*
    β) Thallus pulvinaris, lobis teretiusculis, ad latera foraminiferis *1. intricata.*
   2. Thallus nec perforatus, nec foraminiferus.
    α) Thallus parvus, pulvinaris, somediosus *3. Roesleri.*
    β) Thallus dendroideo-ramosus, ramulis apicibus sorediosis *8. dendriscoides.*
    γ) Thallus fruticulosus.
     ○ Sporae rectae.
      § Thalli rami subteretes.
       ∨ Thallus humilis, vix 1,5 cm altus *4. dilacerata.*
       ∨∨ Thallus elongatus, 3—7 cm altus *9. furcellata.*
      §§ Thalli rami plus minus compressi et complanati.
       ∨ Thalli rami canaliculati *2. linearis.*
       ∨∨ Thalli rami distincte non canaliculati.
        + Soredia granulosa *5. pollinaria.*
        ++ Soredia farinosa.
       ◡ Soredia marginalia, rotunda vel oblonga, sat conspicua.
) Rami thalli tereti-compressiusculi *15. farinacea.*
        )) Rami thalli complanati et subcanaliculati *7. subcomplanata.*
       ◡◡ Soredia non marginalia, punctiformia *6. calicaris.*
     ○○ Sporae curvatae.
      § Thallus dense fastigiato-divisus; apothecia terminalia *11. fastigiata.*
      §§ Thallus laxe laciniatus; apothecia superficialia *12. fraxinea.*
B. Thallus foliaceus, lobato-laciniatus, lobis plus minus rotundatis *16. maciformis.*

1. R. intricata Krphbr. (Cat. Lich., VI, 494). Schandung: Djifu („Tschifu"), Felsblöcke auf dem Klosterberge (Wawra nach Krplhbr. in Verh. Zool.-bot. Ges. Wien, XXVI, 438).

2. R. linearis (Ach.). Bab. (Cat. Lich., VI, 497). Hongkong, fert. (Hance; Seemann in Bot. Voy. Herald, 432).

3. R. Roesleri (Hochst.) Nyl. (Cat. Lich., VI, 514). (*R. minuscula* var. *pollinariella* Arn. Jatta I, 462). Schenhsi: Sträucher auf dem Laoyi-schan (Giraldi).

4. R. dilacerata Hoffm. (Cat. Lich., VI, 460). (*R. minuscula* Nyl. Jatta I, 462). Schenhsi: Baumstämme auf dem Hwangtou-schan (Giraldi).

5. R. pollinaria (Westr.) Ach. (Cat. Lich., VI, 502). (*R. pollinaria* var. *rupestris* Jatta I, 462). **F.**: Gu-schan bei Fudschou, 500 m (Chung 252). Schenhsi: Felsen des Duidjio-schan, Laoyi-schan und bei Indjiapu (Giraldi).

—— var. *humilis* Ach. (Cat. Lich., VI, 507). Schenhsi: Felsen bei Indjiapu (Giraldi nach Jatta I, 462).

6. ***R. calicaris*** (Hoffm.) Fries. (Cat. Lich., VI, 442). **Y.**: In Wäldern um Dapingdse und Langtjiung mehrfach (Delavay 1605, 1614 u. a. nach Hue I, 18; II, 161). Jugo-schan, Paß in der Mekong—Yangtse-Kette, 28° 13′, 2450 bis 3630 m (Gregory nach Pauls. I, 318).

—— **f. *papillosa*** Hue. (Cat. Lich., VI, 446). Baumrinde und Strauchzweige von der wtp. bis in die tp. St., 1950—3300 m. **Y.**: Schilungba (239) und Djindien-se (370) bei Yünnanfu. Sanyingpan n von hier (637). Taohwa-schan bei Beyendjing zwischen Tschuhsiung und Yungbei (6266). Mekong—Salwin-Scheidegebirge, 26° 10′ (Gebauer). Im NW bei Lidjiang, von Einheimischen (3604). Paß Lenago zwischen Djinscha-djiang und Mekong 27° 43′ (Gebauer). Im Tale vom Schöndsu-la in der Mekong—Salwin-Kette nach Londjre an jenem, 28° 6′ (8210). Viele Fundorte von Dali bis Dapingde (Delavay nach Hue IV, 70). **S.**: Häufig zwischen Alami und Sikwai im Daliang-schan e von Ningyüen (1497).

—— **var. *subampliata*** Nyl. (Cat. Lich., VI, 448). Schenhsi: Stämme auf dem Gwanyin-schan und „Schamdjio" (Giraldi nach Jatta I, 71).

———— * **f. *subpapillosa*** Hue. (Cat. Lich., 448). Baumrinden und Strauchzweige, auch Bambushalme von der wtp. bis in die ktp. St., 1950 bis 3675 m. **Y.**: Schilungba bei Yünnanfu (241). Sanyingpan n von hier (599). **S.**: Lungdschu-schan bei Huili (935, 984). Nordhang des Dadjin zwischen Yenyüen und dem Yalung, 27° 31′ (2171). Liuku-liangdse (2392) und Linbinkou (2846), 27° 46—48′, zwischen Yenyüen und Kwapi.

7. R. subcomplanata Nyl. (Cat. Lich. VI, 522). Schenhsi: Baumstämme auf dem Hwangtou-schan (Giraldi nach Jatta I, 462).

8. * *R. dendriscoides* Nyl. var. *minor* Müll. Arg. (Cat. Lich., VI, 459). **F.**: Gu-schan bei Fudschou, Baumrinden, ster. (Chung 458).

9. R. furcellata (Mont.) A. Zahlbr. (Cat. Lich., VI, 489). (*R. gracilenta* Fries. Nyl. in Bull. Soc. Linn. Norm. ser. 2, IV, sep. 19 [1870]. Cromb. I, 62, non Röhlg.). Kwangtung: Zwischen Kanton und Makao (Gaudichaud nach Nyl l. c.). Schandung: Bucht von Djifu („Chefoo"), Dockyard Insel (Maingay nach Crombie I, 62).

10. ***R. sinensis*** Jatta (Cat. Lich. VI, 520). **Y.**: Eichenrinden in der wtp. St., 2400—2600 m. Laoling-schan bei Sanyingpan n von Yünnanfu, 26° (415)

Taohwa-schan bei Beyendjing halbwegs zwischen Tschuhsiung und Yungbei (6272). Schenhsi: Stämme und Sträucher auf den niedrigen Hügeln bei Fudjio und auf dem Lungschanho, Schamdjio, Duidjio-schan, Hansunfu und Djieyu (GIRALDI nach JATTA I, 462).

—— var. *elegantula* JATTA. (Cat. Lich. VI, 520). Schenhsi: Sträucher bei Tjiulin-schan und Daschi-tsun (GIRALDI nach JATTA I, 463).

11. R. fastigiata ACH. (Cat. Lich., VI, 472). (*R. populina* [EHRH.] WAIN). Schenhsi: Stämme auf dem Gwanyin-schan und Hwangtou-schan (GIRALDI nach JATTA, I, 463).

—— var. *glaucodissecta* JATTA. (Cat. Lich. VI., 477). Schenhsi: Baumstämme auf dem Gwanyin-schan (GIRALDI nach JATTA l. c.).

—— var. *lacerata* MÜLL. Arg. (Cat. Lich., VI, 477). Schenhsi: Stämme auf dem Hwangtou-schan und Gwanyin-schan (GIRALDI nach JATTA l. c.).

12. R. fraxinea (L.) ACH. (Cat. Lich., VI, 478). **Y.**: Waldbäume auf dem Hwangliping, 2000 m (DELAVAY 1606) und Sungping (D.) ober Dapingdse. Gudui und Yangyintschang (D. nach HUE I, 18; II, 161; IV, 76).

13. R. attenuata (PERS.) HOVE jr. (Cat. Lich., VI, 439). (*R. rigida* PERS. JATTA I, 462). Schenhsi: Stämme auf dem Hwangtou-schan (GIRALDI).

14. R. denticulata (ESCHW.) NYL. (Cat. Lich. VI, 459). Schenhsi: Stämme auf dem Hwangtou-schan (GIRALDI nach JATTA I, 463).

15. R. farinacea (L.) ACH. (Cat. Lich., VI, 464). **Y.**: Rinden auf dem Kualapo, Heischanmen, Yangyin-schan und Zweige auf dem Loping-schan (DELAVAY nach HUE IV, 72). Höhe des Passes w von Yunglung am Mekong, 25° 48′ (GREGORY nach PAULS. I, 318).

—— var. *multifida* ACH. (Cat. Lich. VI, 470). **Y.**: Rinden (DELAVAY nach HUE IV, 73).

—— var. *phalerata* ACH. (Cat. Lich., V, 472). Schenhsi: Stämme auf dem Gwanyin-schan (GIRALDI nach JATTA I, 462).

16. R. maciformis DEL. (Cat. Lich., VI, 499). Schenhsi: Felsen auf dem Lungschanho und Hwangtou-schan (GIRALDI nach JATTA I, 462).

17. R. inflata HOOK. f. et TAYL. (Cat. Lich., VI, 493). Schenhsi: Baumstämme auf dem Hwangtou-schan (GIRALDI).

Usnea WIGG.

A. Axis chondroideus in thallo ubique solidus.
- a. Thallus foveolato-lacunosus, increbre fibrillosus *6. cavernosa.*
- b. Thallus non foveolatus.
  - I. Thallus ramoso-intricatus, tenuis *11. trichodea.*
  - II. Thallus fruticulose ramosus vel simplex.
    - 1. Thallus simplex, raro increbre ramosus, valde elongatus, pendulus, fibrillis densis et patentibus instructus *10. longissima.*
    - 2. Thallus iteratim ramosus.
      - *a*) Axis chondroideus $^1/_4$—$^1/_5$ latitudinis ramorum occupans.
        - ○ Thallus non spinulosus *2. Steineri.*
        - ○○ Thallus fibrillis spinuliformibus, patentibus et arcuatis dense munitus *9. malacea.*

β) Axis chondroideus $\pm$ $^{1}/_{3}$ latitudinis ramorum occupans.
O Thallus pendulus, elongatus.
§ Thallus superne confertim sorediis tuberculiformibus munitus *8. torulosa.*
§§ Thallus esorediosus.
V Thallus subarticulatus *7. dasypoga.*
V V Thallus non articulatus.
C Thallus efibrillosus *7. dasypoga* f. *scabrata.*
CC Thallus fibrillis densis patentibusque instructus *4. ceratina.*
OO Thallus erectus vel suberectus.
§ Thallus non sorediosus.
V Rami primarii strigis nullis *3. florida.*
V V Rami primarii strigis brevibus obsiti *3. florida* var. *strigosa.*
§§ Thallus sorediosus.
V Thallus major, non fibrillosus.
◡ Thallus verruculosus *3. florida* var. *comosa.*
◡◡ Thallus non verruculosus *3. florida* var. *sorediifera.*
V V Thallus minor, magis fibrillosus, fibrillis ramisque saepe spinuliformibus, sorediis numerosis 1. *hirta.*
γ) Axis chondroideus $\pm$ $^{1}/_{2}$ latitudinis ramorum occupans *5. Flotowii.*
B. Axis chondroideus excavatus *12. Baileyi.*

1. ***U. hirta*** HOFFM. (Cat. Lich., VI, 576). (*U. florida* var. *hirta* WIGG. HUE IV, 38. — *U. barbata* var. *hirta* FR. JATTA I, 461). **S.**: Sträucher und Bambusen in der tp. St. zwischen Alami und Sikwai im Daliang-schan (Lolo-Lande) e von Ningyüen (Lingyüen), 2500—3300 m (1496). Schenhsi: Stämme auf dem Taipei-schan (GIRALDI).

2. * ***U. Steineri*** A. ZAHLBR. (Cat. Lich. VI, 592). Baum- und Strauchzweige in der wtp. und tp. St., 1900—3450 m. **Y.**: Um Yünnanfu (64). Hier bei Schilungba an morschen Felsen kalkhaltiger Breccie (131, wenn keine Zettelverwechslung). Taohwa-schan bei Beyendjing, fert. (6262). Lidjiang, von Einheimischen (3603). Yülung-schan (ROCK 11752). Paß Lenago zwischen Djinscha-djiang und Mekong, 27° 43′, fert. (GEBAUER). **S.**: Lungdschu-schan bei Huili, fert. (934). Linbinkou, 27° 46′, zwischen Yenyüen und Kwapi (2454). Rücken ober Fumadi am Wolo-ho zwischen Yenyüen und Yungning, fert. (303).

— — * **var. *tincta*** A. ZAHLBR. (Cat. Lich., VI, 592). **Y.**: Eichenrinde in der wtp. St. bei Sanyingpan n von Yünnanfu, 26°, 2400 m.

3. ***U. florida*** (L.) WIGG. (Cat. Lich., VI, 565). In der wtp. und tp. St., 2400 bis 3400 m. **Y.**: Laoling-schan bei Sanyingpan, 26°, n von Yünnanfu, Eichenrinden, fert. (649). Morsches Holz im Walde ober Hsiangschuiho zwischen Dali und Hodjing, fert. (6527). Baumzweige auf dem Kualapo (DELAVAY 1587). Eichen auf dem Hwangse-yakou, 1800 m (D. 1610) und Waldbäume an vielen Fundorten (D. nach HUE I, 18; II, 162; IV, 32). Höhe des Passes w von Yunglung, 2700 m und Paß

Jugo-schan (GREGORY nach PAULS. I, 319). Im birm. Mons. in der Mekong—Salwin-Kette am 26° 10' und in der Schweli—Salwin-Kette am 25° 45', fert. (GEBAUER). S.: Trockene Diabasfelsen auf dem Lungdschu-schan bei Huili, fert. (978).

—— var. *sorediifera* ARN. (Cat. Lich., VI, 573). (*U. dasypoga* HUE I, 18 p. p.). Y.: Rinden in Wäldern der Schlucht Loping-schan ober Langtjiung (DELAVAY 1612 nach HUE l. c. und IV, 37).

—— * var. **strigosa** ACH. (Cat. Lich., VI, 573). Y.: In der wtp. St. bei Sanyingpan, 26°, n von Yünnanfu, an Stämmen von Eichen (10062) und von Sträuchern, besonders *Cotoneaster* 2400 m (639 ?, jung).

—— var. **comosa** (ACH.) BIR. (Cat. Lich., VI, 574). Y.: In der wtp. St. an einem *Keteleeria*-Zweige beim Tempel Djindien-se nächst Yünnanfu, 2050 m (86) und an Eichenrinde bei Sanyingpan n von Yünnanfu, 2400 m (593). W-F.: An Steinen auf dem Gipfel des Tienhwa-schan w von Dingdschou („Tingchow"), c. 1100 m (Plt. sin. 420).

4. U. ceratina ACH. (Cat. Lich. VI, 544). (*U. scabrosa* OLIV. I, 82, non ACH). Y.: Eichen auf dem Hwangyakou (DELAVAY 1611) und Waldbäume auf dem Sungping bei Dapingdse (D. nach HUE I, 18; II, 162; IV, 40). Hongkong: (BODINIER nach OLIV. l. c.). Schenhsi: Baumstämme auf dem Taipei-schan (GIRALDI nach JATTA I, 461).

5. * ***U. Flotowii*** A. ZAHLBR. (Cat. Lich., VI, 575). (*U. barbata* var. *cornuta* FW. in Linnaea, XVII, 16 [1843]). W-F.: Steine auf dem Gipfel des Tienhwa-schan w von Dingdschou, c. 1100 m (Plt. sin. 419).

Ist nicht mit der KÖRBERschen europäischen *U. cornuta* identisch, welches Binom die Priorität für sich hätte.

6. U. cavernosa TUCK. var. *rubiginosa* (JATTA) A. ZAHLBR. (Cat. Lich., VI, 544). (*U. lacunosa* WILLD. var. *r.* JATTA, I, 461). Schenhsi: Baumstämme auf dem Taipei-schan (GIRALDI).

7. ***U. dasypoga*** (ACH.) NYL. (Cat. Lich., VI, 550). (*U. barbata* PAULS. I, 319 ?). Y.: Im E an Rinde von *Schoepfia jasminodora* in der wtp. St. des mittelchin. Fl. bei Djindjischan nächst Loping, 1600 m (10178). Hwangseyakou ober Dapingdse, 1800 m (DELAVAY 1612 nach HUE I, 18; II, 162). Im NW am Djinscha-djiang („Yangtse") n von Schigu, 6200' (GREGORY). SE-Ki.: Koniferenstamm am Wege bei Hwangpo nächst Ningdu (Plt. sin. 283).

—— f. *scabrata* (NYL.) ARN. (Cat. Lich., VI, 461). (*U. scabrata* NYL. JATTA I, 461). Schenhsi: Stämme auf dem Gwanyin-schan (GIRALDI).

8. U. torulosa (MÜLL. Arg.) A. ZAHLBR. (Cat. Lich. VI, 594). (*U. dasypogoides* var. *t.* MÜLL. Arg. JATTA I, 461). Schenhsi: Baumstämme auf dem Gwanyin-schan (GIRALDI).

9. * ***U. malacea*** A. ZAHLBR. (Cat. Lich., VI, 586). (*U. mollis* STIRT.). Y.: An *Rhamnus*-Zweigen in der wtp. St. bei Schilungba nächst Yünnanfu, 1950 m, fert. (254). S.: *Prunus*-Zweige in der tp. St. des Passes Linbinkou, 27° 46', zwischen Yenyüen und Kwapi, 3000 m, fert. (2847).

10. ***U longissima*** ACH. (Cat. Lich., VI, 583). An Sträuchern und verschiedensten Laub- und Nadelbäumen von der obersten wtp. durch die tp. und ktp. St., besonders hier die obere Hälfte der Tannen oft ganz verhängend in den Gebirgen überall häufig, 2500—4200 m. Y.: Laoling-schan bei Sanyingpan, 26°, n von Yünnanfu (666). Paß Dsuningkou bei Dienso s von Hodjing. S von

Yungning. Bei Lidjiang, von Einheimischen (3608). Hier am Wege nach Ndaku. Niutschang ober Bödo se von Dschungdien. Paß Lenago zwischen Djinschadjiang und Mekong, 27° 43′ (GEBAUER). Yendsehai bei Niugai (DELAVAY 1582). Loping-schan bei Langtjiung (DELAVAY). Schitschodse, 2000 m, Hwangse-yakou und Maogutschang bei Dapingdse (D. nach HUE I, 18; IV, 50). Westseite des Litiping bei Weihsi (GREGORY). Höhe des Passes w von Yunglung zum Mekong (G. nach PAULS. I, 319). Im birm. Mons. auf dem Kamme der Mekong—Salwin-Kette, 26° 10′, und im Schweli—Salwin-Scheidegebirge, 25° 45′, unter 2500 m (GEBAUER). In den Regenwäldern des Saoa-lumba, Doyon-lumba (8306) und bei Bahan (Pchalo) (GREGORY) am Salwin, um 28°. S.: Bädö ober Muli. Paß zwischen Woloho und Gaitiu und auf dem Daörlbi (2912) zwischen Yenyüen und Yungning. Liuku und um Molien n von Yenyüen. Houdsengai bei Dötschang, fert. (1210) und Lose-schan bei Ningyüen (1451) im Djientschang. Soso-liangdse (1684) und ober Yendselou im Daliang-schan e von hier. Lungdschu-schan bei Huili, fert. (5161). Im NE bei Schumouyi im Bezirke von Dschöngdu (FARGES). Schenhsi: Gwanyin-schan und Hwangtou-schan (GIRALDI nach JATTA I, 461).

—— f. ***tenuis*** TH. FR. (Cat. Lich., VI, 585). NW-Y.: Baumzweige in der ktp. St. am Westhange des Rückens zwischen Haba und Dugwan-tsun se von Dschungdien („Chungtien"), 4000 m (6892). Rinde im Walde des Yendsehai, 3200 m (DELAVAY nach HUE IV, 52).

11. U. trichodea ACH. (Cat. Lich., VI, 595). HUBEI (Hupeh) (HENRY 7070 nach MÜLL. Arg. I, 239). Schenhsi: Baumstämme auf dem Gwanyin-schan und Taipei-schan (GIRALDI).

*12. * U. Baileyi* (STRTN.) A. ZAHLBR. (Cat. Lich., VI, 542) f. *endocrocea* A. ZAHLBR. in Bot. Magaz. Tokyo, XLI, 357 (1927). F.: Gu-schan bei Fudschou, 500—600 m, an Rinden (CHUNG 576).

Thamnolia ACH.

Th. vermicularis (SW.) ACH. (Cat. Lich., VI, 608). NW-Y.: Yülung-schan bei Lidjiang, Erdboden (Kalk) in der Hg. St., von Einheimischen (287). Überall auf den Gebirgen se von Dschungdien bis 4650 m. Wird als Tee gesammelt. Gebirge s von Yungning. Erde auf dem Dsang-schan bei Dali, 4000 m (DELAVAY 1562 nach HUE I, 18). S.: Jakweide der Hg. St. auf dem Passe Döko sw von Muli, 4350 m. Hubei (oder S.?) (HENRY 6964 nach MÜLLER Arg. I, 235). Schenhsi: Erde auf dem Hwangtou-schan, Djitou-schan und Taipei-schan (GIRALDI nach JATTA I, 466).

—— f. ***taurica*** (WULF.) KÖRB. (Cat. Lich., VI, 611). NW-Y.: Yülung-schan, mit dem Typus, von Einheimischen (3601). Hügel des Yendsehai, 3500 m und auf dem Rücken des Maörl-schan, 3500 m (DELAVAY nach HUE IV, 241). Schenhsi: Taipei-schan (GIRALDI nach JATTA I, 466).

Caloplacaceae.

Protoblastenia

STNR. in Verhandl. zool.-bot. Gesellsch. Wien, LXI, 47 (1911).

A. Thallus pallidus; apothecia immersa, minora, plana *1. incrustans.*
B. Thallus sordide cinereus; apothecia adnata, majora, convexa *2. rupestris* f. *rufescens.*

1. * **P. incrustans** (DC.) STNR. in Verh. zool.-bot. Ges. Wien, LXV, 203 (1915). (*Patellaria i.* DC. apud LAM. et DC., Flore Franç., edit. 3, II, 281 [1805]. — *Lecanora rupestris* ACH., Lichenogr. Univers., 405 [1810]. HARM. in Bull. Soc. Scienc. Nancy, ser. 2, XXXII, 182 [1898]. — *Caloplaca incrustans* FLAG. in Revue Mycol., X, 129 [1888]. OLIV., Expos. Lich. Ouest France, I, 235 [1897]. — *Protoblastenia rupestris* var. *incrustans* A. ZAHLBR. in Denkschr. math.-nat. Kl. Akad. Wiss. Wien, XCII, 318 [1905]). NW-**Y.**: Kalksteine der Hg. St. an der windgeschützten Seite des Kammes zwischen Haba und Dugwantsun se von Dschungdien, 4350—4450 m (6942).

Stimmt, ebenso wie die folgende Art, mit der in den Kalkgebirgen Mittel- und Südeuropas verbreiteten Flechte vollkommen überein.

2. * **P. rupestris** (SCOP.) STNR. in Verh. zool.-bot. Ges. Wien, LXI, 47 (1891). (*Lichen r.* SCOP., Fl. Carniol., edit. 2, II, 363 [1772]. — *Lecidea r.* ACH., Method. Lich., 70 [1803]. TH. FR., Lichenogr. Scandin., I, 423 [1874]. — *Blastenia r.* A. ZAHLBR. apud ENGLER et PRANTL, Nat. Pflfam., I, 1*, 227 [1907]) **f. rufescens** A. ZAHLBR. nov. comb. (*Lichen rufescens* MILL., Icon. Pl. Daniae, V, 14, 6, Tab. DCCCXXV, Fig. 2 [1739]. — *Blastenia rupestris* f. *rufescens* LETT. in Hedwigia, LII, 235 [1912]). NW-**Y.**: Kalkfelsen der ktp. St. auf dem Gipfel des Yao-schan ober Ganhaidse bei Lidjiang („Likiang"), 3825 m (6761).

Blastenia

MASS. in Atti Istit. Veneto, ser. 2, III, append., 101 (1852).

I. Species saxicolae.
- A. Thallus luteus, KHO purpureus, continuus, laevigatus; sporae 14—18 × 6—8 μ ... *5. amoena.*
- B. Thallus alutaceo-albidus vel fere alutaceus, KHO—.
  - a) Thalli areolae planae, laevigatae, superne nudae; apothecia adpressa, thallum paulum aequantia ... *3. Handelii.*
  - b) Thalli areolae squamaeformes, superne albido-verruculosae; apothecia bene sessilia ... *4. setschwana.*

II. Species corticolae.
- A. Apothecia majora, 0,6—0,8 mm lata; sporae 25—27 × 12 μ ... *2. yünnana.*
- B. Apothecia exigua, 0,15—0,2 mm lata; sporae 9—10 × 5—6 μ ... *1. modestula.*

1. ** **B. modestula** A. ZAHLBR.

Thallus epiphloeodes, crustaceus, uniformis, tenuissimus, ad 0,1 mm crassus, substratum arcte obducens, maculas minores, irregulares et plus minus confluentes formans, glaucescenti- vel subochraceo-cinereus, opacus, KHO—, $CaCl_2O_2$—, continuus, laevigatus, sorediis et isidiis nullis, in margine linea nigra, tenui, sed conspicua cinctus; gonidia cystococcoidea.

Apothecia lecideina, crebra, dispersa vel approximata, nigra, opaca, sessilia, rotunda, ad basin vix constricta, exigua, 0,15—0,2 mm lata, primum suburceolata, demum plana vel convexula; margo niger, tenuis, primum, prominulus et integer, demum depressus; excipulum dimidiatum, in sectione transversali ad ambitum sordide aeruginosum, intus decolor et purum, gonidia nulla includens, sat angustum: hymenium superne aeruginoso-olivascens, KHO—, NO_5—, non pulverulentum, caeterum decolor, purum, 120—125 μ altum, J asci aeruginoso-coerulei, paraphyses vix tinctae; hypothecium subdecolor, parum lutescens, ex hyphis intricatis formatum, crassiusculum; paraphyses filiformes, strictae, densae, ad 3 μ crassae, simplices, eseptatae, ad apicem non clavatae, conglutinatae; asci ovali-clavati, superne late rotundati, membrana ibidem incrassata cincti, 8 spori; sporae 3—4-seriales, decolores, ellipsoideae, utrinque aequaliter rotundatae, rectae, polari-diblastae, loculis apicalibus circa $^1/_3$ longitudinis sporarum metientibus et isthmo tenuissimo junctis, 9—10 μ longae et 5—6 μ latae. Pycnoconidia non visa.

Y.: An lebenden Ästen von *Ternstroemia japonica* auf dem Gipfel des Hsi-schan bei Yünnanfu, 2550 m, 13. II. 1915 (5723).

2. ** ***B. yünnana*** A. ZAHLBR.

Thallus epiphloeodes, crustaceus, uniformis, modice expansus, substrato arcte adnatus, tenuis, sordide vel subochraceo-cinerascens, opacus, KHO paulum flavens, $CaCl_2O_2$—, vulgo laevigatus vel substratum sequens inaequalis, rarius leprascens, sorediis et isidiis destitutus, in margine linea obscuriore non cinctus: gonidia cystococcoidea, laete viridia, globosa, 6—8 μ lata.

Apothecia biatorina, sessilia, rotunda, ad basin leviter constricta, dispersa, 0,6—0,8 mm lata, primum cinnamomeo-nigricantia, opaca, concaviuscula vel plana, margine tenui integro, prominulo cincta, disco laetius colorato, passim subcinerascente, dein convexa, nigra, margine depresso: excipulum subchondroideum, dimidiatum, in margine tenuissime obscuratum, intus decolor et tantum in parte superiore dilute fuscescens, ex hyphis tenuibus, radiantibus, dense conglutinatis formatum, non paraplectenchymaticum, gonidia nulla continens, J—; hymenium superne anguste et bene limitate fusco-nigrescens, KHO rosaceo-violaceum, NO_5— et grumoso-pulverulentum, caeterum fere decolor et purum, 120—130 μ altum, J violaceo-coeruleum; hypothecium dilute rosaceum vel rosaceo-lutescens; paraphyses crebrae, capillari-filiformes, strictae, conglutinatae, simplices, eseptatae, ad apicem non vel vix latiores; asci hymenio paulum breviores, ellipsoideo-clavati, superne rotundati et membrana bene incrassata cincti, 8 spori; sporae in ascis bi-—triseriales, decolores, ovali-ellipsoideae vel subdifformes, rectae vel curvulae, utrinque rotundatae vel in uno apice magis angustatae, in medio non constrictae, polari-diblastae, luminibus majusculis, oblongatis, ab apicibus sporarum remotis, isthmo tenuissimo junctis, 25—27 μ longae et ad 12 μ latae. Pycnoconidia non visa.

NW-Y.: Lebende Rinde von *Picea likiangensis* in der tp. St. gegen das Be-schui bei Lidjiang, 2950—3100 m, 19. VII. 1914 (4161).

3. ** ***B. Handelii*** A. ZAHLBR.

Thallus epilithicus, crustaceus, uniformis, maculas irregulares (in speciminibus visis usque 4 cm latas) formans, substrato adhaerens, tenuis, ad 0,1 mm crassus, alutaceo-albidus vel pallide alutaceus, opacus, KHO sordide lutescens, $CaCl_2O_2$—, continuus vel passim irregulariter fissus, minute verruculosus, verruculis albidis, sorediis et isidiis non praeditus, in margine linea nigra distincta cinctus; gonidia cystococcoidea.

Apothecia biatorina, adpressa, dispersa, rarius approximata, rotunda, minuta, 0,3—0,4 mm lata, ad basin leviter constricta, primum concava, carneo-fuscescentia, margine integro, haud prominulo albido, demum lutescenti-fusca, fere opaca, applanata vel convexiuscula; excipulum dimidiatum, ad ambitum fuscum, intus decolor, ex hyphis tenuibus, radiantibus, non septatis formatum, gonidia non includens: hymenium superne rufescenti-fuscescens, KHO purpureum, NO_5—, caeterum decolor et purum, 80—90 μ altum, J coeruleum; hypothecium decolor; paraphyses filiformes, strictae, conglutinatae, simplices, eseptatae, ad apicem clavatae: asci ellipsoideo-clavati, superne rotundati et membrana incrassata cincti, 8spori; sporae in ascis bi- vel triseriales, decolores, ellipsoideae, rectae, utrinque rotundatae, polari-diblastae, loculis demum sat approximatis, isthmo distincto nullo, 10—12 μ longae et 6—7 μ latae. Pycnoconidia non visa.

S-**Y.**: Tonschieferfelsen in der tr. St. am Ufer des Roten Flusses bei Manhao, 200 m, 2. III. 1915 (5863).

4. ** ***B. setschwana*** A. ZAHLBR.

Thallus epilithicus, crustaceus, uniformis, plagulas minores formans, substratum obducens, tenuis, subtartareus, pallide alutaceus vel parum in cinerascentem vergens, opacus, KHO—, $CaCl_2O_2$—, areolatus, areolis parvis, 0,2 usque 0,4 mm latis, angulosis, planis, fissuris tenuibus limitatis et crustam laevigatam formantibus, in ambitu passim dispersis et hypothallo cinereo-nigricanti insidentibus; soredia et isidia desunt; gonidia cystococcoidea.

Apothecia biatorina, dispersa, sessilia, rotunda, ad basin leviter constricta, minuta, 0,15—0,2 mm lata, umbrino-fusca vel nigricanti-obscurata, opaca, ex urceolato subplana: margo tenuis, integer, cum thallo subconcolor, madefactus nigricans: excipulum dimidiatum, ad ambitum obscure aeruginoso-umbrinum, intus pallidius, ex hyphis radiantibus, latiusculis et leptodermaticis formatum, distincte non paraplectenchymaticum, gonidia non includens; hymenium in parte superiore fuscescenti-lutescens, pulverulentum, KHO purpureum (coloratio etiam in partem inferiorem penetrans), caeterum purum, decolor, dilucidum, 50—60 μ altum, J asci sordide coerulei, paraphyses cupreo-rufescentes; hypothecium decolor, mollescens, ex hyphis intricatis formatum; paraphyses filiformes, ad 2 μ crassae, strictae, simplices vel rarius furcatae, ad apicem septato-capitatae, sat laxiusculae: asci ellipsoideo-clavati, superne rotundati et membrana incrassata cincti, hymenio parum breviores, 8 spori; sporae biseriales, decolores, ellipsoideae vel subovales, utrinque bene rotundatae, rectae, polari-diblastae, loculis terminalibus vix $^1/_3$ longitudinis sporarum metientibus, isthmo tenuissimo junctis, 10—11 μ longae et 4—5 μ latae. Pycnoconidia non inventa.

S.: Granitfelsen bei Datiaoku in der str. St. am Yalung, 27° 10′, 26. IX. 1914 (5313).

5. ** ***B. amoena*** A. ZAHLBR.

Thallus epilithicus, crustaceus, uniformis, expansus, substrato arcte adhaerens, maculas irregulares formans, tenuissimus, subtartareus, isabellino- vel citrinello-luteus, opacus, KHO purpureus, $CaCl_2O_2$—, rimosus vel areolatus, areolis angulosis, usque 0,4 mm latis, planatis, fissuris paulum conspicuis separatis, sorediis et isidiis non instructus, in margine hypothallo fumoso-nigricante, sat bene evoluto cinctus; gonidia cystococcoidea.

Apothecia biatorina, sessilia, dispersa, rotunda, ad basin constricta, parva, usque 0,4 mm lata, ochraceo-fusca, opaca, primum disco impressulo vel planiusculo et margine integro, prominulo et obscuriusculo, demum modice convexa margine depresso; margo in sectione transversali crassiusculus, extus fuscus et pulverulentus, intus fere decolor, ex hyphis tenuibus, radiantibus, versus hymenium magis intricatis formatus, plectenchymaticus, gonidia non continens; hymenium superne anguste ochraceo-fuscum, modice pulverulentum, KHO purpureum, NO_5—, caeterum decolor, purum, sat angustum, ad 45 μ altum, J coeruleum; hypothecium crassum, cinereum, ex hyphis intricatis formatum; paraphyses filiformes, laxiuscule conglutinatae, simplices, eseptatae, ad apicem mediocriter clavatae; asci ovali-clavati, superne rotundati et membrana incrassata cincti, 8spori: sporae biseriales, decolores, ellipsoideae vel ovales, utrinque rotundatae, rectae, polari-diblastae, loculis circa $^1/_3$ longitudinis sporarum metientibus, isthmo valde tenui junctis, 15—17 μ longae et 6—8 μ latae. Pycnoconidia non observata.

S.: Mit voriger (5316).

Bombyliospora

DE NOTRS. apud MASS., Ricerch. Auton. Lich., 114 [1852].

A. Thallus superne verruculis subglobosis et minutis instructus; receptaculum intus circa hymenium non obscuratum: sporae 108—128 × 18—28 μ *1. tuberculosa.*

B. Thallus verruculis non obsitus: receptaculum circa hymenium et infra corticem strato angusto nigricante instructum: sporae 130—150 × × 32—42 μ *2. sinensis.*

1. * *B. tuberculosa* (FÉE) MASS., Ricerch. Auton. Lich. 116 (1852). MALME in Ark. f. Bot., XVIII, nr. 12, 3 (1923). (*Lecidea t.* FÉE, Essai Cryptog. Écorc. Officin., 197, tab. XXVII, fig. 1 et p. XCIII, tab. I, fig. 26 [1824]. WAIN., Étud. Lich., Brésil, II, 31 [1890]). F.: Gu-schan bei Fudschou, an Rinden, 500—600 m (CHUNG 367, 375, 456, 586). Buongkang bei Yenping, Rinden, 1000 m (CHUNG 201).

2. ** ***B. sinensis*** A. ZAHLBR.

Thallus epiphloeodes, crustaceus, uniformis, expansus, substrato arcte adhaerens, tenuis, submembranaceus, cinerascenti-albidus vel glaucescenti-alutaceus, parum nitidulus vel passim opacus, KHO—, $CaCl_2O_2$—, continuus, laevigatus, parum inaequalis, verruculis nullis, sorediis et isidiis non praeditus, in margine linea obscuriore non vel passim cinctus: gonidia cystococcoidea.

Apothecia quoad habitum lecideina, sat crebra, dispersa vel approximata, sessilia, rotunda, 1—1,5 mm lata, ad basin constricta: discus primum rufescens, dein obscure cinnamomeus vel nigricans, opacus, epruinosus, e concaviusculo planatus; margo persistens et discum superans, crassiusculus, integer, in juventute cinerascens, demum fusco-nigricans, nitidulus, extus inaequaliter corticatus, cortice ex hyphis radiantibus, septatis et conglutinatis formato et strato angusto amorpho et decolore supertecto, intus plectenchymaticus, sordidulus, gonidia nulla includens, infra corticem et circa hymenium strato angusto, fusconigro instructus: excipulum decolor, pellucidum, ad latera hymenii angustius: hymenium superne anguste rufescens, KHO— flavens, NO_5—, caeterum fere decolor, spumuloso-inspersum et haud pellucidum, 180—220 μ altum, J cupreorufescens: hypothecium sat angustum, fere decolor vel cinerascens, mollescens, ex hyphis intricatis formatum; paraphyses capillares, dense conglutinatae, simplices, eseptatae, ad apicem non latiores: asci oblongo-clavati, superne rotundati et membrana modice incrassata cincti, monospori: sporae decolores, oblongo-ellipsoideae, utrinque aequaliter rotundatae, rectae, 8 loculares, loculis late ovalibus, membrana sat tenui cinctae, J cupreae, 130—150 μ longae et 32—42 μ latae. Pycnoconidia ignota.

SW-**H.**: Rinden lebender Bäume in der wtp. St. auf dem Yün-schan bei Wukang. *Corylopsis chinensis*, 1180 m, 29. VII. 1918 (12347). *Rhus verniciflua*, 1200 m, 19. VI. 1918 (12166). *Sorbus nubium*, 1350 m, 11. VI. 1918 (12082). **Y.**: In der tp. St., 3050—3450 m. Hungguwo bei Hsinyingpan zwischen Yungbei und Yungning, auf *Ligustrum* ?, 28. VI. 1914 (3264). *Rhododendron persicinum* unter dem Passe Dsuningkou ober Dienso zwischen Dali und Hodjing, 27. V. 1915 (6553).

Die Art sieht äußerlich der *B. melanocarpa* (Müll. Arg.) Wain. recht ähnlich, doch ist sie von dieser wesentlich verschieden durch den Bau der Involukralhüllen des Hymeniums. Die Schlauchschicht wird umgeben zunächst von einem schmalen, farblosen, durchscheinenden Gehäuse, welches nach außen von einem Rand umhüllt wird, der im Wesen so gestaltet ist, wie das Gehäuse der anderen *Bombyliospora*-Arten, aber die Eigentümlichkeit zeigt, daß unter der Rinde desselben und um das Hymenium ein schmales, dunkles Band läuft, vielleicht die Reste eines kohligen Excipulums.

Caloplaca

Th. Fr., Lichenogr. Scandin., I, 167 (1871).

Sect. *Eucaloplaca* Th. Fr., l. c.

A. Species saxicolae (nr. 6 etiam corticola).
  a) Medulla alba.
    I. Thallus tenuissimus, quasi suffusus.
      1. Apothecia fuscescenti-limosa — *2. ionaspidea.*
      2. Apothecia vitellina — *1. vitellinula.*
    II. Thallus distinctus, plus minus areolatus.
      1. Thallus cupreo-rufus — *14. cupreorufa.*
      2. Thallus aliter coloratus.
        ○ Thallus plus minus alutaceus vel cervinus.
          § Apothecia minora, 0,3—0,6 mm lata.
            ∧ Apothecia distincte lecanorina — *11. Giraldii.*
            ∧∧ Apothecia quoad habitum biatorina — *12. cervina.*
          §§ Apothecia majora, ad 1 mm lata; thallus granulosus vel verruculosus — *13. ochrotropa.*
        ○○ Thallus aliter coloratus.
          § Thallus ochraceo-lutescens — *10. polytropoides.*
          §§ Thallus flavus, citrinus vel aurantiacus.
            ∧ Thallus granuloso-pulverulentus — *7. citrina.*
            ∧∧ Thallus bene crustaceus, tartareus, areolatus.
              × Thallus in viridiscens vergens; apothecia saturate aurantiaca vel crocea — *8. flavovirescens.*
              ×× Thallus aurantiacus; apothecia lutescenti-aurantiaca — *9. aurantiaca.*
  b) Medulla lutea — *15. chrysophora.*

B. Species corticolae.
- a) Discus apotheciorum KHO purpureus.
  - I. Apothecia ferruginea, distincte majora *6. ferruginea.*
  - II. Apothecia minora, obscure fusca, 0,3—0,4 mm lata *5. delicata.*
- b) Discus apotheciorum KHO—.
  - I. Thallus parum evolutus, albidus vel evanescens; margo apotheciorum pallidus, mox depressus; discus luteo- vel rubro-aurantiacus *3. pyracea.*
  - II. Thallus melius evolutus, plus minus cinereus: margo cum thallo concolor, persistens; discus cervinus vel obscuratus *4. cerina.*

1. C. vitellinula (NYL.) OLIV., Expos. Lich. Ouest France, I, 232 (1897); in Mémoir. Soc. Nation. Scienc. Natur. Cherbourg, XXXVII, 107 (1909). (*Lecanora v.* NYL. in Flora, XLVI, 305 [1863]. HARMAND, Lich. de France, fasc. V, 841 [1913]. CROMB. I, 61. — *Callopisma vitellinulum* ARN. in Flora, LIII, 469 [1870]. — *Placodium v.* WAIN. in Meddel. om Grönland, XXX, 131 [1905]. A. L. SMITH, Monogr. Brit. Lich., I, 221 [1918]). Kiangsu: Schanghai, Felsen (MAINGAY). Schenhsi: Silikatfelsen auf dem Duidjio-schan, bei Dsulu und Indjiapu (GIRALDI nach JATTA I, 477).

2. ** **C. ionaspidea** A. ZAHLBR.

Thallus epilithicus, tenuissimus, quasi suffusus, late et irregulariter expansus, substratum arcte obducens, limosus, opacus, KHO vix flavens, $CaCl_2O_2$—, continuus, laevigatus et parum inaequalis, sorediis et isidiis destitutus, in margine linea obscuriore non cinctus, fere homoeomericus, gonidiis cystococcoideis, glomeratis, globosis vel subglobosis, usque 17 μ latis; hyphae thalli non amyloideae.

Apothecia numerosa, lecanorina, primum fere immersa, demum adpressa, plus minus congesta, rotunda vel rotundata, minuta, 0,2—0,5 mm lata, tenuia: discus fuscescenti-limosus, madefactus lutescens, opacus, KHO purpureo-violascens, epruinosus, e concaviusculo plus minus planatus; margo cum thallo concolor, tenuis, acutiusculus, integer, discum persistenter superans, extus strato corticali, ad ambitum ochraceo-fusco et KHO purpureo obductus, ex hyphis intricatis formatus, gonidia et medullam includens; hymenium superne ochraceo-fuscum, pulverulentum, KHO purpureum, caeterum decolor, purum, pellucidum, 70—75 μ altum, J intense coeruleum; hypothecium angustum, decolor, strato gonidiali superpositum; paraphyses filiformes, gelatinose conglutinatae, simplices, eseptatae, ad apicem clavatae et inspersae; asci ellipsoideo-clavati, superne rotundati et membrana modice incrassata cincti, 8 spori: sporae biseriales, decolores, ellipsoideae, utrinque rotundatae, rectae, polari-diblastae, loculis circa $^1/_3$ longitudinis sporarum metientibus, isthmo tenui junctis, 14—16 μ longae et 8—9 μ latae. Pycnoconidia non visa.

S.: Melaphyrfelsen in der str. St. unter Djiuba-se zwischen Yalung und Nganning-ho, 27° 43′, 1900 m, 7. V. 1914 (2005).

3. * **C. pyracea** (ACH.) Th. FR. in Kgl. Svenska Vetensk.-Akad. Handl., VII/2, 25 (1867); Lichenogr. Scandin., I, 178 (1871). (*Parmelia cerina* var. *pyracea* ACH., Method. Lich., 176 [1803]. — *Callopisma pyraceum* STEIN apud COHN, Kryptog. Fl. v. Schlesien, II/2, 117 [1879]). S.: Zweige von *Juniperus formosana* im wtp. Walde beim Schlosse Kwapi n von Yenyüen, 27° 53′, 2750 m (1513).

4. **C. cerina** (EHRH.) Th. FR. in Nova Acta R. Soc. Scient. Upsal., ser. 3, III, 218 (1861); Lichenogr. Scandin., I, 173 (1871). (*Lichen cerinus* EHRH. apud HOFFM., Descript. et Adumbr. Plant. Lich., II, 62, tab. XXI, fig. B [1789]. — *Callopisma cerina* DE NOTRS. in Giorn. Bot. Ital., II, 199 [1847]). **S.**: Mit voriger (2430). **Y.**: Rinden im Walde Moschetschin ober Dapingdse (DELAVAY).

— — var. *atrata* JATTA in Nuov. Giorn. Bot. Ital., nov. ser. IX; 476 (1902). Schenhsi: Junge Stämme auf dem Berge Djieyu (GIRALDI).

— — var. *effusa* JATTA, Sylloge Lich. Ital., 253 (1900); I, 476. (*Callopisma cerinum* var. *effusum* MASS., Schedul. Critic., VII, 131 [1853]). Schenhsi: Ebenso auf dem Hwangtou-schan (GIRALDI).

5. ** **C. delicata** A. ZAHLBR.

Thallus epiphloeodes, crustaceus, uniformis, maculas minores formans, substrato arcte adhaerens, argillaceo-cinerascens, opacus, KHO—, $CaCl_2O_2$—, minute areolato-diffractus, areolis 0,2—0,3 mm latis, planis, contiguis, sorediis et isidiis nullis, in margine linea tenui, nigra cinctus; gonidia cystococcoidea, laete viridia, globosa, 9—14 μ lata, glomerata.

Apothecia sat crebra, dispersa vel approximata, lecanorina, sessilia, ad basin leviter constricta, rotunda, 0,25—0,4 mm lata, demum elabentia et foveolas rotundas relinquentia; discus obscure fuscus, opacus, epruinosus, e concaviusculo planatus; margo cum thallo concolor, persistens, integer, prominulus, strato corticali fuscescente, 20—24 μ crasso, subchondroideo obductus, medullam et gonidia includens; hymenium superne ochraceo-fuscum, KHO purpureum, non pulverulentum, caeterum dilute fuscescens, purum, usque 180 μ altum, J obscurato-coeruleum; hypothecium sat angustum, fuscescens, mollescens, ex hyphis intricatis formatum; paraphyses filiformes, ad 3 μ crassae, laxiuscule conglutinatae, simplices, eseptatae, ad apicem leviter capitatae et infuscatae, passim tantum vix latiores; asci oblongo-clavati, superne rotundati et membrana modice incrassata cincti, 8spori; sporae subuni- vel biseriales, decolores, ellipsoideae vel subovales, rectae, polari-diblastae, loculis apicalibus circa $^1/_4$ longitudinis sporarum metientibus, isthmo angusto junctis, 11—15 μ longae et 6—7 μ latae. Pycnoconidia non visa.

Rinden in der wtp. St., 2550—2700 m. **Y.**: *Ternstroemia japonica* auf dem Gipfel des Hsi-schan bei Yünnanfu, 13. II. 1915 (5727). **S.**: *Alnus Ferdinandi-Coburgi* auf dem Schao-schan se von Ningyüen, 15. IV. 1914 (1372).

6. * **C. ferruginea** (HUDS.) Th. FR. in Nova Acta Reg. Soc. Scient. Upsal., ser. 3, III, 223 (1861); Lichenogr. Scandin., I, 182 (1871). (*Lichen ferrugineus* HUDS., Flora Anglica, 444 [1762]. — *Callopisma ferrugineum* TREVIS. in Riv. Lavori J. R. Accad. Padova, 264 [1851/52]. — *Blastenia ferruginea* MASS. in Atti Istit. Veneto, ser. 2, III, append. III, 102, fig. XXIII [1852]). **S.**: Zweige von *Juniperus formosana* im wtp. Walde bei Kwapi n von Yenyüen, 27° 53′, 2750 m (3321).

7. C. citrina (HOFFM.) Th. FR. in Nova Acta Reg. Soc. Scient. Upsal., ser. 3, III, 218 (1861); Lichenogr. Scandin., I, 176 (1871). (*Verrucaria c.* HOFFM., Deutschl. Flora, 198 [1796]. — *Lecanora c.* ACH., Lichenogr. Univers., 402 [1810]. CROMB. I, 63. — *Callopisma citrinum* MASS. in Atti Istit. Venet., ser. 2, III, append. III, 97, fig. XX [1852]). Kiangsu: Schanghai, Zement von Mauern (MAINGAY).

8. ***C. flavovirescens*** (WULF.) DALLA TORRE et SARNTH., Fl. v. Tirol, IV, 180 (1902). (*Lichen f.* WULF. in Schrift. Ges. naturforsch. Freunde Berlin, VIII, 122 [1787]. — *Lecanora erythrella* ACH., Lichenogr. Univers., 401 [1810]. CROMB. I, 63). **S.**: Sandsteinfelsen in der trockenen str. St. bei Datjiaoku unter Kwapi n von Yenyüen, 2125 m (2700). Kiangsu: Schanghai, Granitfelsen (MAINGAY).

9. ***C. aurantiaca*** (LIGHTF.) TH. FR. in Nova Acta Reg. Soc. Scient. Upsal., ser. 3, III, 219 (1861); Lichenogr. Scandin., I, 177 (1871). (*Lichen aurantiacus* LIGHTF., Fl. Scotica, II, 810 [1777]. — *Lecanora aurantiaca* ACH., Lichenogr. Univers. 400 [1810]. CROMB. I, 63. HUE II, 170. — *Callopisma aurantiacum* MASS. in Atti Istit. Veneto, ser. 2, III, append. III, 70 [1852]) **f. salicina** (HOFFM.) JATTA in Nuov. Giorn. Bot. Ital., nov. ser., IX, 476 (1902) (*Verrucaria s.* HOFFM., Deutschl. Flora, II, 511 [1796]). An Baumrinden. **S.**: *Alnus Ferdinandi-Coburgii* in der wtp. St. auf dem Schao-schan se von Ningyüen, 2700 m (1374). *Acer Paxii* in der str. St. ober Helugö bei Kwapi, 2325 m (2478). **SW-H.**: In der wtp. St. auf dem Yün-schan bei Wukang, auf *Rhus verniciflua*, 1200 m (12171) und *Fagus longipetiolata*, 1180 m (12342). **Y.**: Moschetschin ober Dapingdse (DELAVAY). Hongkong (R. RABENHORST). Kiangsu: Schanghai (R. RABENHORST). Schenhsi: Indjiapu (GIRALDI). Schöndjing: Ninghai (MAINGAY).

10. ** ***C. polytropoides*** A. ZAHLBR.

Thallus epilithicus, crustaceus, uniformis, tenuis, ad 0,2 mm crassus, subtartareus, ochraceo-lutescens, KHO purpureus, $CaCl_2O_2$—, areolatus, areolis parvis, 0,3—0,8 mm latis, continuis vel subdispersis, rotundatis vel subangulosis, in margine leviter undulatis vel subsinuosis, rarius subintegris, planiusculis, sorediis et isidiis destitutus, haud bene limitatus et linea obscura non cinctus, superne strato corticali tenui, dense aurantiaco-pulverulento supertectus; stratum gonidiale latum, fere totam crassitudinem thalli occupans, gonidiis plus minus in seriebus verticalibus dispositis, cystococcoideis, globosis, 10—12 μ latis.

Apothecia lecanorina, sessilia, cum thallo concoloria, rotunda, usque 0,8 mm lata (vulgo parum minora), ad basin leviter constricta, e concaviusculo modice convexa, margine angusto, integro, vix prominulo et demum depresso cincta; margo thallinus gonidia copiosa includens; hymenium superne luteo-citrinum, haud pulverulentum, KHO purpureum, caeterum decolor et purum, 60—70 μ altum, J coeruleum; hypothecium angustum, decolor, strato gonidiifero superpositum; paraphyses crebrae et densae, filiformes, strictae, laxiuscule contextae, simplices vel rarius furcatae, eseptatae, ad apicem clavatae; asci ovali-ellipsoidei, ad basin sat abrupte angustati, fere pedicellati, superne rotundati et subcalyptratim-rotundati, membrana bene incrassata, 8spori; sporae biseriales, decolores, ellipsoideae vel ovales, utrinque rotundatae, rectae, polari-diblastae, loculis apicalibus circa $^1/_3$ longitudinis sporarum metientibus, isthmo tenui junctis, 8—10 μ longae et 4—6 μ latae. Pycnoconidia non visa.

Y.: Quarzitblöcke in der str. St. beim Fährenhause Lagatschang am Djinschadjiang („Yangtse") n von Yünnanfu, 900 m, 21. III. 1914 (1021).

11. ***C. Giraldii*** JATTA in Nuov. Giorn. Bot. Ital., nov. ser., IX, 477 (1902).

Thallus epilithicus, crustaceus, uniformis, expansus, substratum obducens, tenuis, subtartareus, ochraceo-cinerascens vel subcervinus, KHO—, $CaCl_2O_2$—, minute areolatus vel subsquamuloso-rimosus, sorediis et isidiis nullis, in margine linea obscuriore non cinctus, strato corticali ad 35 μ crasso, ex hyphis intricatis et leptodermaticis formato obductus; gonidia cystococcoidea, 12—15 μ lata.

Apothecia sat crebra, dispersa vel approximata, lecanorina, rotunda, 0,3 usque 0,6 mm lata; discus planiusculus, obscure rufus, fere nigricans, madefactus rufescens, epruinosus; margo thallinus parum prominulus, tenuis, cum thallo concolor, subcrenulatus, extus strato corticali ad ambitum bene obscurato cinctus, gonidia copiosa includens; excipulum decolor, pellucidum, integrum, circa hymenium flabellatum, J—; hymenium superne rufescens, KHO—, passim strato tenui, decolore et amorpho supertectum, caeterum decolor, inspersulum, 70 usque 90 μ altum, J violaceo-coeruleum; hypothecium fere decolor; paraphyses filiformes, conglutinatae, simplices vel in parte superiore furcati, ad apicem septato-clavatae et obscuratae; asci ovali-clavati, 8spori; sporae biseriales, decolores, late subovales vel ovales, polari-diblastae, loculis apicalibus circa $^1/_4$ longitudinis sporarum metientibus, isthmo tenui junctis, 13—16 μ longae et 7,5—8 μ latae. Pycnoconidia non observata.

S.: Granitfelsen in der wtp. St. bei Gobankou am Houdsengai nächst Dötschang im Djientschang, 2100 m (1799). Schenhsi: Silikatschieferfelsen bei Dsulu am Duidjio-schan (GIRALDI).

Der Thallus des von HANDEL-MAZZETTI mitgebrachten Stückes ist durch Anflüge von *Gloeocapsa*- und *Scytonema*-Arten verunreinigt, so daß er zumeist eine dunkle und nur an wenigen Stellen die normale Farbe zeigt.

12. ** ***C. cervina*** A. ZAHLBR.

Thallus epilithicus, crustaceus, uniformis, valde tenuis, substratum arcte obducens, subtartareus, e plagis confluentibus formatus et sat late expansus, cinerascenti-cervinus, opacus, KHO luteus, $CaCl_2O_2$—, laevigatus, minute areolatus, areolis 0,1—0,3 mm latis, angulosis, planis, fissuris pertenuibus separatis, sorediis et isidiis destitutus, in margine linea tenui et nigricante cinctus; gonidia cystococcoidea, laete viridia, globosa, 12—16 μ lata; medulla valde tenuis, alba, J—.

Apothecia quoad habitum biatorina, revera lecanorina, sessilia, rotunda, ad basin constricta, parva, 0,3—0,4 mm lata, ochraceo- vel alutaceo-cervina, pruinosula, e concavo plana; margo thallinus disco parum obscurior (madefactus nigricans), integer, tenuis, primum prominulus, in sectione transversali ad ambitum sat anguste obscuratus, KHO—, ex hyphis intricatis formatus et gonidia includens; hymenium superne lutescenti-fuscescens, KHO purpureum, vix inspersum, caeterum decolor et purum, 90—95 μ altum, J coeruleum; hypothecium angustum, pallidum, lutescens, ex hyphis intricatis formatum, strato thallino gonidia glomerulosa includenti superpositum; paraphyses latius filiformes, ad 3 μ crassae, laxiuscule conglutinatae, simplices, eseptatae, ad apicem clavato-capitatae; asci ovali-clavati, superne rotundati et membrana incrassata cincti, 8spori; sporae in ascis biseriales, decolores, ovales, rectae, utrinque rotundatae, polari-diblastae, loculis circa $^1/_3$ longitudinis sporarum metientibus, 11—13 μ longae et ad 6 μ latae. Pycnoconidia non visa.

S.: Granitfelsen bei Datjiaoku in der str. St. des Yalung-Tales, 27° 10′, 1180 m, 26. IX. 1914 (5315).

13. ** ***C. ochrotropa*** A. ZAHLBR.

Thallus epilithicus, crustaceus, uniformis, sat late expansus, substrato adhaerens, tenuis, 0,2—0,3 mm crassus, tartareus, pallide alutaceus vel cinerascenti-alutaceus, opacus, KHO—, $CaCl_2O_2$—, continuus vel passim increbre irregulariter vel subareolatim rimulosus, granulosus, verruculoso- vel squamuloso-inaequalis, sorediis albis, rotundis, parvis, ad 0,1 mm latis, adpressis, planiusculis et dispersis obsitus, isidiis destitutus, ad marginem bene et abrupte limitatus et linea tenui nigricanteque cinctus et ibidem magis squamosus, squamis submembranaceis, subtus fusco-nigricans; stratum corticale angustum, ad ambitum fuscum et pulverulentum, intus decolor, plectenchymaticum; gonidia cystococcoidea, 9—14 μ lata, glomerata; medulla alba, J—.

Apothecia quoad habitum biatorina, subimmersa vel adpressa, dispersa vel plus minus approximata, rotunda, ad basin leviter constricta, usque 1 mm lata, primum e concaviusculo subplana, margine tenui, albido, demum nigricante (imprimis madefacto) cincta, mox leviter convexa margine depresso; discus alutaceus, opacus, rarius sordidescenti-alutaceus, epruinosus; margo in sectione ad ambitum anguste obscure fuscus, KHO subviolaceus, intus decolor et gonidia copiosa includens; hymenium superne umbrino-fuscescens, KHO purpurascens, increbre pulverulentum, caeterum fere decolor et purum, ad 120 μ altum, J coeruleum; hypothecium fuscescens, angustum, ex hyphis intricatis formatum; paraphyses filiformes, strictae, modice conglutinatae, simplices, ad apicem clavato-capitatae; asci hymenio paulum breviores, oblongo- vel ellipsoideo-clavati, superne rotundati et membrana incrassata cincti, 8spori; sporae 2—3 seriales, decolores, ellipsoideae vel subovales, rectae, utrinque rotundatae, polari-diblastae, loculis ultra $^1/_3$ longitudinis sporarum metientibus, 12—15 μ longae et 6—8 μ latae. Pycnoconidia ignota.

Y.: Tonschieferfelsen in der tr. St. am Ufer des Roten Flusses bei Manhao nahe der Grenze von Tonkin, 200 m, 2. III. 1915 (5862).

14. ** ***C. cupreorufa*** A. ZAHLBR.

Thallus epilithicus, crustaceus, uniformis, tenuis, ad 0,1 mm crassus, substratum arcte obducens, expansus, subtartareus, cervino- vel rufescenti-cupreus, parum nitidulus, KHO—, $CaCl_2O_2$—, areolatus, areolis continuis vel versus ambitum thalli dispersis, angulosis, subsquamaeformibus, e concaviusculo subplanis, fissuris tenuibus, passim subhiantibus separatis, in margine parum elevatis et albido-cinerascentibus, sorediis et isidiis nullis; hypothallus distinctus non evolutus; stratum corticale angustum, ad ambitum obscure rufum, intus decolor, 24—28 μ crassum, extus strato amorpho decolore et angusto obductum, plectenchymaticum; gonidia cystococcoidea, globosa vel subglobosa, usque 19 μ lata, glomerata; medulla alba, J—.

Apothecia lecanorina, adpressa, demum sessilia, rotunda, ad basin constricta, usque 1 mm lata, e planiusculo demum convexa, fusca, opaca, madefacta rufa; margo thallinus tenuis, cinerascens, integer vel subinteger, primum discum superans, demum depressus, sed visibilis, extus strato corticali obscurato et insperso obductus, intus decolor, plectenchymaticus, gonidia copiosa includens; excipulum distinctum non evolutum; hymenium superne rufo-fuscescens, KHO non tinctum, haud pulverulentum, caeterum decolor et purum, 105—115 μ altum, J coeruleum; hypothecium angustum, decolor, ex hyphis intricatis formatum, strato gonidiali thalli superpositum; paraphyses filiformes, strictae, densae, simplices, eseptatae vel in parte superiore increbre et breviter ramosae, ad apicem clavato-capitatae: asci oblongo- vel ellipsoideo-clavati, superne calyptratim incrassati, 8spori; sporae biseriales, decolores, late ellipsoideae, utrinque rotundatae, rectae, polari-diblastae, loculis circa $^1/_4$ longitudinis sporarum metientibus et isthmo tenui junctis, 14—16 μ longae et 8—9 μ latae. Pycnoconidia non visa.

S.: Sandsteinfelsen in der dürren str. St. bei Datjiao̍ku über dem Yalung n von Yenyüen, 28° 2′, 2125 m, 29. V. 1914 (2696).

Auffällig ist die habituelle Ähnlichkeit mit *Lecanora cupreoatra* Nyl.

15. ** ***C. chrysophora*** A. Zahlbr.

Thallus epilithicus, crustaceus, subuniformis, plagas minores, substrato arcte adhaerentes et in ambitu passim sublobatas formans, tenuis, ad 0,2 mm crassus, mollescens, cervino-cinerascens, opacus, KHO dilute violaceo-fuscescens, $CaCl_2O_2$—, in centro areolatus vel subsquamosuloso-areolatus, areolis angulosis, parvis, 0,3—0,5 mm latis, superne laevigatis, fissuris parum hiantibus, lobis marginalibus passim elongatis vel sublinearibus; gonidia cystococcoidea; medulla ceraceo-lutescens, KHO purpurascenti-violacea.

Apothecia lecanorina, adpressa vel sessilia, dispersa, rotunda, ad basin leviter constricta, usque 0,8 mm lata, e concaviusculo plana vel convexula; discus alutaceo-fuscescens, madefactus subaurantiaco-rufescens, opacus, epruinosus; margo thallinus cum thallo concolor, tenuis, integer, prominulus, persistens, extus strato corticali fusco, sat tenui, ex hyphis intricatis formato obductus, medullam et gonidia copiosa includens; excipulum distinctum non evolutum; hymenium superne ochraceo-fuscescens, pulverulentum, KHO roseo-purpurascens, caeterum decolor et purum, dilucidum, 120—130 μ altum, J intense coeruleum; hypothecium dilute lutescens, ex hyphis intricatis formatum; paraphyses filiformes, densae, strictae, conglutinatae, simplices, eseptatae, ad apicem clavatulae; asci hymenio subaequilongi, oblongo-clavati, superne angustato-rotundati et membrana ibidem bene incrassata cincti, 8spori; sporae biseriales, decolores, late ellipsoideae, ad apices angustato-rotundatae, rectae, polari-diblastae, loculis apicalibus circa $^1/_4$ longitudinis sporarum metientibus, isthmo tenuissimo junctis, 13—16 μ longae et 9—10 μ latae. Pycnoconidia non visa.

S.: Mit voriger (2828).

Ich sah nur wenige Stücke dieser Flechte und nur an einer Stelle die Randlappen verlängert (vielleicht aus örtlichen Gründen) und meine, daß sie nicht zur Sektion *Gasparrinia* zu rechnen sei, obwohl, wenn sich die Verlängerung der Randlappen als konstant erweisen würde, ein gewisser Übergang zur genannten Sektion gegeben ist.

Sect. *Triophthalmidium*

A. Zahlbr. apud Engler et Prantl, Natürl. Pflanzenfamil., I, 1*, 228 (1907). (*Callopisma* sect. *Triophthalmidium* Müll. Arg. in Flora, LXIV, 88 [1881]).

16. ** ***C. triloculans*** A. Zahlbr.

Thallus epiphloeodes, crustaceus, uniformis, tenuissimus, quasi suffusus, vix 0,1 mm crassus, plagas minores, non bene determinatas formans, substrato arcte adhaerens, albidus, opacus, KHO—, $CaCl_2O_2$—, continuus, laevigatus, sorediis et isidiis destitutus, in margine linea obscuriore non cinctus; gonidia cystococcoidea.

Apothecia increbra, dispersa vel approximata, rotunda, ad basin constricta, sessilia, parva, usque 0,8 mm lata, e concaviusculo subplana; discus obscure umbrino-fuscus vel fere nigricans, opacus, epruinosus; margo thallinus cinerascens, pertenuis, integer, prominulus, strato corticali obscure fusco, KHO— obductus, ex hyphis subintricato-radiantibus, dense conglutinatis formatus, non paraplectenchymaticus, gonidia includens; hymenium superne rufescens, non pulverulentum, KHO sublutescenti-rufescens, caeterum decolor et purus, J coeruleum; paraphyses capillari-filiformes, strictae, simplices, eseptatae, ad apicem paulum latiores, conglutinatae; hypothecium angustum, decolor; asci ovali-clavati, superne subcalyptriformes et membrana incrassata cincti, 8spori; sporae in ascis bi- —triseriales, decolores, late ovales vel late ellipsoideae, utrinque rotundatae, rectae, polari-triloculares, loculis apicalibus parvis, circa $^1/_5$ longitudinis sporarum metientibus, cellula mediana late fusiformi vel ellipsoidea, isthmo cellularum continuo, sat latiusculo, 21—26 μ longae et 14—15 μ latae. Pycnoconidia non visa.

Y.: Rinde von *Juglans regia* in der wtp. St. beim Dörfchen Schuidschou am Dji-schan ne von Dali (Talifu). 2550 m, 21. V. 1915 (6418).

Sect. *Gasparrinia*

Th. Fr., Lichenogr. Scandin., I 168, (1871). (*Gasparrinia* Tornab., Lichenogr. Sicula, p. 27 [1849] p. p.).

A. Thallus distincte placodiomorphus, in centro plus minus crustaceus, ad ambitum lobato-effiguratus; substrato arcte adnatus.

a) Lobi marginales dilatati, planati — *17. callopisma.*

b) Lobi marginales tenues, turgiduli — *18. murorum.*

B. Thallus non distincte placodiomorphus.

a) Lobi thalli parvuli et subsquamaeformes, disjecti, crustam continuam non formantes, substrato arcte adpressi — *19. lobulata.*

b) Thallus stellato-radiatus, laciniis subdiscretis, linearibus et convexis — *20. elegans.*

17. C. callopisma (Ach.,) Th. Fr., Lichenogr. Scandin., I, 169 (1871). (*Lecanora callopisma* Ach., Lichenogr. Univers. 427 [1810]. Cromb. I, 63). Schöndjing: Felsen bei Ninghai (Maingay).

18. * ***C. murorum*** (Hoffm.) Th. Fr., Lichenogr. Scandin., I, 170 (1871). (*Lichen m.* Hoffm., Enumer. Lich., 63, tab. IX, fig. 2 [1784]) **var. *miniata*** Th. Fr., Lichenogr. Scandin., I, 170 (1871). (*Lichen miniatus* Hoffm., Enumer. Lich., 62 [1784]). **Y.**: Kalkbreccie an trockenen Stellen der wtp. St. bei Schilungba nächst Yünnanfu, 1900 m (124).

19. * ***C. lobulata*** (Flke.) Hellb. in Bihang till Kgl. Sv. Vetensk.-Akad. Handl., XXI/III, nr. 13, 37 (1896). (*Lecanora l.* Flk. apud Sprgl., Neue Entdeck., I, 219 [1820]. Harm., Lich. de France, V, 831 [1913]). **Y.**: Quarzit und andere kristalline Gesteine in der str. St. bei Lagatschang am Djinscha-djiang n von Yünnanfu, 900 m (785).

20. C. elegans (Link) Th. Fr., Lichenogr. Scandin., I, 168 (1871). (*Lichen e.* Link, Annal. der Naturgesch., 1, 37 [1791]. — *Lecanora e.* Ach., Lichenogr. Univers., 435 [1810]. Hue II, 170). **Y.**: Über Abstürzen, Gudui ober Mosoying, 3000 m (Delavay 3012).

—— var. *laxa* (MÜLL. Arg.) JATTA in Nuov. Giorn. Bot. Ital., nov. ser., IX, 476 (1902). (*Amphiloma elegans* var. *laxa* MÜLL. Arg. in Hedwigia, XXXIV, 144 [1895]). Schenhsi: Erde und Felsen zwischen Moosen an mehreren Fundorten (GIRALDI).

JATTA gibt ferner für die Provinz Schenhsi: Erde zwischen Moosen bei Fudjio (GIRALDI) noch „*C. elegans* var. *lucens* NYL." an. Die echte *C. lucens* (NYL.) A. ZAHLBR. ist auf das antarktische Amerika beschränkt, wo sie auf harten Felsen wächst und dort ziemlich häufig zu sein scheint, da ich sie in jeder Aufsammlung, die ich von dort erhielt, in guten Stücken vorfand. Die Angabe JATTAs wird sich jedenfalls auf eine andere *Caloplaca* beziehen, dafür sprechen nicht nur pflanzengeographische Gründe, sondern auch die Bezeichnung des Substrates bei JATTA.

***C.* sp.** Sandsteinfelsen der str. St. bei Dötschang im Djientschang, 1450 m (1173).

Theloschistaceae.

Xanthoria

Th. FR. in Nova Acta Reg. Soc. Scient. Upsal., ser. 3, III, 166 (1861).

A. Lobi thalli rotundati, planiusculi, adpressi *2. parietina.*
B. Lobi thalli parvuli, angusti et dissecti, plus minus adscendentes *1. candelaria.*

1. X. candelaria (L.) KICKX, Flore Cryptog. Flandres, I, 229 (1867). HILLM. in Hedwigia, LXIII, 199 et 201 (1922). (*Lichen candelarius* LINN., Spec. Plant. 1141 [1753]. — *Physcia lychnea* NYL., Lich. Scandin. 107 [1861]. JATTA I, 473). Schenhsi: Akazienstämme bei Bangotschien und auf dem Duidjioschan (GIRALDI).

—— f. *stenophylla* (MASS.) HILLM. in Hedwigia, LXIII, 202 (1922). (*Physcia controversa* var. *stenophylla* MASS., Schedul. Critic., II, 43 [1855]. JATTA I, 472). Schenhsi: Stämme auf dem Hwangtou-schan (GIRALDI).

2. X. parietina (L.) BELTR., Lich. Bassan., 103 (1852). (*Lichen parietinus* LINN., Spec. Plant. 1143 [1753]. — *Physcia parietina* DE NOTRS. in Giorn. Bot. Ital., anno II, tomo II, 197 [1847]. JATTA I, 473). Schenhsi: Stämme, mehrfach (GIRALDI).

Theloschistes

NORM. in Nyt Magaz. Naturvid., VII, 228 (1853).

T. flavicans (SW.) NORM. in Nyt Magaz. Naturvid., VII, 229 (1853). HUE IV, 98, tab. I, fig. 5, 6. (*Lichen f.* SW., Nov. Gener. et Spec. Plant. 147 [1788]. — *Physcia f.* DC. apud LAM. et DC., Flore Franç., edit. 3, II, 189 [1805]. JATTA I, 427. HUE I, 23; II, 167). **Y.**: Äste von *Rhamnus* etc. in der wtp. St. bei Schilungba nächst Yünnanfu, 1950 m (240). Auch auf *Osteomeles Schwerinae* bei Gwangdung. Waldbäume Hwangliping bei Dapingdse, 2000 m (DELAVAY 1603). Rinden und Felsen in Wäldern Sungping ober Dapingdse, fert. (D.). Yendsehai (D.). Schenhsi: Äste auf dem Laoyi-schan (GIRALDI).

— — f. ***hirtellus*** Wain., Étud. Lich. Brésil, I, 114 (1890). **Y.**: Stämme besonders von *Cotoneaster*-Arten in der wtp. St. bei Sanyingpan n von Yünnanfu, 26°, 2400 m (635). Hwangliping und Sungping, wie der Typus (Delavay nach Hue IV, 99).

— — var. *maximus* (Mey. et Fw.) A. Zahlbr. (*Evernia flavicans* var. *crocea* f. *maxima* Mey. et Fw. in Nova Acta Acad. Leopold.-Carol., XIX, suppl. 210 [1843]. — *Theloschistes flavicans* var. *intermedius* Müll. Arg. in Jahrb. k. Bot. Garten Berlin, II, 309 [1883]. — *Physcia f.* var. *intermedia* Jatta in Nuov. Giorn. Bot. Ital., nov. ser., IX, 472 [1902]). Schenhsi: Äste auf dem Laoyischan (Giraldi).

Buelliaceae.

Buellia

De Notrs. in Giorn. Bot. Ital., II, parte 1, tomo I, 195 (1846).

A. Sporae biloculares.
a) Sporae septo tenui.
I. Thallus alutaceus, cervinus vel umbrinus.
1. Medulla lateritio-sanguinea *16. endolateritia.*
2. Medulla alba.
α) Thallus granulosus, granulis plus minus dispersis *15. cervinoplaca.*
β) Thallus areolatus vel areolato-rimosus, continuus.
○ Apothecia immersa *12. polita.*
○○ Apothecia sessilia.
§ Apothecia juvenilia anguste albido-annulata *11. subannulata.*
§§ Apothecia non annulata.
V Apothecia majora, usque 0,7 mm lata; sporae minores, 8—9 × 3—4 μ *10. yünnana.*
V V Apothecia minora, 0,3—0,5 mm lata; sporae majores, 10—15 × 5—6 μ.
(Thallus alutaceus *9. subarmeniaca.*
((Thallus cinerascens *9. subarmeniaca* var. *huiliensis.*
II. Thallus aliter coloratus.
+ Thallus rosaceus vel subpersicinus.
1. Thallus areolatus, KHO sanguineus; hymenium purum; planta saxicola *13. hilaris.*
2. Thallus plus minus granularis; hymenium inspersum; planta corticola *14. Handelii.*
++ Thallus albidus, glaucescens, cinerascens vel cinereus.
1. Sporae didymae, cellulis distincte inaequalibus *7. subocculta.*
2. Sporae cellulis aequalibus.
α) Species saxicolae.
○ Apothecia immersa, thallum demum aequantia vel subaequantia *1. protothallina.*

○○ Apothecia sessilia.

§ Apothecia majora, usque 0,6 mm lata; sporae 13—18 × 6—8 μ; thallus crassior, ad 0,2 mm altus *6. disjecta.*

§§ Apothecia minora, 0,2—0,3 mm lata; sporae 9—11 × 4—5 μ; thallus tenuissimus, vix 0,1 mm crassus *8. effundens.*

β) Species corticolae.

○ Sporae majores, 19—30 × 8—14 μ.

§ Hymenium purum *5. Zahlbruckneri.*

§§ Hymenium guttuloso-inspersum *4. disciformis.*

○○ Sporae minores, 6—16 × 2—8 μ.

§ Sporae fumosae *2. Schaereri.*

§§ Sporae fuscae *3. punctata.*

b) Sporae polari-diblastae et siphonoideae.

I. Thallus leprosus; hymenium purum *17. leproplaca.*

II. Thallus non leprosus; hymenium spumuloso-inspersum *18. Keteleeriae.*

B. Sporae murales *19. alboatra.*

Sect. *Eubuellia* KÖRB., Syst. Lichen. German., 225 (1855).

1. ***B. protothallina*** (KRPLHBR.) WAIN., Résult. Voy. S. Y. Belgica, 25 (1903). (*Lecidea stellulata* f. *protothallina* KRPH. in Flora, LIX, 267 [1876]. — *Buellia st.* f. *pr.* MÜLL. Arg. in Revue Mycolog., X, 113 [1888]. — *B. st.* WAIN., Étud. Lich. Brésil, I, 174 [1890], non MUDD). **Y.**: In der wtp. St. um Yünnanfu auf Quarzitsteinen bei Schilungba, 1900 m (122) und an morschen Sandsteinfelsen beim Tempel Djindien-se, 2050 m (137).

2. B. Schaereri DE NOTRS. in Giorn. Bot. Ital., anno II, parte 1, tomo I, 199 (1846). (*Lecidea nigritula* NYL. in Bot. Notiser, 99 [1853]. — *Buellia n.* MUDD, Man. Brit. Lich., 217 [1861]. KRPH. I, 468). Kwangtung: Wampu, an Rinden (R. RABENHORST).

3. ***B. punctata*** (HOFFM.) MASS., Ricerch. Auton. Lich., 81, fig. 135 (1852). (*Verrucaria p.* HOFFM., Enumer. Lich., 192 [1796]. — *Lecidea myriocarpa* RÖHL., Deutschl. Flora, III, 2. Abt., 35 [1813]. HUE II, 175). **Y.**: Lebende Rinde von *Pinus Armandi* in der wtp. St. bei Dulutschang nächst Yünnanfu, 1950 m (156). Rinden in Wäldern bei der Schlucht Yendsehai ober Langtjiung, 3200 m (DELAVAY).

—— ** **f. subpersicina** A. ZAHLBR.

Thallus e cinereo subpersicinus, opacus, protothallo tenui nigricante cinctus. **Y.**: Lebende Rinde von *Diospyros mollifolia* in der wtp. St. bei Jöschuitang n von Yünnanfu, 25° 26′, 9. III. 1914 (474).

—— ** **var. globulans** A. ZAHLBR.

A planta typica differt apotheciis majoribus, alte convexis.

Thallus epiphloeodes, crustaceus, uniformis, expansus, valde tenuis, vix 0,1 mm crassus, substrato adhaerens, sordidescenti-albidus, KHO rubescenti-lutescens, demum sordide rubens, $CaCl_2O_2$—, continuus, laevigatus, sorediis et isidiis nullis, in margine linea non cinctus; medulla albida, J—.

Apothecia sessilia, lecideina, plus minus dispersa, mox convexa et demum semiglobosa, ad basin parum constricta, nigra, nitidula, adulta 0,5—0,6 mm lata, margine mox depresso; excipulum dimidiatum, obscure fuscum; hymenium superne latiuscule nigricans, non pulverulentum, caeterum decolor, purum, 70—75 μ altum, J coeruleo-obscuratum; paraphyses capillari-filiformes, strictae, conglutinatae, simplices, eseptatae, capitatae; hypothecium crassiusculum, obscure fuscum, fere nigricans, versus hymenium pallidius, olivaceo-fuscescens; asci ellipsoideo-clavati, 8spori; sporae biseriales, mox obscure fuscae, oblongae, ellipsoideae vel hinc inde etiam subovales, rectae, rarius subrectae, biloculares, septo et membrana tenuibus, ad septum non constrictae, cellulis guttula oleosa unica impletis, 14—16 μ longae et 6—7 μ latae.

NW-**Y.**: Lebende Rinde von *Pseudotsuga Wilsoniana* in der tp. St. des birm. Mons. in dem vom Schöndsu-la in der Mekong—Salwin-Kette nach Londjre herabführenden Tale, 28° 6′, 2800 m, 21. IX. 1915 (8212).

4. * ***B. disciformis*** (Fries) Mudd, Manual Brit. Lich., 216 (1861). Stnr. apud A. Zahlbr. in Denkschrift math.-naturw. Kl. kais. Akad. Wiss. Wien, LXXXVIII, 192 (1909). (*Lecidea parasema* var. *disciformis* Fries, Nov. Sched. critic., 9 [1826]). **Y.**: *Juglans regia*-Rinde in der wtp. St. bei Schuidschou am Dji-schan ne von Dali, 2550 m (6419 ?, mangelhaft).

— — * var. *aeruginascens* Wain., Étud. Lich. Brésil, I, 166 (1890). (*Lecidea disciformis* var. *aeruginascens* Nyl. in Bull. Soc. Linn. Normand., ser. 2, II, 169 [1868]). **F.**: Buongkang bei Yenping, Rinden in Wäldern (Chung 161).

— — * **var. *reagens*** Stnr. l. c. **Y.**: Lebende Rinde von *Photinia loriformis* in der wtp. St. bei Jöschuitang n von Yünnanfu, 25° 26′, 1800 m (471).

5. * ***B. Zahlbruckneri*** Stnr. in Annal. Naturhist. Hofmus. Wien, XXIII, 122 (1909). **Y.**: Rinden in der wtp. St. um Yünnanfu, 1900—2100 m. *Quercus variabilis* bei der Djindien-se (401). *Lithocarpus dealbata* bei Sugö (2001). *Pirus Pashia* bei Schilungba (134).

— — * **var. *erubescens*** Stnr. apud A. Zahlbr. in Denkschr. math.-nat. Kl. kais. Akad. Wiss. Wien, LXXXIII, 193 (1909). (*Buellia erubescens* Arn. in Verh. zool.-bot. Ges. Wien, XXV, 493 [1875]). **Y.**: Rinden in der wtp. St. um Yünnanfu, 1950 m. Laubbäume bei Helungtang (274). *Rhamnus* u. a. bei Schilungba (250). **S.**: *Prunus* in der tp. St. des Passes Linbinkou zwischen Yenyüen und Kwapi, 3000 m (2851). E-**Kw.**: *Liquidambar formosana* in der str. St. beim Tempel Yanggu-miao nächst Gudschou, 300 m (10872).

6. ** ***B. disjecta*** A. Zahlbr.

Thallus epilithicus, crustaceus, uniformis, maculas formans irregulares et minores, usque 15 mm latas, substrato adhaerens, in margine passim sublobatus, tenuis, ad 0,2 mm crassus, subtartareus, albidus, opacus, KHO parum flavens, $CaCl_2O_2$—, areolato-rimosus vel areolatus, areolis contiguis vel magis dispersis, fissuris tenuibus separatis, planiusculis, 0,2—0,5 mm latis, subangulosis vel oblongatis, sorediis et isidiis nullis, in margine linea obscuriore non cinctus; hyphae thalli non amyloideae.

Apothecia lecideina, increbra, dispersa, sessilia, rotunda, ad basin leviter constricta, nigra, paulum nitidula, parva, usque 0,6 mm lata, epruinosa, e concaviusculo mox convexa, margine primum tenui, integro et parum prominulo, mox depresso; excipulum integrum, fusco-nigrum, infra hymenium incrassatum;

hymenium superne anguste et bene limitate umbrino-nigrescens, non pulverulentum, caeterum decolor et purum, 65—70 μ altum, J intense coeruleum et demum sordide fuscescenti-rufescens; hypothecium valde angustum, decolor; paraphyses filiformes, crassiusculae, ad 4 μ crassae, contextae, simplices, tenuiter septatae, ad apicem clavatae et obscuratae; asci ovali-clavati, superne bene rotundati et membrana incrassata cincti, 8 spori; sporae bi- — triseriales, fuscae, ellipsoideae vel subovales, utrinque late rotundatae, rectae vel subrectae, uniseptatae, membrana et septo tenuibus, ad septum utplurimum leviter constrictae, cellulis plus minus aequalibus, sed non distincte didymae, 13—18 μ longae et 6—8 μ latae. Pycnoconidia non visa.

S.: Schieferfelsen in der wtp. St. bei Gobankou am Houdsengai ober Dötschang („Tetschang") im Djientschang („Kientschang"), 2100 m, 6. IV. 1914 (1860).

7. B. subocculta JATTA in Nuov. Giorn. Bot. Ital., nov. ser., IX, 479 (1902). Schenhsi: Silikatfelsen bei Dsulu (GIRALDI).

8. ** *B. effundens* A. ZAHLBR.

Thallus epilithicus, crustaceus, uniformis, ex areolis minutis, 0,1—0,2 mm latis, subangulosis, valde tenuibus, adpressis, vulgo dispersis, rarius plus minus approximatis, hypothallo tenui, obscure cinereo-nigricanti insidentibus formatus, rosello- vel dilute fuscescenti-albidus vel albus, opacus, KHO bene flavens, $CaCl_2O_2$—, sorediis et isidiis non instructus; medulla tenuissima, alba, J—.

Apothecia lecideina, adpresso-sessilia, dispersa, rarius approximata, nigra, opaca, rotunda, ad basin leviter constricta, minuta, 0,2—0,3 mm lata, primum concaviuscula et margine tenui, integro et parum prominulo cincta, demum convexa, margine depresso; excipulum dimidiatum, fusco-nigrum, cum hypothecio confluens; hymenium superne olivaceo-fuscum, non pulverulentum, caeterum decolor et purum, 45—50 μ altum, J violaceo-coeruleum, mox obscuratum, KHO crystallos aciculares, substellatos vel subfasciculatos, copiosos effundens; hypothecium crassum, obscure fuscum, versus hymenium lutescenti-fuscescens; paraphyses filiformes, ad 3 μ crassae, strictae, gelatinose conglutinatae, simplices, ad apicem capitatae, capite subgloboso, septo limitato, 4—5 μ lato; asci ovaliclavati, superne rotundati et membrana in parte superiore bene incrassata cincti, 8spori; sporae distichae, olivaceo-fuscae, ellipsoideae, utrinque rotundatae, rectae, biloculares, septo sat tenui, ad septum non constrictae, membrana tenui cinctae, 9—11 μ longae et 4—5 μ latae. Pycnoconidia ignota.

F.: Gu-schan bei Fudschou, kalkfreie Felsen, 500—600 m (CHUNG 608).

9. ** ***B. subarmeniaca*** A. ZAHLBR.

Thallus epilithicus, crustaceus, uniformis, late expansus et substrato arcte adhaerens, bene limitatus, tenuis, tartareus, alutaceus, subarmeniacus vel ochraceus, opacus, KHO citrinus, demum fulvus, $CaCl_2O_2$—, areolatus, areolis continuis, parvis, 0,25—0,3 mm latis, angulosis, fissuris valde tenuibus separatis, planis, superne laevigatis, sorediis et isidiis destitutus, in ambitu passim linea tenui, nigra circumdatus; hyphae thalli non amyloideae.

Apothecia lecideina, crebra, approximata, primum immersa, mox sessilia, parva, ad 0,3 mm lata, rotunda, fusco-nigra, opaca, convexa; margo primum tenuissimus, integer, vix discum superans, mox depressus; excipulum dimidiatum, in sectione transversali ad ambitum obscure fuscum, fere nigricans, intus pallidum, plectenchymaticum, gonidia nulla includens; hypothecium lutescenti-fuscidulum, ex hyphis intricatis formatum; hymenium superne obscure fuscum, non inspersum, caeterum decolor et purum, usque 75 μ altum, J intense violaceo-coeruleum; paraphyses filiformes, conglutinatae, strictae, simplices, eseptatae, ad apicem vix latiores; asci ellipsoideo-clavati, superne rotundati et membrana incrassata cincti, 8spori; sporae plus minus biseriales, obscure fuscae, ellipsoideae vel subovales, rectae, utrinque bene rotundatae, uniseptatae, septo tenui, cellulis aequalibus, ad septa non vel vix constrictae, 11—13 μ longae et 5—6 μ latae.

Conceptacula pycnoconidiorum sat numerosa, immersa, vertice punctiformi, nigro et convexiusculo prominula; perifulcrium pallidum; fulcra endobasidialia; pycnoconidia bacillaria, recta, utrinque retusato-rotundata, 5—6 μ longa et ad 1 μ lata.

Y.: Quarzfelsen in der wtp. St. bei Schilungba nächst Yünnanfu, 2100 m, 20. II. 1914 (166). **S.**: Phyllitfelsen der str. St. bei Schangliangdse nächst Dötschang, 1770 m, 5. IV. 1914 (1801).

— — ** var. ***huiliensis*** A. ZAHLBR.

Thallus cervino-cinerascens, hinc inde albidus, KHO non tinctus.

Y.: Quarzblöcke in der str. St. bei Lagatschang am Djinscha-djiang am direkten Wege von Yünnanfu nach Huili, 900 m, 21. III. 1914 (787).

10. ** ***B. yünnana*** A. ZAHLBR.

Thallus epilithicus, crustaceus, uniformis, late expansus, substrato arcte adhaerens, tenuis, cervino- vel umbrino-fuscus, opacus, KHO et KHO + $CaCl_2O_2$ solutionem fusco-lutescentem effundens, rimoso-areolatus, areolis in ambitu thalli minutis, in centro latioribus, ad 3 mm latis, continuis, planis, fissuris tenuibus separatis, angulosis, hypothallo passim cinereo-nigricanti insidentibus, soredia et isidia desunt; hypothallus ad marginem thalli bene evolutus, niger, hinc inde plus minus dendroideo-ramosus; stratum corticale angustum, sordidescens, plectenchymaticum, pulverulentum; gonidia cystococcoidea, 9—11 μ lata; medulla alba, hyphis non amyloideis.

Apothecia lecideina, nigra, opaca vel nitidula, epruinosa, adpressa vel sessilia, rotunda, parva, usque 0,7 mm lata, primum concaviuscula vel plana, margine nigro, pertenui, integro et prominulo cincta, demum leviter convexa, margine depresso; excipulum integrum, infra hymenium incrassatum, fuligineum vel obscure fuscum, J violascens; hymenium superne anguste et bene limitate nigricans, NO_5 in fuscum vergens, leviter pulverulentum, caeterum decolor, purum, 47—50 μ altum, J coeruleum; paraphyses filiformes, strictae, simplices, eseptatae, ad apicem septato-clavatae, conglutinatae; asci oblongo-clavati, superne rotundati et ibidem membrana modice incrassata cincti, 8spori; sporae biseriales, obscure fuscae, breviter ellipsoideae, utrinque bene rotundatae, uniseptatae, septo et membrana tenuibus, ad septum non constrictae, 8—9 μ longae et 3—4 μ latae. Pycnoconidia non visa.

S-**Y.**: Quarzitsteine bei Manhao nahe der Grenze von Tonkin, tr. St., 200 bis 400 m, 28. II. 1915 (5791).

11. ** ***B. subannulata*** A. ZAHLBR.

Thallus epilithicus, crustaceus, uniformis, late expansus et substrato arcte adhaerens, tenuis, ad 0,1 mm crassus, subtartareus, pallide alutaceus, opacus, KHO flavens, $CaCl_2O_2$—, tenuissime rimosus vel subareolatus, areolis continuis, minutis, inaequalibus, passim subgibbosis, sorediis et isidiis non praeditus, in margine haud bene limitatus et linea nigra non cinctus; medulla albida, J—.

Apothecia lecideina, crebra, vulgo approximata, rarius dispersa, nigra, opaca, epruinosa, primum innata, leviter urceolata vel concava, extus annulo albido angusto cincta, dein planiuscula, margine tenuissimo, integro et prominulo cincta, demum convexa, margine depresso, rotunda, usque 0,6 mm lata; excipulum dimidiatum, sat angustum, ad ambitum nigricans, intus pallidius, plectenchymaticum; hymenium in toto dilute fuscescens, superne anguste obscure fuscum, non inspersum, 120—140 μ altum, J primum intense coeruleum, demum sordide obscuratum: hypothecium crassiusculum, in centro intensius, ad ambitum dilutius ochraceo-fuscum, strato gonidiifero superpositum; paraphyses capillari-filiformes, strictae, densae, simplices, eseptatae, ad apicem leviter clavatae et obscuratae; asci crebri, oblongo-clavati, superne rotundati et membrana ibidem primum bene, dein modice incrassata cincti, 8 spori; sporae in ascis bi- vel subuniseriales, obscure fuscae, ellipsoideae, rectae, ad apices rotundatae vel angustato-rotundatae, uniseptatae, septo et membrana tenuibus, ad septum non constrictae, rectae, 15—18 μ longae et 6—8 μ latae. Pycnoconidia non visa.

S.: Sandsteinfelsen in der wtp. St. auf dem Sattel zwischen Tjiaodjio und Lemoka im Lolo-Lande e von Ningyüen (Lingyüen), 2250 m, 23. IV. 1914 (1584).

12. ** ***B. polita*** A. ZAHLBR.

Thallus epilithicus, crustaceus, uniformis, sat late expansus, substrato arcte adhaerens, e plagis pluribus, linea utplurimum tenui, nigricante cinctis et confluentibus formatus, tenuis, ad 0,25 mm crassus, subtartareus, cervino-glaucescens vel cupreo-cinerascens, nitidus, KHO e flavo olivaceo-rubiginascens, $CaCl_2O_2$—, KHO + $CaCl_2O_2$ sordide aurantiacus, areolato-rimosus vel areolatus, areolis parvis, 0,15—0,3 mm latis, plus minus angulosis, planiusculis, fissuris valde tenuibus separatis, sorediis et isidiis destitutus, superne strato corticali ex hyphis plus minus verticalibus, crassiusculis, ramosis et articulato-septatis formato, superne fuscescente et pulverulento obductus; gonidia cystococcoidea, glomerata, glomerulis vulgo separatis; medulla alba, J—.

Apothecia lecideina, in areolis solitaria, immersa, demum thallum paulum superantia, minuta, 0,2—0,25 mm lata, nigra, epruinosa, margine tenuissimo, primum prominulo, demum depresso cincta, rotunda, e planiusculo convexula; excipulum integrum, infra hymenium incrassatum et subobconice productum, fuscescens, KHO rufescens et crystallos aciculares, stellatim congestos effundens; hymenium superne anguste fuscum et leviter pulverulento-inspersum, caeterum decolor et purum, 60—80 μ altum, J violaceum; paraphyses filiformes, contextae, simplices vel in parte suprema furcatae, ad apicem septato-capitatae et obscuratae: asci ovali-clavati, superne rotundati et membrana bene incrassata cincti, 8 spori: sporae bi- vel triseriales, fuscae, ellipsoideae vel subovales, utrinque rotundatae, rectae, biloculares, septo et membrana tenuibus, ad septum non constrictae, 12—15 μ longae et 5—6 μ latae.

Conceptacula pycnoconidiorum immersa, globosa, vertice nigro, punctiformi prominula; perifulcrium circa ostiolum obscuratum, caeterum pallidum; fulcra exobasidialia; pycnoconidia cylindrica vel subbacillaria, recta, 6—8 μ longa et ad 1 μ lata.

S.: Phyllitfelsen in der str. St. bei Schangliangdse nächst Dötschang im Djientschang, 1770 m, 5. IV. 1914 (1802).

13. ** ***B. hilaris*** A. ZAHLBR.

Thallus epilithicus, crustaceus, uniformis, plagas minores, irregulares, linea nigra cinctas, plus minus confluentes, bene limitatas formans, substrato arcte adnatus, tenuis, 0,15—0,2 mm crassus, subtartareus, carneo- vel persicino-cinerascens, opacus, KHO e flavo mox sanguineus et crystallos numerosos, aciculares, longiusculos, substellatim congestos effundens, $CaCl_2O_2$—, areolatus, areolis parvis, 0,2—0,6 mm latis, angulosis, planis vel planiusculis, continuis, fissuris tenuissimis separatis; gonidia cystococcoidea, globosa, laete viridia, 9—12 μ lata; medulla alba, J—.

Apothecia lecideina, dispersa vel approximata, nigra, nitidula, epruinosa, adpressa, rotunda, parva, 0,2—0,3 mm lata, ad basin leviter constricta, e concaviusculo plana vel modice convexa, margine primum tenui, integro et prominulo, demum depresso; excipulum dimidiatum, nigrum, mediocre; hymenium superne haud obscurius, tenuiter pulverulentum, in toto dilute fuscescens, purum, 70—74 μ altum, J fusco-obscuratum; hypothecium fusco-nigrum, versus hymenium fuscum, KHO rufum; paraphyses filiformes, strictae, simplices, eseptatae, capitatae, conglutinatae; asci clavati, superne rotundati et membrana incrassata cincti, 8spori; sporae subbiseriales, fuscae, late ellipsoideae, utrinque late rotundatae, rectae, uniseptatae, septo et membrana tenuibus, ad septum non constrictae, 9—12 μ longae et ad 6 μ latae. Pycnoconidia non observata.

H.: Kalkkonglomeratfelsen zwischen Daloping und Loudi im Bezirke von Hsianghsiang, str. St., 150 m, 5. V. 1918 (11734).

14. ** ***B. Handelii*** A. ZAHLBR.

Thallus epiphloeodes, crustaceus, uniformis, sat late expansus, substrato arcte adhaerens, tenuis, ad 0,2 mm crassus, subtartareus, albido- vel cinerascenti-rosaceus, opacus, KHO vix flavescens, $CaCl_2O_2$—, KHO + $CaCl_2O_2$ sordidescens, granuloso-inaequalis vel granulosus, demum irregulariter fissus vel subareolatim diffractus, sorediis et isidiis non instructus, in margine bene limitatus et linea pertenui, nigricante cinctus; gonidia cystococcoidea; medulla alba, J—.

Apothecia lecideina, crebra, dispersa vel approximata, adpresso-sessilia, rotunda, ad basin leviter constricta, nigra, opaca, epruinosa, 0,4—1,1 mm lata, primum concaviuscula et margine tenui, integro, bene prominulo cincta, demum convexa, margine depresso; excipulum integrum, fuligineum, crassum, infra hymenium obscure fuscum; hymenium superne fuscum, caeterum decolor et tenuiter spumuloso-inspersum, 80—90 μ altum, J e violaceo-coeruleo sordide obscuratum; paraphyses filiformes, densae, strictae, contextae, simplices, eseptatae, ad apicem paulum latiores; asci oblongo-clavati, superne rotundati et membrana modice incrassata cincti, 8spori; sporae in ascis biseriales, e decolore demum fuscae, ellipsoideae, utrinque latiuscule rotundatae, uniseptatae, cellulis aequalibus vel parum inaequalibus et dein cellula una ad apicem minus bene rotundata, septo et membrana tenuibus, ad septum leviter constrictae, cellulis guttula oleosa unica, demum evanescente impletis, 14—19 μ longae et 6—8 μ latae. Pycnoconidia non visa.

Y.: Rinde von *Quercus variabilis* bei Döge nw von Yünnanfu, wtp. St., 1800 m, 8. III. 1914 (414).

15. ** **B. cervinoplaca** A. ZAHLBR.

Thallus epilithicus, crustaceus, uniformis, maculatim expansus, tenuis, substrato arcte adhaerens, subtartareus, cervinus, opacus, KHO lutescens, $CaCl_2O_2$—, granulosus, granulis parvis, ad 0,1 mm latis, convexis vel fere semiglobosis, congestis vel dispersis, laevigatis, sorediis et isidiis destitutus; hypothallus fumoso-nigricans, tenuissimus, quasi suffusus; hyphae thalli non amyloideae; gonidia cystococcoidea.

Apothecia lecideina, dispersa, minuta, usque 0,5 mm lata, inter granulas sessilia, nigra, nitida, epruinosa, mox convexa vel semiglobosa, margine depresso; excipulum dimidiatum, ad ambitum nigrescens, intus cinerascens, sat angustum; hymenium superne fuscescens, non pulverulentum, caeterum decolor et purum, 55—60 μ altum, J violaceo-coeruleum; hypothecium lutescenti-fuscescens; paraphyses filiformes, facile liberae, simplices, eseptatae, capitatae; asci oblongo- vel ellipsoideo-clavati, superne rotundati et membrana crassiuscula instructi, 8spori; sporae biseriales, fuscae, ellipsoideae vel subovales, utrinque rotundatae, rectae, uniseptatae, cellulis aequalibus, membrana et septo tenui, 7—9 μ longae et 4,5—5,5 μ latae. Pycnoconidia non visa.

S.: Phyllitfelsen der str. St. bei Schangliangdse nächst Dötschang, 1770 m, 5. IV. 1914 (1803).

16. ** **B. endolateritia** A. ZAHLBR.

Thallus epilithicus, crustaceus, uniformis, modice expansus, substrato adhaerens, tenuis, ad 0,1 mm crassus, subtartareus, cervino-fuscus vel rufescenti-cervinus, opacus, KHO—, $CaCl_2O_2$—, subsquamuloso-areolatus, areolis parvis, 0,2—0,6 mm latis, continuis, fissuris tenuibus separatis, subanguloso-rotundatis, concavis, convexis vel subgibbosis, sorediis et isidiis nullis, bene limitatus, linea nigra tamen non cinctus; gonidia cystococcoidea; medulla lateritio-rubra, KHO magis sanguinea.

Apothecia lecideina, sat crebra, dispersa vel approximata, adpresso-sessilia, nigra, opaca, epruinosa, rotunda, 0,5—0,8 mm lata, primum planiuscula, mox convexa, margine depresso; excipulum dimidiatum, fusco-nigrum, mediocre, infra hymenium incurvum, cum hypothecio obscure fusco (versus hymenium rufo-fusco) plus minus confluens; hymenium superne anguste sat obscure fuscum, non pulverulentum, caeterum fuscescens et tantum in parte inferiore decolor, purum, 40—60 μ altum, J intense coeruleum; paraphyses filiformes, strictae, dense contextae, simplices, eseptatae, ad apicem clavatae; asci oblongo-clavati, superne rotundati et membrana modice incrassata cincti, 8spori; sporae in ascis bi- vel in parte inferiore ascorum uniseriales, castaneo-fuscae, late ellipsoideae, utrinque latiuscule rotundatae, rectae, uniseptatae, cellulis aequalibus, septo et membrana tenuibus, ad septum leviter constrictae, cellulis guttula oleosa unica impletis, 10—13 μ longae et 5—6 μ latae. Pycnoconidia non visa.

Y.: Quarzblöcke beim Fährenhause Lagatschang am Djinscha-djiang n von Yünnanfu, str. St. 900 m, 21. III. 1914 (786).

17. ** **B. leproplaca** A. ZAHLBR.

Thallus epiphloeodes, crustaceus, uniformis, late expansus, substratum arcte obducens, tenuis, mollescens, fusco-cervinus, opacus, KHO sordidescens, $CaCl_2O_2$—, leprosus vel granuloso-leprosus, continuus, sorediis et isidiis non praeditus, in margine bene limitatus, linea nigra non cinctus: gonidia cystococcoidea: medulla alba, J—.

Apothecia lecideina, dispersa vel rarius parum approximata, sat crebra, sessilia, parva, usque 0,5 mm lata, rotunda, fusco-nigra vel nigra, opaca, ad basin leviter constricta, primum concava, demum convexa, margine depresso; excipulum fuligineum, mediocre, cum hypothecio crasso fusco-nigro confluens; hymenium superne fusco-nigrum, non pulverulentum, caeterum umbrino fuscescens vel pro parte fere decolor, purum, 90—95 μ altum, J sordide coeruleum: paraphyses filiformes, strictae, conglutinatae, sed distincte limitatae, simplices, eseptatae, ad apicem capitatae et obscuratae; asci ellipsoideo-clavati, superne bene rotundati et membrana modice incrassata cincti, 8spori; sporae plus minus biseriales, e fumoso demum obscure fuscae, late ellipsoideae vel subovales, utrinque bene rotundatae, rectae, polari-diblastae, loculis depresso-subcornutis et isthmo tenui junctis (septum tenue visibile), 21—22 μ latae et 9—12 μ longae. Pycnoconidia non visa.

S.: Rinde alter Stämme von *Hippophaes rhamnoides* in der tp. St. bei der Brücke ober Doloho s von Muli am Wege nach Yungning 2850 m, 24. VII. 1915 (7197).

18. ** ***B. Keteleeriae*** A. Zahlbr.

Thallus epiphloeodes, crustaceus, uniformis, sat late expansus, substrato arcte adhaerens, tenuis, 0,1—0,15 mm crassus, subtartareus, cupreo- vel rufescenti-cervinus, opacus, KHO—, $CaCl_2O_2$—, continuus, parum inaequalis, sorediis et isidiis non instructus, in margine linea obscuriore non cinctus; stratum corticale angustum, plectenchymaticum: gonidia cystococcoidea, globosa, 9—11 μ lata.

Apothecia lecideina, sat crebra, dispersa vel approximata, nigra, opaca, parva, 0,3—0,45 mm lata, rotunda, ad basin leviter constricta, primum concava, demum plana vel convexa; margo primum prominulus, tenuissimus, integer, demum depressus; excipulum dimidiatum, fuligineum, crassiusculum: hymenium superne anguste fuscum, haud pulverulentum, NO_5 plus minus aeruginascens, caeterum dense et minute spumuloso-inspersum, 75—80 μ altum, J e coerulescentia fugace sordide fuscum; paraphyses capillari-filiformes, contextae et facile liberae, simplices, eseptatae, ad apicem rotundato-capitatae et obscuratae: asci oblongo- vel ellipsoideo-clavati, superne rotundati et membrana bene incrassata cincti, 8spori: sporae in ascis biseriales et obliquae, olivaceo-fuscescentes vel subfumosae, ovales, utrinque rotundatae vel in uno apice angustato-rotundatae, rectae, polari-diblastae, luminibus subellipsoideis, majusculis, approximatis et isthmo valde brevi junctis, 18—21 μ longae et 9—12 μ latae. Pycnoconidia non visa.

Y.: Auf der korkartigen Rinde von *Keteleeria Davidiana* in der wtp. St. beim Tempel Djindien-se nächst Yünnanfu, 2050 m, 16. II. 1914 (90).

Sect. *Diplotomma*

Th. Fr., Lichenogr. Scand., I, 607 (1874).

19. * ***B. alboatra*** (Hoffm.) Br. et Rostr. in Botan. Tidskrift, IV, 239 (1869). (*Lichen alboater* Hoffm., Enumer. Lich., 30 [1784]). **NW-Y.**: Lebende Zweige von *Berberis dictyophylla* in der ktp. St. am Westhange des Rückens zwischen Haba und Dugwantsun se von Dschungdien, 4050 m (6872).

B. (sect. *Catolechia*) **sp.**? NW-**Y.**: Schieferfelsen der Hg. St. des Rückens zwischen Haba und Dugwantsun, 4250—4450 m (6955).

Rinodina

MASS., Ricerch. Auton. Lich., 14 (1852).

A. Species saxicolae.
 a) Sporae simpliciter septatae.
  I. Sporae septo crasso *6. discolor.*
  II. Sporae septo tenui.
   α) Sporae biloculares, 15—22 × 7—9 μ *3. setschwana.*
   β) Sporae 4loculares, 24—28 × 9—12 μ *5. heterospora.*
 b) Sporae polari-diblastae, luminibus subcornutis.
  I. Apothecia immersa; thallus laevigatus, continuus, alutaceus *7. cornutula.*
  II. Apothecia sessilia, fere verruciformia; thallus albidus, plus minus dispersus *8. globulans.*
B. Species corticolae.
 a) Thallus leprosulus; sporae 24—36 × 10—14 μ *1. subleprosula.*
 b) Thallus non leprosus.
  I. Sporae minores et latiores, 12—20 × 6—9 μ; thallus verruculoso-areolatus *2. sophodes.*
  II. Sporae majores et angustiores, 20—24 × 8—10 μ; thallus laevigatus et continuus *4. Handelii.*

1. R. subleprosula JATTA in Nuov. Giorn. Bot. Ital., nov. ser., IX, 477 (1902). Schenhsi: Junge Stämme auf dem Hwangtou-schan (GIRALDI).

2. R. sophodes (ACH.) TH. FR. in Nova Acta Reg. Soc. Scient. Upsal., ser. 3, III, 225 (1861). (*Lecanora s.* ACH., Lichenogr. Univers., 356 [1810]. HUE II, 171). **Y.**: Moschetschin ober Dapingdse, Rinden in Wäldern (DELAVAY). E von Man-hsien (GREGORY nach PAULS. I, 319).

3. ** ***R. setschwana*** A. ZAHLBR.

Thallus epilithicus, crustaceus, uniformis, substrato arcte adhaerens, tenuis, 0,1—0,3 mm crassus, expansus, subtartareus, pallide alutaceus vel alutaceo-albidus, fere opacus, KHO sordidescenti-aurantiacus, $CaCl_2O_2$ vix lutescens, minute et graciliter areolatus, areolis angulosis, continuis, planis, 0,3—0,4 mm latis, crustam laevigatam formantibus, fissuris tenuissimis separatis, sorediis et isidiis destitutus, in margine linea fusco-nigricante, tenui cinctus et bene limitatus; gonidia cystococcoidea; medulla alba, circa apothecia J violascenti-coerulea, KHO aurantiaco-flava.

Apothecia sat crebra, dispersa vel approximata, primum adpressa, demum in areolis thalli plus minus immersa, lecanorina, rotunda, parva, 0,3—0,5 mm lata; discus niger, opacus, epruinosus, planiusculus vel convexulus; margo cum thallo concolor, tenuis et integer; excipulum distinctum, dimidiatum, tantum ad latera hymenii evolutum, angustum et decolor; hymenium superne umbrino-fuscescens, non pulverulentum, KHO—, NO_5—, caeterum decolor, purum, dilucidum, 90—94 μ altum, J cupreo-rufescens; hypothecium rufo-fuscum, ex hyphis intricatis formatum, mollescens; paraphyses filiformes, strictae, gelatinoseconglutinatae, simplices, eseptatae, ad apicem septato-capitatae; asci ovali-clavati, superne rotundati et membrana incrassata cincti, 8 spori; sporae in ascis plus minus triseriales, fuscae, oblongo-ellipsoideae, utrinque rotundatae, rectae vel rarius subcurvulae, uniseptatae, cellulis aequalibus, septo et membrana tenuibus, ad septum non constrictae, 15—22 μ longae et 7—9 μ latae. Pycnoconidia non visa.

S.: Sandsteinfelsen in der str. St. bei Dötschang im Djientschang („Kientschang"), 1450 m, 4. IV. 1914 (1171).

4. ** ***R. Handelii*** A. ZAHLBR.

Thallus epiphloeodes, crustaceus, uniformis, substratum arcte obducens, expansus, tenuis, vix 0,1 mm crassus, subtartareus, umbrino- vel passim ochraceo-fuscus, opacus, KHO—, $CaCl_2O_2$—, continuus, laevigatus, sorediis et isidiis nullis, in margine linea nigricante, tenui cinctus et passim versus ambitum lineis nigris percursus; gonidia cystococcoidea; hyphae thalli non amyloideae.

Apothecia lecanorina, dispersa vel approximata, minuta, 0,2—0,3 mm lata, sessilia, rotunda, ad basin leviter angustata, e concaviusculo convexa; discus obscure fuscus vel nigricans, nitidulus, epruinosus, madefactus sanguineo-rufus; margo cum thallo concolor, tenuis, integer, primum prominulus, demum depressus, extus e strato corticali obscure fusco, plectenchymatico obductus, intus decolor, medullam et gonidia copiosa includens; hymenium superne umbrino-fuscum, non pulverulentum, KHO—, NO_5—, caeterum decolor et purum, ad 75 μ altum, J intense coeruleum; hypothecium pallidum, dilute lutescens, ex hyphis intricatis formatum, mollescens, strato gonidiali superpositum; paraphyses filiformes, strictae, modice conglutinatae, simplices, eseptatae, ad apicem clavato-capitatae et obscuratae; asci ellipsoideo-clavati, superne late rotundati et membrana bene incrassata cincti, 8 spori; sporae bi- vel triseriales, e fumoso fuscidulae, ovali-oblongae vel subdactyloideae, utrinque rotundatae, rectae, uniseptatae, cellulis aequalibus, membrana et septo tenuibus, cellulis guttula oleosa unica, mediocri impletis, 20—24 μ longae et 8—10 μ latae. Pycnoconidia non visa.

Y.: Lebende Rinde von Pflaumenbäumen in Gärten der wtp. St. in Yünnanfu, 1920 m, 24. II. 1914 (275).

5. ** ***R. heterospora*** A. ZAHLBR.

Thallus epilithicus, crustaceus, uniformis, substrato adhaerens, sat expansus, tenuis, subtartareus fusco-, passim ochraceo-cinerascens, KHO fulvescens, $CaCl_2O_2$—, KHO + $CaCl_2O_2$ luteo-fuscescens, areolatus, areolis continuis, parvis, 0,2—0,5 mm latis, angulosis, planis, fissuris tenuibus separatis, subtus nigricantibus, sorediis et isidiis destitutus, in margine linea nigricante nonnihil cinctus; stratum corticale angustum, ad ambitum obscuratum et pulverulentum, plectenchymaticum; gonidia cystococcoidea, 9—12 μ lata; medulla alba, J—.

Apothecia quoad habitum fere lecideina, immersa et demum adpressa, nigra, epruinosa, 0,3—0,4 mm lata, rotunda; margo tenuis, nigricans, prominulus, integer, in sectione ad ambitum anguste obscuratus, intus decolor, ex hyphis radianti-intricatis formatus, gonidia copiosa includens; hypothecium fusculum, ex hyphis intricatis formatum, mollescens; hymenium superne rufo-fuscum, non pulverulentum, KHO—, strato tenui, amorpho et decolore obductum, caeterum decolor et purum, ad 80 μ altum, J cupreo-rufescens; paraphyses filiformes, strictae, conglutinatae, simplices, eseptatae, ad apicem leviter capitatae; asci ellipsoideo-clavati, superne rotundati et membrana bene incrassata cincti, 8spori; sporae biseriales, fuscae, plus minus ellipsoideae, utrinque rotundatae, vulgo rectae, rarius curvulae, primum breviores et uniseptatae, demum magis elongatae et triseptatae, septis et membrana tenuibus, in medio leviter constrictae, 24—28 μ longae et 9—12 μ latae. Pycnoconidia non visa.

S.: Granitfelsen der wtp. St. bei Gobankou auf dem Houdsengai bei Dötschang, 2100 m, 5. IV. 1914 (1861).

6. R. discolor (HEPP) ARN. in Flora, LXVII, 319 (1884). (*Biatora* HEPP, Flecht. Europ. nr. 319 [1857]. — *Buellia d.* KÖRB., Parerg. Lich., 185 [1860]. KRPHBR. I, 468). Hongkong, Felsen (R. RABENHORST).

7. ** ***R. cornutula*** A. ZAHLBR.

Thallus epilithicus, crustaceus, uniformis, maculas minores formans, substrato arcte adhaerens, tenuis, ad 0,1 mm crassus, subtartareus, persicino-alutaceus vel alutaceus, opacus, KHO et $CaCl_2O_2$ non tinctus, continuus vel passim tenuissime et irregulariter fissus, laevigatus, sorediis et isidiis nullis, in margine linea tenui et nigricante cinctus; gonidia cystococcoidea, globosa vel subglobosa, laete viridia, 11—13 μ lata; hyphae medullares non amylaceae.

Apothecia lecanorina, ex immerso vix adpressa, minuta, 0,2—0,3 mm lata, nigra, opaca, rotunda, e concavo planiuscula, plus minus approximata; discus niger, opacus, epruinosus; margo thallinus primum cinerascens, demum nigricans, tenuis, integer, pruinosulus, in sectione transversali ad ambitum anguste nigricans, NO_5—, intus pallens, dilute sordidescens, plectenchymaticus, gonidia sat copiosa includens; hymenium superne umbrino-fuscum, non pulverulentum, KHO—, NO_5—, caeterum decolor et purum, 90—100 μ altum, J intense violaceo-coeruleum; paraphyses capillari-filiformes, conglutinatae, sat bene limitatae, simplices, eseptatae, ad apicem vix latiores; asci hymenio subaequilongi, ellipsoideo-clavati, superne late rotundati et membrana incrassata cincti, 8spori; sporae in ascis biseriales, fumoso-fuscescentes, late ellipsoideae vel subovales, utrinque rotundatae, rectae, polari-diblastae, luminibus triangulari-subcornutis, in medio non constrictae, 19—24 μ longae et 14—15 μ latae. Pycnoconidia non visa.

S-Y.: Manhao nahe der Grenze von Tonkin, Tonschieferfelsen am Flußufer in der tr. St., 200 m, 2. III. 1915 (5858).

8. ** ***R. globulans*** A. ZAHLBR.

Thallus epilithicus, crustaceus uniformis, expansus, tenuis, subtartareus, substratum arcte obducens, albidus vel albido-cinerascens, fere opacus, KHO rubenti-fuscescens, $CaCl_2O_2$—, ex areolis vulgo dispersis, rarius approximatis et crustam parvam areolatamque formantibus, 0,15—0,3 mm latis, planiusculis, rotundatis vel subangulosis, passim superne subleprosis, isidiis et sorediis non praeditus; gonidia cystococcoidea, globosa, dilute viridia, 16—22 μ in diam.; medulla alba, tenuis, J—.

Apothecia lecanorina, sessilia, dispersa vel approximata, rotunda, parva, usque 0,8 mm lata, ad basin bene constricta; discus nigricanti-fuscus, madefactus fuscus, concaviusculus, epruinosus; margo crassiusculus, albidus, persistens et prominulus, integer vel subinteger, extus anguste obscure fuscus, intus decolor et plectenchymaticus, cortice ad 90 μ crasso, ex hyphis perpendicularibus et dense conglutinatis formato obductus, gonidia copiosa includens; excipulum integrum, angustum, decolor; hymenium superne anguste et obscure olivaceum vel fuscum, non pulverulentum, KHO—, NO_5—, caeterum decolor et purum, 125—130μ altum, J coeruleum et dein aeruginoso-fuscescens; hypothecium pallidum, strato gonidiali superpositum; paraphyses filiformes, ad 3μ crassae, simplices, inferne eseptatae et ad apicem septato-capitatae, inferne laxiusculae, capitibus cohaerentes; asci ovali-clavati, superne rotundati et membrana incrassata cincti, 8spori; sporae biseriales, pallide fuscescentes, demum (emorientes) obscuratae, late ovales vel late ellipsoideae, utrinque rotundatae, rectae, in medio non vel vetustae leviter constrictae, biloculares, luminibus rhomboideo subcornutis obtusatis vel demum rotundatis, 24—30μ longae et 14—16μ latae. Pycnoconidia non visa.

S.: Eisenschüssiger Sandstein in der tp. St. um den Paß Dsiliba im Daliangschan e von Ningyüen, ±3000 m, 26. IV. 1914 (1771).

Physciaceae.

Pyxine

FR., Syst. Orb. Veget., pars 1, 267 (1825).

A. Thallus sorediatus.
- a) Lobi thalli praesertim in margine sorediosi.
  - I. Medulla citrina — *5. endochrysina.*
  - II. Medulla alba — *2. connectens.*
- b) Lobi thalli in superficie sorediis instructi — *6. sorediata.*

B. Thallus esorediatus.
- α) Thallus albidus.
  - a) Sporae majores, ultra 13μ longae.
    - I. Medulla plus minus flava — *3. Meissneri.*
    - II. Medulla alba vel albida.
      - 1. Hypothecium KHO violascens — *4. endoleuca.*
      - 2. Hypothecium KHO— — *1. cocoës.*
  - b) Sporae minores, 10—13 × 5—6μ — *7. microspora.*
- β) Thallus plus minus olivaceus — *8. subolivacea.*

1. **P. cocoës** (SW.) NYL. in Mémoir. Soc. Scienc. Natur. Cherbourg, V, 108 (1857). (*Lichen c.* SW., Nova Gener. et Spec. Plant., 146 [1788]). **S.**: In der wtp. St., 1960—2100 m. Lebende Weidenstämme bei Huili (879). Granitfelsen bei Gobankou ober Dötschang („Tetschang") (1859). **Y.**: Rinden in den Wäldern Moschetschin und Sungping ober Dapingdse (DELAVAY). Gutui ober Mosoying (D. 2997 nach HUE II, 169). Kwangtung: Wampu an Rinden (R. RABENHORST nach KRPLHBR. I, 467).

2. **P. connectens** WAIN., Étud. Lich. Brésil, I, 154 (1890). **Y.**: Eichenrinde in der wtp. St. bei Sanyingpan n von Yünnanfu, 26°, 2400 m (584). Rinden auf dem Berge Gusukang bei Dapingdse (DELAVAY 4693, p. p., 4704 p. p. nach HUE IV, 84).

3. P. Meissneri TUCK. apud NYL. in Annal. Scienc. Nat., Bot., ser. 4, XI, 205, not. (1859). **Y.**: Rinden auf dem Gusukang und bei Dalungtan nächst Dapingdse (DELAVAY 4693 p. p., 4704 p. p. nach HUE IV, 81).

4. *P. endoleuca* (MÜLL. Arg.) WAIN. in Hedwigia, XXXVII, (42) (1898). (*Pyxine Meissneri* var. *endoleuca* MÜLL. Arg. in Flora, LXII, 290 [1879]. HUE V, 82). **Y.**: Rinden am Gusukang ober Dapingdse (DELAVAY).

5. * ***P. endochrysina*** NYL., Lich. Japon., 34 (1890). HUE V, 87. **S.**: Phyllitfelsen der wtp. St. unter Dseia bei Muli, 2650 m (7260).

6. ***P. sorediata*** MONT. apud SAGRA, Hist. Ile Cuba, Bot., 188, tab. VII, fig. 4 (1838—1842). (*Lecidea s.* ACH., Synops. Lich., 54 [1814]). **Y.**: Lebende Stämme von *Bombax malabarica* in der str. St. in Möngdse („Mengtze"), 1300 m (5732). Alte Stämme im W mehrfach (DELAVAY 77, 3007 u.a. nach HUE II, 169; V, 185). **Kw.**: An *Ficus cuspidifera* bei Hwanggoso unter Hwangtsaoba, str. St., 1100 m (10306). Schenhsi: Erde am Lungschan-ho (GIRALDI nach JATTA I, 473).

7. * ***P. microspora*** WAIN. in Philipp. Journ. of Science, sect. C, 110 (1913). Quarzit- und Sandsteinfelsen in der tr. und str. St., 200—2125 m. **Y.**: Manhao nahe der Grenze von Tonkin (5788). **S.**: Dötschang im Djientschang (1166). Datjiaoku unter Kwapi am Yalung n von Yenyüen (2694).

8. ** ***P. subolivacea*** A. ZAHLBR.

Thallus epiphloedes, expansus, substrato adhaerens, tenuis, 0,45—0,5 mm crassus, versus ambitum olivaceus vel cervino-olivaceus, nitidulus, in centro magis cervinus et fere opacus, KHO vix vel leviter flavens, $CaCl_2O_2$—, in ambitu radiato-lobatus, lobis continuis, dichotome, subdichotome vel pinnatim divisis, ad apicem rotundatis, superne parum inaequalibus, planiusculis vel convexis et canaliculatis, ad 1 mm latis, in margine nudis, in centro squamosus vel sublobatus, squamulis continuis, sat parvis, superne non rare squamulis parvis dispersisque instructis, sorediis et isidiis destitutus, subtus ad ambitum pallescens, ochraceo-albescens vel sordidescens et rhizinis pallidis obsitus, centrum versus nigricans vel niger, dense rhizinosus, rhizinis setiformibus, usque 30 μ crassis, ex hyphis longitudinalibus, eseptatis, dense contextis, valde tenuibus formatis, utrinque corticatus; cortex superior 30—38 μ crassus, decolor, tantum ad ambitum tenuiter obscuratus, KHO violascens, paraplectenchymaticus, ex hyphis plus minus perpendicularibus, leptodermaticis et sat dense septatis formatus, cellulis oblongo-angulosis, superne strato angusto amorpho et decolore obsitus; stratum gonidiale angustum, continuum; medulla alba, rarius passim flavescens, KHO lutescens; cortex inferior ochraceo-fuscus, 15—18 μ crassus, ex hyphis sublongitudinalibus et eseptatis formatus.

Apothecia sat crebra, dispersa vel approximata, lecideina, sessilia, rotunda, ad basin angustata, nigra, opaca, epruinosa, 1,4—1,5 mm lata, primum leviter concava, a margine obtuso, integro, prominulo cincta, demum plana vel convexiuscula; receptaculum extus corticatum, cortice 42—46 μ crasso, ad ambitum nigricante, KHO violaceum, intus decolor, ex hyphis perpendicularibus, leptodermaticis, ad 3 μ crassis, tenuissime septatis formatum, gonidia non continens; hypothecium fuscum, KHO—; hymenium superne nigricans, KHO violascens, non pulverulentum, caeterum decolor, pellucidum, purum, usque 90 μ altum, J violaceo-coeruleum; paraphyses filiformes, strictae, dense contextae, simplices, eseptatae, ad apicem clavatae; asci plus minus oblongo-clavati, hymenio subaequilongi, ad apicem rotundati et membrana modice incrassata cincti, 8spori; sporae distichae, fuscae, fusiformi-oblongae, rectae, rarius curvulae, ad apices acutato-rotundatae, biloculares, membrana inaequaliter incrassata, luminibus orculiformibus, primum (in sporis adhuc lutescentibus) magis distantibus et isthmo tenuissimo junctis, demum approximatis, 21—27 μ longae et 9—11 μ latae. Pycnoconidia non visa.

S.: *Prunus*-Rinde in der tp. St. des Passes Linbinkou, 27° 46′, zwischen Yenyüen und Kwapi, 3000 m, 4. VI. 1914 (2853).

Die Flechte besitzt den charakteristischen Habitus der *P. endochrysina* und steht ihr gewiß nahe. Indes ist die Lagerfarbe abweichend, die für jene so bezeichnenden Soredien an den Lappenrändern fehlen und die Sporen sind entschieden größer; schließlich ist auch die Markschicht anders gefärbt.

Physcia

Ach., em. Wain., Ètud. Lich. Brésil, I, 138, (1890).

A. Hypothecium fusconigrum.
  a) Thallus esorediatus — *1. aegiliata.*
  b) Thallus sorediis instructus — *2. picta.*
B. Hypothecium decolor.
  a) Pycnoconidia longa, filiformia.
    I. Thallus subtus albidus — *3. adglutinata.*
    II. Thallus subtus obscurus, fuscus — *6. syncolla.*
  b) Pycnoconidia brevia, plus minus oblonga.
    I. Thallus lobis angustis, furcato-divisis et distantibus, ad apicem obtusis — *7. stenophyllina.*
    II. Thallus lobis rotundatis, continuis vel confluentibus.
      1. Medulla KHO tincta.
        ○ Medulla crocea, KHO violacea — *16. obscura* var. *ulotrichoides.*
        ○○ Medulla alba, KHO flava vel flavens.
          α) Thallus superne punctulis vel maculis albidis instructus — *11. aipolia.*
          β) Thallus non maculatus.
            ∨ Thallus non servediosus; species muscicola — *10. subalbinea.*
            ∨∨ Thallus sorediosus.
              § Soredia rotunda.
                ⌒ Soredia caesia; cortex inferior thalli plectenchymaticus — *15. caesia.*
                ⌒⌒ Soredia albida; cortex inferior thalli paraplectenchymaticus — *5. integrata* var. *servediosa.*
              §§ Soredia non rotundata, irregularia.
                ⌒ Thallus in centro late soredioso-granulosus, subtus albidus — *4. Clementiana.*
                ⌒⌒ Thallus in margine loborum soredioso-limbatus, subtus fusconiger — *8. crispa.*
      2. Medulla KHO non tincta.
        ○ Species saxicolae.
          α) Thallus albidus — *13. albinea.*

β) Thallus fuscus vel fusco-nigricans.
V Medulla alba 17. *lithotea*.
V V Medulla sulphurea 21. *setosa* f. *sulphurascens*.

○○ Species corticolae.
20. *pulverulenta*.

α) Thallus pruinosus.
V Thallus esorediosus, pruinoso-granulatus.
V V Thallus sorediosus, tenuissime pulverulentus 14. *grisea*.

β) Thallus non pruinosus.
V Thallus subtus fusco-niger vel niger.
§ Thallus subtus dense setosus vel rhizinosus.
⌒ Rhizinae nigrae.
× Margo apotheciorum setulis brevibus et albidis ornatus 22. *hirtuosa*.
×× Margo apotheciorum nudus, tantum receptaculum nigro-hispidus 21. *setosa*.
⌒⌒ Rhizinae albidae 23. *trichophora*.
§§ Thallus subtus non dense setosus.
⌒ Apotheciorum receptaculum ad basin trichomatis obsitum 20. *pulverulenta* var. *ciliata*.
⌒⌒ Receptaculum nudum 16. *obscura*.
V V Thallus subtus pallidus.
§ Thallus madefactus pomaceus evadit 18. *virella*.
§§ Thallus madefactus vix mutatus.
⌒ Thalli lobi in margine nudi, non sorediati 9. *stellaris*.
⌒⌒ Thalli lobi plus minus sorediosi.
× Soredia ad apicem loborum galeata et in parte inferiore pulverulenti 24. *hispida*.
×× Soredia superficialia et in margine loborum granulosa 12. *tribacia*.

Sect. *Dirinaria*

WAIN., Étud. Lich. Brésil, I, 150 (1890). (*Dirinaria* TUCK. in Proceed. Americ. Acad. Arts and Scienc., XII, 166 [1877]).

1. * ***P. aegiliata*** (ACH.) NYL. in Annal. Scienc. Nat., Bot., ser. 4, XV, 43 (1861). WAIN., Étud. Lich. Brésil, I, 151 (1890). (*Parmelia ae.* ACH., Method. Lich., 191 [1803]). S-Y.: Manhao nahe der Grenze von Tonkin, an Quarzitsteinen in der tr. St., 200—400 m (5786 p. p.). F.: Gu-schan bei Fudschou, Rinden, 500 bis 600 m (CHUNG 409).

2. ***P. picta*** (SW.) NYL. in Mémoir. Soc. Scienc. Nat. Cherbourg, III, 175 (1855). (*Lichen pictus* SW., Nova Gener. et Spec. Plant., 146 [1788]). S-Y.: Manhao, mit voriger (5786 p. p.). An Rinden (DELAVAY nach HUE V, 74). Kiangsu: Schanghai, Rinden (MAINGAY nach CROMBIE I, 62). Kwangtung: Wampu, Rinden (R. RABENHORST nach KREMPELHBR. I, 471). Hongkong (DELAVAY).

Sect. *Euphyscia*

TH. FR., Lichenogr. Scandin., 135, I (1871).

3. P. adglutinata (FLK.) NYL. in Mémoir. Soc. Scienc. Natur. Cherbourg, V, 107 (1857); Synops. Lich., I, 428 (1860). (*Lecanora a.* FLK., Deutschl. Lich., 4. Lieferung, 7, adnot. [1815]). **Y.**: Rinden auf dem Gusukang (DELAVAY 4698) und bei Dalungtan ober Dapingdse (D. nach HUE V, 77). Kiangsu: Schanghai, fert. (MAINGAY nach CROMBIE I, 62).

4. P. Clementiana (ACH.) KICKX, Flore Cryptog. Flandres, I, 226 (1867). (*Parmelia C.* ACH., Lichenogr. Univers., 483 [1810]. — *P. astroidea* CLEM. apud FRIES., Lichenogr. Europ. Reform, 81 [1831]. — *Physcia a.* NYL. in Act. Soc. Linn. Bordeaux, XXI, 308 [1856]. HUE I, 168). **Y.**: Rinden im Walde Yendsehai bei Langtjiung, 3200 m (DELAVAY).

5. P. integrata NYL., Synops. Lich., I, 424 (1860). WAIN., Étud. Lich. Brésil, I, 141 (1890) var. *sorediosa* WAIN., l. c. I, 142 (1890). HUE V, 63, tab. IV, fig. 3. **Y.**: Rinden in Wäldern. Gutui ober Mosoying, 3000 m. Yendsehai 3200 m. Dalang bei Dapingdse (alle DELAVAY).

6. P. syncolla TUCK. apud NYL. in Acta Soc. Scienc. Fennic., VII, 441 tab. I, fig. 4 (1863). Lynge in Vidensk. Skrifter, I. math.-naturw. Kl., 1924, nr. 6, 33, tab. IV, fig. 3 et tab. V, fig. 16—22. **Y.**: Rinden in Wäldern. Yangyin-schan ober Mosoying. Gusukang und Dalungtan ober Dapingdse (alle DELAVAY nach HUE II, 169; V, 78).

7. P. stenophyllina (JATTA) A. ZAHLBR. (*Parmelia st.* JATTA in Nuov. Giorn. Bot. Ital., nov. ser., IX, 472 [1902]). Schenhsi: Baumstämme auf dem Hwangtou-schan (GIRALDI).

8. P. crispa (PERS.) NYL., Synops. Lich., I, 423 (1860). (*Parmelia c.* PERS. apud GAUDICH., Voyage Uranie, Bot. 196 [1826], non ACH.). Kwangtung: Wampu. Rinden (R. RABENHORST nach KRPLHBR. I, 471). Kiangsu: Schanghai, Rinden (R. RABENHORST).

9. **P. stellaris** (L.) NYL. in Act. Soc. Linn. Bordeaux, XXI, 307 (1856); Synops. Lich., I, 424 (1860). (*Lichen stellaris* LINN., Spec. Plant. 1144 [1753]). **Y.**: Zweige von *Myrsine africana* in der wtp. St. beim Tempel Djindien-se nächst Yünnanfu, 2000 m (371). Kiangsu: Schanghai, Rinden und Felsen (MAINGAY nach CROMB. I, 62).

10. * **P. subalbinea** NYL. in Flora, LVII, 306 (1874). SÁNTHA in Folia Cryptog., I, 491, tab. IV, fig. (1928). **Y.**: Kalkbreccie in der wtp. St. bei Schilungba nächst Yünnanfu, 1900 m (125).

Die chinesische Pflanze stimmt mit der europäischen von ARNOLD unter nr. 1074 ausgegebenen Flechte vollkommen überein.

11. P. aipolia (EHRH.) HAMPE apud FÜRNR., Naturh. Topogr. Regensburg, II, 249 (1839). HARM., Lich. de France IV, 619 (1910). (*Lichen aipolius* EHRH. apud HUMB., Flor. Friburg. Specim. 19 [1793]. — *Parmelia aipolia* ACH., Method. Lich., 209 [1803]. JATTA I, 471). Schenhsi: Baumstämme auf dem Duidjio-schan, Taipei-schan, Hwangtou-schan, Sigutsiu-schan und am Lungschan-ho (GIRALDI).

12. P. tribacia (ACH.) NYL. in Flora, LVII, 48 (1874). (*Lecanora t.* ACH., Lichenogr. Univers. 415 [1810]. — *Parmelia t.* SOMRFT., Suppl. Flor. Lappon.,

109 [1826]. JATTA I, 472). Schenhsi: Stämme von Bäumchen in den Gärten von Dungyüenfang (GIRALDI).

13. P. albinea (ACH.) MALBR. in Bull. Soc. Amis Scienc. Nat. Rouen, III, 482 (1867). HARM. Lich. de France, IV, 624 (1910). (*Parmelia a.* ACH., Lichenogr. Univers., 401 [1810]. JATTA I, 472). Schenhsi: Felsen auf dem Berge Lungschanho (GIRALDI).

14. P. grisea (LAM.) A. ZAHLBR. var. *pityrea* (ACH.) FLAG. in Revue Mycol., XIII, 110 (1891). LYNGE in Vidensks. Skrifter, I. math.-naturw. Kl., 1924, nr. 6, 84. (*Lichen pityreus* ACH., Lichenogr. Suec. Prodrom. 124 [1798]. — *Parmelia pulverulenta* var. *pityrea* SPRGL., Flora Halens, edit. 2, 627 [1832]. JATTA I, 472). Schenhsi: Baumstämme auf dem Lungschanho und Hansunfu (GIRALDI).

15. P. caesia (HOFFM.) HAMPE apud FÜRNR., Naturh. Topogr. Regensburg, 250 (1839). NYL., Synops. Lich., I, 426 (1860). (*Lichen caesius* HOFFM., Enumer. Lich., 65, tab. XII, fig. 1 [1788]. — *Parmelia caesia* KÖRB., Syst. Lich. German. 86 [1855]. JATTA I, 473). W-Y.: Oberlauf des Yungkungko-ho bei Atendse, 3850 m. E von Man-hsien. Im birm. Mons. im Saoa-lumba in der Mekong—Salwin-Kette, 28° 2', 3300 m (alle GREGORY nach PAULS. I, 319). Schenhsi: Felsen, mehrfach (GIRALDI nach BARONI I, 48 und JATTA l. c.).

16. ***P. obscura*** (EHRH.) HAMPE apud FÜRNR., Naturh. Topogr. Regensburg, 249 (1839). NYL., Synops. Lich., I, 427 (1860). (*Lichen obscurus* EHRH., Plant. Cryptog. Exsicc. nr. 177 [1785]) var. *chloantha* (ACH.) RABH., Kryptog.-Flora von Sachsen, 2. Aufl., 263 (1870). (*Parmelia chloantha* ACH., Synops. Lich., 217 [1814]. — *P. obscura* var. *chloantha* FR., Lichenogr. Europ. Reform., 85 [1831]. JATTA I, 472). Schenhsi: Stämme auf dem Dingpinghsin und Indjiapu (GIRALDI).

— — **var. *ulotrichoides*** NYL. in Annal. Scienc. Nat., Bot., ser. 4, XIX, 311 (1863). (*Physcia endococcinea* HUE I, 168, non NYL). NW-Y.: Lebende *Cotoneaster*-Äste in der tp. St. bei Ngulukö nächst Lidjiang, 2950 m (10075). Rinden in Wäldern Gutui ober Mosoying (DELAVAY 2998), Gwanyinschan bei Niugai, Dalungtan bei Dapingdse (D. nach HUE l. c. und V, 78). F.: Gu-schan bei Fudschou, über Moosen, 500 m (CHUNG 259).

17. **** P. lithotea*** (ACH.) NYL. in Flora, LX, 354, not. (1877). HARM. Lich. de France, IV, 647 (1910). (*Parmelia cycloselis* var. *lithotea* ACH., Method. Lich., 199 [1803]). S.: Sandsteinfelsen der str. St. bei Datjiaoku unter Kwapi am Yalung n von Yenyüen, 2125 m (2697).

— — var. *sciastra* (ACH.) NYL. in Flora, LX, 354, not. (1877). HARM., Lich. de France, IV, 648 (1910). (*Parmelia sciastra* ACH., Method. Lich., 49 [1803]. — *Parmelia lithotea* var. *sciastra* Arn. in Flora, LXVII, 228 [1884]. JATTA, I, 472). Schenhsi: Silikatfelsen auf dem Hwangtou-schan und bei Dsulu am Duidjio-schan (GIRALDI).

18. P. virella (ACH.) FLAG. in Revue Mycol., XIII, 110 (1891). (*Lichen virellus* ACH., Lichgr. Suec. Prodr., 108 [1798]. — *Parmelia obscura* var. *virella* SCHAER., Lich. Helvet. Spicil., sect. 9, 443 [1840]. JATTA I, 472. — *Physcia obscura* var. *virella* NYL. in Bull. Soc. Linn. Normand., ser. 2, VI, 317 [1872]. PAT. et OLIV. I, 23). Schenhsi: Stämme auf dem Hansunfu, Duidjio-schan und Hwangtou-schan (GIRALDI). Kiangsu (lg? nach PAT u. OLIV. l. c.).

19. P. *muscigena* (ACH.) NYL. in Act. Soc. Linn. Bordeaux, XXI, 398 (1856). LYNGE in Vidensk. Skrifter, I. math.-naturw. Kl., 1916, nr. 8, 232. — (*Parmelia m.* ACH., Lichenogr. Univers., 472 [1810]. JATTA I, 472). Schenhsi: Auf Moosen mehrfach (GIRALDI).

20. P. *pulverulenta* (SCHREB.) HAMPE apud FÜRNR., Naturh. Topograph. Regensburg, 249 (1839). NYL., Synops. Lich., I, 419 (1860). (*Lichen pulverulentus* SCHREB., Spicil. Flor. Lipsiens. 128 [1771]). NW-**Y.**: Dschoni-Tal am Beima-schan, 4000 m (GREGORY nach PAULS. I, 319).

— — var. *ciliata* TUCK. in Proceed, Americ. Acad. Arts and Scienc., IV, 298 (1860). LYNGE in Vidensk. Skrifter, I. math.-naturw. Kl., 1916, nr. 8, 71. (*Lichen ciliatus* HOFFM., Enum. Lich., 69, tab. XIV, fig. 1 [1784]. — *Parmelia ulothrix* ACH., Method. Lich. 200 [1803]. JATTA I, 472. — *Physcia obscura* var. *ulothrix* NYL. in Act. Soc. Linn. Bordeaux, XXI, 309 [1856]. HUE V, 70. — *Physcia ulothrix* NYL. in Mémoir. Soc. Scienc. Natur. Cherbourg, V, 107 [1857]. HUE II, 168). **Y.**: Wälder Moschetschin und Dalungtan bei Dapingdse (DELAVAY). Schenhsi: Stämme bei Indjiapu und auf dem Duidjio-schan (GIRALDI).

— — var. *epigaea* JATTA in Flora Ital. Cryptog., III, 340 (1909). (*Parmelia pulverulenta* var. *epigaea* JATTA, Sylloge Lich. Ital., 143 [1900]; I, 472). Schenhsi: Erde am Lungschanho, Duidjio-schan, Laoyi-schan, Sigutsiuschan und Indjiapu (GIRALDI).

— — var. *sorediantha* (JATTA) A. ZAHLBR. (*Parmelia pulverulenta* var. *sorediantha* JATTA in Nuov. Giorn. Bot. Ital., nov. ser., IX, 472 [1902]). Schenhsi: Erde auf dem Hwangtou-schan (GIRALDI).

21. ***P. setosa*** (ACH.) NYL., Synops. Lich., I, 429 (1860). (*Parmelia s.* ACH., Synops. Lich., 293 [1814]. JATTA I, 473). **Y.**: Auf Ästen, Felsen und Erde (Kalk, Sandstein und Mergel) in der wtp. und tp. St., 1950—2950 m. Schilungba (207, 252) und Djindien-se (376) bei Yünnanfu. Im NW bei Ngulukö nächst Lidjiang (10064) und in Föhrenwäldern zwischen Haba und Waschwa se von Dschungdien (4440). Mehrfach bis 3000 m (DELAVAY 1615, 2989, 3082 u. a. nach HUE I, 23; II, 168; V, 71) und bis zum Beima-schan, 4000 m (GREGORY nach PAULS. I, 319). **S.**: An den Stämmchen von *Solms-Laubachia minor* in der Hg. St. auf dem Gipfel Holoscha, 27° 48′, n von Yenyüen, 4325 m (2604). SW-**H.**: *Rhus verniciflua* in der wtp. St. des Yün-schan bei Wukang, 1200 m (12165). Kiangsu: Schanghai, Rinden (MAINGAY nach CROMB. I, 62). Schenhsi: Felsen und Erde an vielen Fundorten (GIRALDI).

— — ** **f. *sulphurascens*** A. ZAHLBR.

Thallus cervino-fuscescens, nitidulus; lobi marginales magis elongati, 1—1,2 mm lati; medulla sulfureo-lutescens, KHO non reagens.

S.: Sandsteinfelsen in der dürren str. St. bei Datjiaoku unter Kwapi n von Yenyüen, 28° 2′, 2125 m, 29. V. 1914 (10067).

— — ** var. *exornatula* A. ZAHLBR.

Thallus glaucescenti-albidus, versus ambitum passim pallide cervino-fuscescens, KHO—, subtus in margine ciliis longiusculis, increbris et nigris instructus, ad marginem loborum coralloideo-isidiosus, isidiis cum thallo fere concoloribus vel paulum in fuscescens vergentibus. Margo apotheciorum non ciliatus.

F.: Amoi, Namputi, über Moosen (CHUNG B 3).

22. *P. hirtuosa* KRPH. in Flora, LVI, 470, (1873). Kwangtung: Wampu, Rinden (R. RABENHORST).

23. *P. trichophora* HUE in Nouv. Archiv. Mus., ser. 4, II, 74 (1900). **Y.**: Rinden in Wäldern, Moschetschin und Dalungtan bei Dapingdse (DELAVAY).

24. *P. hispida* (SCHREB.) FREGE, Deutsch. Bot. Taschenb., 2. Teil, 169 (1812). (*Lichen hispidus* SCHREB., Spicil. Flor. Lipsiens., 126 [1771]. — *Parmelia tenella* ACH., Method. Lich., 250 [1803]. JATTA I, 472). Schenhsi: Hansunfu, über Moosen (GIRALDI).

Anaptychia

KÖRB. apud MASS., Memor. Lichenogr., 33 (1853).

A. Thallus utrinque corticatus.
  a) Thallus fuscus — *2. palmatula.*
  b) Thallus albidus vel cinerascens — *1. speciosa.*
B. Thallus tantum in superficie cortice obductus.
  a) Thallus adpressus, plus minus radiatim crescens.
    1. Thallus non isidiosus — *3. hypoleuca.*
    2. Thallus in superficie et ad marginem loborum isidiosus *4. corallophora.*
  b) Thallus plus minus adscendens.
    I. Lobi thalli lineares vel sublineares.
      1. Thallus KHO—, superne utplurimum pulverulentus; lobi thalli distincte canaliculati — *5. ciliaris.*
      2. Thallus KHO flavens; lobi thalli non canaliculati.
        o Lobi thalli in margine fibrilloso-ciliati — *6. leucomelaena.*
        oo Lobi thalli in margine thyrsoideo-ciliati — *7. barbifera.*
    II. Lobi thalli non lineares, in apice rotundati vel dilatati.
      1. Receptaculum apotheciorum subtus fibrillosum — *9. comosa.*
      2. Receptaculum nudum — *8. podocarpa.*

1. ***A. speciosa*** (WULF.) MASS., Memor. Lichenogr., 36, fig. 22 (1853). WAIN., Étud. Lich. Brésil, I, 136 (1890). (*Lichen speciosus* WULF. apud JACQU., Collect. Bot., III, 119, tab. VII [1789]. — *Parmelia speciosa* ACH., Method. Lich., 198 [1803]. BAB. in SEEM., Voyage of Herald, 432 [1852—1857]. — *Physcia sp.* NYL. in Act. Soc. Linn. Bordeaux, XI, 307 [1856]. HUE II, 167. BARONI I, 48. PAULS. I, 319. — *Pseudophyscia sp.* MÜLL. Arg. in Bull. Soc. Bot. Belgique, XXXII, 129 [1893]. HUE IV, 114. — *Anaptychia sp.* var. *esorediata* WAIN. in Catal. WELWITSCH. Afric. Plants, II, 409 [1901]). Rinden verschiedenster Laub- und Nadelbäume, selten an Felsen in der wtp. und tp. St., 1700—3400 m. **Y.**: Schilungba (245) und Dulutschang (150) bei Yünnanfu. Kougai zwischen Loping und Djiangdi e von hier (10244). Ober Hsiangschuiho zwischen Dali und Hodjing (6509). Ngulukö (6670, 8758) und gegen das Beschui (5186) bei Lidjiang. Vielfach, auch an Felsen in Wäldern (DELAVAY 2403, 2999 u. a.). Dschoni-Tal am Beima-schan, 4100 m (GREGORY). Im birm. Mons. im Schweli—Salwin-Scheidegebirge, 25° 45′ (GEBAUER). **S.**: Unter Djiuba-se zwischen Yalung und Nganning-ho, 27° 43′ (2015). Kwapi (5736) und unter Ngaitschekou, 28° 10′ (2683 an Schiefersteinen, 2684) n von Yenyüen. SE-**Ki.**: Steine am Gwanyinling bei Ningdu (Plt. sin. 293). Gipfel des Dunghwa-schan zwischen Schitscheng und Ninghwa an der Grenze von **F.**, c. 1400 m (Plt. sin. 506). Hongkong

(HANCE; SEEMANN). Schenhsi: Lungschanho, auf Erde, ster. Zwischen Moosen dort, auf dem Duidjio-schan, Hansunfu und Laoyi-schan (alle GIRALDI).

— — ** **f. endocrocea** A. ZAHLBR.

Medullae pars inferior croceo-fulvescens, KHO purpurea. Thalli pagina inferior ochraceo-lutescens, KHO purpurea. Soredia et isidia desunt.

E-Y.: An *Schoepfia jasminodora* in der wtp. St. des mittelchin. Fl. auf dem Hügel bei Djindjischan nächst Loping, 1600 m (10179).

— — f. *sorediosa* MÜLL. Arg. in Bull. Herb. Boiss. I, 236 (1894). (*Physcia speciosa* f. *sorediosa* MÜLL. Arg. in Flora, LXVI, 78 [1883]). Hubei (HENRY 6718 p. p.).

— — * f. *isidiophora* (NYL.) A. ZAHLBR. in Bot. Magaz. Tokyo, XLI, 264 (1927). (*Physcia speciosa* f. *isidiophora* NYL., Synops. Lich., I, 417 [1860]). **F.**: Gu-schan bei Fudschou, ster. (CHUNG 211, 253) und fert. (CHUNG 212, 244, 275).

— — ** **f. subtremulans** A. ZAHLBR.

Thallus late expansus, lobis marginalibus 1—1,3 mm latis, subdichotome vel subpinnatifidim divisis, plus minus distantibus, non rare subpatentibus, subintegris, in margine ciliis albidis, usque 2 mm longis et simplicibus ornatis. Soredia et isidia desunt; discus pallide testaceus.

S.: An verschiedenen Stämmen im wtp. Mischwalde bei Kwapi n von Yenyüen, 27° 53′, 2750 m, 31. V. 1914 (2762).

— — var. *teneriloba* MÜLL. Arg. in ENGLERS Botan. Jahrb., XV, 503 (1893). (*Parmelia speciosa* var. *lineariloba* JATTA in Nuov. Giorn. Bot. Ital., nov. ser., IX, 471 [1902]). Schenhsi: Auf Moosen auf dem Hansunfu (GIRALDI).

2. **A. palmatula** (MICHX.) WAIN. in Természet. Füzetek, XXII, 299 (1899). (*Parmelia p.* MICHX., Flor. Bor.-Americ., II, 321 [1803]. — *P. detonsa* FRIES, Syst. Orb. Veget., I, 284 [1825]. JATTA I, 472. — *Physcia d.* NYL. in Act. Soc. Linn. Bordeaux, XXI, 309 [1856]). **NW-Y.**: Lebende Zweige von *Cotoneaster* in der tp. St. bei Ngulukö nächst Lidjiang („Likiang"), 2950 m (10651).

3. **A. hypoleuca** (MÜHLBG.) MASS. in Atti J. R. Istit. Veneto, ser. 3, V, 249 (1860). (*Parmelia h.* MÜHLBG., Catal. Plant. Americ. Sept., 195 [1813]) **var. Schaereri** (HEPP) WAIN. in Philipp. Journ. of Sc., sect. C, VIII, 106 (1913). (*Physcia Sch.* HEPP apud ZOLLING., System. Verzeichn. Indisch. Archip. gesamm. Pflanzen, 10, fig. XIV, 2 [1854]. — *Parmelia hypoleuca* JATTA I, 472. — *Physcia h.* HUE II, 168. — *Pseudophyscia h.* HUE IV, 111). Rinden verschiedenster Laub- und Nadelbäume, Sandstein, Tonschiefer- und Diabasfelsen der wtp. bis in die ktp. St., 1600—3600 m. **Y.**: Djindien-se bei Yünnanfu (67). N von hier bei Sanyingpan (585) und auf dem Laoling-schan dort (674). Im NW bei Ngulukö nächst Lidjiang (10063) und auf der Wiese Ndwolo am Yülung-schan (4255), zwischen Sape und Haba se von Dschungdien (4402). Dalungtan bei Dapingdse (DELAVAY). Gutui ober Mosoying, fert. (D.). Yendsehai (D.). Im E bei Djindjischan nächst Loping (9991). **S.**: Huili (880). Auf dem Lungdschu-schan dort (939, 998, 5192). **SW-H.**: Yün-schan bei Wukang, unter 1420 m (Plt. sin. 26). **F.**: Gu-schan bei Fudschou, fert. (CHUNG 213). Schenhsi: Über Moosen auf dem Lungschanho und Hwangtou-schan (GIRALDI).

— — * var. *colorata* A. ZAHLBR. in Bot. Magaz. Tokyo, XLI, 363 (1927). (*Pseudophyscia hypoleuca* var. *colorata* A. ZAHLBR. in Sitzungsber. k. Akad. Wiss.

Wien, math.-naturw. Kl., CXI/1, 413 [1902]). **F.**: Gu-schan bei Fudschou, über Moosen (Chung 273, 454).

—— var. *sorediifera* (Müll. Arg.) Wain. in Philipp. Journ. of Sc., sect. C, VIII, 106 (1913). (*Physcia speciosa* var. *hypoleuca* f. *sorediifera* Müll. Arg. in Flora, LXVIII, 502 [1885]. — *Parmelia hypoleuca* var. *sorediifera* Jatta in Nuov. Giorn. Bot. Ital., nov. ser., IX, 472 [1902]). Schenhsi: Felsen auf dem Hwangtou-schan (Giraldi).

4. A. corallophora Wain., Étud. Lich. Brésil, I, 135 (1890). (*A. speciosa* var. *hypoleuca* f. *isidiifera* Müll. Arg. in Bull. Soc. Bot. Belgique, XXX, 54 [1891]; I, 236). Hubei (Henry 6718 p. p.).

5. A. ciliaris (L.) Körb. apud Mass., Memor. Lichenogr., 55, fig. 27 (1853). (*Lichen c.* Linn., Spec. Plant. 1144 [1753]. — *Physcia c.* DC. apud Lam. et DC., Flore Franç., edit. 3, II, 396 [1805]. Cromb. I, 62. — *Parmelia c.* Ach., Method. Lich., 255 [1803]. Jatta I, 471). Schenhsi: Baumstämme auf dem Hwangtou-schan, Gwayin-schan und Duidjio-schan (Giraldi). Schöndjing: Ninghai, über Moosen auf Felsen, fert. (Maingay).

Diese Flechte scheint in den Gebirgen Yünnans und Setschwans zu fehlen, denn es ist nicht anzunehmen, daß Handel-Mazzetti und Delavay diese auffallende Pflanze übersehen hätten. Sie scheint dort durch die häufige *A. leucomelaena* vertreten zu sein.

—— var. *melanosticta* (Ach.) Boist., Nouv. Flore Lich., 2. part, 49 (1903). Lynge in Vidensk. Skrifter, I. math.-naturw. Kl., no. 8, 19 (1916). (*Parmelia ciliaris* var. *melanosticta* Ach., Method. Lich., 255 [1803]. — *Parmelia ciliaris* var. *saxicola* Jatta, Monogr. Lich. Ital. Merid., 106 [1889]; I, 471). Schenhsi: Felsen auf dem Hwangtou-schan (Giraldi).

6. ***A. leucomelaena*** (Mey. et Flot.) Wain., Étud. Lich. Brésil, I, 128 (1890) **var.** ***multifida*** (Mey. et Fw.) Müll. Arg. in Englers Botan. Jahrb., XX, 249 (1894). (*Parmelia leucomela* var. *multifida* Mey. et Fw. in Nova Acta Acad. Carol.-Leopold., IX, Suppl., 221, tab. III, fig. 6 [1847]. — *Physcia leucomela* var. *angustifolia* Nyl. in Mémoir. Soc. Scienc. Natur. Cherbourg, V, 106 [1857]. Hue I, 23; II, 167. — *Parmelia l.* var. *a.* Jatta in Nuov. Giorn. Bot. Ital., nov. ser., IX, 471 [1902]). **Y.**: Stämme von *Rhamnus* u. a. in der wtp. St. bei Schilungba nächst Yünnanfu, 1950 m (247). Erdboden an schattigen Hängen am Fuße des Dsang-schan bei Dali, 3000 m (Delavay 1584). Wälder mehrfach (D. 1586 u. a.). Im NW bei Lidjiang, von Einheimischen (3610). Im birm. Mons. an Bäumen auf dem Schweli—Salwin-Scheidegebirge, 25° 45′, 2000—2800 m (Gebauer). Schenhsi: Stämme auf dem Hwangtou-schan und Hansanfu (Giraldi).

7. A. barbifera (Nyl.) Hue in Nouv. Archiv. du Muséum, ser. 4, I, 110, (1899). (*Physcia b.* Nyl., Synops. Lich., I, 416 [1860]. Hue I, 23). **Y.**: Abgestorbene Äste auf dem Dsang-schan bei Dali (Talifu), 4000 m (Delavay 1572).

8. * ***A. podocarpa*** (Bél.) Mass. in Atti I. R. Istit. Veneto, ser. 3, V, 249 (1860). Hue IV, 109. (*Parmelia p.* Bél., Voyage Ind.-Orient., II. Cryptog., 122, tab. XIII, fig. 2 [1846]). **S.**: Bambushalme in der tp. St. des Lungdschu-schan bei Huili, 3000—3675 m (980). SW-**H.**: *Rhus verniciflua*-Rinde in der wtp. St., des Yün-schan bei Wukang, 1200 m (12161).

9. * **A. comosa** (ESCHW.) MASS., Memor. Lichenogr., 39, fig. 41 (1853). HUE IV, 110. (*Parmelia c.* ESCHW. apud MARTIUS, Icon. Plant. Cryptog., II, 25, tab. XII, fig. 1 [1828—1834]). **E-Y.**: In der wtp. St., 1600—1700 m. An lebenden Rinden von *Schizandra* bei Kougai (10243) und von *Schoepfia* bei Djindjischan (10175) im mittelchin. Fl. e von Loping. Stämme von *Rhamnus* u. a. bei Schilungba nächst Yünnanfu, 1950 m (249, vielleicht *A. barbifera* HUE, steril).

Hymenolichenes.

Dictyonema (AG. p. p.) A. ZAHLBR.

* **D. Thelephora** (SPRGL.) A. ZAHLBR. (*Dematium Thelephora* SPRGL. in Kgl. Vetensk.-Akad. Nya Handl. 53 [1820]. — *Rhiphidonema guadeloupense* SACC., Sylloge Fung., VI, 689 [1888]. WAIN. in Annal. Acad. Scient. Fennic., ser. A, XIX, Nr. 15, 31 [1923]). **Ki.-F.**-Grenze. Auf Tonschiefersteinen bei Luanschipai am Hwangdschuling zwischen Dingdschou und Ningdu (Plt. sin. 379).

Lichenes morbosi.

Lepraria yunnaniana (HUE) A. ZAHLBR. (*Crocynia yunnaniana* HUE in Bull. Soc. Bot. France, LXXI, 396 [1924]). **Y.**: Gutui ober Mosoying, Felsen (DELAVAY 2995).

Sicherlich keine *Crocynia* im Sinne MASSALONGOS (vgl. A. ZAHLBR. in ENGLER, Natürl. Pflanzenfamil., 2. Aufl., VIII, 135 [1926]), sondern ein durch den feuchten und schattigen Standort bedingter gelockerter Thallus einer näher nicht bestimmbaren Flechte.

Leproplaca xantholyta NYL. in Flora, LXVI, 107 (1883). (*Caloplaca x.* JATTA in Nuov. Giorn. Bot. Ital., nov. ser., IX, 476 [1902]). Schenhsi: Felsen bei Daschi-tsun und auf dem Laoyi-schan (GIRALDI).

Lepra chlorina DC. apud LAM. et DC., Flore Franç., edit. 3, II, 68 (1805). Schenhsi: Erde auf dem Taipei-schan (GIRALDI nach JATTA I, 480).

L. incana WIGG., Primit. Flor. Holsat. 97 (1789). Schenhsi: Erde am Lungschan-ho und Indjiapu (GIRALDI nach JATTA I, 480).

Sachverzeichnis.

Acroscyphus sphaerophoroides LÉV. Ein halber Rasen. Natürliche Größe.

erlag von Julius Springer in Wien.